丛书主编　于康震

动物疫病防控出版工程

牛结核病

BOVINE TUBERCULOSIS

郭爱珍 | 主编

中国农业出版社

图书在版编目（CIP）数据

牛结核病 / 郭爱珍主编. —北京：中国农业出版社，2015.10

（动物疫病防控出版工程 / 于康震主编）

ISBN 978-7-109-20693-9

Ⅰ. ①牛… Ⅱ. ①郭… Ⅲ. ①牛病－结核病－防治 Ⅳ. ①S858.23

中国版本图书馆CIP数据核字（2015）第163902号

中国农业出版社出版

（北京市朝阳区麦子店街18号楼）

（邮政编码100125）

策划编辑 黄向阳 邱利伟

责任编辑 张艳晶

北京中科印刷有限公司印刷 新华书店北京发行所发行

2015年12月第 1 版 2015年12月北京第 1 次印刷

开本：710mm × 1000mm 1/16 印张：22

字数：400千字

定价：80.00元

《动物疫病防控出版工程》编委会

总 序

近年来，我国动物疫病防控工作取得重要成效，动物源性食品安全水平得到明显提升，公共卫生安全保障水平进一步提高。这得益于国家政策的大力支持，得益于广大动物防疫人员的辛勤工作，更得益于我国兽医科技不断进步所提供的强大支撑。

当前，我国正处于加快建设现代养殖业的历史新阶段，人民生活水平的提高，不仅要求我国保持世界最大规模的养殖总量，以满足动物产品供给；还要求我们不断提高养殖业的整体质量效益，不断提高动物产品的安全水平；更要求我们最大限度地减少养殖业给人类带来的疫病风险和环境压力。要解决这些问题，最根本的出路还是要依靠科技进步。

2012年5月，国务院审议通过了《国家中长期动物疫病防治规划（2012—2020年）》，这是新中国成立以来，国务院发布的第一个指导全国动物疫病防治工作的综合性规划，具有重要的标志性意义。为配合此规划的实施，及时总结、推广我国最新兽医科技创新成果，同时借鉴国外先进的研究成果和防控经验，我们通过顶层设计规划了《动物疫病防控出版工程》，以期通过系列专著出版，及时将研究成果转化和传播到疫病防控一线，全面提高从业人员素质，提高我国动物疫病防控能力和水平。

本出版工程站在我国动物疫病防控全局的高度，力求权威性、科学性、指导性和实用性相兼容，致力于将动物疫病防控成果整体规划实施，重点把国家优先防治和重点防范的动物疫病、人兽共患病和重大外来动物疫病纳入项目中。全套书共31分册，其中原创专著21部，是根据我国当前动物疫病防控工作的实际需要而规划，每本书的主编都是编委会反复酝酿选定的、有一定行业公认度的、长期在单个疫病研究领域有较高造诣的专家；同时引进世界兽医名著10本，以借鉴世界同行的先进技术，弥补我国在某些领域的不足。

本套出版工程得到国家出版基金的大力支持。相信这些专著的出版，将会有力地促进我国动物疫病防控水平的提升，推动我国兽医卫生事业的发展，并对兽医人才培养和兽医学科建设起到积极作用。

农业部副部长

目 录

第一章

概　述

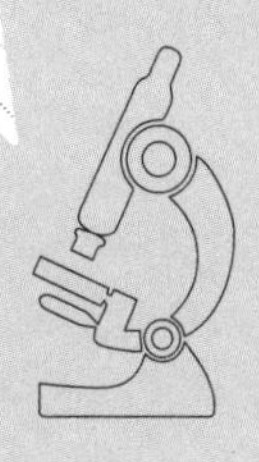

第一节 牛结核病的定义

牛结核病（bovine tuberculosis，BTB）是一种由牛分支杆菌（*Mycobacterium bovis*，*M.bovis*）引起的牛的慢性消耗性人兽共患传染病。除牛外，其他多种家畜和野生动物以及人均可感染牛分支杆菌。该病以在感染组织形成干酪样坏死性结节（tubercle）为典型特征，故称为牛结核病。

作为一种多种动物共患的人兽共患传染病，牛结核病的传播和流行不但影响到畜牧业的可持续发展、野生动物的生存和生态平衡，更严重影响着人类的身心健康和公共卫生。因此，世界动物卫生组织（World Organisation for Animal Health，or Office International Des Epizooties，OIE）将其列为必须通报的动物疫病（notifiable diseases）之一，我国将其列为二类动物疫病。在2012年我国发布的《国家中长期动物疫病防治规划（2012—2020年）》中，奶牛结核病被列为优先防治的16种国内动物疫病之一。尽管部分发达国家在牛结核病的防控上已取得了很大成就，如澳大利亚已宣布消灭了牛结核病，美国、加拿大、德国、法国、新西兰、日本等在家畜中已基本控制了牛结核病，但是牛结核病仍然是目前乃至今后很长时间内，全球尤其是发展中国家养牛业所面临的严重公共卫生问题之一。

一、病原体

（一）分类

牛分支杆菌是分支杆菌属的一个种，和其他分支杆菌一起组成结核分支杆菌复合群（*Mycobacterium tuberculosis complex*，MTBC）。结核分支杆菌复合群有多个成员，包括结核分支杆菌（*M.tuberculosis*）、牛分支杆菌（*M.bovis*）、山羊分支杆菌（*M.caprae*）、非洲分支杆菌（*M.africanum*）、田鼠分支杆菌（*M.microti*）、鳍分支杆菌

(*M. pinnipedii*)和卡介苗(BCG)等。卡介苗是牛分支杆菌历经13年体外培养230代后致弱的疫苗菌株，是用于人结核免疫的唯一疫苗。在英国，BCG于2010年被允许用于獾结核免疫。

牛结核病的病原主要为牛分支杆菌，简称“牛型菌”。在欧洲，山羊分支杆菌(*M.caprae*)也常感染牛，并导致牛结核病症状。牛结核菌素皮试检测能同样检出牛分支杆菌和山羊分支杆菌感染。结核分支杆菌(*M. tuberculosis*，*M.tb*)(简称“人型菌”)主要导致人结核病，但也可以感染牛。结核分支杆菌与牛分支杆菌及山羊分支杆菌在基因组上同源性为99.5%。和结核分支杆菌相比，牛分支杆菌及山羊分支杆菌基因组失去了一些基因片段，称为差异区(region of differentiation，RD)基因。此外，禽分支杆菌(简称“禽型菌”)及其他环境分支杆菌也可感染牛，虽不导致典型的牛结核病，但能在牛结核菌素皮试反应检疫牛结核病时产生阳性反应，从而干扰牛结核病检疫。

(二)形态和培养特征

牛分支杆菌为G^{+}菌，微弯，细长，萋-尼二氏(Ziehl-Neelsen)抗酸染色(acid-fast stain)呈阳性(图1-1)。体外培养时对营养要求较高，需在培养基中加牛血清或鸡蛋黄，最适生长温度为37.5℃。结核分支杆菌常见成员的生长最适pH范围有差异，其中：牛分支杆菌生长最适pH范围为5.9～6.9，结核分支杆菌的最适pH范围为7.4～8.0；禽分支杆菌最适pH为7.2。牛分支杆菌接种固体培养基后需3周左右才能够长出肉眼可见的菌落。菌落呈颗粒、结节、花菜状，乳白或米黄色，不透明(图1-2)。

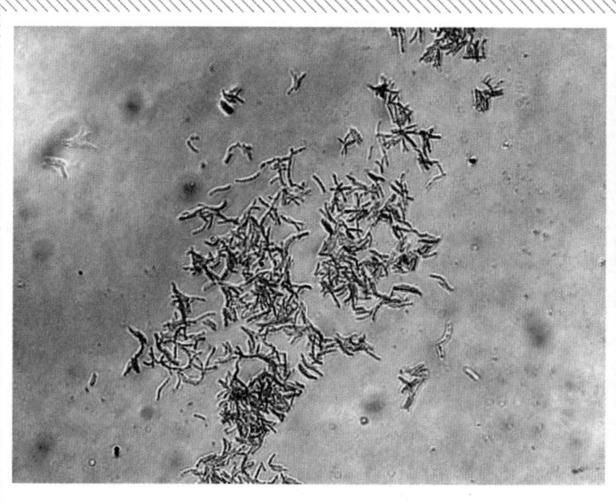

图1-1 牛分支杆菌抗酸染色

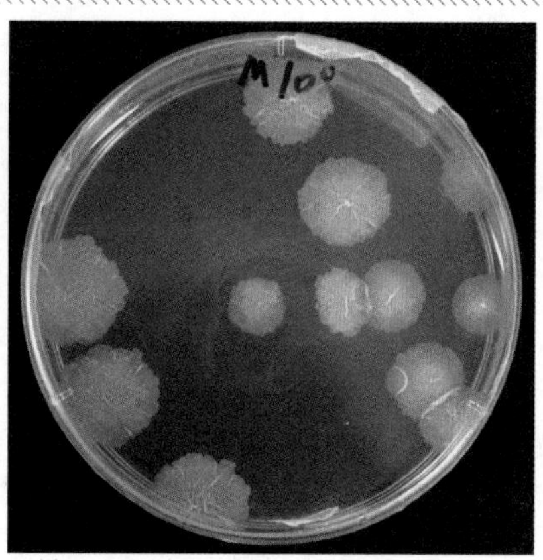

图1-2 牛分支杆菌的菌落形态

（三）环境抵抗力

牛分支杆菌对环境的抵抗力可概括为“三怕”和“三不怕”。

“三怕”指怕湿热、怕乙醇、怕紫外线。细菌对湿热抵抗力差，60℃30min、70℃10min、80℃5min、95℃1min即可死亡；阳光直射条件下数小时可死亡；在70%酒精中数分钟内可死亡，对10%漂白粉也很敏感。常用消毒剂在4h内均可将其杀死，但当细菌混在痰液中或其他有机物质中时，消毒剂的杀菌效率将大大降低。

“三不怕”指耐干燥、耐湿冷、耐酸碱。分支杆菌类细胞壁含丰富的脂类，对干燥和湿冷抵抗力很强，在干痰中可存活10个月，在水中可存活5个月，冷藏奶油中可存活10个月。结核分支杆菌复合群成员在4%氢氧化钠（NaOH）和6%硫酸（H_2S0_4）中30min仍存活，因此结核分支杆菌标本培养前常用NaOH或H_2S0_4处理，以杀灭污染的其他微生物。

二、流行病学

目前，世界绝大部分国家和地区都存在着牛结核病的流行。和人结核病分布相似，亚洲和非洲是牛结核病的高发地区，但没有准确的流行率数据。据报道，非洲国家牛结核病的流行率为1%～50%；印度牛结核病的流行率为1.6%～25%；中国牛结核病的流行率为0～15%。少数发达国家净化了牛结核病，如澳大利亚在过去十年内都没有牛结核病的病例出现。欧洲净化了牛结核病的国家有：丹麦、比利时、挪威、荷兰、瑞典、芬兰、卢森堡。美国、加拿大、德国、法国，新西兰、日本等在家畜中也已基本控制了牛结核病，但野生动物中还存在牛结核病，并且有不断向家养牛传播的趋势。

（一）宿主

牛分支杆菌的宿主谱广，几乎包括所有的温血脊椎动物。牛最易感。不同种属牛的敏感性不同，奶牛最易感，其次是黄牛、水牛、牦牛。除牛外，其他家畜，犬、猫等伴侣动物，野生动物（鹿、负鼠、雪貂等），豚鼠、兔、仓鼠、小鼠等实验动物，人和灵长类动物等都是易感宿主。

（二）传染源和传播途径

1. 动物间传播　病牛是主要传染源。病牛气管分泌物在污染空气中形成气溶胶，通过气溶胶近距离经呼吸道传播。据认为：健康者只需吸入3个带菌的气溶胶即可被感染。牛结核病的主要临床类型为肺结核，占90%以上。

该病也可经消化道传播。病牛气管分泌物、乳汁、粪便、尿液等都可能带菌，从而污染环境，健康牛摄入污染饲料，或饮入污染水及接触污染的周围环境，均可经消化道感染。

2. 人感染牛结核分支杆菌　牛结核病可以由含菌气溶胶经呼吸道近距离传播给人，也可随污染牛奶经消化道传染给人。1930年前，医学上无结核病特异性治疗方案，基本上是采用口服草药，加强营养，多喝牛奶，多户外活动，呼吸新型空气等非特异性治疗措施。结果发现，喝牛奶的结核病人中，相当一部分又感染了牛结核病。英国早在1911年就证实，牛分支杆菌感染人且致人结核病；1934年，英国对奶牛结核病的流行状况进行重新评估，发现40%以上奶牛患牛结核病，其中结核性乳腺炎占0.5%；全英国每年约有2 500人死于牛结核病，占结核病死亡人数的6%。随着牛奶巴氏消毒技术的应用及牛结核病控制和根除计划的实施，人经饮用牛奶感染牛结核病的比例大幅度降低。据估计，现今约有1%的人通过饮用未经消毒的牛奶等方式感染了牛分支杆菌。但在某些地区，感染率可能很高。据报道，在美国和墨西哥边境地区，儿童结核病人中，30%患的是牛结核病。

3. 牛感染人结核分支杆菌　在亚洲、非洲国家和其他地区，4.7%～30.8%的结核阳性牛感染的是结核分支杆菌，人结核病感染严重的国家，牛感染结核分支杆菌的比例也相应增高，而且，结核分支杆菌（人型菌）可在牛间传播。一般认为，人型菌对牛不致病，只呈一过性感染；但越来越多的证据显示：人型菌与牛型菌一样，都能够引起牛的病理反应。

三、临床症状

结核病潜伏期一般为3～6周，有的可长达数月或数年。临床上通常呈慢性经过，病初症状不明显，病程长时出现渐进性消瘦、营养不良、体表淋巴结肿大等症状。其他症状依赖于发病部位，表现出发病器官受损的相应临床症状。患病奶牛的寿命缩短，役牛劳动能力下降。

理论上说，牛分支杆菌可以侵染机体的所有组织。无论哪种类型的结核病，淋巴结都是首先受侵染的组织，尤其是头部和胸部淋巴结。其他组织的结核病最常见的是肺结核病，其次为乳房结核病、肠结核病，较为少见的有生殖器官结核病和脑结核病。

（一）肺结核病

肺结核病最常见，绝大部分牛结核病为肺结核病。发病初期可能出现短促的干咳，干咳逐渐加重，变为湿咳；呼吸增数，鼻孔时有淡黄色黏液或脓性鼻液流出。听诊肺部有啰音或摩擦音，叩诊为浊音。一旦出现体温变化或指压气管导致咳嗽、呼吸困难或出现轻度肺炎症状等则可初步确定为肺部受到侵染。

在进行性病例中，淋巴结多表现为肿大，从而导致空气流通受阻，食道或血管堵塞；头、颈部淋巴结有时可见明显的破溃和淋巴液外渗。病牛日渐消瘦、贫血，哺乳期的母牛产奶量减少。部分病牛在感染晚期会出现极度消瘦和急性呼吸窘迫。

（二）其他型结核病

患乳腺结核病的病牛初期会出现乳腺肿胀，之后在病牛的乳腺位置出现许多结节，病牛的乳汁将逐步出现混浊的凝乳块和絮状物。发病严重时乳腺将停止泌乳。

肠结核病多见于犊牛，表现为消化不良，顽固性腹泻，迅速消瘦。病牛的粪便有腥臭味，大多混有脓汁或血液。

四、病理变化

在感染器官和组织出现结核结节是牛结核病的典型症状。结核结节多出现在支气管、纵隔、咽后淋巴结和肺门淋巴结，而这些部位有可能是唯一受到感染的组织。此外，肺、肝、脾和体腔表面等部位也常出现结核结节。

结核结节通常表现为黄色，并呈现由干酪样坏死向钙化转化的发展状态，偶尔会出现脓性分泌物。干酪样坏死灶大小不一，小的肉眼无法识别，大的从粟粒大至豌豆大，半透明灰白色坚实结节，形似“珍珠”状，由不同厚度的纤维结缔组织包裹，包膜内有大量黄色豆腐渣样物质（图1–3）。

组织学检查显示，结核结节是一种增生性肉芽肿，外表是一层由密集的淋巴细胞、上皮样细胞和成纤维细胞形成的包膜，其内有增生的淋巴细胞和多核巨细胞（朗罕氏细胞），再内层为坏死组织（图1–4）。

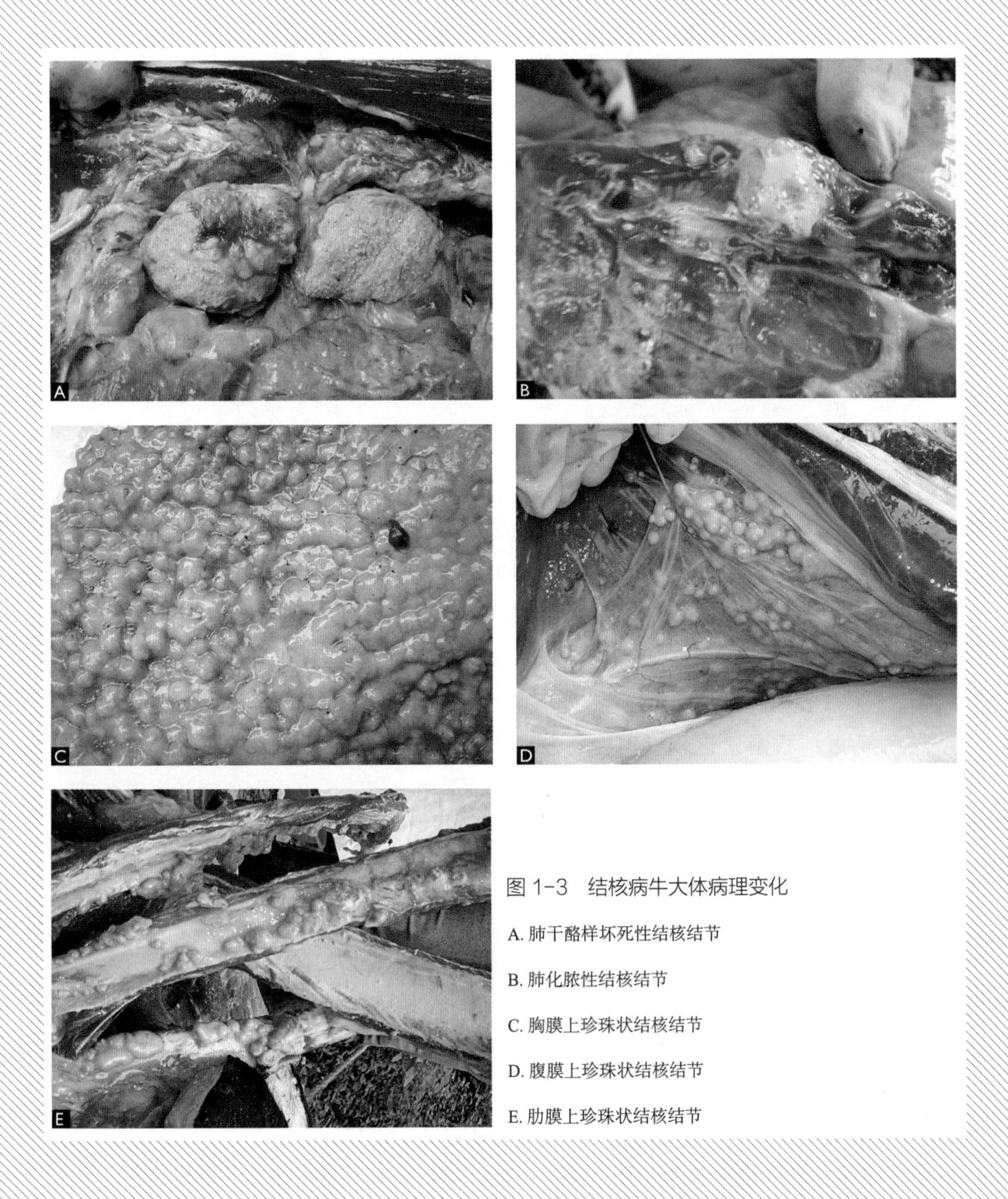

图 1-3 结核病牛大体病理变化

A. 肺干酪样坏死性结核结节

B. 肺化脓性结核结节

C. 胸膜上珍珠状结核结节

D. 腹膜上珍珠状结核结节

E. 肋膜上珍珠状结核结节

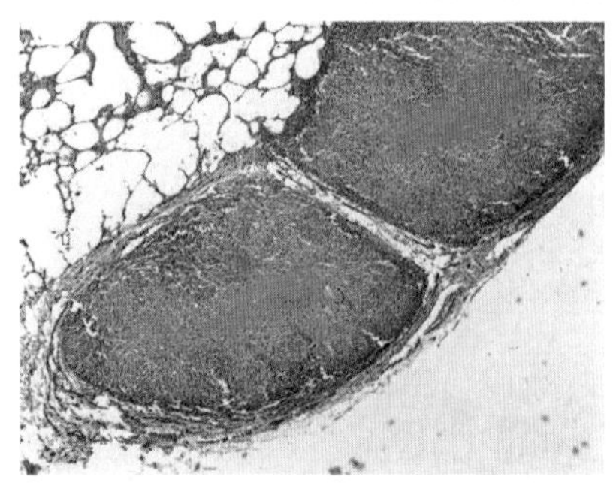

光学显微镜下结核结节（放大倍数 10×20）

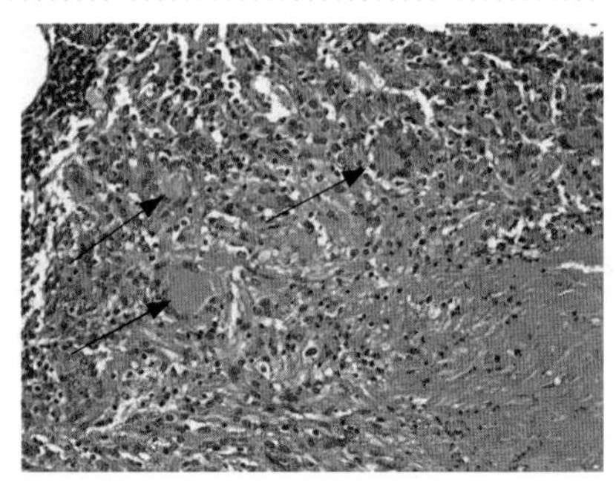

结核结节局部放大，箭头示多核巨细胞（放大倍数 10×100）

图 1-4 结核病牛组织病理变化

五、牛结核病检疫

以上章节从病原体、流行病学、临床症状和病理变化等多个方面对牛结核病进行了定义，但由于结核病的慢性特征，临床实际中，很难观察到牛结核病典型的病理特征和发病过程。为了减少牛结核病对人的危害，保障人类健康与公共卫生，国际上通用的牛结核病检疫方法是牛结核菌素皮内变态反应（intradermal tuberculin skin test，TST）或牛结核菌素/禽结核菌素比较皮内变态反应（comparative intradermal tuberculin skin test，TST）。这是一种非常敏感的检测方法，适合于早期检测，检疫阳性即判断为牛结核病阳性。因此，检疫意义上的牛结核病阳性是指牛结核菌素皮内变态反应检测阳性。生物学意义是：被检牛感染过牛分支杆菌，但不意味着已出现典型临床症状和病理变化。

结核菌素(twberculin)是细菌在液体培养基中增殖时，分泌到培养基中的蛋白质混合物，简称为（purified protein derivatives，PPD）。变态反应的具体操作方法见第六章第三节。其基本原理是：将一定单位（一般为2 000IU/0.1mL）牛结核菌素注射入皮内（一般为颈部皮肤），72h后能引起皮皱厚增加4mm以上，或牛结核菌素引起的皮皱厚增加较禽结核菌素（5 000IU）引起的皮皱厚增加多4mm以上，判断为牛结核病阳性。皮试反应虽然非常敏感，但特异性相对较低。环境分支杆菌生长时，也能分泌一些类似蛋白。因此，如果牛体存在环境分支杆菌或副结核分支杆菌感染，检疫时就可能出现交叉反应而导致假阳性。

第二节 牛结核病流行史

人们很早就认为人结核病是由动物传染而来。2001年，美国科学家从17 000年前的美洲野牛掌部病变部位的化石样本中发现了结核分支杆菌复合群成员，同期大角羊和麝牛化石中也都发现了复合群成员。于是他们推测，早在17 000年前，结核分支杆菌复合群就已在牛科动物中存在，并通过白令海峡连接传入北美。然而，结核病究竟是否起源于牛，再由牛传染给人，还是来源于同一个祖先，然后产生不同分支仍不清楚。

随着科学技术的不断发展，人源和动物源的结核分支杆菌复合群成员的基因组陆续被解析。比较基因组学分析结果显示，人感染结核分支杆菌并不是像早期推测的那样来源于感染的驯化家畜，而是因为所有的结核分支杆菌群成员都有一个共同的祖先，这个祖先早在新石器时代就已经对人类造成了危害。美国德克萨斯州大学的科学家在2007年的《美国自然人类学杂志》（American Journal of Physical Anthropology）上报道，从土耳其出土的一颗具有50万年历史的直立人颅骨化石上，发现了一个形状和位置与结核性脑膜炎特征相符的小病灶，证明结核分支杆菌危及人类的历史已有50万年以上；公元前2050年的埃及木乃伊骨和软组织样本中也分离到了结核分支杆菌复合群成员——非洲分支杆菌；中国长沙马王堆汉墓中挖掘出的女尸左肺门处也被发现有钙化的结核病灶。这一系列的考古发现，证明结核病在远古时代就已在危害人类健康。

一、结核分支杆菌的发现

虽然人们认为分支杆菌的存在已有1.5亿年的历史，但是结核分支杆菌相对来说还较年轻，如前所述，可能有50万年；也有文献说15万年。1865年，法国军医Jean–Antoine Villemin将结核病人尸体上的结核结节取出注射至兔体内并导致了兔的感染，首次通过实验方法证实了结核病是一种传染性疾病，由一种来源不明的病原体感染所致。1882年3月2日，德国医生罗伯特·科赫（Robert Koch）将一种新型染色方法（后来被完善为萋–尼二氏抗酸染色法）应用于结核病人的痰液细菌检测中，第一次发现了这种新型的病原菌；随后，他通过大量的尝试终于成功得到该菌的纯培养物；并将其注射至兔体内，复制出了典型的结核病症状，运用他自己建立的柯赫法则（Koch' postulate）证明了这种细菌就是结核病的病因，并将其命名为“结核杆菌（tuberculosis bacillus）”。1882年3月24日，Koch将这一伟大发现提交至“柏林生理学会（Physiological Society of Berlin）”杂志上，并于3周后公开发表，该论文随后被翻译成各种语言在全世界发表。因此，自1882年起，每年的3月24日就被称为“世界结核病防治日”——这是结核病防控史上最重要的事件，被称为全球控制结核病发展史上的第一个里程碑。Koch也因结核病的一系列发现荣获1905年诺贝尔医学奖。

结核杆菌于1896年被Lehmann 和 Neumann正式命名为结核分支杆菌（*Mycobacterium tuberculosis*）。

二、牛分支杆菌的发现

1854年，Jean–Antoine Villemin首次发现了牛结核病并证明了牛结核病具有传染性。Koch课题组在发现人结核的病原体结核分支杆菌后，进一步在动物结核病尤其是牛结核病方面做了大量工作，分别对牛、猪、鸡、猴、兔和豚鼠结核病灶中的细菌进行抗酸染色检测，并首次将结核分支杆菌与牛分支杆菌进行了鉴别。1888年，人们已认识到，牛结核病和其他家养动物的结核病同人结核病一样，是导致各种动物死亡的主要原因。美国学者Theobold Smith 于1889年首次从细菌形态学、培养特征和病理学等方面对牛结核病和禽结核病进行了描述。1911年，英国皇家学会（Royal Commission）称牛源株为牛分支杆菌（*Mycobacterium bovis*，*M.bovis*），但该命名直到1970年才通过正式发表而被认可。此后，也有学者建议将牛分支杆菌、禽分支杆菌和非洲分支杆菌归为结核分支杆菌的一个亚种。早期研究者们也有将导致结核病的结核分支杆菌、牛分支杆菌、禽分支杆菌归为一类，而将其他分支杆菌归为结核杆菌以外的分支杆菌（Mycobacteria other tubercle bacilli，MOTT），也就是环境分支杆菌。Runyon（1981）建议将结核分支杆菌、牛分支杆菌、田鼠分支杆菌、非洲分支杆菌合称为结核分支杆菌复合群，其他学者又建议将其他一些成员加入复合群，如禽分支杆菌、鱼和冷血动物分支杆菌等。以后又有一些作者建立了多种方法以区分结核分支杆菌和牛分支杆菌，但仍然缺少足够证据将牛分支杆菌列为一个新种。

结核分支杆菌群成员的人兽共患特征早在结核分支杆菌发现之初就已有了定论。当Jean Antoine Villemin进行结核病人病料的传染性试验时，就已经实现了从病人到兔、从牛到兔、从兔到兔等人传人、动物传动物和人传动物的试验。在早期的结核病治疗方案中，由于没有特异性治疗方法，所以鼓励多喝牛奶以加强营养就成了重要的治疗措施之一。然而就是这样的一个看似正确的措施反而导致了大量的人从牛奶中感染了牛结核病。随后，维持奶业发展和保障公共卫生之间发生了较长时期的争论。1901年，英国成立了“结核病皇家委员会（Royal Commission on Tuberculosis）”，旨在专门解决牛结核病的传播和诊断问题（1901—1911），在该委员会1907年的报告中，肯定了牛结核病对人的感染性和危害，原文译成中文的大意如下：似乎没有充分理由怀疑以下观点，即便是1901年以前也从未特别怀疑过该观点：人结核杆菌和牛结核杆菌属于同一类。基于这一观点，回答“牛结核杆菌是否感染人的问题”的答案很明显是肯定的。这个答案同样也反驳了那些认为人和牛结核杆菌不属于同一类的人的观点。“牛源菌”确实是许多人结核死亡病例的病原因子。最终养牛业、牛奶加工业和公共卫生部门达成一致，通过牛奶巴氏消毒、牛结核病控制计划等的实施控制人结核。这些措施实施后，英国牛结核病感染人的现象得到明显控制。

1998年，结核分支杆菌代表株H37Rv全基因组序列（大小为4 411 529bp）被测定并公布，随后由法国和英国科学家共同完成了牛分支杆菌大不列颠强毒株（*M.bovis* AF2122/97）全基因组序列的测定，并于2003年3月公布。牛分支杆菌*M.bovis* AF2122/97是在1997年从一头肺部和支气管纵隔淋巴结发生严重干酪样病变的结核病病牛组织中分离得到的。测序结果发现全基因组序列长为4345 492bp，G+C含量为65.63%，含有3 952个编码蛋白质的基因，一个噬菌体和42个插入元件。其基因组在核苷酸水平上与结核分支杆菌的同源性超过99.95%，二者之间表现出明显的线性相关，但并未表现出广泛的易位、重复或倒位。

围绕结核病的病原体发现史及其相关研究按时间顺序总结于表1-1。

表 1-1　结核病“病原体理论”时间

年份	事件
1865	Jean-Antoine Villemin 证明结核病具有传染性
1882	Robert Koch 建立一种特殊染色技术（抗酸染色法）发现结核杆菌
1884	在美国 Sanatorium（萨纳托里厄姆）确诊首例人结核病
1890	Robert Koch 研制了结核菌素，期望用作疫苗
1890/1891	丹麦 Bernhard Bang 和俄罗斯 W.Gutmann 将结核菌素用于诊断性检测
1892	Leonard Pearson 将结核菌素检测法引入美国宾夕法尼亚州
1895	使用商业化牛奶巴氏消毒机进行牛奶巴氏消毒

（续）

年份	事件
1898	Theobald Smith 区分结核分支杆菌（人型菌）和牛分支杆菌（牛型菌）
1901	Robert Koch 错误提出牛结核病对人的危害极小
1902	M.P. Ravenel 从一患结核性脑膜炎儿童体内分到牛分支杆菌
1904	美国第一个针对克服某一特定疾病的国家级自发组织全国结核病研究与预防协会（National Association for the Study and Prevention of Tuberculosis）成立，后在 1973 年改名为美国肺协会（American Lung Association）
1906—1909	美国畜牧局（Bureau of Animal Industry，BAI）在哥伦比亚地区实施“检疫—扑杀”计划。十年后，他们确定牛结核病是可以根除的
1908	巴斯德所的 Albert Calmette 和 Jean-Marie Camille Guérin 研发了 BCG 疫苗，1921 年后首次用于人，获得一定效果
1908	美国芝加哥通过第一个市政法令，除经结核菌素皮试检测合格的母牛所产生奶外，所有牛奶强制性实施巴氏消毒
1917	美国启动州—联邦合作牛结核病根除计划
1940	美国加州为最后一个全面认证为改进地区的州
1943	Selman Waksman 发现了第一个可杀死结核杆菌的治疗药物—链霉素

注：引自 Olmstead & Rhode，2004。

三、结核菌素的发现

1890年，Koch利用结核分支杆菌的甘油肉汤培养物制备了最原始的结核菌素，实际上是将液体培养物高压灭菌后，经无菌过滤，滤液浓缩而成的混合物。因为该物质可以抑制结核分支杆菌的生长，于是人们将结核菌素用于结核病的治疗，但却没有效果，导致很多病人被误治。

澳大利亚医生Clemens von Pirquet发现以前注射过马血清或天花疫苗的病人在第二次注射时会产生更快速和更为强烈的反应，他将这种反应称之为“过敏反应（allergy）”。随后von Pirquet又发现注射结核菌素的结核病人也会出现同样的过敏反应：活动性结核病人通常表现为结核菌素反应阳性，大多数传播型和快速发展型结核病人则表现为阴性。这种发现同时导致了一种错误的认识：结核菌素反应可以用作结核病免疫保护力的标识反应。直到1907年，von Pirquet才真正发现了结核菌素在结核病诊断方面的价值：

用于结核病的诊断。除结核分支杆菌外，牛分支杆菌等其他结核分支杆菌复合群的结核菌素也被提取出来用于诊断。

Koch于1890年制备的结核菌素为“旧结核菌素”（old tuberculin），其抗原成分未知，培养基中的一些组分导致较高的假阳性。为解决该问题，Seibcrt 于1949年制备了结核菌素纯化蛋白衍生物（tuberculin purified protein derivative，PPD）。虽然其确切的活性抗原成分仍然未知，但PPD的活性能被胰蛋白酶破坏，因此，至少可认为PPD是一类蛋白质。后来又有不少学者想弄清PPD的成分，但都没有结果，能肯定的是：PPD不是一种纯化合物，而是一类包含了蛋白质、多肽和多糖的混合物。

直到现在，在动物结核病诊断方面，结核菌素（PPD）皮内变态反应仍是世界动物卫生组织（OIE）推荐和世界各国法定的检疫方法。由于卡介苗大量应用于儿童结核病的预防，而卡介苗干扰PPD反应，因此，PPD皮内变态反应在人结核诊断方面已不作为主要方法。

四、卡介苗的发明

英国医生Jenner 在1796 年首创接种牛痘预防天花获得成功后，人们很自然地想到用同样的策略来预防结核病。刚开始的假设是：牛分支杆菌感染能预防人结核病。该假设于19世纪后期在意大利进行了临床测试，结果发现：牛分支杆菌和结核分支杆菌具有同样的致病力。1921年法国医生Albert Calmette和其助手兽医Camille Guérin发现，牛分支杆菌在改良培养基上经过13年230次的传代后致病力明显减弱。于是他们将这种弱毒力菌株接种在牛、马、羊、鼠身上，发现它们不仅没有发生结核病，反而产生了抗结核分支杆菌感染的免疫力。1921年，这种减毒牛分支杆菌被首次应用于人，疫苗以两位学者的姓氏为名，称为卡介苗（Bacillus Calmette-Guérin）。其后经数十年的临床应用和流行病学观察，于1928年被国际联盟的卫生委员会（世界卫生组织前身）正式采用。20世纪30年代开始在全球各地逐渐推广，直到第二次世界大战后，卡介苗才被广泛应用。至今卡介苗接种仍是一种预防人结核病的唯一官方手段。虽然卡介苗对儿童肺结核病的免疫保护效果褒贬不一，对成年人无免疫保护效果，但其在保护儿童结核性脑膜炎和粟粒性结核病中的效果是公认的。因此，卡介苗的发明被称为全球控制结核病发展史上的第二个里程碑。

由于牛结核病的人兽共患特征，牛结核病的防控一直是采用检疫和扑杀阳性动物的政策，不治疗、不免疫。检疫扑杀对野生动物牛结核病的控制很难实施，因此野生动物结核病的控制采取选择性扑杀政策，如英国一直使用扑杀政策控制牛结核病流行地区的獾结核病，但未取得理想效果。2010年，卡介苗在英国被批准用于獾免疫，免疫途径是注射。扑杀和注射免疫的共同风险是捕捉干扰了獾的行为，导致獾因为逃避捕捉而四处乱窜，加快了结核病的传播。因此，目前正在实行卡介苗口服剂型的研究。在结核病高负担的发展中国家，大量淘汰结核阳性牛是一种沉重的经济负担。因此，也有科学家研究用卡介苗等疫苗免疫预防和控制牛结核病的可能性，实验室攻菌试验表明，1月龄内的犊牛免疫BCG可获得较好的免疫保护力。

第三节 牛结核病的危害

牛结核病是一种慢性消耗性的传染病，潜伏期通常为2周至数月，有的甚至长达数年。据估计，全球每年约有5 000万牛结核病阳性牛，每年带给全球的经济损失约30亿美元，严重危害着牛的健康和养殖产业的可持续发展。1901年首届诺贝尔生理学或医学奖获得者Von Behring这样说过："正如你们所知，牛结核病是影响农业生产最具破坏性的传染病之一。"20世纪的前50年，在农场动物中，牛结核病所带来的损失比其他传染病带来的损失之和还要严重。澳大利亚是很早就根除了牛结核病的国家，在控制牛结核病以前，该病每年给澳大利亚带来约50万英镑的经济损失。美国则在50年时间内花费约4.5亿美元实施牛结核病根除计划，在家养牛中基本控制了该病。

一、对牛产业的危害

牛结核病曾经在全球范围内流行，许多国家和政府都十分重视对牛结核病的防治。据英国环境、食品及农村事务部（Department for Emironment，Food and Rural Affairs，DEFRA）报道，2012年，牛结核病群发病率为5.8%（5152/88568），在高风险地区，爆发牛结核病的农场用于控制该病的花费为1.4万英镑，此外，政府还需要承担2万英镑的费用。一些国家在启动控制和根除计划后已经有效地控制或消灭了此病。目前，北欧的丹麦、比利时、德国等国家基本消灭了牛结核病。美国、英国、日本等发达国家经过实施"检疫—扑杀"等措施，疫情一度被控制。近年来由于自然界中野生动物储存宿主的存在，牛结核病阳性检出率在逐年增加。

在发展中国家及不发达地区，疫情更是呈现蔓延的趋势，但牛群实际感染率与经济损失不详。虽然“检疫-扑杀”政策仍是控制牛结核病的唯一官方措施，但难以实质性实施。较高的流行率和过高的扑杀成本导致发展中国家的政府难以承受相应的巨大经济负担，过低的政府补偿也导致养殖者难以承受扑杀带来的经济损失。据报道，尼日利亚对2008—2012年马库尔迪市屠宰场进行回顾性调查，发现1.90%的牛有明显的结核结节，该市仅由屠宰结核阳性牛带来的直接经济损失就达1.82万美元。

二、对人类健康的危害

“同一健康”在20世纪被称作“同一医学”，其核心是将动物–人类–生态系统视为一个整体，有效整合相关领域资源，共同应对公共卫生风险的挑战。由于结核分支杆菌、牛分支杆菌，以及结核分支杆菌复合群其他成员如非洲分支杆菌、山羊分支杆菌等引起的结核病在人、家畜和野生动物中均广泛存在，严重影响着家养动物、野生动物和人类健康，因此，结核病是“同一健康”关注的重要对象。

人结核病是危害人类健康的主要传染病之一。据WHO报道显示，2014年全球约有960万结核病新发病例，约150万人因结核病死亡。中国是全球22个结核病高负担国家之一，位居世界第二，仅次于印度，2014年有结核病患者120万人，因结核病死亡的人数达到3.87万人。

在多数发达国家，人感染牛结核病的发生率在实行牛结核病控制和根除计划及实施牛奶巴氏消毒后有了明显的减少。1983年，出于公共健康和经济等原因的考虑，OIE正式提出牛结核病的根除计划，所采取的措施包括对人类消费使用的牛及牛产品（肉、奶）进行严格检疫、牛奶必须经过巴氏消毒或完全煮沸后方能饮用等，同时还包括对牛结核病进行深入地研究，尤其是诊断方法的改进和完善。

在发达国家中，牛分支杆菌感染人主要包括以下几种情况：

（1）与人免疫缺陷病毒（human immunodeficiency virus，HIV）共感染，这在感染牛分支杆菌的患者中占相当大的比重，HIV病人中牛结核病的发生率比HIV阴性群体要高得多；

（2）在启动牛结核病控制计划前就已经感染了牛分支杆菌，后又复发的老年病例；

（3）由其他没有进行牛结核病控制计划或效果不显著的国家或地区移民带入；

（4）与污染的食品或动物相接触，或暴露在结核病动物或尸体下而被感染。兽医、农民、屠宰场工作人员，由于职业的关系感染牛分支杆菌。

在发展中国家，肺外结核病通常是不上报的。一方面，在牛群密度高、数量大的地区，人感染牛分支杆菌的比例也相对高许多。研究表明，在有人结核病患者的牛场，牛出现结核菌素皮试阳性反应的数量也要远远高于没有结核病人的牛场。传统的放牧形式，如迁移式放牧、公共牧场等都会导致人感染牛结核病的风险增加。因此，控制家畜的牛结核病，就能够降低人类暴露在牛分支杆菌环境的概率，从而降低人类感染牛结核病的风险。

另一方面，近年来牛感染人结核病的报道越来越多。一种观点认为：虽然结核分支杆菌和牛分支杆菌的宿主嗜性有差异，前者主要感染人，后者主要感染牛，但结核分支杆菌不但能感染牛，在牛群中传播，而且其对牛的致病性与牛分支杆菌无明显差异；另一种观点认为：结核分支杆菌（H37Rv）虽然可以感染牛，但对牛无致病性。尽管人结核分支杆菌对牛的致病性尚有争论，但由于人结核分支杆菌对人的传染性是肯定的，牛感染人结核分支杆菌对人的健康风险仍是显而易见的。

由此可见，结核病已经不单单是人医或是兽医领域的问题。世界卫生组织专家委员会第七次会议报告指出："除非扑灭牛结核病，否则人结核病的控制是不会成功的。"牛结核病作为一种人畜共患病，必须通过兽医界和医学界之间的精诚协作和共同努力，才可能得到有效控制。

参考文献

Cambau E, Drancourt M. 2014. Steps towards the discovery of Mycobacterium tuberculosis by Robert Koch, 1882[J]. Clinical microbiology and infection, 20, 196－201.

Carter S P, Chambers M A, Rushton S P, et al. 2012. BCG vaccination reduces risk of tuberculosis infection in vaccinated badgers and unvaccinated badger cubs[J]. PLoS One 7, e49833.

Chambers M A, Carter S P, Wilson G J, et al. 2014. Vaccination against tuberculosis in badgers and cattle: an overview of the challenges, developments and current research priorities in Great Britain[J]. Vet Rec 175, 90－96.

Charles O, Thoen J H S, John B, et al. 2014.Zoonitic Tuberculosis Mycobacterium bovis and other pathogenic Mycobacteria: Wiley Blackwell.

Chen Y, Chao Y, Deng Q, et al. 2009. Potential challenges to the Stop TB Plan for humans in China; cattle maintain M. bovis and M. tuberculosis[J]. Tuberculosis (Edinb) 89, 95－100.

Chen Y, Wu J, Tu L, et al. 2013. (1)H-NMR spectroscopy revealed Mycobacterium tuberculosis caused abnormal serum metabolic profile of cattle[J]. PLoS One 8, e74507.

DEFRA. 2014. Monthly publication National Statistics on the Incidence of Tuberculosis (TB) in cattle to end March 2014 for Great Britain. https://wwwgovuk/government/uploads/system/uploads/attachment_data/file/318716/bovinetb-statsnotice-11jun14pdf.

Ejeh E F, Raji M A, Bello M, et al. 2014. Prevalence and direct economic losses from bovine tuberculosis in makurdi, Nigeria[J]. Vet Med Int 2014, 904861.

Fine PEM C I, Milstein J B, Clements C J. 1999. Issues relating to the use of BCG in immunization programs[J]. Geneva: WHO.

Garnier T, Eiglmeier K, Camus J C, et al. 2003. The complete genome sequence of Mycobacterium bovis[J]. Proc Natl Acad Sci U S A 100, 7877–7882.

Murphy D, Costello E, Aldwell F E, et al. 2014. Oral vaccination of badgers (Meles meles) against tuberculosis: comparison of the protection generated by BCG vaccine strains Pasteur and Danish[J]. Vet J 200, 362–367.

Nelson A M. 1999. The cost of disease eradication. Smallpox and bovine tuberculosis[J]. Ann N Y Acad Sci 894, 83–91.

Olmstead A, Rhode P W. 2004. An Impossible Undertaking: The Eradication of Bovine Tuberculosis in the United States[J]. The Journal of Economic History 64, 734–772.

Pritchard D G. 1988. A century of bovine tuberculosis 1888–1988: conquest and controversy[J]. J Comp Pathol 99, 357–399.

Romero B, Rodriguez S, Bezos J, et al. 2011. Humans as source of Mycobacterium tuberculosis infection in cattle, Spain[J]. Emerg Infect Dis 17, 2393–2395.

Rothschild B M, Martin L D, Lev G, et al. 2001. Mycobacterium tuberculosis complex DNA from an extinct bison dated 17,000 years before the present[J]. Clinical infectious diseases : an official publication of the Infectious Diseases Society of America 33, 305–311.

Wedlock D N, Skinner M A, de Lisle G W, et al. 2002. Control of Mycobacterium bovis infections and the risk to human populations[J]. Microbes and infection / Institut Pasteur 4, 471–480.

Whelan A O, Coad M, Cockle P J, et al. 2010. Revisiting host preference in the Mycobacterium tuberculosis complex: experimental infection shows M. tuberculosis H37Rv to be avirulent in cattle[J]. PLoS One 5, e8527.

WHO. 2015. Global tuberculosis report.

Zamboanga B L, Bean J L, Pietras A C, et al. 2005. Subjective evaluations of alcohol expectancies and their relevance to drinking game involvement in female college students[J]. The Journal of adolescent health : official publication of the Society for Adolescent Medicine 37, 77–80.

Zink A R, Sola C, Reischl U, et al. 2003. Characterization of Mycobacterium tuberculosis complex DNAs from Egyptian mummies by spoligotyping[J]. J Clin Microbiol 41, 359–367.

第二章 病 原 学

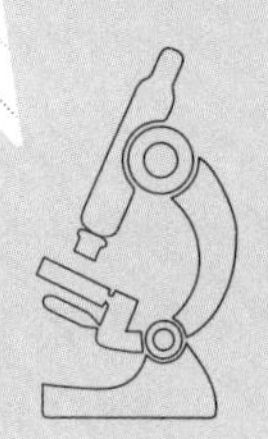

牛分支杆菌是牛结核病的主要病原，结核分支杆菌复合群的其他成员也可感染牛，如结核分支杆菌、山羊分支杆菌等；禽分支杆菌一般认为对牛不致病，但感染后可干扰牛结核病检疫。区分各成员具有流行病学意义。由于基因组同源性很高，很难依靠一种方法完全区分各成员，往往依据分子生物学、致病特征、代谢特征、形态和培养特征等多方面证据加以综合判断。然而，由于结核分支杆菌、牛分支杆菌等结核分支杆菌复合群经典成员所具有的人兽共患性致病特征，又使人们必须用同一种思维，即“一个世界、一个健康、一个医学”去考虑其所致疾病的防控问题。

第一节 分类和命名

在微生物学分类上，牛分支杆菌属于原核生物界、原壁菌门、放线菌纲、放线菌目、分支杆菌科、分支杆菌属。迄今报道的分支杆菌属（*Mycobacterium*）成员有100多种。分支杆菌属主要由结核分支杆菌复合群（*Mycobacterium tuberculosis complex*，MTBC）、麻风分支杆菌（*Mycobacterium leprae*），以及非结核分支杆菌（*Non-tuberculosis Mycobacterium*，NTM）等所组成。

一、结核分支杆菌复合群

结核分支杆菌复合群目前有8个成员，分别为：牛分支杆菌（*Mycobacterium bovis*）、结核分支杆菌（*Mycobacterium tuberculosis*）、卡介苗（*Mycobacterium bovis BCG*）、非洲分支杆菌（*Mycobacterium africanum*）、田鼠分支杆菌（*Mycobacterium microti*）、山羊分支杆菌（*Mycobacterium caprae*）、海豹分支杆菌（*Mycobacterium pinnipedii*）及卡内蒂分支杆菌（*Mycobacterium canettii*）。在基因水平上，牛分支杆菌相对于结核分支杆菌H37Rv菌株缺失了11个区域（region of difference，RD），包括91个开放阅读框；而卡介苗菌株相对于牛分支杆菌而言，又缺失了5个区域，包括38个开放阅读框。结核分支杆菌复合群成员之间的相关性主要通过分子生物学技术，如DNA-DNA杂交、多位点酶电泳法、16S rRNA基因测序及16S-23S rRNA基因内转录间隔区序列检测等来确定。临床上通常结合传统的细菌学菌种鉴定技术和分子生物学技术对分支杆菌的菌株进行定型鉴定。

（一）分型方法

传统的分支杆菌分型方法主要以能否在特定的鉴别培养基上生长及其形态为依据，但由于分支杆菌培养常需要较高生物安全级别的实验室，且由于多种分支杆菌生长慢，营养要求高，操作复杂、费时，因此，存在着很大的限制性。

目前多种分子生物学方法已广泛用于MTBC的分型，如限制性片段长度多态性（restriction fragment length polymorphism，RFLP），间隔寡核苷酸分型方法（spacer oligotyping，Spoligotyping），数目可变串联重复序列（variable number of tandem repeats，VNTR），DNA测序（gyrB和HSP65基因等）、差异区（regions of differences，RDs）的PCR扩增等。下面简单介绍目前常用的一些MTBC分子分型方法。

1. 限制性片段长度多态性（RFLP） 由于结核分支杆菌基因组中含有高拷贝的插入序列“IS6110”，因此以IS6110为探针的限制性片段长度多态性分型法（RFLP –IS6110）是结核分支杆菌基因分型的金标准（图2–1）。因为牛分支杆菌通常只具有一个或几个IS6110拷贝，所以该方法对牛分支杆菌基因型的鉴别参考价值有限。由于IS6110插入热点的存在，RFLP–IS6110方法的鉴别力与IS6110拷贝数成反比。

另外，还可以通过直接重复（direct repeat，DR）和富含鸟嘌呤–胞嘧啶的多态序列（polymorphic guanine cytosine rich sequence，PGRS）为探针的RFLP分型法进行分型，DR–RFLP分型法通过检测染色体内相同序列的多态性鉴别菌株差异，PGRS–RFLP法则被认为是这些RFLP技术中对牛分支杆菌鉴别力最高的分型法。

然而，所有RFLP技术的应用都必须提取DNA，且RFLP分型法耗时长，技术要求

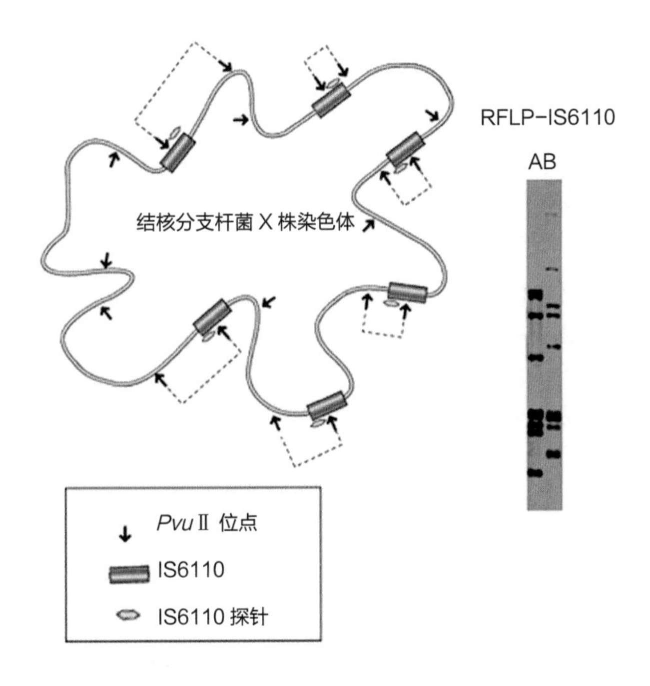

图 2–1 RFLP–IS6110 原理示意图

环线为结核分支杆菌染色体，红色区为 IS6110 区域，箭头为 *Pvu* Ⅱ限性位点，绿色区为 245 bp 的 IS6110 探针区（用于 Southern blotting）；右边表示 A、B 不同菌株表现出不同的电泳带型。（引自 Ramos 等，2014）

高，另外，有报道称该技术的重复性不佳。

2. 间隔寡核苷酸分型方法（spoligotyping） 与DR-RFLP分型法类似，是根据直接重复区（DR）之间的间隔区（Spacer）多态性建立的分型方法，但该方法更适合于牛分支杆菌分离株的鉴别。DR区在基因组呈簇状分布，由若干个36bp的保守DR序列组成，两个DR之间存在间隔区，每个间隔区片段长为35～41bp。针对DR 序列的两端设计一对引物，引物用生物素标记，通过PCR将所有DR之间的间隔区全部扩增出来。设计相应特异的寡核苷酸探针（oligo），并将探针固定在Biodyne C膜上，将生物素标记的扩增产物与杂交膜上的寡核苷酸探针进行特异杂交，再通过ECL增强化学发光检测方法进行显色，将杂交后的Spoligotyping图形以0（无信号）或1（有信号）二进制形式提交到数据库中（www.Mbovis.org），通过比对，得到菌株基因分型结果（图2-2）。

也可将二进制Spoligotyping型转化为八进制编码Spoligotyping型，转化规则是：将二进制1和0按三个数字一组分开，第43个间隔子单例。将间隔子1～42分组转换成0～7，共8个数字，即000=0，001=1，010=2，011=3，100=4，101=5，110=6，111=7；间隔子43按原数字不变，即0或1。因此，八进制表述的Spoligotyping型为8位数（图2-3）。

与RFLP方法相比，Spoligotyping快速、简单且重复性好，可以对细胞裂解物及临床样本进行直接鉴定。因为只有存在和不存在两种分型结果，所以该方法能与计算机技术相结合，从而使结果更加精确，并且稳定性好，方便在实验室内和实验室间进行比较。

Spoligotyping被认为是一种很有用的分型技术。传统spoligotyping只检测43个间隔区，1～43个间隔子顺序是一定的，其中包括H37Rv的37个间隔子和BCG的6个间隔子，其中H37Rv缺间隔子20、21，33～36等6个间隔子，而BCG缺间隔子3、9、16、39～43等8个间隔子。该方法对结核分支杆菌复合群菌株分型的初筛效果很好。在中国，结核分支杆菌北京型（Mtb Beijing sublinage/family）是导致人结核的优势型，占80%左右。北京型的Spoligotyping图形很特别，与代表株H37Rv图形不同，只具有第37～43位的间隔区。牛分支杆菌的图形与BCG相同（图2-2）。

据报道，结核分支杆菌复合群成员有94个间隔子。传统的43间隔子spoligotyping尽管广泛应用，但其鉴别力（discriminatory power，DP）不高。为了进一步提高鉴别力，一些研究者将额外的25个间隔区加入到分析范围，建立了68间隔子spoligotyping法，该方法能鉴别出牛分支杆菌、非洲分支杆菌和山羊分支杆菌分离株的更多遗传差异性。

3. 数目可变串联重复序列（VNTR） 近年来，数目可变串联重复序列（variable number of tandem repeats，VNTR）被认为是某些细菌基因分型的高鉴别力分子标记。VNTR序列首先在真核细胞基因组中被描述。含有长度为1～3bp短序列重复（short sequence repeats，SSRs）的基因座通常被称为微卫星，含有长度为10～100bp短序列重复的基因座被

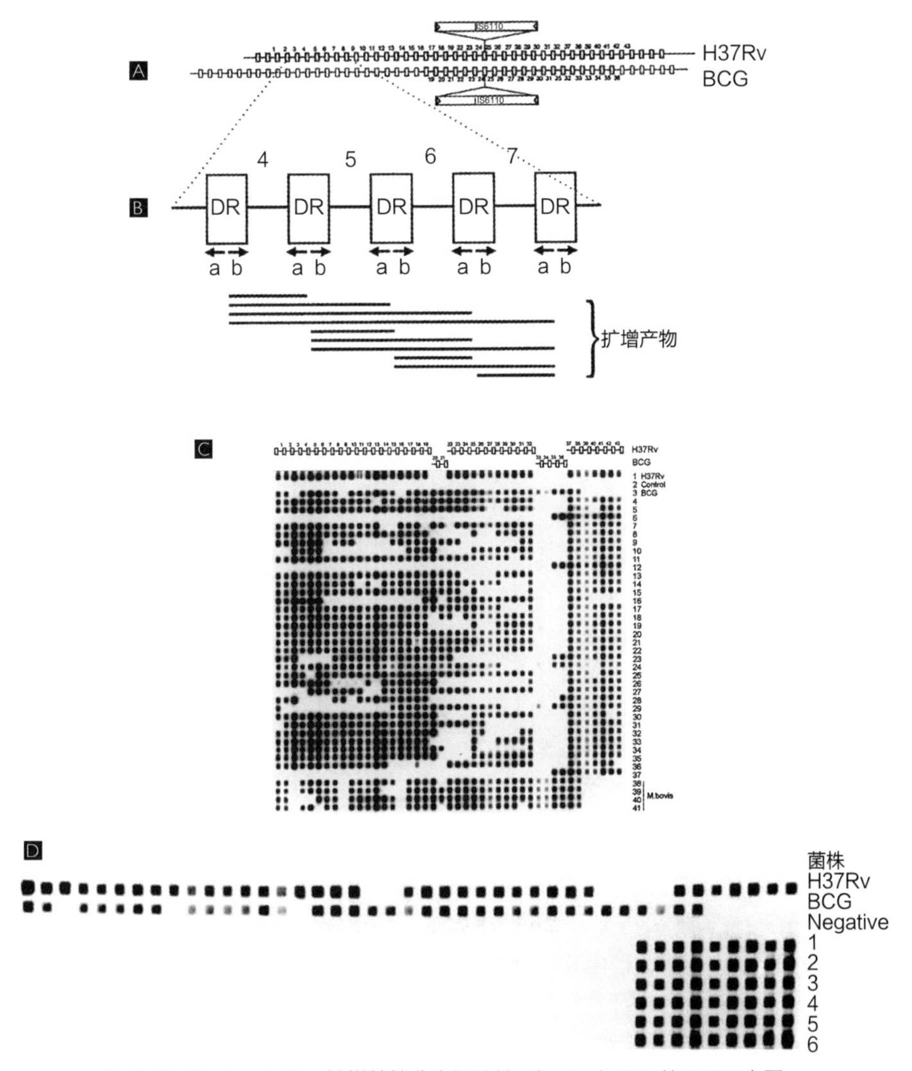

图 2-2 Spoligotyping 扩增结核分支杆菌基因组 DR 间隔区的原理示意图

A. 示 DR 位点的结构。DR 区的间隔子是唯一的，长 35 ~ 41bp B. 示 PCR 扩增 DR 间隔子的原理图。位于 DR 区两端的 PCR 引物 a 和 b 用于扩增间隔区，任一 DR 都是引物的靶序列，因此，扩增产物是多个不同长度的 DNA 片段混合物 C. 示 PCR 扩增产物的杂交图形，杂交膜上的间隔子顺序和基因组上的序列一致。其中菌株 6、12 和 37 对应于结核分支杆菌北京型的图形 D. 菌株 1 ~ 6 为在中国结核分支杆菌北京型的图形 （A ~ C 引自 Kamerbeek 等，1997；D 引自 Chen 等，2009）

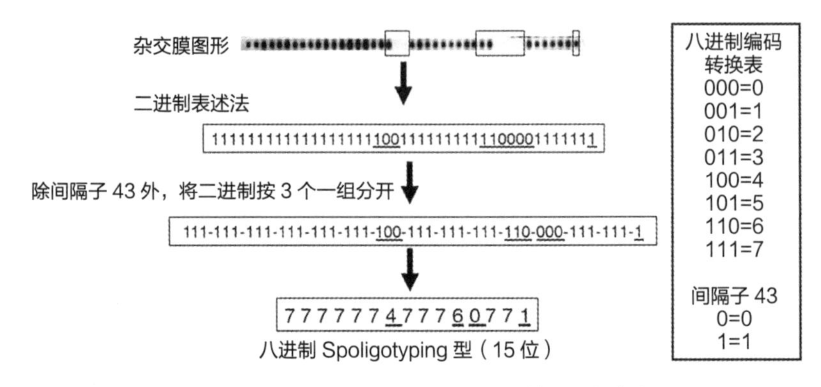

图 2-3 Spoligotyping 基因型表述法

二进制和八进制转换示意图

（引自 Driscoll JR, 2009. 进行了中文注解）

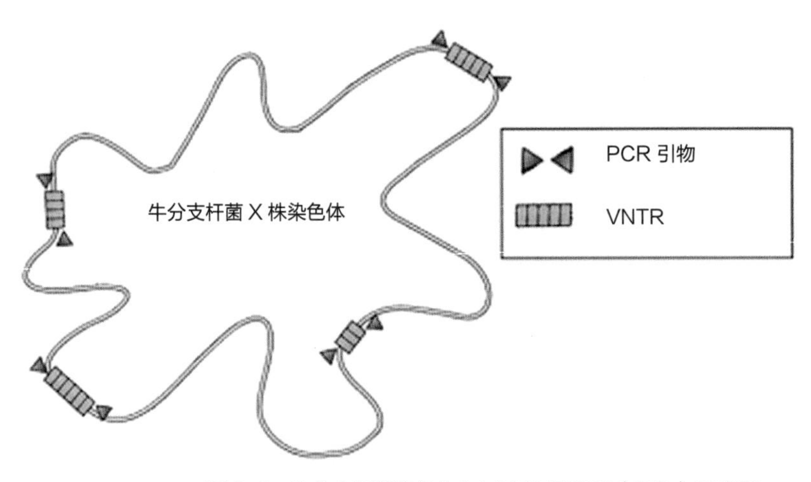

图 2-4 牛分支杆菌染色体上 VNTR 基因座（绿色）示意图

在特定位点上，短重复序列的数量是可变的。PCR 引物（红色）位于 VNTR 位点不同长度 DNA 片段两侧。每个位点的重复序列数量同时随菌株不同而变化。 （引自 Ramos 等 , 2014）

称为小卫星。某些微卫星和小卫星，可以通过序列重复次数和等位基因间序列的变异性来反映等位基因的高变性，这样的序列被称为VNTRs（图2-4）。在实际分析中，通过不同的若干对引物，首先扩增VNTRs，进而描述VNTR等位基因中的串联重复序列的数量。

最近，在包括分支杆菌在内的越来越多的原核生物内，发现了与人类相似的微卫星和小卫星序列。在结核分支杆菌复合群内确定的VNTRs中，沿细菌DNA分散存在着41个位点，其长度为51 ~ 77bp，具有高变性，这样的序列被称为分支杆菌散在重复单位

(mycobacterial interspersed repetitive units，MIRU)(图2-4)。因为这个特殊结构，该基因分型方法被称为MIRU-VNTR分型法。这种基因分型方法是一种基于PCR的分型技术，用于分析基因组中基因间区域40～120 bp、通常以串连重复形式散在分布于分支杆菌基因组的DNA 元件。H37Rv标准株含41个MIRU区，但每个MIRU区的重复片段拷贝数在不同菌株之间存在差异。

检测菌株中的MIRU-VNTR等位基因的特征可用两种不同的技术：其一，简单的电泳技术，将PCR扩增的产物（每个产物对应唯一的VNTR）分别进行电泳，通过所获得条带的大小确定每个基因座重复序列的数目；第二个技术是基于荧光的DNA分析仪，对基因型进行计算机自动化处理，可对多个PCR产物进行同步处理，进而达到基因分型的目的。MIRU-VNTR方法的优点在于其高通量、高鉴别力及高重现性；另外，该基因分型配置文件是数字化的，易于管理及实验室之间的交换（图2-5）。

为了提高检测灵敏度，研究人员对MIRU-VNTR方法进行了不断完善，早期建立了MIRU-12格式（一组12个位点），之后建立了具有更高鉴别力的MIRU-15（一组15个位点）和MIRU-24（一组24个位点）格式法，并且在不同的流行病学研究中均得到了应用。目前大多数学者认为：虽然MIRU-24格式在结核分支杆菌分子流行病学研究中应用较好，但似乎并不适合于牛分支杆菌的基因分型，有学者提出了更为适合于牛分支杆菌基因分型的一组新的基因位点，但尚未标准化。因此，目前MIRU-12格式法仍是最常用的检测法。

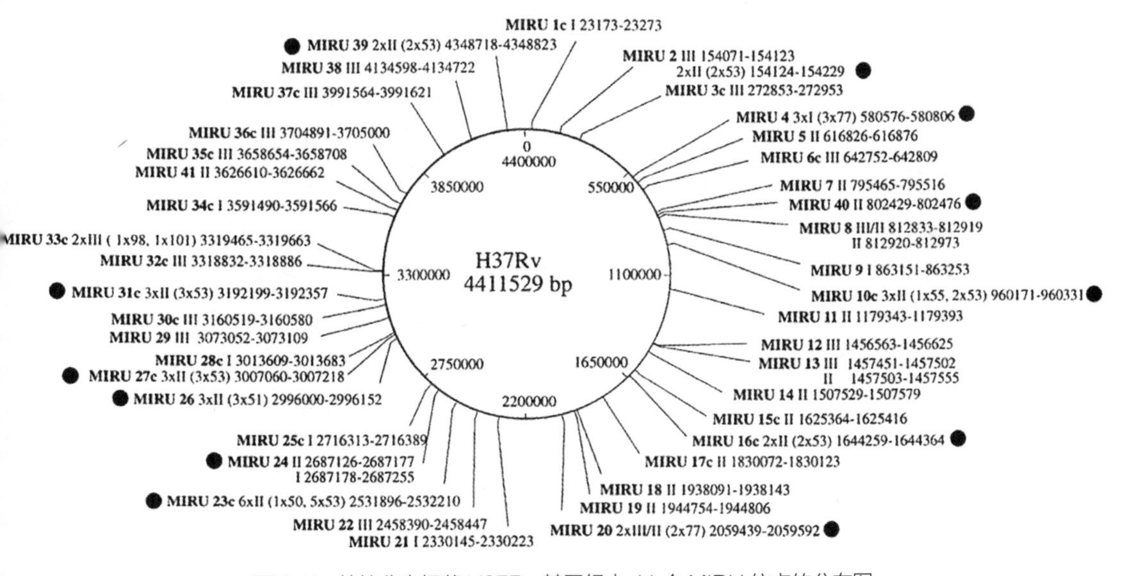

图2-5 结核分支杆菌 H37Rv 基因组中 41 个 MIRU 位点的分布图

（引自 Supply 等，2000）

（二）结核分支杆菌复合群主要成员

1. 牛分支杆菌（*M.bovis*） 于1896年被首次鉴定，曾被称为牛型结核杆菌或牛结核分支杆菌。牛分支杆菌是牛结核病的主要病原菌，对人类同样具有致病力。牛分支杆菌比结核分支杆菌具有更广泛的宿主。家养牛被认为是其自然宿主，是人类和其他动物的主要传染源。此外，野生动物可能在疾病的维持和传播中发挥重要作用，例如，獾、负鼠、鼬、红鹿、野猪、开普水牛和白尾鹿等。牛分支杆菌卡介苗（*M.bovis* Bacille Calmette-Guerin，BCG）是目前世界上唯一用于预防人结核病的疫苗，对人类无潜在致病性，是牛分支杆菌在含胆盐马铃薯培养基上经过13年230次传代而获得的减毒株。该菌株与其他分支杆菌菌株表型特征相似，但是由于长期传代，其生物学性状与亲本株有所改变，能够在丙酮酸缺乏的培养基中生长良好，且菌落与结核分支杆菌类似；在基因水平上，卡介苗较牛分支杆菌丢失了5个基因片段，较结核分支杆菌丢失了16个基因片段。所以新分类法将卡介苗与牛分支杆菌独立，称为牛分支杆菌卡介苗（*M.bovis* BCG）。由于在不同实验室长期传代，BCG也出现许多变异株，但除吡嗪酰胺以外，这些BCG菌株对一线抗结核药物均敏感。

2. 结核分支杆菌（*M.tuberculosis*，Mtb） 是Robert Koch于1882年发现的人类结核病的主要病原菌，在医学实践中常以人型结核杆菌、结核菌等俗名相称。结核分支杆菌生长缓慢，为需氧菌，可通过空气微粒传播，能侵犯人体多种组织和器官，淋巴结和肺是最常被侵犯的组织器官。

3. 非洲分支杆菌（*M. africanum*） 于1968年从非洲结核病人的肺部首次分离得到。该菌在性状上和牛分支杆菌一致，而烟酸试验呈阳性特征则与结核分支杆菌一致。有研究认为非洲分支杆菌是牛分支杆菌的烟酸试验阳性的变异菌株。该菌经典的表型特征和遗传标记包括：缺乏RD9，存在RD12及特异的gyrB基因多态性。

4. 田鼠分支杆菌（*M. microti*） 于1957年被首次分离和鉴定，是田鼠和其他动物的病原菌。最近研究已经表明，田鼠分支杆菌对人类可能具有感染性。

5. 山羊分支杆菌（*M. caprae*） 是1999年从西班牙山羊中分离得到的结核分支杆菌复合群成员之一。该菌株与牛分支杆菌有共同的表型特征，但对吡嗪酰胺敏感。然而其他特征与结核分支杆菌复合群的其他成员不同，因此该菌株随后被命名为牛分支杆菌山羊亚种（*M. bovis* subsp. caprae），后来作为一个新种被命名为山羊分支杆菌。与牛分支杆菌类似，山羊分支杆菌对人类及其他哺乳动物具有致病性。

6. 海豹分支杆菌（*M.pinnipedii*） 对海豹及其他动物有致病性，存在感染人类的可能性，但目前尚未发现感染人的病例。

7. 卡内蒂分支杆菌（*M.canettii*） 菌落平滑，具有光泽，被认为是结核分支杆菌复合群中的罕见菌株。虽然这些菌株可以引起人类结核病，但是还不能确定其是否为结核分支杆菌复合群的一个单独种或亚种。

二、麻风分支杆菌

麻风分支杆菌（*M. leprae*）导致人麻风病，主要表现为皮肤和周围神经系统的损伤，可治愈，但常因治疗不当或不及时导致终身残疾或畸形。

麻风分支杆菌是一种古老的细菌。历经长时间的演化，目前麻风分支杆菌菌株分为5个型，编号为0～4型，各型之间都存在很强的地理联系，欧洲菌株是3型的唯一成员，2型主要存在于中亚和中东。该菌生长缓慢，生长周期为11～13d；低温环境中存活时间较长，生长温度低于36℃，0℃ 可存活3周，–60～–13℃下可存活数月。麻风分支杆菌入侵机体后，其靶细胞主要为单核巨噬细胞和外周神经雪旺氏细胞（schwann cells，SC）。

三、非结核分支杆菌

非结核分支杆菌（Nontuberculous mycobacteria，NTM）是分支杆菌属内除MTB复合群和麻风分支杆菌以外的其他分支杆菌。迄今为止，共发现NTM有154种和13个亚种，大部分为腐物寄生菌，仅少部分对人致病。

（一）分型方法

伯杰系统细菌学手册根据NTM的生长速度将其分为缓慢生长非结核分支杆菌和快速生长非结核分支杆菌。

为适应医学临床的需要，1959年Runyon主要依据其在试管内的生长温度、生长速度、菌落形态及色素产生与光反应的关系等又进一步将NTM分为4群，编为Ⅰ–Ⅳ群：

Ⅰ群：光产色菌，在固体培养基上菌落不见光时为淡黄色，光照后变为黄色或橙色。以堪萨斯分支杆菌（*Mycobacterium kansasii*）、海分支杆菌（*Mycobacterium marinum*）、猿分支杆菌（*Mycobacterium simiae*）为主。

Ⅱ群：暗产色菌，在无光时菌落为黄色或红色。以瘰疬分支杆菌（*Mycobaaerium scrofulaceum*）、戈登分支杆菌（*Mycobacterium gordonae*）和苏尔加分支杆菌（*Mycobacterium szulgai*）为主。

Ⅲ群：不产色菌，无论光照与否，菌落均不产生色素，也可呈灰白色或淡黄色。有鸟–胞内分支杆菌复合群（*Mycobacterium avmm–intracellulare complex*，MAC）、嗜血分支杆菌（*Mycobacterium haetnophilum*）、溃疡分支杆菌（*Mycobacterium ulcerans*）、蟾分支杆菌（*Mycobacterium xenopi*）、玛尔摩分支杆菌（*Mycobacterium matmoense*）、土分支杆菌（*Mycobacterium terra*）和胃分支杆菌（*Mycobacterium gastri*）等。

Ⅳ群：快速生长分支杆菌，该群细菌在新鲜培养物接种的培养基上，7天内可以出现肉眼可见的菌落。微菌落试验结果阴性。主要有偶发分支杆菌（*Mycobacterium formitum*）、脓肿分支杆菌（*Mycobacterium abscessus*）、龟分支杆菌（*Mycobacterium chelonae*）、耻垢分支杆菌（*Mycobacterium smegmatis*）和母牛分支杆菌（*Mycobacterium vaccae*）等。

菌种鉴定影响治疗方案的选择。由于根据生化和鉴别培养基进行菌种鉴定的传统方法不但耗时，而且不能将许多NTM菌种完全鉴定出来，因此建议菌种鉴定时要结合细菌各个方面的特征进行综合考虑。现在公认的NTM种类已超过154种。随着分子生物学的发展，人们发现NTM的16S rRNA高度保守，如果其存在1%以上的差异，即可以定义为新的NTM菌种。因此，NTM种类还将不断增加。

（二）非结核分支杆菌主要种类

1. 鸟分支杆菌复合群　通过分子生物学技术进行鉴定，鸟分支杆菌复合群（*M. avium Complex*，MAC）包含的成员越来越多。在过去的十年中，除鸟分支杆菌和胞内分支杆菌外，该复合群新增了混兽分支杆菌（*M. chimaera*，也称为MAC–A序列型）、哥伦比亚分支杆菌（*M. colombiense*，也称为MAC–X序列型）、奥尔胡斯海港分支杆菌（*M. arosiense*）、*M. bouchedurhonense*、*M. marseillense*和*M. timonense*。现有两种商品化的DNA探针（Gen– Probe，San Diego，CA）可用来区分鸟分支杆菌和胞内分支杆菌，但这些探针在鉴别一些较新的MAC品种时，可能会出现假阳性。

2. 快速生长分支杆菌　根据色素产生和遗传相关性可将快速生长分支杆菌（rapidly growing mycobacteria，RGM）分为六大类群。主要群体是：① 偶发分支杆菌（*M. fortuitum*）组，② 龟分支杆菌（*M. chelonae*）/脓肿分支杆菌（*M. abscessus*）组，③ 耻垢分支杆菌组［耻垢分支杆菌（*M. smegmatis*）和古德分支杆菌（*M. goodii*）］，④ 产黏液分支杆菌（*M. mucogenicum*）组，⑤ 马德里分支杆菌（*M. mageritense*）/沃氏分支杆菌（*M. wolinskyi*）组，⑥ 产色RGM。

目前RGM成员超过70种，约占所有已确认非结核分支杆菌种的50%。RGM临床分离株80%以上为三个最重要的临床致病菌种，即偶发分支杆菌（*M. fortuitum*）、龟分支杆菌（*M. chelonae*）和脓肿分支杆菌（*M. abscessus*）。自2004年以来，RGM的

18个新种或亚种已被定义，包括罕见的或未经证实的人类病原体：欧巴涅分支杆菌（*M. aubagnense*）、*M. insubricum*、*M. phocaicum*、*M. setense*、慕尼黑分支杆菌（*M. monacense*）、新城分支杆菌（*M. novocastrense*）、*M. barrassiae*，以及拟重新分类为脓肿分支杆菌亚种的博氏分支杆菌（*M. bolletii*）。加那利群岛分支杆菌（*M. canariasense*）是一个新定义的种，已从17个疑似感染患者中分离得到。此外，*M. salmoniphilum*是鱼类的一种病原，1960年被首次定义。另外9个环境物种也已被定义，包括分支食焚蒽分支杆菌（*M. fluoroanthenivorans*）、*M. llatzerense*、*M. aromaticivorans*、*M. crocinum*、海绵分支杆菌（*M. poriferae*）、食花分支杆菌（*M. pyrenivorans*）、*M. rufum*和*M. rutilum*。

3. 海分支杆菌（*Mycobacterium marinum*）是一种非结核分支杆菌（NTM），据Runyon分类法，它属于Ⅰ群，光产色分支杆菌。虽然该菌7d内在培养基上可出现可见的菌落，但其特征与所谓的快速生长分支杆菌不同，主要表现为该菌有单一的rRNA操纵子，且16S rRNA序列中含有缓慢生长分支杆菌的分子标记。

海分支杆菌及溃疡分支杆菌是致病分支杆菌，而其他NTM为条件性致病菌。根据基于16S rRNA的进化分析，海分支杆菌所在属的分支与结核分支杆菌复合群成员所在分支接近。DNA–DNA杂交和分支菌酸的研究表明，海分支杆菌是与结核分支杆菌复合群最密切相关的两种菌之一，另一个是溃疡分支杆菌。

海分支杆菌的天然宿主为鱼类、两栖类，在宿主体内产生肉芽肿，类似结核分支杆菌在人肺部产生的病变，最终可导致宿主死亡。对于人来说，海分支杆菌是一种机会性致病菌，其传播途径并非结核分支杆菌那样通过呼吸道传染，而是经破损皮肤感染，导致传染性皮肤病，出现皮肤肉芽肿。海分支杆菌适宜的生存温度为30℃，在人体内无法正常生长，其传染性和毒力对人来说并不强，因此海分支杆菌是研究结核分支杆菌的一种优良模型，斑马鱼是较好的模式动物。

4. 瘰疬分支杆菌（*Mycobacterium scrofulaceum*）属于Runyon Ⅱ群，暗产色抗酸杆菌的成员。它广泛存在于自然界，是一种罕见的人类病原体。该菌与鸟–胞内分支杆菌（*Mycobacterium avium intracellular*，MAI）的抗原性和生物化学特征高度类似，并连续多年与后者属同一个复合群（鸟分支杆菌、胞内分支杆菌、瘰疬分支杆菌）。

然而，通过16S rRNA碱基序列分析表明，瘰疬分支杆菌是一个独立的种。该菌主要导致儿童颈淋巴腺炎，见于颈淋巴结脓液、痰和胃洗液中，有时也引起肺病。在猪体内发现了瘰疬分支杆菌的不同血清型。该菌对实验动物的致病性不强，不能对大鼠、大田鼠、小鸡等动物致病或导致死亡。

5. 其他非结核分支杆菌

（1）隐藏分支杆菌（*Mycobacterium celatum*）生长缓慢，不产色，与鸟分支杆菌，胞内分支杆菌和蟾分支杆菌的生化和形态学特征类似。该菌可以感染患有肺部疾病或艾滋病的患者，很少感染免疫功能正常者。

（2）戈登分支杆菌（*Mycobacterium gordonae*） 原水华分支杆菌，也被称为“自来水杆菌”，是一种暗产色菌，普遍存在于环境中。它通常从土壤和水中分离得到，包括自来水。可以通过针对16S rRNA序列的DNA分子探针进行检测。

（3）嗜血分支杆菌（*Mycobacterium haemophilum*） 是一种不产色且生长缓慢的非结核分支杆菌，其最佳生长温度低于大多数分支杆菌，而且其生长条件要求苛刻，需要高铁血红素或柠檬酸铁铵的存在。

（4）玛尔摩分支杆菌（*Mycobacterium lmoense*） 1977年首次发现，不产色，生长缓慢，该菌在世界范围内分布。该菌与慢性肺部感染和煤工尘肺病有关。

（5）新金分支杆菌（*Mycobacterium neoaurum*） 是暗产色的快速生长非结核分支杆菌。存在于土壤、灰尘和水中。该菌被确定为希克曼导管感染和脑膜脑炎的病原，并且这些菌株对传统抗结核药物表现出耐药性。

（6）猿分支杆菌（*Mycobacterium simiae*） 为光产色、缓慢生长的致病性分支杆菌。即使长时间暴露在光线下，也只能弱着色。与其他的非结核分支杆菌不同的是，该菌能产生烟酸，易与结核分支杆菌相混淆。不同于其他已知的分支杆菌的是，猿分支杆菌含有与缓慢生长及快速生长分支杆菌均相似的16S rRNA序列。目前已从人类粪便及水中分离到该菌。

（7）耻垢分支杆菌 该组包括耻垢分支杆菌（*Mycobacterium smegmatis*）、*Mycobacterium wolinskyi*和*Mycobacterium goodii*。耻垢分支杆菌是一种快速生长的环境腐生菌，19世纪80年代从梅毒下疳和包皮垢中分离得到。有报道显示，该菌可以感染人，引起肺和胸膜的病变。也有报道称该菌主要引起慢性皮肤疾病、损伤或手术后软组织感染。

（8）斯氏分支杆菌（*Mycobacterium szulgai*） 在37℃为暗产色杆菌，在25℃ 为光产色杆菌。该菌感染物种范围已遍布全世界，但其假定的环境源尚未确定。大多数报告认为该菌与结核分支杆菌引起的肺病无区别。

（9）土分支杆菌复合群（*Mycobacterium terrae complex*） 成员包括土分支杆菌（*Mycobacterium terrae*）、不产色分支杆菌（*Mycobacterium nonchromogenicum*）、爱尔兰分支杆菌（*Mycobacterium hiberniae*）及次要分支杆菌（*Mycobacterium triviale*）。该菌生长缓慢，很少引起人类感染。

副土分支杆菌（*Mycobacterium paraterrae*），为暗产色的缓慢生长分支杆菌，与土分支杆菌在遗传上相关，有报道指出这两种菌与肺部感染相关。另外，它们也可能引起骨和关节感染。

（10）溃疡分支杆菌（*Mycobacterium ulcerans*） 为一种缓慢生长杆菌，最适生长温度范围为25～33℃ 。它能产生热稳定毒素，是一种慢性坏死性皮肤感染（邦恩斯代尔溃疡或布鲁里溃疡）的病原。目前认为环境是该菌的来源，多数报道的溃疡分支杆菌感染都发生在河流或死水附近，通过受伤的皮肤发生感染。这种皮肤创伤可能是轻微的，因而未被病人所意识到。蛇咬伤、枪伤和疫苗接种都曾引起该菌感染。

（11）蟾蜍分支杆菌（*Mycobacterium xenopi*） 最初从癞蛤蟆中分离，为暗产色分支杆菌，最适生长温度为43℃，低于28℃不能生长，所以从污水处理厂、水库等地方都能分离得到该菌。人体可通过气溶胶吸入或摄取食物而感染。蟾分支杆菌逐渐被认为能够引起肺部感染。免疫功能正常的人感染后，临床症状通常表现为无力，病理变化呈现肺部空洞。少数情况下也可以感染脊柱或关节。免疫功能低下者感染蟾分支杆菌的病例越来越多。

（12）罕见的非结核分支杆菌 从临床标本中分离得到越来越多罕见的NTM，其中有亚洲分支杆菌（*M. asiaticum*）、波希米亚高地分支杆菌（*M. bohemicum*）、布氏分支杆菌（*M. branderi*）、出众分支杆菌（*M. conspicuum*）、微黄分支杆菌（*M. flavescens*）、胃分支杆菌（*M. gastri* ）、柏林半岛分支杆菌（*M. heckeshornense*）、海德堡分支杆菌（*M. heidelbergense*）、中庸分支杆菌（*M. interjectum*）、中间分支杆菌（*M. intermedium*）、慢生黄分支杆菌（*M. lentiflavum*）、内布拉斯加分支杆菌（*M. nebraskense*）、草分支杆菌（*M. phlei*）、夏氏分支杆菌（*M. shimoidei*）、抗热分支杆菌（*M. thermoresistibile*）、三重分支杆菌（*M. triplex*）和托斯卡纳分支杆菌（*M. tusciae*）等。

第二节 形态结构

一、形态

牛分支杆菌与结核分支杆菌形态类似，略弯曲，繁殖时有分支现象，大小为（1～4）μm×（0.4～0.6）μm，牛分支杆菌较短粗。革兰氏染色阳性，由于其细胞壁中脂质和分支菌酸含量较高，影响染料的穿入，因此革兰氏染色不易着色，常选用抗酸染色法，染色呈红色。

二、结构

牛分支杆菌具有细菌的基本结构—细胞壁、细胞膜、细胞质和核质，但无鞭毛、无芽孢。至于分支杆菌是否有荚膜，存在争议。大部分学者认为，分支杆菌的外膜（cell envelope）应该分为细胞膜和细胞壁，细胞壁包括核芯部分与外层膜部分；也有学者认为，分支杆菌的外膜部分应该分为细胞膜、细胞外膜（细胞壁）和荚膜。本章主要介绍牛分支杆菌细胞外膜（细胞壁、细胞膜、荚膜）的结构和功能，以及一些发挥重要功能的膜蛋白和分泌蛋白，细胞质和染色体等相关内容将在后面章节进行介绍。

（一）细胞壁

分支杆菌细胞壁是一道天然的保护屏障，与分支杆菌的毒力密切相关。随着电子显微镜技术的不断发展，使得直接观察分支杆菌细胞壁成为可能。分支杆菌细胞壁的化学成分主要包括：肽聚糖、阿拉伯甘露聚糖、阿拉伯半乳聚糖、脂质、成孔蛋白等。脂质成分约占细胞壁成分的60%，使细胞壁的渗透性极低，不利于染料的进入而很难着色，同时可以阻碍许多药物进入菌体。分支杆菌细胞壁含有多种多糖、糖脂和糖蛋白，这些糖类化合物在分支杆菌致病过程中发挥多种生物学功能，例如，调节细胞凋亡、免疫逃避和抑制炎症等。

由于分支杆菌细胞壁在其形态和结构中的重要性，其超微结构被广泛研究。Menneil等提出了结核分支杆菌细胞壁模型，为人们认识分支杆菌细胞壁提供了重要的理论基础。他认为：内层为肽聚糖层（peptidoglycan，PG），为细胞壁的核心；脂阿拉伯甘露聚糖通过起锚定作用的磷脂酰肌醇的脂质部分与内层细胞膜相连，具有免疫调节作用；中间层为阿拉伯半乳糖聚糖层（arabinogalactan，AG），外层主要为脂质和分支菌酸（mycolic acid）构成的双分子层，阿拉伯半乳聚糖共价结合至疏水性分支菌酸上，分支菌酸中插入有糖脂和各种复合脂类（图2-6）。

外层中脂质和分支菌酸的具体空间排布还存在一定的争议。Hoffmann等认为分支杆菌可能的外层结构为：脂质分子形成对称的双层，分支菌酸镶嵌在双分子层中，但是镶嵌的形式可能有两种，一种是分支菌酸贯穿整个双分子层中；另一种是分支菌酸通过其α链与脂质分子层相互作用，而剩余部分主要位于细胞壁外膜的下层。Ritu Bansal-Mutailk等认为细胞壁外层由分支菌酸互相折叠形成的单分子层和脂质形成单分子层组成，两者排列方式和Menneil提出的观点类似。

1. **脂多糖** 分支杆菌细胞壁中含有许多脂多糖，例如，脂阿拉伯甘露聚糖（lipoarabinomannan，LAM）、脂甘露聚糖（lipomannan，LM）、磷脂酰肌醇甘露糖（phosphatidylinositol mannosides，PIMs）等，它们具有多种免疫调节功能。脂阿拉伯甘露

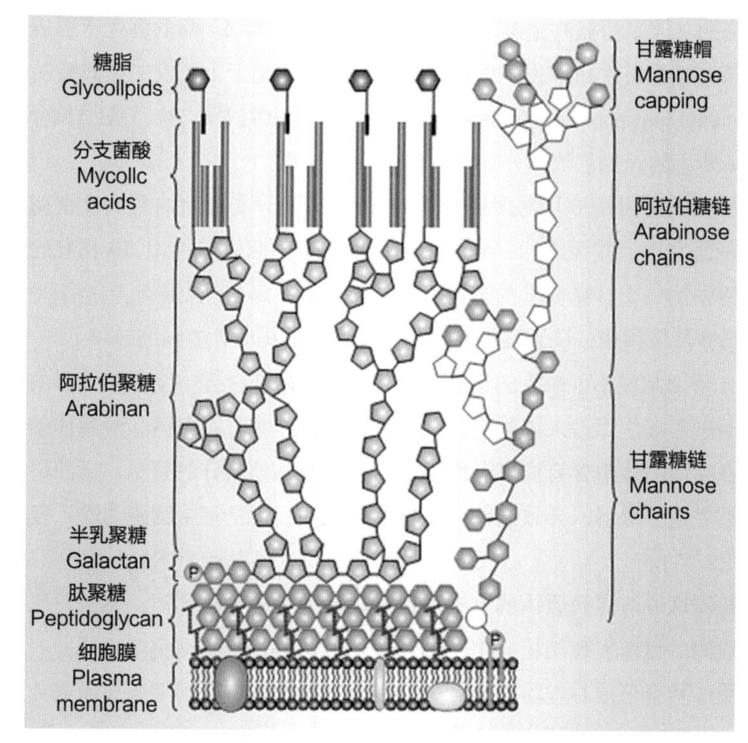

图 2-6 结核分支杆菌外膜（cell envelope）结构

细胞壁核芯为肽聚糖，向外与阿拉伯半乳聚糖连接，并共价结合至疏水性分支菌酸上，分支菌酸中插入有糖脂和各种复合脂类。脂阿拉伯甘露聚糖通过起锚定作用的磷脂酰肌醇的脂质部分与内层细胞膜相连，具有免疫调节作用。（引自 Jankute 等，2012，并添加了中文注解）

聚糖主要有三个结构域，分别为阿拉伯聚糖和甘露聚糖形成的多糖主链、锚定于细胞膜上的PIMs和游离于细胞壁外的帽子结构。不同分支杆菌中发现的LAM的帽子结构有所不同，一些致病性的分支杆菌（如结核分支杆菌和牛分支杆菌）的帽子结构主要由低甘露聚糖形成，而且不同种类的分支杆菌形成帽子结构的低甘露聚糖也不同。一些非致病性的分支杆菌（如耻垢分支杆菌），其帽子结构为磷脂酰肌醇（Phosphatidylinositol，PI）。此外也发现一些分支杆菌的LAM没有帽子结构。另有研究表明，LAM合成受阻的突变菌株的致病力显著下降，因此许多参与LAM合成的酶将会成为新的药物靶点。

LAM的合成过程主要包括两部分：PIMs甘露糖化形成LM；LM阿拉伯糖化形成LAM。PIMs的合成过程为：二酰甘油（Diacylglycerol，DAG）在DAG激酶的催化下形成磷脂酸，磷脂酸和胞苷三磷酸（Cytidine triphosphate，CTP）在CDP-DAG合成酶的催化下形成CDP-DAG，CDP-DAG和肌醇在磷脂酰肌醇（PI）合成酶的催化下形成PIMs。Rv2252（DAG激酶）、Rv2162c（PI合成酶）、Rv0046c（肌醇-1-磷酸合成酶）等均参与了PIMs的合成过程。多糖主链的合成主要包括甘露聚糖合成和阿拉伯聚糖合成。GDP-Manp和聚异戊二烯在ppml（Rv2051c）编码的多萜醇磷酸甘露糖（Dolichol phosphate mannose，DPM）合成酶的催化下合成甘露聚糖核心主链，在DPM依赖的α-（1-6）酶的催化下形成高度分支的甘露聚糖核心主链，在DPM依赖的α－（1－2）酶的催化下形成高度分支的甘露聚糖核心的侧链。目前发现的阿拉伯糖基的供体是聚十异戊二烯磷酸呋喃型阿拉伯糖（decaprenyl phosphor arabinofuranose，DPA），embC（Rv3793）是LAM合成过程中的阿拉伯糖基转移酶，也是致病分支杆菌生长所必需的。

此外，存在甘露醇帽的脂阿拉伯甘露聚糖（Man－LAM）与分支杆菌的致病性密切相关，对其合成的机制研究也已较为深入。Man－LAM的甘露糖供体是DPM，Rv1635的编码产物催化帽子结构中第一个甘露糖基的转移，Rv2183[α－（1－2）甘露糖转移酶]是一种多功能的末端甘露糖基转移酶，认为其参与了甘露糖帽子结构中甘露糖的转移。

LAM不仅是分支杆菌细胞壁不可缺少的组分，而且在免疫逃逸过程中发挥了重要的作用。结核分支杆菌通过吞噬作用进入细胞后，首先被吞噬体吞噬，吞噬体和溶酶体结合形成吞噬溶酶体，吞噬溶酶体中含有许多可以降解蛋白质及其他成分的酶类，进而将部分结核分支杆菌的重要成分降解，导致结核分支杆菌的死亡，这是宿主细胞清除入侵病原体的重要方式（图2－7）。

尽管通过吞噬溶酶体这种清除病原体的方式可以成功清除大多数病原体，然而对于结核分支杆菌却是无效的。目前发现结核分支杆菌至少通过两种途径实现免疫逃逸，一种是阻止吞噬体和溶酶体融合形成吞噬溶酶体；另一种是从吞噬体逃逸到细胞质而避免遭遇溶酶体。

Man－LAM和PIMs与结核分支杆菌的免疫逃逸也密切相关。Man－LAM需要结合细胞膜中的脂质阀才能抑制吞噬体的成熟。非致病性分支杆菌中存在的磷脂酰肌醇帽的脂阿拉伯甘露聚糖（PI－LAM）同样可以结合膜上的脂质阀，却不能阻止吞噬体和溶酶体的融合，以及抑制细胞质中钙离子浓度的升高。细胞膜上的巨噬细胞甘露糖受体（macrophage mannose receptor，MMR）的激活可以促进吞噬体和溶酶体的融合，MMR受体只能识别帽子结构为低甘露聚糖的Man－LAM，不能识别无甘露醇帽的脂阿拉伯甘露聚糖（Ara－LAM）或PI－LAM，这可能是Man－LAM能阻止吞噬体和溶酶体的融合，以及抑制细胞质中钙离子浓度升高的原因之一。细胞质中钙离子浓度升高是吞噬体成熟所必需的，Man－LAM可以抑制细胞质中钙离子浓度的升高，从而导致吞噬体成熟受阻。研究发现Man－LAM能激活巨噬细胞中的磷酸酶SHP－1，进而抑制钙离子浓度升高，这可能是Man－LAM抑制钙离子升高的机制之一。早期内体自身抗原1（early endosome autoantigen 1，EEA1）参与吞噬体成熟、溶酶体招募和溶酶体酸化等过程，Man－LAM可能通过清除吞噬体中的EEA1在多个环节抑制吞噬体和溶酶体的融合。除了抑制钙离子浓度升高，Man－LAM可以激活p38MAPK，p38MAPK的激活能间接维持吞噬体相关蛋白Rab5处于非活性状态，使Rab5的效应蛋白EEA1的招募受阻，进而抑制吞噬体成熟。

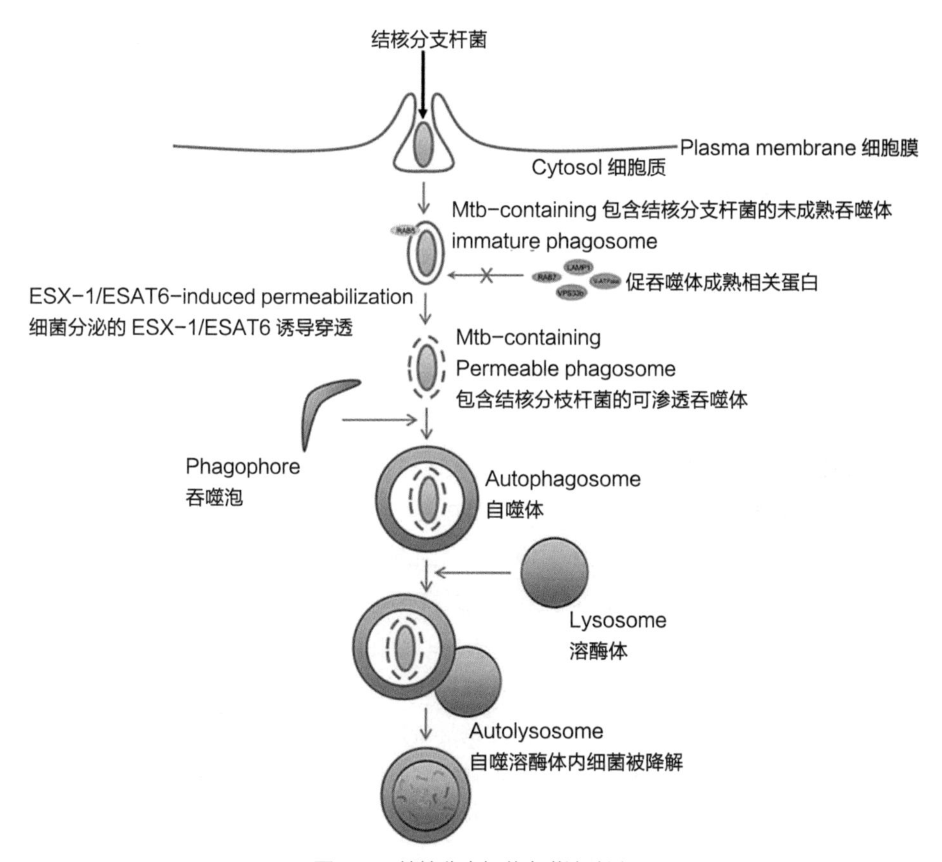

图 2-7　结核分支杆菌自噬清除过程

结核分支杆菌通过吞噬作用入侵巨噬细胞，通过排出晚期内体和溶酶体关键分子如 RAB7、LAMP1 等阻止吞噬体成熟，同时促进早期内体关键分子 RAB5 的滞留。而细菌自身 ESX-1/ESAT6 分泌系统对吞噬体膜的穿透又能帮助宿主蛋白（如 STING）进入吞噬体，识别细菌 DNA，并促进细菌的泛素标记和被自噬体接头分子识别，再启动自噬体和自噬溶酶体的形成，从而将细菌降解。　（引自 Bento 等，2015，并加中文注解）

目前研究发现，LM不能抑制吞噬体和溶酶体的融合，不同于LAM的是PIMs不但不抑制吞噬体和溶酶体的融合，反而促进它们的早期融合。研究发现PIMs通过促进它们早期融合后可以摄取吞噬体中的营养物质，结核分支杆菌利用这些营养物质有助于成功地在吞噬体中寄生。一方面LAM抑制吞噬体和溶酶体的融合来逃避宿主的杀伤作用，另一方面PIMs通过促进吞噬体和溶酶体的早期融合利于寄生，这是一个动态平衡的过程。

脂多糖通过多种途径调节机体的免疫反应，影响抗原递呈和受体识别。白细胞分化抗原1（clusters of differentiation 1，CD1）、主要组织相容性复合物Ⅰ类分子（MHCⅠ）或Ⅱ类分子（MHCⅡ）都是重要的抗原递呈分子，MHCⅠ和MHCⅡ类分子主要递呈多肽抗原，而CD1分子主要递呈脂多糖。在结核分支杆菌感染过程中，CD1识别细胞壁中的脂多糖并递呈给T细胞，进而激发机体的体液免疫反应。抗原递呈细胞上的CD1分子主要包括三类，分别为CD1a、CD1b和CD1c组成的第一类，CD1d为第二类，CD1e为第三类。CD1d主要识别一些低阶的PIMs，如PIM2和PIM4，不能识别LAM和LM。CD1b则能识别LAM、LM和一些低阶的PIMs，CD1b主要存在于后期的吞噬体或溶酶体，酸化环境有利于其发挥功能。结核分支杆菌感染巨噬细胞后能释放Man-LAM和PIMs，Man-LAM和PIMs能阻碍吞噬体酸化的过程，进而使CD1b介导的抗原递呈过程受阻，影响机体产生相应的免疫反应。

Toll样受体2（Toll-like receptor，TLR-2）、TLR-4和TLR-9在结核分支杆菌感染过程中发挥着重要的作用。目前发现LM主要被TLR-2和TLR-4识别，并诱导产生多种炎性因子，如肿瘤坏死因子α（TNF-α）、白细胞介素-8（IL-8）、IL-12等。Man-LAM则不能诱导明显的炎症反应，当截短或去掉Man-LAM中的阿拉伯聚糖时，LAM诱导炎症反应显著增强。阿拉伯聚糖阻断LM诱导的炎症反应，提示阿拉伯聚糖可能通过掩盖甘露聚糖的核心结构而发挥抑炎作用。以磷脂酰肌醇为帽子结构的PI-LAM和LM可以与TLR-2相互作用，促进IL-12的分泌并诱导细胞凋亡，而Ara-LAM和Man-LAM则不能与TLR-2结合。当降解Man-LAM中的阿拉伯聚糖形成的帽子结构时，其与TLR-2相互作用的能力恢复。因此，LAM/LM的比值可能是决定分支杆菌毒力的重要因素。

Man-LAM和PIMs主要被细胞间黏附分子-3（ICAM-3）、树突状细胞表型分子（DC-SIGN）、巨噬细胞甘露糖受体（MMR）等识别。Man-LAM通过与DC-SIGN结合诱导IL-10的分泌，IL-10是抵制IL-12杀伤作用的主要调节因子。另外，Man-LAM可以激活巨噬细胞上的甘露糖受体，促进过氧化物酶、IL-8和TNF-α的表达，从而利于结核分支杆菌在巨噬细胞中的生存。Man-LAM的甘露聚糖帽子结构为DC-SIGN识别所必需，去除帽子结构后将不能被DC-SIGN识别。一方面Th1型细胞激活产生的γ干扰素（IFN-γ）、TNF-α和IL-12在抵抗结核分支杆菌感染过程中起着非常重要的作用；另一方面Th2型细胞激活产生的IL-4、IL-5、IL-10和IL-13则可以降低Th1型细胞激活产生的反应，利于结核分支杆菌生存。研究发现Man-LAM可以破坏Th1/Th2平衡，抑制Th1免疫反应，促进IL-10的产生，进而有利于分支杆菌的存活。

2. 分支菌酸（mycolic acids） 组成了分支杆菌细胞壁的蜡质层，结构多种多样，但在色谱分析中呈现的是一条单独的印迹。分支菌酸是长链的β-羟基脂肪酸，碳链长度主要为60～90个。大部分分支菌酸与细胞壁内的阿拉伯半乳聚糖、海藻糖或葡萄糖通过酯键相连形成复合物，也有一些以游离的单体形式存在。结核分支杆菌中的分支菌酸主要为α-分支菌酸、酮基分支菌酸和甲氧基分支菌酸，它们吸引中性粒细胞及被巨噬细胞识别的能力各不相同。

分支菌酸结构与功能密切相关。一些致病性分支杆菌，如麻风分支杆菌和结核分支杆菌的分支菌酸的末端具有手性，赋予了分支菌酸重要的结构属性，为分支菌酸调节机体免疫引起组织损伤奠定了基础。1996年，α-分支菌酸、酮基分支菌酸和甲氧基分支菌酸三种分支菌酸的结构被解析，这三种分支菌酸都包含顺势结构或反式结构的环丙烷。牛分支杆菌、结核分支杆菌、禽分支杆菌及堪萨斯分支杆菌细胞壁中分支菌酸均含有顺势或反式排列的环丙烷，同时也含有微量的不饱和化合物，但缺少烯烃。大多数结核分支杆菌的甲氧基分支菌酸和酮基分支菌酸仅含有少量额外的环丙烷环，而在结核分支杆菌H37Ra中，额外的环丙烷环是组成这两种分支菌酸的主要成分，这也使H37Ra的分支菌酸的空间排布较其他分支杆菌有所不同。

虽然分支杆菌的分支菌酸有许多相似的地方，但是不同种类分支菌酸的功能团和碳链的长度都存在特征性的差异。同时，不同种类分支杆菌细胞壁中含有的分支菌酸复合物的种类也不同。目前可以利用薄层色谱、气相色谱、质谱等技术对分支菌酸复合物的组成进行定性和定量分析，根据分支菌酸种类、含量可以帮助鉴定未知分支杆菌的种类及其进化水平。

分支菌酸可以调节宿主的免疫应答。在被感染的巨噬细胞中，吞噬体内呈酸性环境，这种酸性环境有利于分支杆菌细胞壁成分的解离，如LAM等，从而暴露出细胞壁中的分支菌酸，暴露分支菌酸后的分支杆菌更容易和吞噬体的膜融合，从而利于其与膜结构建立联系，促进富含分支菌酸的脂肪滴形成。内质网相关的分支菌酸可以被CD1类抗原递呈分子递呈到细胞的表面，细胞质中游离的分支菌酸也可以导致被感染巨噬细胞的活化，但是具体的分子机制还不清楚。未被感染的巨噬细胞内吞了含有分支菌酸的复合物后，也能通过相同分子机制被激活，一定程度上放大了免疫反应。越来越多的研究表明，分支菌酸氧化的类型和环丙烷顺势或反式构型在调节巨噬细胞生理活动过程中起着十分重要的作用。含有长链疏水性的分支菌酸主要被CD1抗原递呈分子识别并递呈，主要包括CD1a、CD1b、CD1c。早期人们认为只有CD4阳性/CD8阴性和CD8阳性的T细胞才能识别被递呈的分支菌酸。后来研究发现，结核病人血清中CD4单阳性的T细胞主要接受分支菌酸刺激，同时CD8单阳性T细胞也能产生强烈的反应，而CD4/CD8双阴性的T细胞只有很小的反应。分支菌酸刺激的T细胞呈现记忆细胞的性质，再次接受抗原刺激时能快速产生抗体。

分支菌酸复合物通过阿拉伯半乳聚糖与肽聚糖连接形成了分支杆菌细胞壁的骨

架部分，研究发现其细胞壁的骨架成分主要通过TLR－2和TLR－4激活巨噬细胞和树突状细胞。为模拟结核分支杆菌感染的途径，有学者用分支菌酸刺激呼吸道，结果观察到中性粒细胞、单核细胞和淋巴细胞的聚集，分支菌酸引起了一种急性嗜中性粒细胞反应，同时伴随着中度或缓慢的IL－12的释放，巨噬细胞仅表现轻度的炎症激活，但是再次受到灭活菌体刺激后，巨噬细胞能迅速产生大量的过氧化物酶、炎性因子、γ－干扰素等物质，因此，分支菌酸是一种良好的候选疫苗成分，可以显著提高再次感染时机体的免疫反应。此外，为确定不同种类分支菌酸诱导炎症反应的能力，有学者人工合成了α－分支菌酸、酮基分支菌酸和甲氧基分支菌酸三种分支菌酸单体。结果表明，单一的α－分支菌酸并不能诱导炎症反应，而酮基分支菌酸和甲氧基分支菌酸则能诱导很强的炎症反应。

分支杆菌生物膜中还存在一定数量的游离分支菌酸。长期以来，对游离分支杆菌在感染过程中的生物学功能存有争议。最近研究发现，这些游离的分支菌酸可能影响天然免疫的激活。游离的分支菌酸不仅在体外培养条件下存在，而且在分支杆菌感染宿主过程中也存在。有研究显示肉芽肿中存在许多游离分支菌酸，这些分支菌酸是结核分支杆菌TDM的分解产物。此外，前期研究发现人工合成的游离分支菌酸能调节机体免疫反应，因此推测，这些游离分支菌酸可能通过调节免疫反应在肉芽肿形成过程中发挥着积极的作用。

3. **海藻糖** 海藻糖是分支杆菌细胞壁中含量最多的糖脂，由两个葡萄糖基团以糖苷键形式相连，属于非还原性二糖。海藻糖对哺乳动物细胞具有一定毒性，且能影响宿主细胞的免疫应答。目前结核分支杆菌细胞壁中的海藻糖研究较为深入，其细胞壁外层中存在两种海藻糖衍生物，分别是TDM和海藻糖6－单分支酸酯（trehalose－6－monomycolate，TMM）。TDM的长链脂类是细胞壁疏水结构的重要组成成分，并且是结核分支杆菌在吞噬体中生存所必需的。海藻糖分子通过酯键与两分子的分支菌酸连接，不同种类分支杆菌的分支菌酸长度有所不同，但是大部分在20～80个碳原子的范围内。

TDM可以发挥多种生物学功能。首先，TDM可以抑制吞噬体和溶酶体的融合，具体机制是增加吞噬体和溶酶体之间的水化层，形成空间位阻，阻碍吞噬体和溶酶体的融合。其次，TDM是阻碍溶酶体和吞噬体融合必需的成分，单独添加分支菌酸和海藻糖并不能起到抑制作用。同时TDM可以激活烟酰胺腺嘌呤二核苷酸（NAD）水解酶，降低NAD水平，一些依赖NAD才能发挥生物学活性的酶也受到影响。TDM还能破坏线粒体膜，使氧化磷酸化和线粒体电子传递产生障碍。此外，在肉芽肿形成过程中，TDM也是必不可少的。

结核分支杆菌感染后的巨噬细胞被激活，$CD4^{+}$和$CD8^{+}$ T淋巴细胞在抵抗结核分支杆菌感染过程中起主要作用，巨噬细胞作为抗原递呈细胞与CD4[+] T淋巴细胞相互作用促进其产生IFN-γ，IFN-γ又可以刺激巨噬细胞产生多种炎性因子，例如，TNF-α、IL-1、IL-1β、IL-6、IL-12等，这些炎性因子对肉芽肿形成非常重要。研究发现，TDM可以促进这些炎性因子的释放，这可能是TDM促进肉芽肿形成的机制之一。TDM对哺乳动物细胞是有毒性作用的，可以引起组织细胞的干酪样坏死，促进了结核分支杆菌的潜伏感染。

4. 肽聚糖（PG）和阿拉伯半乳糖聚糖（AG） 分枝菌酸-阿拉伯半乳聚糖-肽聚糖复合物（MAPc）构成了分支杆菌细胞壁的骨架。肽聚糖（PG）是一种复杂的复合物，在细胞膜外形成一层蜂窝状结构，并能承受一定的渗透压。其他细菌PG的主要成分为N-乙酰胞壁酸，而结核分支杆菌PG的主要成分为N-羟乙酰胞壁酸。阿拉伯半乳糖聚糖（AG）是由阿拉伯聚糖和半乳聚糖组成，是分支杆菌细胞壁中主要的多糖成分，其中含有一个由30～35个呋喃半乳糖残基组成的半乳聚糖结构域和3个由呋喃阿拉伯糖残基组成的阿拉伯聚糖结构域。与大多数细菌多糖不同的是：分支杆菌的AG缺少重复单元，由一些不同的结构基序构成，例如，结核分支杆菌的AG主要由5个不同的结构基序组成。AG和PG通过共价键相连。目前关于AG和PG的空间排布还有争议，有两种不同的假说，McNeil等认为PG和AG平行排列，而且与细胞膜表面平行；而Dmitriev等认为PG和AG呈螺旋状排列，并垂直于细胞膜。

PG和AG可以被多种模式识别受体识别，例如，Toll样受体（TLRs）、肽聚糖识别受体（peptidoglycan recognition proteins，PGRPs）、核苷酸结合寡聚化结构域（nucleotide-binding oligomerization domain，NODs）等，通过激活核转录因子NF-κB和丝裂原激活的蛋白激酶（mitogen-activated protein kinase，MAPK）通路激活多种炎性因子的产生，例如，IL-1、IL-6、TNF-α等。PG还可以通过TLR-2激活自然杀伤细胞（NK），促进IFN-γ的产生。AG可以和NK细胞表面的细胞毒受体结合，但不能和TLR-2结合。

（二）细胞膜

分支杆菌的细胞膜与其他细菌的细胞膜类似，主体由磷脂双层分子构成。细胞膜中含有一些功能各异的蛋白质和脂类，外层与细胞壁相连，是外界物质进入菌体的一道屏障，可以维持菌体内环境的相对稳定。一些致病性分支杆菌的细胞膜与非致病性分支杆菌的细胞膜在化学组成上无明显差异。

分支杆菌细胞膜中极性的脂类通常含有一个亲水性的头部和一个疏水性的尾巴，疏水性尾巴主要由脂肪酸链构成，脂肪酸链上含有由20个以内碳原子组成的脂肪酸支链。从细胞膜中分离得到的脂肪酸主要成分为棕榈酸、十八碳烯酸和甲基硬脂酸；从细胞膜中分离得到的磷脂主要成分为磷脂酰甘油、磷脂酰肌醇甘露糖、磷脂单体、磷脂酰乙醇胺和少量的磷脂酰肌醇。除了脂肪酸和磷脂，细胞膜中还存在一些其他脂类，例如，甲基萘醌类就是分支杆菌细胞膜的重要组成成分。

（三）荚膜

Chapman等最早提出分支杆菌表面存在荚膜，他发现分支杆菌的细胞壁和被感染细胞的吞噬体膜之间存在一定的空隙，并将这个空隙称为“荚膜层空间”。Hanks也通过光学显微镜技术证明了致病性分支杆菌表面存在“荚膜层空间”，然而，当时并不确定该空间是源于分支杆菌还是源于宿主细胞。传统的电子显微镜观测发现“荚膜层空间”是以电子透明区（electronic transparent zone，ETZ）的形式存在。随着研究的不断深入，人们通过不同的观测方法证明了电子透明区的存在，并且源于分支杆菌。Fréhel 等通过电子显微镜第一次观测到体外培养的禽分支杆菌表面存在ETZ，直接证明了ETZ源于分支杆菌。荚膜只在分支杆菌表面生长，在不受干扰的条件下才能存在，且在处理过程中很容易被破坏，但传统的方法只能观测到ETZ。Hoffmann等通过优化结核分支杆菌培养条件和样品处理流程，成功地通过冷冻电子显微镜方法直接观察到了荚膜层，同时还发现荚膜层中存在一定数量的分泌蛋白，这些蛋白大多通过ESX-1分泌系统分泌，且与毒力密切相关。

分支杆菌荚膜的化学成分主要为多糖、蛋白质及少量的脂类，不同种类的分支杆菌组成荚膜的蛋白质和多糖的种类和比例不同。结核分支杆菌荚膜中多糖的含量最多，而耻垢分支杆菌荚膜中蛋白质的含量最多。

荚膜多糖主要由葡聚糖、阿拉伯甘露聚糖、甘露聚糖及少量功能未知的多糖和寡糖组成。葡聚糖是结核分支杆菌荚膜的最主要成分，其结构和分支杆菌内部的糖原类似，但比糖原的分子量更小，支链的长度更短，大小约为100kD，α-D-葡聚糖约占多糖成分的80%。D-阿拉伯-D-甘露聚糖（AM）大小约为13kD，结构类似于结核分支杆菌的脂阿拉伯甘露聚糖（LAM）。AM甘露糖的部分结构与荚膜中甘露聚糖的结构完全相同，其阿拉伯聚糖部分的结构类似于细胞壁中阿拉伯半乳聚糖，结核分支杆菌和一些生长较慢的分支杆菌AM的阿拉伯聚糖部分常连接一个寡聚甘露糖形成的帽子结构，而细胞壁中的阿拉伯半乳聚糖则没有这个帽子结构。

荚膜中含有多种蛋白成分，主要包括分泌蛋白、胞膜胞壁蛋白和一些胞质蛋白。随着研究的不断深入，越来越多的分泌蛋白在荚膜中被发现，包括一些含有经典信号肽的blaC、Ag85复合物、MPT63、MPT64、MPT53等，也包括一些不含有经典信号肽的ESAT6、CFP10、PPE68、HSP83、Acr、SOD等，这些证明了分支杆菌的分泌蛋白是从菌体表面释放到培养基中。事实上，在被感染的巨噬细胞内，结核分支杆菌分泌的物质会紧密包围在菌体周围，并且与宿主细胞相互作用。因此如何更好地区分分泌蛋白和荚膜蛋白是一项非常重要的任务。

分支杆菌荚膜中含有少量的脂类，仅占2%~5%。逐步去除分支杆菌表面的荚膜层，发现脂类主要存在于荚膜下层，很少存在于荚膜中。具有多种生物学功能的LAM并没有在提取的荚膜中发现。不过，主要在细胞膜中存在的磷脂酰肌醇甘露糖苷（phosphatidy linositol mannoside，PIM）也在分支杆菌的荚膜中被发现。由于许多脂类与细胞壁或细胞膜相连，在提取荚膜过程中很难被成功提取，因此推测，天然状态下荚膜中脂类的含量应该更多。

荚膜可以通过多种机制抵抗机体对分支杆菌的杀伤作用。荚膜能限制结核分支杆菌与巨噬细胞的相互作用，抵抗吞噬，这与其他细菌荚膜的功能类似。失去荚膜的结核分支杆菌与野生型相比，结合到巨噬细胞的能力显著增强。巨噬细胞能通过一些降解酶和杀菌肽清除入侵的病原体。研究发现荚膜是一层良好的渗透屏障，电子显微镜下观察发现荚膜层（ETZ）可以将菌体与吞噬溶酶体分隔开，可以阻止巨噬细胞释放的降解酶类靠近菌体内部，从而阻止了降解酶类分解菌体成分。此外，病原微生物入侵时，巨噬细胞能产生许多杀伤病原的小分子，例如，过氧化氢、超氧化物以及一氧化氮等，这些活性氧和活性氮虽然可以依靠渗透作用通过荚膜层，但是却在这个过程中被荚膜层灭活。研究发现荚膜中存在超氧化物歧化酶（superoxide dismutase，SOD）和过氧化物酶（catalase-peroxidase KatG），这两种酶均是可以破坏杀伤、灭活病原体的小分子，进而保护巨噬细胞中寄生的分支杆菌。

此外，正常生长状态下检测不到16kD热休克蛋白（alpha–crystallin chaperone，Acr）的表达，缺氧等应激条件下Acr大量表达，并且伴随着被膜的增厚。结核分支杆菌感染巨噬细胞，Acr表达量随之增加。超表达Acr的结核分支杆菌在对数生长期的生长速度和稳定期自溶速度都显著降低。因此推测：Acr能帮助结核分支杆菌应对体内缺氧等应激条件，生存环境恶劣时，Acr表达量上调能够降低菌体的生长速度，有利于潜伏感染；生长环境适宜时Acr表达量下调，菌体生长速度恢复，有利于复制。研究也发现荚膜中的blaC具有β–内酰胺酶活性，可以分解β–内酰胺类药物，这可能是分支杆菌普遍耐β–内酰胺类药物的原因。

分支杆菌外的荚膜通过多种机制调节宿主的免疫应答。结核分支杆菌感染后能诱导单核细胞分化成树突状细胞，树突状细胞表面表达CD1分子，能识别并递呈病原体细胞壁中的脂多糖，从而激活细胞免疫达到清除入侵的结核分支杆菌的目的。研究发现荚膜中的主要成分α–葡聚糖可以诱导单核细胞分化成为树突状细胞，但是其诱导产生的树突状细胞不能表达CD1抗原递呈分子，从而不能识别入侵的结核分支杆菌，因此荚膜通过这种途径成功地实现了免疫逃避。

此外，α－葡聚糖可以与树突状细胞表型分子（DC－SIGN）结合，促进IL－10分泌，而IL－10抑制炎症反应利于结核分支杆菌在细胞内存活。结核分支杆菌荚膜中的α－葡聚糖也可以被补体受体（Complement receptor 3，CR3）识别，CR3介导的荚膜识别能抑制IL－12的产生，IL－12在抵抗结核分支杆菌感染过程中起着非常重要的作用。同时，荚膜中含有一定数量的ESX－1分泌系统分泌的蛋白，研究发现这些蛋白与结核分支杆菌毒力密切相关，但它们在宿主入侵过程中扮演的角色目前还不清楚。

（四）胞壁胞膜蛋白

分支杆菌表面含有丰富且功能各异的蛋白质，这些蛋白质与细胞壁或细胞膜结合，与分支杆菌的毒力密切相关，直接参与了病原体与宿主的相互作用，成为近年来研究的热点。相对于结核分支杆菌和BCG，牛分支杆菌相关研究较少，因此主要参考BCG和结核分支杆菌的相关研究，下面对牛分支杆菌与它们共有的一些胞膜胞壁蛋白及分泌蛋白进行简要的介绍。

PE和PPE蛋白家族因为氨基端含有保守的110个氨基酸的Pro－Glu（PE）和180个氨基酸的Pro－Pro－Glu（PPE）序列而得名。PE和PPE蛋白由于缺少蛋白酶酶切位点而很难被消化，这给蛋白质组学分析带来困难，因此只有部分成员在蛋白质组学中被成功鉴定。

许多证据表明PE和PPE蛋白家族是分支杆菌所特有的，并且大部分存在于细胞壁和细胞膜。虽然目前关于它们结构和功能的了解并不多，但是关于它们在抗原多样性和调节宿主细胞免疫方面发挥的重要作用已有一些报道。例如，PE5和PPE37是重要的毒力因子，能够帮助分支杆菌感染宿主；PPE44和PPE18可以促进T淋巴细胞分化成Th2淋巴细胞，增加IL－10和IL－12的表达，抑制感染过程中的炎症反应；PE25/PPE41形成二聚体，在结核病患者血清中引起很强的B淋巴细胞反应，可能在结核分支杆菌感染过程中起到免疫调节作用；PPE14是潜在的B细胞抗原，同时是一个重要的诊断标志蛋白，可以用来区分不同类别的结核病患者；PPE17a可以作为一个特殊的诊断标志性蛋白，用于区分结核分支杆菌感染和BCG免疫。

此外，研究发现一些PE和PPE蛋白家族成员通过ESX－5分泌系统分泌。例如，PPE41虽然缺少目前已知的信号肽，但是依然通过ESX－5分泌。ESX－5分泌系统在调节巨噬细胞相关的炎性因子分泌方面发挥重要作用，主要抑制TLR－2依赖的炎性因子的分泌。破坏ESX－5分泌系统的分支杆菌感染巨噬细胞后，产生的炎性因子与野毒株相比存在明显的不同。

脂蛋白（lipoprotein）是一类重要的膜蛋白，通过脂化的N端锚定在细胞膜上。一些脂蛋白具有信号肽，例如，脂蛋白LpqD、LppX和LprA，并在信号肽的指引下进行转运和翻译后的脂化修饰。脂蛋白在分支杆菌感染过程中参与诱导细胞免疫和体液免疫。LpqH可以诱导细胞自噬，促进自噬体和溶酶体的融合。LpqB与MtrB的胞外区域相互作用，影响MtrA的磷酸化和DnaA的启动子，DnaA影响细胞分化。此外，一些脂蛋白在营养物质的转运过程中发挥着重要作用。此外，三种功能相似的磷酸盐转运受体脂蛋白（PstS1，PstS2，PstS3）位于分支杆菌的表面，可以用作快速诊断的候选抗原。

转运蛋白主要位于细胞膜上，可以选择性地转运一些物质。如一些阳离子转运蛋白主要负责转运一些带电的底物。一些与药物转运相关的转运蛋白被认为与分支杆菌的多重耐药性相关，如BCG0231、BCG1331c、BCG1332c、BCG1410、BCG1411和BCG1854c。这类转运相关蛋白具有高度保守性，超表达某些蛋白可以抵抗抗生素、抗真菌药物、除草剂和抗癌药物对细胞的杀伤作用。

有意思的是，这些转运蛋白高度疏水，而且含有多个跨膜区，例如，预测结核分支杆菌MmpL蛋白家族含有11或12个跨膜区。MmpL蛋白家族主要介导脂蛋白的分泌，在维持结核分支杆菌在细胞中的生存和促进其致病过程中起到非常重要的作用。因此，MmpL蛋白家族也是很具吸引力的抗结核药物靶点。

热休克蛋白家族（heat shock proteins，Hsps）是一个高度保守的蛋白家族，主要介导蛋白的正确折叠、组装、转运和降解。在分支杆菌中，Hsps在免疫反应中发挥多种作用。HtpX蛋白大小约为31kD，定位于细胞膜上，有四个跨膜区，可以稳定细胞的结构，利于菌体在缺氧等恶劣状态下在肉芽肿中生存，推测HtpX是分支杆菌持续感染的一个重要调控元件，是一个利于分支杆菌在巨噬细胞中存活的免疫主导抗原。热休克蛋白GroEL－GroES复合物是多种多肽正确折叠所必需的，与脂质单分子层和双分子层具有很高的亲和力。HspR除了具有免疫监视功能外，还可以抑制一些关键热休克蛋白基因的表达，可能在控制毒力方面起着非常重要的作用。

（五）分泌蛋白

牛分支杆菌分泌蛋白中，MPB70和MPB83研究较多，两者具有很高的同源性，是牛分支杆菌大量表达的抗原，而在结核分支杆菌中表达较少。MPB70是分泌最多的牛分支杆菌分泌蛋白，约占总分泌蛋白的10%；MPB83是一种糖基化的脂蛋白，可能通过N端脂质部分与细胞壁外膜相连。

MPB70最初因为在BCG中大量表达被发现，在非变性蛋白胶中的迁移率要比变性胶低，所以目的条带分子量比预期的大。研究发现MPB70相距较远的两个半胱氨酸之间以二硫键连接，未变性时以环状形式存在，使得迁移率慢；变性时以线状形式存在，使得迁移率变快。MPB70和MPB83都存在典型的信号肽，通过普通的分泌系统分泌，分泌后信号肽被切除。MPB70由Ⅰ型信号肽介导，MPB83主要由Ⅱ型信号肽介导。有意思的是：在MPB70和MPB83结构中都存在FAS1或β IgH3结构域，这些结构域由大约140个氨基酸组成，在昆虫、动物、人和植物细胞中也存在。在骨组织中这些结构域可以和OSFⅡ（Osteoblast-specific factor Ⅱ）结合，因此推测MPB70和MPB83可以和骨组织中的OSFⅡ结合，这可能是结核分支杆菌复合群对骨组织具有嗜性的原因。

和MPB83相比，MPB70可以引起更强的T细胞反应。MPB70可以诱导IFN-γ和TNF-α的产生，这两种炎性因子在抵抗结核分支杆菌感染过程中发挥着重要的作用。IFN-γ指标常用于辅助诊断结核病，MPB70诱导IFN-γ反应的能力被应用于结核的临床诊断，结果显示MPB70诱导IFN-γ反应的能力没有ESAT6强。机体抵抗分支杆菌感染主要依赖细胞免疫，针对致病性分支杆菌一些抗原表位的抗体可以对机体起到一定的保护作用。小鼠试验显示，针对MPB83的单抗预处理的牛分支杆菌对小鼠的致病力下降，这也预示MPB83是牛分支杆菌的一种重要的致病因子。MPB70被应用于牛分支杆菌诊断，研究发现MPB70可以增强PPD诱导的变态反应，并且与牛结核病的病变密切相关，PPD皮肤试验是诊断致病性分支杆菌感染的一种重要方法。MPB70和MPB83也被用于血清学诊断。

ESAT6是人结核分支杆菌和牛分支杆菌中大量表达的分泌蛋白，而在BCG中缺失，因此被用于鉴别诊断抗原，以区分自然感染和卡介苗接种导致的免疫反应。Ag85复合物是牛分支杆菌主要的分泌蛋白之一，具有良好的免疫原性。Ag85复合物主要包括3种成分：Ag85A、Ag85B和Ag85C，可以诱导很强的体液免疫和细胞免疫，被广泛应用于疫苗的开发和快速诊断。

第三节 生物学特性和理化特性

一、染色特征

相比于一般细菌，结核分支杆菌群成员难以着色。在石炭酸作媒染剂的辅助下可以被复红着色，但接着再用盐酸乙醇处理时并不脱色，因此称为抗酸染色法。经抗酸染色后，结核分支杆菌呈现红色，背景及其他细菌为蓝色。抗酸染色已经成为辅助诊断结核分支杆菌的一种经典手段，但因为这是分支杆菌的共同特征，所以不能作为结核分支杆菌鉴别诊断的标准。

抗酸染色法

抗酸染色法是由埃利希（F. Ehrlich）首创、经萋尔（Ziehl）改进的一种细菌染色法，其中最具代表性的是对结核分支杆菌的齐萋–尼萋森（Ziehl–Neelsen）染色法和萋尔–加贝特（Ziehl-Gabbet）染色法。先用石炭酸复红染色，再用盐酸乙醇脱色，最后用美蓝进行对比染色，结核分支杆菌因不会被脱色而呈现石炭酸复红的红色。

1. 抗酸染色的原理　分支杆菌胞壁脂质含量较高，包围在肽聚糖的外面，所以分支杆菌一般不易着色，要经过加热和延长染色时间来促使其着色。萋–尼氏抗酸染色法是在加热条件下，使分支菌酸与石炭酸复红牢固结合成复合物，用盐酸酒精处理不会发生脱色，当遇到碱性美蓝复染后，分支杆菌仍然为红色，而其他细菌及背景中的物质为蓝色。

（1）抗酸性与分支菌酸　分支菌酸是一种高级脂肪酸，包裹在肽聚糖的外围，在细胞壁中的含量较高。研究发现，结核分支杆菌抗酸性与分支菌酸有关。异烟肼作为一种抗结核药物，具有干扰胞壁分支菌酸合成的作用。经异烟肼处理后的结核分支杆菌失去了抗酸性，且丧失程度与分支菌酸含量减少程度相一致。因此，分支菌酸对于结核分支杆菌的抗酸性具有重要意义。

（2）抗酸性与细胞壁完整性　用脂溶性溶剂除去细胞壁中的分支菌酸后，结核分支杆菌的抗酸性并没有消失；以高浓度的NaOH溶液处理结核分支杆菌，则能够破坏细胞壁的完整性，而分支菌酸不受影响，但结核分支杆菌丧失了抗酸性。同时，观察病理标本发现，只有当菌体具有完整的胞壁结构时，结核分支杆菌才具有抗酸性，当胞壁完整性遭受破坏或损伤，则抗酸性消失。说明抗酸性与细胞壁的完整性相关。

（3）抗酸性与RNA　研究发现，碱性复红可与结核分支杆菌的RNA蛋白复合物结合，其他种类细菌无此情况。

综上所述，结核分支杆菌的抗酸性染色与胞壁内的分支菌酸、胞壁的完整性以及细菌的RNA都有关系，是一个非常复杂的物理化学反应过程。

2. 抗酸染色的应用　分支杆菌属内各成员均具有抗酸染色的特性，菌体在蓝色背景下呈现红色，在显微镜下观察很容易和其他菌类区分，因此，抗酸性检测成为辅助诊断结核病的一个快速简便的方法，医学临床上常常检测痰菌数量变化来评价结核病的治疗效果。

所有的抗酸染色法都以石炭酸碱性复红作为染色剂，不同染色法区别在于脱色剂和复染剂的改良。常见的抗酸染色法有：萋–尼染色法、卡贝托染色法、金勇染色法和松冈–中岛法等。此外，还有金胺O染色法，其所用染色剂为荧光染料，紫外光下呈现黄绿色荧光，对比暗色背景，视觉反差特别明显。

二、营养与生长

结核分支杆菌是一种专性需氧菌，在营养、温度等条件适宜的情况下可体外生长增殖，在培养基上形成平滑、有光泽、不透明的菌落。

（一）结核分支杆菌生长的营养要求

结核分支杆菌在培养时需要的营养包括氧、碳、氮、磷、镁、钾、锌和铁等。常用鸡蛋或血清等天然物质，与葡萄糖、甘油、磷酸盐按一定比例配成培养基。

氧气对于结核分支杆菌的生长尤为重要，只有在氧气充分的情况下，结核分支杆菌才能生长良好；低氧环境下虽能生长，但速度缓慢；而在无氧环境下，即便其他养分充足，结核分支杆菌也无法生长。

结核分支杆菌生长所需碳源和能源主要来自于葡萄糖和甘油。葡萄糖可以加速结核分支杆菌的生长，培养基中葡萄糖的浓度一般控制在0.1%～1.0%，超过4%则会抑制细菌的生长。许多鸡蛋黄培养基中都含有马铃薯淀粉，淀粉在固体培养基中除了可以起到固态支持的作用外，其非蛋白部分还能促进结核分支杆菌的生长。由于甘油分子结构简单，因此很容易被结核分支杆菌利用。甘油具有促进结核分支杆菌生长发育的作用，所以常用培养基中都会加入甘油，比例为1%～5%。值得注意的是，甘油能抑制牛分支杆菌生长，因此在培养牛分支杆菌时往往不加入甘油。

结核分支杆菌构建细胞骨架需要氮，氨基酸和酰胺类是氮的良好来源。由于鸡蛋黄含有丰富的氨基酸，许多天然培养基中会添加鸡蛋黄。

无机盐具有维持菌体内外渗透压平衡及胞质酸碱平衡的作用，如磷酸盐；也可作为许多酶的辅基而发挥调节作用，如镁。磷酸盐还是合成核酸和磷脂的重要来源，参与调节磷酸化作用和许多转移酶的转运活性；锌是某些尿酸酶、碳酸酶和烯醇化酶的组分，微量锌还可以促进结核分支杆菌的生长。

（二）影响结核分支杆菌生长的因素

营养物质、培养环境等许多因素都可以影响结核分支杆菌的生长。

结核分支杆菌的最适生长温度为37℃，低于30℃不能生长。

培养基的pH偏酸或偏碱均不利于结核分支杆菌生长，pH一般控制在 5.5～7.0的范围内，在6.7～7.0的中性区最为适宜。

在一定氧分压（20%～40%）范围内，结核分支杆菌的生长速率随着氧分压升高持续加快；超过这个范围时，生长则受到抑制。在无氧或100%氧环境下，结核分支杆菌生长就会停止。突然缺氧会造成结核分支杆菌迅速死亡和自溶。另外，2%～5%的二氧化碳可刺激结核分支杆菌生长。

一些染料如孔雀绿，低浓度时对结核分支杆菌的生长影响甚微，同时具有杀灭或抑制污染杂菌的作用，因此常在固体培养基中加入0.01%～0.02%的孔雀绿。

应该注意的是，培养器材上残留的清洁剂、消毒剂或污染物也能严重影响细菌生长。

（三）培养基的种类

结核分支杆菌的培养基多种多样，目前主要是根据培养基的性状、成分，加入的某些特殊物质而形成的不同用途进行分类。

1. 按性状分类　培养基按性状可分为固体培养基、液体培养基、半流体培养基以及固液双相培养基。前三者的主要差别在于琼脂浓度不同。

（1）固体培养基　罗氏培养基（lowenstein Jensen，L－J）是最具代表性的固体培养基，临床上常用于分离培养、鉴别和保存菌种，以及测定结核分支杆菌的药物敏感性。但结核分支杆菌在固体培养基上生长缓慢，这是其主要缺点。

（2）液体培养基　常用的液体培养基有苏通培养基、Middle brook 7H9等。主要优点是结核分支杆菌可以在其中快速繁殖而收获大量菌体；缺点是无法用肉眼观察菌落形态，培养时易污染，以及其液体性状造成采样、收集和运输时的不便。

（3）半流体培养基　在液体培养基中加入低浓度（0.025%～0.05%）的琼脂可得到半流体培养基，如改良苏通半流体培养基。优点是结核分支杆菌可在培养基中段悬浮生长，并生成白色颗粒状菌落，肉眼容易观察。

（4）双相培养基　有国外的Septi－Check AFB双相培养基和国内的平菇双相培养基，都是以液相培养基为基础，结核分支杆菌在其中快速繁殖生长，固相部分用于分离纯化结核分支杆菌，以获得单菌落。

2. 按成分分类　可分为以鸡蛋黄为基础的培养基和以琼脂为基础的培养基。

（1）以鸡蛋黄为基础的培养基　主要包括罗氏培养基、小川辰次培养基、丙酮酸钠培养基。其中罗氏培养基是最经典的培养基，制备简单，主要用于分离和培养结核分支杆菌，测定细菌对药物的敏感性以及菌落观察和菌种保存等。小川培养基成分更简单，价格更便宜。

由于甘油可抑制牛分支杆菌生长，在罗氏培养基中除去甘油并加入丙酮酸钠后制成的丙酮酸钠培养基，适用于牛分支杆菌的分离、传种及保存。

（2）以琼脂为基础的培养基　其代表是苏通培养基和Middle brook系列培养基。前者主要用于培养牛分支杆菌以及卡介苗（BCG）的生产；后者成分较多，配制复杂，培养所需时间短，常用于结核分支杆菌诊断、培养以及药物敏感性测定。

3. 按用途分类　在普通培养基中加入某些特殊的物质可形成不同用途的培养基，以满足不同的需要，诸如快速培养基、选择培养基、鉴别培养基、药敏培养基以及L型细菌培养基等。

（1）快速培养基　国外常见的快速培养基有Organon Teknika公司研发的培养系统和Becton Diskinso公司研制的系列全自动培养系统，国内有豆浸液培养基、平菇双相培养基和植物激素培养基等。

（2）选择培养基　添加微量孔雀绿的培养基可促进结核分支杆菌生长，同时能抑制杂菌的生长，因此可以达到选择的目的，如改良罗氏培养基。

（3）鉴别培养基　在罗氏（L－J）培养基中加入0.5mg/mL的对硝基苯甲酸（p-nitrobenzoic acid，PNB）或5μg/mL噻吩－2－羧酸酰肼（thiophene－2－carboxylic acid acid hydrazide，TCH），分别得到PNB和TCH鉴别培养基，可以初步鉴别结核分支杆菌、牛分支杆菌和禽分支杆菌。

将标本同时接种罗氏（L－J）培养基和含PNB或TCH的培养基，并设标准菌株对照。结核分支杆菌在L－J和TCH上生长，牛分支杆菌仅在L－J上生长，而禽分支杆菌在三种培养基上均可生长。

（4）药敏培养基　匡氏培养基是一种药敏培养基，在药敏试验方面有着显著的优越性。

（5）L型细菌的培养基　用于培养L型细菌的培养基，常添加一定剂量的稳定剂和血清，如TSA－Ⅰ、PPLO琼脂和VSY肉汤培养基等。

三、生化反应

牛分支杆菌、结核分支杆菌和禽分支杆菌在PNB和TCH鉴别培养基上的反应已如前述。

牛分支杆菌不能合成烟酸并还原硝酸盐，而结核分支杆菌这两项试验均为阳性。

各型菌均产H_2O_2酶。结核分支杆菌和牛分支杆菌的触酶试验阳性，但耐热触酶试验阴性，禽分支杆菌则两种试验均为阳性。耐热触酶试验检查方法是将浓的细菌悬液置68℃水浴加温20min，再加入H_2O_2，观察是否产生气泡，有气泡者为阳性。

此外，各型菌均不发酵糖类。

表 2-1 常见分支杆菌的生化试验特性比较

	烟酸试验	Tween-80 水解试验	耐热接触酶试验	硝酸盐还原试验	尿素酶试验	TCH 抗性试验	PNB 培养基
牛分支杆菌	-	-	-	-	+	-	-
结核分支杆菌	+	-	-	+	+	+	-
禽分支杆菌	-	-	+	-	-	+	+

四、抵抗力与消毒

结核分支杆菌比一般细菌的抵抗力强，因此不能用常规的物理、化学的消毒方法来杀灭结核分支杆菌。

（一）物理因素

由于结核分支杆菌细胞壁脂质含量高，可防止水分丢失，故对干燥的抵抗力特别强。湿热比干热的杀菌效果要好很多。一般60℃加热15min即可杀死分支杆菌，或85℃加热5min、95℃ 加热1min也可杀死分支杆菌；而干热灭菌则需要100℃加热4 ~ 5h才能达到灭菌效果，180℃干热作用3h可完全杀灭痰中的结核分支杆菌。

结核分支杆菌在干燥的痰标本中可存活6 ~ 8个月，甚至更长时间，因为痰可增强结核分支杆菌的抵抗力；而煮沸2min才能杀死痰液内的结核分支杆菌，彻底灭菌需要煮沸10min。结核分支杆菌对日光和紫外线敏感，日光直接照射2 ~ 7 h即可被杀死。

（二）化学因素

结核分支杆菌胞壁富含脂质，对乙醇敏感，因此用70% ~ 75%乙醇处理3 ~ 5min后培养即变阴性，20 ~ 30min可杀死菌体。2%石炭酸处理5min或5%石炭酸处理 1min均能杀死悬液中的结核分支杆菌。但在有痰液的情况下，5%石炭酸需要24h才能杀死菌体。来苏儿和石炭酸效果相似，2%来苏儿10min或5%来苏儿5min可杀死结核分支杆菌，有痰时需要1 ~ 2h。结核分支杆菌可在强酸（4% ~ 6%硫酸）或强碱（4%氢氧化钠）环境中15min内不受影响。

五、耐药性

耐药性（drug resistance）又称抗药性，系指微生物、寄生虫及肿瘤细胞对于化疗药物作用的耐受性。耐药性一旦产生，药物的化疗作用就明显下降。耐药性根据其发生原因可分为天然耐药性和获得耐药性。自然界中的病原体，如细菌的某一株也可存在天然耐药性。当长期应用抗生素时，大多数的敏感菌株不断被杀灭，耐药菌株就大量繁殖，代替敏感菌株，而使细菌对该种药物的耐药率不断升高。目前认为后一种方式是产生耐药菌株的主要原因。

细菌耐药性产生的机制一般认为有产生灭活酶使药物失活、改变细胞膜通透性、药物靶基因的突变和代谢途径改变等途径。具体到结核分支杆菌，目前所指的产生耐药性的机制主要是靶基因的突变所致。

近年来，全世界结核分支杆菌耐药性的问题越来越严重。根据基因突变类型，结核分支杆菌的耐药性有基因自发突变产生的原发性耐药或由于用药不当经突变选择产生的继发性耐药。在获得耐药性后，结核分支杆菌的形态、理化特性以及毒力等特性也会发生改变。不断出现的新的耐药性菌株已经成为结核病防治的难题。

结核分支杆菌出现自然耐药突变是以一定的频率产生的，在10^{-10} ~ 10^{-5}之间，并且是随机的、自发的，与药物的接触与否并无关系。当与药物有关的编码基因发生突变后，结核分支杆菌对药物敏感性的表型随之发生改变。因药物对敏感菌体杀灭的选择性作用，菌群中的耐药菌体比例逐渐增大，最终成为占优势的菌群。

（一）耐药性分类

根据结核病人是否接受过抗结核药物治疗可分为：原发性耐药和获得性耐药。

原发性耐药是指没有接受过抗结核药物治疗而发生结核分支杆菌耐药；获得性耐药是指接受抗结核药物治疗时间大于1个月而发生的结核分支杆菌耐药。

根据耐抗结核药物的种数，耐药结核病可分为：耐药结核、耐多药结核、广泛耐药结核。

耐多药结核病（multi drug resistant tuberculosis，MDR–TB）是指对异烟肼（isonicotinic acid hydrazide，INH）和利福平（rifampicin，RFP）两种主要抗结核药或两种以上药物产生耐药的结核病，必须要有结核分支杆菌药敏试验结果才能确诊，是一种更为严重的结核病耐药类型，治疗难度大；除了对INH和RFP耐药外，如果还对氟喹诺酮类药物以及3种二线注射药物（硫酸卷曲霉素、卡那霉素和阿米卡星）中至少一种具有耐药性，即是广泛耐药结核病（extensively drug resistant tuberculosis，XDR-TB）。目前XDR-TB患者逐渐增多，发病率逐年升高，而且治疗难度大，治愈率低。

（二）耐药性产生的机制及原因

如前所述，细菌产生耐药性的机制有多种，对结核分支杆菌，基因突变是产生耐药性的最主要机制。

已有研究发现，异烟肼耐药性的产生与*katG*、*kasA*、*inhA*和*ahpC*基因突变有关，利福平耐药与*ropB*基因突变有关，乙胺丁醇耐药与*embCAB*基因突变有关，喹诺酮类药物耐药与*gyrA*、*gyrB*和*lfrA*基因突变有关，链霉素与*rpsL*和*rrs*基因突变有关，吡嗪酰胺与*pncA*基因突变有关。

（三）耐药结核分支杆菌的特性

结核分支杆菌在产生耐药性后，会显示一些与原菌株不同的特性。

1. 形态学的改变　异烟肼可影响胞壁成分分支菌酸的合成，结核分支杆菌对其产生耐药后，菌体缩短，颗粒变多，成为L型，抗酸性减弱；结核分支杆菌产生链霉素耐药性后，菌体数变多，形体伸长，形成一端膨大的形状，抗酸性减弱。

2. 理化特性改变　结核分支杆菌对异烟肼产生耐药性后，其过氧化氢酶的触酶活性丧失，硝酸还原酶活性降低或消失。

3. 毒力改变　耐异烟肼菌株相对于敏感菌株，其毒力丧失比较明显。试验证明，感染正常敏感菌株的豚鼠在6周内死亡，解剖肝脏发现典型病变；异烟肼可影响细胞壁中分支菌酸的合成，诱导结核杆菌分支成为L型，而豚鼠感染耐异烟肼菌株L型细菌后，百余天才死亡，病变不明显，且有回复特性。

（四）耐药性测定方法

1. 比例法　结核分支杆菌在L-J培养基上生长缓慢，检测其药物敏感性的标准方法有比例法、绝对浓度法和耐药比率法。其中，比例法是最为广泛接受的方法，已经成为一种参照方法。在比例法中，被测试药物或抑制剂以关键浓度加入到Middlebrook 7H10培养基或L-J培养基中，凝固后，在平皿上涂以稀释后的结核分支杆菌样品，然后培养至出现单菌落。整个程序费时费力，需要培养至少4周。在接种等量细菌的前提下，与未加药物或抑制剂的对照组比较，处理组的菌落数目小于对照组的1%，此情况下的药物或抑制剂浓度即为最低抑菌浓度（minimal inhibitory concentration，MIC）；超过1%即视为耐药。

2. BACTEC法　为缩短比例法检测结核分支杆菌耐药敏感性的时间，一些新的技术随之出现。其中较为广泛使用的一种改进方法是放射性BACTEC-460（Becton Dickinson公司）敏感性检测法。该方法使用一种含有放射性同位素C14的流体介质（BACTEC 12B），生长中的细菌代谢产生放射性二氧化碳，其产量以系统中生长指数（growth index，GI）的增加来表示。该方法可以减少培养时间4～12d。缺点是放射性废料的管理复杂，因其生物危害而具有潜在的使用风险。此外，成本较高，需要一些特殊的设备和耗材。

1998年，Becton Dickinson公司又推出了自动化无放射性的BACTEC-MGIT 960分支杆菌培养系统。BACTEC-MGIT 960包含改良Middlebrook 7H9液体培养基，并在试管底部镶嵌了荧光化合物，能够完成分支杆菌的生长与检测。荧光化合物对溶解在液体培养基中的氧很敏感，初始浓度的溶解氧能淬灭化合物释放的荧光，所以几乎检测不到荧光。培养一段时间后，生长旺盛的细菌消耗大量的氧，荧光化合物因而释放荧光而被检测到。BACTEC-MGIT 960设备能实时监测试管内不断变强的荧光，对比分析含有药物的实验组荧光和无药物的对照组荧光，便可得出药物敏感性结果。该方法耗时约15d，不会像BACTEC 460TB那样产生放射性废物，但是高昂的成本使得本方法推广较为困难。

3. 比色法　最近几年产生了一些药敏比色检测方法。比色法的原理是：当结核分支杆菌暴露于不同的药物培养之后，添加在培养基里的生长指示剂的颜色会减弱，基于此而得出药物敏感性结果，也可以通过检测细菌生长呼吸后的氧化水平来衡量菌体增殖情况。这些方法使用Middlebrook 7H9液体培养基，并使用微滴定平板的格式进行测定。最常用的氧化还原指示剂有四唑盐MTT、刃天青和阿尔玛蓝。试验采用高通量的格式，使用液体介质比基于固态的试验要快一些。整个试验过程耗时7～14d。不利的方面是，这些方法使用液体介质，使得试验操作中样品更易污染。另外，由于技术的复杂性，不同实验室的结果可能差异较大，因此这些方法的可靠性值得商榷。

其他还在发展阶段的方法包括浓度梯度法（AB BIODISK，Solna，Sweden）、流式细胞术和基于噬菌体的技术。这些新方法大多数较为复杂，花费高昂，需要特殊的设备及熟练的技术。此外，上述方法大多是测定分支杆菌对现行抗结核药物的敏感性，而非阐明药物或抑制剂的抗结核表型。

第四节 基因组结构和功能

结核分支杆菌复合群（mycobacterium tuberculosis complex，MTBC）包含结核分支杆菌（*M. tuberculosis*）、牛分支杆菌（*M. bovis*）、卡介苗（*M. bovis* Bacille Calmette Guerin，BCG）、非洲分支杆菌（*M. africanum*）、田鼠分支杆菌（*M. microti*）、山羊分支杆菌（*M. caprae*）、海豹分支杆菌（*M. pinnipedii*）和卡内蒂分支杆菌（*M. canetti*）等，这些菌株具有在动物体内引起结核病或者类似结核病症状的潜力。

1905年，科学家首次成功分离了结核分支杆菌H37Rv株，该菌株是结核分支杆菌复合群（MTBC）的代表菌株，目前在实验室中的应用最为广泛。1998年，Cole等人完成了结核分支杆菌H37Rv菌株的全基因组测序，成为分支杆菌研究领域的里程碑。随后*M. bovis*、*M. bovis* BCG Pasteur株、*M. avium* subsp、paratuberculosis、*M. avium* subsp. avium 和*M. marinum*等分支杆菌基因组测序也相继完成。截至2009年6月份，共有29株分支杆菌的全基因组测序完成，已发现一批与代谢、毒力、免疫及耐药相关的基因，为深入了解结核分支杆菌复合群的生物学特征、代谢特征及后续研究新型结核疫苗和抗结核药物靶标等奠定了基础。

一、结核分支杆菌H37Rv基因组

H37Rv的基因组是dsDNA，大小为4.4Mb，结合应用生物信息学和功能基因组学方法，目前发现有4 411个开放阅读框（open reading frame，ORFs），其中50个ORF用于编码稳定的RNA，其他的ORF被认为用于编码4 000多个基因。用Gamus注释基因组后，又增加了82个基因。这些基因编码的蛋白中，10%为PE和PPE蛋白质家族；初期的功能注释结果显示，结合分支杆菌基因组，40%编码有功能的蛋白质产物；44%编码与基因组其他信息有关的蛋白（如保守且功能假定的蛋白）；另外16%编码的蛋白则完全未知。

结核分支杆菌基因组具有以下特点：整个基因组的G+C含量高达65.6%；平均间隔1 100个碱基长度出现一个基因；H37Rv的转录方向与复制叉移动方向相同；起始密码子主要是ATG（61%），还有一些其他起始密码子，比如GTG（35%）和ATC；翻译过程中可能存在移码突变；结核分支杆菌基因组至少有8%的基因编码产物与脂质代谢相关，其中大部分是与脂质代谢相关的酶类；基因内部可能存在内含子序列，比如dnaB、recA和Rv1461。

组成结核分支杆菌基因组的结构序列主要包括重复序列、PE和PPE多基因家族、REP13E12家族和一些原噬菌体序列。重复序列又可分为重复基因、插入序列（insertion sequence，IS）和分支杆菌分散重复单位（mycobacterial interspersed repetitive unit，MIRU）。在基因组水平，结核分支杆菌复合群（MTBC）成员之间仅有0.01%的差别。而引起这些成员之间微小差异的因素包括：① 插入序列拷贝数及插入位置的不同，如IS6110序列在结核分支杆菌和牛分支杆菌内的拷贝数和插入位置均不同；② PE家族蛋白亚型的变异，如PGRS；③ 不同成员间基因组DNA存在缺失现象，导致一些区域的序列不完整，形成差异区域（regions of difference，RD），也称为缺失区域（deleted regions）。

（一）IS6110序列

大多数生物的基因组含有可移动的遗传元件，该遗传元件通过转座方式从一个区域插入到另一个区域，称为跳跃基因，他们的动态学特征引起一些细菌出现不同表型。Gordon等人在分析结核分支杆菌H37Rv基因组时，发现56簇代表着30种不同的IS元件。1990年，IS6110首次被定义，IS6110全长1.36kb，仅存在于结核分支杆菌复合群（MTBC）内，属于IS3家族，特征是含有长28bp的不完全末端反向重复（terminal inverted repeats，TIRs）序列；整合之后，在邻近插入位点有3～4bp的重复序列。

大多数MTBC成员含有IS6110元件，所有MTBC菌株的IS6110存在于基因组的直接重复（direct repeat，DR）区域内，而且这个区域的IS6110被认为是最初插入的。牛分支杆菌只有1个拷贝的IS6110，转座现象比较少见。和其他的IS3家族成员一样，IS6110序列包含2个部分重叠的阅读框ORFA和ORFB，通过翻译移码方式编码一个转座酶ORFAB。IS3家族的ORFA和ORFB基因产物会抑制转座酶所促进的转座再结合过程，不同拷贝的IS6110元件可能共享转座酶。实际上，结构上有相关性的IS序列均可以共享转座酶，只是各自的转座途径可能有所区别。

IS6110转座事件在进化距离较远的进化株中比较常见，但是在进化距离比较接近且稳定的菌株中较罕见。IS6110发生转座的速率在不同菌株内是不同的，但是在同一菌株内是稳定的。低拷贝的IS6110转座速率会相对较低，因此在转座时可能会发生过度的聚类。IS6110在基因组上的整合位置会影响其拷贝数，当IS6110保留在转录沉默的基因组区域时，IS6110会失活，并很少进行转座。但是当插入到转录活跃区域，则IS6110转座的速率会明显增加，这可能是转座酶的产量增加引起的。这个现象表明，如果转座发生在基因组转录活跃区域时，单一的转座事件可能引起一系列的转座活性。

IS6110在MTBC成员内的多态性主要体现在数目和位置两个方面，因此可将IS6110用作基因分型标记。利用限制性内切酶切割IS6110，将切割产物进行电泳分离，能够得到类似指纹样的特征性条带，称为IS6110指纹多态性，并被广泛用于结核分支杆菌基因分型。

（二）PE和PPE多基因家族

结核分支杆菌基因组约10%的编码基因与PE和PPE多基因家族有关。PE和PPE，这两个家族蛋白的编码基因分别包括富含GC的多态性序列（polymorphic GC–rich repetitive sequence，PGRS）和主要多态性串联重复序列（major Polymorphic tandem repeats，MPTRs），而PGRS和MPTRs最初被认为是结核杆菌基因组非编码的重复序列。

PE家族成员的N端比较保守，大约含有110个氨基酸，且在第8、9位氨基酸为脯氨酸（proline，P）和谷氨酸（glutamic acid，E），但是羧基端差异比较大，包括大小、序列及重复拷贝数的区别，大小变化范围在100 ~ 1 400个氨基酸不等。PE家族有99个成员，又可以细分为PE和PE–PGRS亚家族。PE–PGRS亚家族的成员含有甘氨酸–甘氨酸–丙氨酸或者甘氨酸–甘氨酸–天冬氨酸多个重复序列，但是PE家族其他成员C端的相似性比较低。

PPE家族由67个成员构成，N端序列也比较保守，由180个氨基酸组成，其中在第7、8、9位的氨基酸分别为脯氨酸、脯氨酸和谷氨酸。PPE家族也分成3个亚家族，其中第1组含PPE–MPTR序列，特征是含有天冬酰胺–X–甘氨酸–X–甘氨酸–X–天冬酰胺–X–甘氨酸重复序列；第2组在第350位含有1个保守序列甘氨酸–X–X–丝氨酸–缬氨酸–脯氨酸–X–X–色氨酸；而第3组蛋白的C端没有相关性。可以利用PGRS和MPTR作为流行病学分析工具，用于结核分支杆菌复合群的基因分型。

基因变异会导致翻译出多样的氨基酸序列的PE和PPE蛋白。一些病原体采用这种策略改变其抗原决定簇，比如结核分支杆菌Rv1753c编码的PPE有52 个氨基酸的缺失，但是牛分支杆菌内该序列则有50个氨基酸的插入。Rv1917c编码PPE–MPTR的序列在结核分支杆菌和牛分支杆菌（与结核分支杆菌序列相比含有3个不相关联的插入序列）之间的变动更大。Ramakrishnan 等人将海洋分支杆菌（*M. marinum*）内编码PE–PGRS同源蛋白的基因失活，结果该菌株的毒力减弱，从而发现了PE和PPE家族蛋白在毒力方面的作用。Rv1917c基因簇最初被描述为位于katG上游的可变区域，可通过PCR方法用于结核分支杆菌的分型。

（三）差异区域1（region of difference 1, RD1）

细菌在进化过程中，其基因的种类和数目总是在不断变化，主要变化策略包括缺失（deletion，部分缺失或者全部缺失），重复（duplication）和水平基因转移（horizontal gene transfer，HGT）。在分支杆菌中，比较常见的是不同成员间基因组存在缺失现象，导致一些区域序列的不完整性，形成差异区域（regions of difference，RD），也叫做缺失区域（deleted regions），这与分支杆菌的抗原变异及致病性有密切关系。

RD1存在于具有致病性的结核分支杆菌和牛分支杆菌内，而在BCG不同菌株和田鼠分支杆菌中均有缺失，推测RD1可能参与调控致病性结核分支杆菌和牛分支杆菌的毒力及宿主的免疫应答过程。近年来关于RD1的研究比较多，RD1区域全长为9 455bp，包括9个ORF，为Rv3871－3879c，总共编码9种蛋白，其中，由Rv3871编码的蛋白含有AAA ATP酶结合区域；Rv3872编码的PE35蛋白属于PE家族；Rv3873编码的PPE68属于PPE家族；由Rv3874和Rv3875分别编码的培养滤液蛋白10（CFP10）及早期分泌抗原靶（ESAT6）是RD1区域编码的主要毒力蛋白，具有较强的免疫原性，能够诱导明显迟发型超敏反应（delayed－type hypersensitivity，DTH），这两个蛋白的分泌依赖于ESX－1分泌系统；Rv3878编码的MTB27.4蛋白主要存在于胞质内，在结核分支杆菌H37Rv菌株内，分泌量少；Rv3879c编码的蛋白质，存在基因序列多态性，全长有729个氨基酸。这9种蛋白中，除了分别由Rv3876（编码的蛋白N端富含脯氨酸）和Rv3877（编码一种膜蛋白，包含11个跨膜区）编码的两种蛋白外，其余的7种蛋白都含有T细胞抗原决定簇。

（四）与代谢相关的基因

结核分支杆菌参与脂肪代谢的酶有250余种，而大肠杆菌只有50种左右。结核分支杆菌编码的代谢相关酶主要参与脂肪酸的生物合成（如脂肪酸酶Ⅰ和脂肪酸酶Ⅱ系统）、脂肪酸的降解（如酰基辅酶A合成酶、FadA/FadB β 氧化复合物）、聚酮化合物的合成（由操纵子ppsABCDF编码的Ⅰ型聚酮化合物合成酶系统）及镁、铁的摄取。

（五）与毒力相关的基因

结核分支杆菌与常规细菌的毒力特征不同，不分泌毒素，缺乏经典的毒力因子，同时基因组中未见明显的毒力岛。研究者通过基因突变方法，在有效的细胞（如巨噬细胞、树突状细胞等）或者动物模型（常用的是小鼠模型、豚鼠模型和家兔模型）上评估结核分支杆菌的毒力相关基因。目前研究发现与结核分支杆菌毒力相关的基因可分为4类，包括分泌蛋白、细菌表面组分、细菌代谢酶及转录调节因子（表2－2）。

表 2-2　结核分支杆菌毒力相关的基因

名称	分类	名称	分类
Rv2031c/HspX	分泌蛋白	Rv2987c/LeuD	细菌代谢酶
Rv3875/ESAT6	分泌蛋白	Rv2192c/TrpD	细菌代谢酶
Rv3874/CFP10	分泌蛋白	Rv0500/ProC	细菌代谢酶
Rv3763/19kDa	分泌蛋白	Rv0780/PurC	细菌代谢酶
Rv2220/GlnA1	分泌蛋白	Rv1811/MgtC	细菌代谢酶
Rv3810/Erp	细菌表面组分	Rv2383c/MbtB	细菌代谢酶
Rv2940c/Mas	细菌表面组分	Rv2711/IdeR	细菌代谢酶
Rv2930/FadD26	细菌表面组分	Rv1161/NarG	细菌代谢酶
Rv2941/FadD28	细菌表面组分	Rv1908c/KatG	细菌代谢酶
Rv2942/MmpL7	细菌表面组分	Rv2428/AhpC	细菌代谢酶
Rv3804c/FbpA	细菌表面组分	Rv3846/SodA	细菌代谢酶
Rv0642c/MmaA4	细菌表面组分	Rv0342/SodC	细菌代谢酶
Rv0470c/PcaA	细菌表面组分	NuoG	细菌代谢酶
Rv0899/OmpA	细菌表面组分	Rv2703/SigA	转录调节因子
Rv0475/HbhA	细菌表面组分	Rv3286c/SigF	转录调节因子
LAM	细菌表面组分	Rv1221/SigE	转录调节因子
Mce3，Mce4	细菌表面组分	Rv3223c/SigH	转录调节因子
Rv0467/Icl	细菌代谢酶	Rv0757/PhoP	转录调节因子
Rv3487/LipF	细菌代谢酶	Rv0903c/PrrA	转录调节因子
Rv1345/FadD33	细菌代谢酶	Rv0981/MprA	转录调节因子
磷脂酶 C	细菌代谢酶	Rv3133c/DosR	转录调节因子
Rv3602c/PanC	细菌代谢酶	Rv0353/HspR	转录调节因子
Rv3601c/PanD	细菌代谢酶	Rv3416/WhiB	转录调节因子

（六）与免疫相关的基因

细胞免疫是结核分支杆菌保护性免疫之一，诱导细胞免疫反应的抗原主要存在于细菌细胞壁、细胞质和培养滤液中，其中分泌蛋白和细胞壁表面的蛋白是主要的免疫保护性抗原，这将成为研究新型疫苗和鉴别诊断试剂的首选靶抗原。目前研究比较多的抗原及其分类如表2-3。

表 2-3 结核分支杆菌主要抗原

名称	分类	名称	分类
ESAT6	分泌蛋白	MTB9.9 家族	胞质蛋白
CFP10	分泌蛋白	MTB39 α	胞质蛋白
TB10.4	分泌蛋白	PPE68	膜蛋白
MPT64	分泌蛋白	MPB83	膜蛋白
Ag85 复合物	分泌蛋白	PstS1、PstS2、PstS3	分泌蛋白 / 膜蛋白
MTB8.4	分泌蛋白	Rv2653	其他
38kD 蛋白	分泌蛋白	Rv2654	其他
HSPs	胞质蛋白	MTB41	其他

1. ESAT6家族　ESAT6家族有23个蛋白，依次命名为EsxA－W，除了EsxQ基因外，其他基因都是以基因对的形式存在于染色体内。该家族中有5个二聚体底物是疫苗的潜在靶标。根据感染过程中基因的转录、免疫及对厄尔德曼菌株气溶胶感染小鼠模型的保护力分析，证实ESX二聚体底物中EsxD－EsxC、ExsG－EsxH及 ExsW－EsxV有希望用于疫苗开发，并将这些蛋白重组后形成了融合蛋白H65。免疫H65与免疫BCG产生相当的保护力，甚至在没有重要抗原（如ESAT6或者Ag85）存在时，也能够提供比较好的保护力。H65构成一株不含有抗原Ag85的疫苗，且与目前基于ESAT6或者CFP10的诊断方法不冲突，可作为候选疫苗，但具体信息还需要更多的试验证实。

EsxV和EsxW是T细胞的靶标，均被用于研制疫苗中，以提升BCG的免疫效果。分支杆菌基因组编码多个蛋白分泌系统，ESX－1和ESX－5与结核分支杆菌的毒力相关，ESX－3影响结核分支杆菌存活，而且是分支杆菌摄取金属离子所必需的。最近发现分支杆菌基因组中存在第Ⅶ分泌系统（Type Ⅶ secretion system，T7SS），第Ⅶ分泌系统在分泌机制上与其他分泌系统明显不同，而且通过这个系统分泌的蛋白与毒力密切相关。还发现ESAT6（EsxA）通过第Ⅶ分泌系统分泌，其他成员的分泌途径还有待进一步研究。

2. Ag85复合物　Ag85复合物是由3种分泌蛋白Ag85A、Ag85B及Ag85C按一定比例混合而成，约占结核分支杆菌分泌蛋白总量30%，分子量分别为32kD、30kD和31.5kD，分别由Rv3804c、Rv1886c和Rv3803c基因编码。组成Ag85复合物的3种分泌蛋白包含多个T淋巴细胞抗原决定簇，免疫Ag85蛋白或者其编码基因DNA疫苗可以诱导特异性细胞免疫应答，刺激Th1类细胞因子的产生，例如，将纯化的Ag85A、Ag85B蛋白或者编码Ag85B的基因Rv1886c DNA疫苗与BCG疫苗联合使用，可以增强后者的免疫效果。体内基因表达数据显示，Ag85基因在体内的表达高峰在感染1周内出现；另外，在小鼠体内，这种现象与获得性免疫的启动有关。体内研究Ag85B特异性T细胞量的变化情况发现：在感染早期，Ag85B特异性T细胞达到T细胞总数10%，可以产生IFN-γ；在慢性潜伏期，这个比例下降到1%以下；在结核肉芽肿内，抗原提呈细胞表面Ag85表位很少。Ag85特异获得性免疫反应在感染早期有效，而在感染后期这种效应相当低，故选择Ag85作为抗原研发疫苗的可行性仍然存在争议。

3. PstS1基因　PstS1是糖基化的脂蛋白，属于分支杆菌细胞膜的一部分，以膜蛋白和分泌蛋白的形式存在。PstS1是结核分支杆菌磷酸盐摄入系统的一个磷酸盐结合亚基，属于ABC转座子基因家族。PstS1也是一种抗原，具有比较好的免疫原性和免疫刺激作用，可作为结核疫苗和诊断的候选基因。

刘海灿等人通过临床分离的180份结核分支杆菌复合群（MTBC）样品及11份不同BCG菌株样品，扩增PstS1基因，测序之后，将序列与NCBI公布的4株牛分支杆菌和BCG基因组三者进行比较，分析PstS1的多态性，结果发现PstS1基因上的两处移码突变（不同的菌株位置不同，大部分是位于非功能区、Pi结合区、可能引起氨基酸极性的区域）可能是导致该蛋白功能变化并发生免疫逃避的原因 。牛分支杆菌和BCG菌株的PstS1基因第352位氨基酸的1个单核苷酸存在多态性（T被替换为C），这种变化可能是牛分支杆菌和BCG所特有的，可用于鉴别结核分支杆菌复合群中的牛分支杆菌或BCG菌株。本结果显示这些样品中的PstS1基因氨基酸的变化导致65%的T细胞表位发生变化，这表明PstS1基因的变化可能与免疫逃避有关。

4. 热休克蛋白（hot shock proteins，HSPs）　属于胞质蛋白，在真核生物和原核生物间高度保守，主要参与蛋白质的转位、折叠及装配过程，HSPs可以被免疫系统识别，是一类比较重要的抗原。研究表明将HSP亚单位疫苗免疫动物，虽然不能诱导有效的保护力，但是其相应编码基因的DNA疫苗免疫动物却能够产生与BCG疫苗相当的免疫保护力。结核分支杆菌编码的HSPs中与免疫相关的主要有HSP60、HSP65和HSP70。

MTB含有两个分子伴侣60（Cpn60）即HSP60（Cpn60.1）和HSP65（Cpn60.2），分别由Rv3417c（即GroEL1）和Rv0440（即GroEL2）基因编码，分子量分别为60kD和65kD，二者均可以作为抗原。结核分支杆菌的HSP60是高度保守的细胞内抗原，能够诱导细胞因子的产生，也能促进外周血单个核细胞（peripheral blood mononuclear cell，PBMC）产生IL-1β、TNF-α、IL-6、IL-8、GM-CSF等促炎因子，但是不能诱导

IL－4和IFN－γ的产生；结核分支杆菌的HSP65包含多个T细胞抗原决定簇，其中有1个是结核分支杆菌与BCG菌株所特有的，研究发现该抗原决定簇能够诱导较好的免疫应答反应，可用于免疫预防和免疫治疗。由于HSPs在不同物种间的高度保守性，将HSPs开发为疫苗用于免疫时，容易引起自身免疫性疾病。

结核分支杆菌的HSP70，分子量为70kD，可诱导PBMC产生RANTES、MIP－1α、MIP－1β及CC－化学因子。HSP70具有基因免疫佐剂的效应，将其与抗原多肽重组成DNA疫苗，免疫动物能够诱导T淋巴细胞反应，比如HSP70/Ag85A重组DNA疫苗诱导的免疫保护力强于免疫Ag85A单基因；将HSP70羧基端与HCA661串联克隆到载体上构建融合基因重组质粒后免疫小鼠，结果显示单基因和融合基因疫苗免疫动物均能诱导针对HCA661的特异抗体，且融合基因疫苗诱导的抗体水平显著高于单基因免疫，同时融合基因疫苗组没有产生针对HSP70羧基端的抗体。

5. Rv3873和Rv0916c　由RD1区域内的Rv3873基因编码的PPE68蛋白，是PPE蛋白家族成员之一，富含脯氨酸－甘氨酸重复结构，分布于结核分支杆菌和牛分支杆菌细胞膜或细胞壁中，其免疫学特性与ESAT6和CFP10相似，所有BCG菌株中均没有PPE68蛋白，与ESAT6和CFP10相比，PPE68的皮肤反应强度较弱。PPE68及其合成多肽不仅可以诱导MTB感染小鼠出现DTH反应，还可以刺激淋巴细胞产生IFN－γ。

由Rv0916c基因编码的MTB41蛋白，属于PPE家族，分子量为41.4kD，是一个T淋巴细胞抗原，同时是一个保护性抗原，但在短期培养滤液中缺乏MTB41蛋白。MTB41抗原可刺激结核分支杆菌阳性患者体内PBMC增殖并促进IFN－γ的释放；MTB41刺激免疫小鼠的脾淋巴细胞产生高水平的IFN－γ，但不产生IL－4；免疫MTB41 DNA疫苗可诱导有效的T淋巴细胞反应并产生与BCG相当的保护力。

6. Rv2653和Rv2654　位于RD11区域内，RD11存在于结核分支杆菌染色质上，是噬菌体的插入区域，在不同型的BCG菌株或者环境分支杆菌基因组中均缺失RD11。Rv2653和Rv2654基因多肽可诱导MTB患者释放高水平的IFN－γ，其中Rv2653多肽不能诱导DTH反应，而Rv2654多肽混合物可诱导结核分支杆菌感染的豚鼠产生DTH 反应，但对BCG免疫者不能诱导IFN－γ的分泌或者DTH反应，可见Rv2654是MTB高度特异的抗原。

（七）与耐药性相关的基因

目前结核病还没有有效的疫苗，尽管有BCG疫苗株，但是BCG疫苗株在人体内的保护性因人而异，且并非终身免疫。一般在儿童时期该疫苗有一定的保护力，大大降低了儿童患结核病的概率，而对于成年人保护力很弱。

现阶段限制结核病在成年人间蔓延的主要途径是通过诊断方法的改进及推广和早期

抗生素的治疗来实现。世界卫生组织（world health organization，WHO）推荐综合利用一线抗生素（通常把疗效高、不良反应少、患者易耐受的药物作为第一线抗结核病药）来治疗结核病，这些抗生素包括利福平、异烟肼、吡嗪酰胺及乙胺丁醇等。先用利福平和异烟肼治疗4个月，之后用吡嗪酰胺及乙胺丁醇治疗2个月。然而不规则地使用低剂量抗生素会导致出现多重耐药性（MDR）和广谱耐药性（XDR）的结核分支杆菌，这给疾病控制带来巨大挑战。

异烟肼和乙胺丁醇分别通过抑制结核分支杆菌细胞壁分支菌酸和阿拉伯半乳糖两种主要成分的合成来抑制细胞壁合成来抵抗结核分支杆菌的生长。链霉素主要通过抑制mRNA翻译起始，特异性抑制蛋白质的合成；利福平干扰RNA的合成，通过结合ropB基因编码的DNA依赖的RNA聚合酶β亚基，抑制DNA转录成RNA。

1. 异烟肼耐药性的产生机制　该耐药性由*inhA*基因编码的烯酰基携带蛋白还原酶所决定，属于FASII系统。如果*inhA*基因发生突变，则会导致结核分支杆菌异烟肼耐药株的出现。另外，编码的过氧化氢酶和过氧化物酶的*katG*基因第315位氨基酸由丝氨酸突变为酪氨酸后，大大降低了过氧化物酶和过氧化氢酶的活性，也可以导致异烟肼耐药性。异烟肼耐药菌株可能对氧化刺激更敏感，为了适应这种刺激，会上调某些化合物的合成，比如更多地利用烷类和脂肪酸作为碳源和能量，另外也会合成多种参与抑制抗氧化刺激相关的化合物，包括参与维生素C降解途径的化合物。

2. 乙胺丁醇耐药性产生　*embB*基因编码的阿拉伯半乳糖的第306位甲硫氨酸突变为支链氨基酸，如亮氨酸（Leu）、异亮氨酸（Ile）或者缬氨酸（Val），可以导致乙胺丁醇耐药性的产生。乙胺丁醇耐药性是个多环节参与的结果，*embB*发生突变后，紧接着合成或者利用细胞壁前体DPA过程中一些基因突变，如引起与合成相关的Rv3806c基因，或者与利用细胞壁前体相关的Rv3792基因突变，最终引起EmbC的突变。Rv3806c突变会促进EmbCAB酶结合底物，底物与酶结合限制乙胺丁醇与EmbCAB酶的结合，增加耐药性，而Rv3792基因的同义SNPs（不改变所编码蛋白质的氨基酸序列）会促进耐药性产生。

3. 吡嗪酰胺耐药性　72%～97%的吡嗪酰胺耐药性与编码吡嗪酰胺酶的*pncA*基因突变有关，吡嗪酰胺酶主要负责将吡嗪酰胺转化成其活化形式——吡嗪酸（POA），其他因素也能够导致临床上出现结核分支杆菌吡嗪酰胺耐药菌株，比如能够影响吡嗪酰胺代谢、调节*pncA*基因表达或者POA的生成，说明临床上DrO嗪酰胺耐药性的出现不是单一因素引起的。

4. 链霉素耐药性的产生机制　核蛋白S12（*rpsl*）的编码基因或者16S rRNA基因（*rrs*）的单个或多个碱基发生定点突变会导致结核分支杆菌链霉素耐药菌株的出现，比如第491位的C突变为T，512位的C突变为T及904位的A突变为G。另外，*rpsl*蛋白第88位赖氨酸（Lys）突变为谷氨酰胺（Gln），也会出现链霉素耐药性。

5. 利福平耐药性　与耐其他治疗结核病的一线药物菌株相比，结核分支杆菌耐利福平菌株的出现往往伴随着较高的病死率，因为能够抵抗利福平的菌株，可能对其他一线抗生素也有抵抗力。

编码RNA聚合酶β亚基的*rpoB*基因发生突变会引起利福平耐药性的产生，*rpoB*的81bp区域被认为是抵抗利福平的决定区域，如果该区域发生突变，会出现利福平耐药性。Du Preez 等通过提取代谢物并结合气相质谱分析，比较结核分支杆菌野生菌和两株不同的*rpoB*突变菌株的代谢物，从代谢水平探讨结核分支杆菌对利福平的耐药机制。研究发现，利福平耐药性菌株缺乏两条甲基侧链脂肪酸饱和中链，这是合成分支菌酸所必需的，*rpoB*突变破坏了mRNA与核糖核苷5'三磷酸之间的平衡，导致黄素腺嘌呤二核苷酸（flavin adenine dinucleotide，FAD）减少，而FAD是合成脂肪酸所必需的。另外，核苷酸三磷酸的减少，尤其是ATP的减少，引起腺苷甲硫氨酸合成酶S-adenosylmethionine（SAM）synthetase的合成减少，最终导致这些*ropB*突变菌株内10–甲基侧链脂肪酸总数减少。分支菌酸的减少会引起细胞壁合成过程对阿拉伯甘露糖脂（LAM）的利用水平下降，累积的LAM则会抑制LAM的合成。与结核分支杆菌野生型菌株相比，在*ropB*突变菌株内十七烷酸量减少，Du Preez 和 Loots认为在压力条件下，*rpoB*突变株通过乙醛酸循环体将乙酸和脂肪酸作为主要碳源，这种分解代谢导致丙酰CoA和乙酰辅酶A的浓度增加。

6. 其他耐药基因　抗结核药物的使用会引起一些基因发生非同义的单核苷酸多态性（single nucleotide polymorphism，SNP）。张鸿泰等人对耐药谱范围内的161株耐药菌株测序，分析发现了72个新基因，28个基因间隔区（intergenic regions，IGRs），11个非同义的SNPs，10个与耐药性相关的IGR的SNPs。该研究团队基于分析非同义SNPs与同义SNPs（dN/dS）的比例，结果显示发现的耐药相关基因本质上是都是非同义SNPs，并推测这有可能是药物压力导致的，这种多态性变化对于抗生素对结核分支杆菌基因组的影响虽小，却是积极的，这些变化位点几乎涵盖本研究中发现的84个耐药相关基因。

另外，来自麻省总医院的Farhat领导的研究小组对来自全球各地的123种菌株进行了测序，并在进化树上对这些序列进行了定位，发现了与不同分支杆菌耐药性相关的突变，其中包括39个新突变。

二、结核分支杆菌突变株基因组结构和功能

有许多结核分支杆菌突变株有作为新型疫苗的潜力。通过等位基因交换，构建了结核分支杆菌营养缺陷型突变株（*purC*突变株）和牛分支杆菌营养缺陷型突变株（*purC*

突变株）。体外试验证实，这两株突变株毒力比BCG低，不能在鼠骨髓来源的巨噬细胞中生长；体内试验发现，气溶胶感染的小鼠和豚鼠只出现低剂量感染。该两株突变株免疫的豚鼠遇到纯化的分支杆菌抗原蛋白，会出现迟发型过敏反应（delayed type hypersensitivity，DTH），并诱导一些保护反应。与BCG菌株和结核分支杆菌*purC*突变株相比，牛分支杆菌*purC*突变株免疫豚鼠的肺脏内的分支杆菌载量较少。为了产生有效的免疫效果，弱毒株应该在宿主体内有一定的生长及散播能力，并提供给免疫动物有效的保护力。对于胞内感染的病原，活疫苗的效果比灭活疫苗的效果更好。

BCG接种人类免疫缺陷病毒（Human immunodeficiency virus，HIV）感染者会致病，因此需要用毒力更小的BCG营养缺乏突变株替代野生型BCG免疫HIV感染者，为其提供有效的保护力。脯氨酸（*proC*）和色氨酸（*trpD*）营养缺陷的结核分支杆菌突变株在联合免疫缺陷症小鼠及小鼠骨髓来源的巨噬细胞中毒力下降，用该突变菌株免疫DBA/2小鼠之后，通过静脉注射H37Rv，*proC*突变株提供的保护力和BCG相当，但是*trpD*突变株能够诱导比BCG更高水平的保护力。

结核分支杆菌的一个显著特征就是细胞膜上的脂质含量很高，占到干重的40%，脂质的生物合成和代谢对于胞内分支杆菌的复制和储存至关重要。如果构建一些影响脂质合成和代谢的突变体，使其毒力下降，并保留免疫原性，作为疫苗免疫时可能提供更高的保护力。

维生素B_5是辅酶A和酰基载体蛋白合成过程中必要的分子，辅酶A和酰基载体蛋白在脂肪酸代谢及其他代谢反应中聚酮化合物合成时起重要作用。*panC*和*panD*基因参与泛酸酯的合成，双缺失*panC*和*panD*基因的结核分支杆菌突变株，在Balb/c及严重联合免疫缺陷症（severe combined immune deficiency，SCID）小鼠内，其毒力显著小于BCG。经皮下注射免疫C57Bl/6j小鼠，之后用H37Rv低剂量气溶胶攻毒，发现该双缺失结核分支杆菌突变株可以产生类似于BCG的免疫效果，该突变株没有回复突变，可以在小鼠组织内长期存在，具备制备弱毒苗的潜力。

Mce基因编码的分支杆菌蛋白有利于分支杆菌侵入宿主细胞，缺失mce-2和mce-3的结核分支杆菌突变体不能合成mce蛋白，使其在Balb/c小鼠内的毒力下降，气管注射这两株mce突变株，可以诱导低水平并不断增多的IFN-γ和TNF-α，同时也能诱导比亲本株明显的DTH反应。这两株突变株的毒力均比BCG弱，免疫之后淋巴结和脾细胞用分支杆菌抗原（ESAT6，Ag85）刺激，收集上清检测IFN-γ水平，结果显示免疫突变株的上清中IFN-γ水平比免疫BCG的水平高。分别给小鼠皮下注射*mce-2*突变株、*mce-3*突变株及BCG菌株，免疫60天后通过气管感染H37Rv或者结核分支杆菌北京株，免疫*mce-2*突变株、*mce-3*突变株及BCG提供的保护率分别为72%、63%和30%；和BCG组相比，免疫突变株的小鼠组织损伤比较小，组织载菌量也比较少。

*phop*基因编码的蛋白与毒力相关，在高致病耐药株中的表达很高。*PhoP*和*phoR*组成双组分系统，与其他双组分系统*phoP*/*phoQ*类似，*phoP*/*phoQ*系统可以控制胞内病原（如沙门菌属）的一些重要毒力基因的转录，也可以控制一些与毒力无直接关联的基因表达。构建结核分支杆菌*phoP*单基因缺失突变株，在鼠巨噬细胞上的体外试验以及分别免疫有免疫活性和SCID小鼠模型的体内试验均证实：*phoP*突变株的毒性显著下降。用*phoP*突变株免疫小鼠和豚鼠能诱导机体有效抵抗结核分支杆菌感染，与免疫BCG菌株相比，免疫*phoP*突变株能更好保护豚鼠抵抗高剂量毒性结核分支杆菌感染。

三、结核分支杆菌与BCG基因组比较

通过基因组分析发现，BCG在DNA水平上，与结核分支杆菌复合群其他成员的相似性超过99%，但是不同成员在宿主范围、毒力及理化特征是不同的。通过基因组消减杂交比较分析牛分支杆菌和BCG株，发现BCG株有3个缺失区域，分别是RD1、RD2和RD3，但是具体是哪些区域的缺失导致BCG毒力下降，尚不清楚。另一份研究发现，牛分支杆菌、牛分支杆菌BCG株及结核分支杆菌在基因组上存在多个多态位点，其中缺失12.7kb区域可能是导致牛分支杆菌和BCG株不同于结核分支杆菌的主要原因。

用BAC文库分析结核分支杆菌和BCG巴斯德株发现，与结核分支杆菌相比，BCG巴斯德株有10个缺失，分别为RD1～RD10，而牛分支杆菌的基因组也有7个缺失，分别为RD4～RD10。牛分支杆菌基因组的这些缺失影响一系列代谢功能，同时也影响着保守毒力因子的功能。如RD5的缺失，导致基因组内的3个磷脂酶C被移除。而在李斯特菌和梭状芽孢杆菌种内，磷脂酶C是公认的毒力因子之一，在分支杆菌内可能有相似的作用。牛分支杆菌第4个磷脂酶编码基因*plcD*是完整的，可能会补偿其他缺失基因的功能。RD7包含1个*mce*操纵子，*mce*蛋白是分支杆菌一个保守的侵袭因子。通过基因组序列的分析发现，结核分支杆菌含有4个mce操纵子，编码24个蛋白组成的家族，RD7缺失造成的损失可能由剩下的3个操纵子表达的蛋白进行补偿。

另一组受缺失影响的蛋白是ESAT6家族。ESAT6最初被定义为由结核分支杆菌和牛分支杆菌分泌的潜在T细胞抗原靶。ESAT6由RD1编码，由于BCG菌株内RD1序列不完整，导致不能编码CFP10和ESAT6，这有利于牛分支杆菌疫苗免疫与野生型感染鉴别诊断方法的建立。基于计算机分析的蛋白质组学揭示ESAT6家族含有14个成员，这个家族的其他成员也是T细胞抗原，然而牛分支杆菌缺失其中的两个成员，分别由RD5和RD8编码，这两个成员缺失造成的影响还很难预测。

分析RD1～RD10在分支杆菌复合群中的分布，发现RD-1和RD-2的缺失具有种属特异性；生物信息学分析发现RD4基因簇包含的基因和参与脂多糖生物合成的基因有相似性，如GDP-甘露糖脱水酶和糖差向异构酶，山羊体内分离得到的牛分支杆菌基因组内含有RD4序列，正常情况下牛分支杆菌不含有RD4序列，这可能与毒力有关。

将结核分支杆菌第1758～1778kb区域与牛分支杆菌进行比较发现，在牛分支杆菌中存在808bp的缺失，将这个新的缺失区域被命名为RD17。RD17影响GlgY基因的功能，该基因是组成glgXYZ操纵子的一部分，编码麦芽寡糖基海藻糖合成酶（maltovligosyl trehalose synthase，MTSase）。RD17终端的双糖单位能被海藻糖合酶（由glgZ基因编码）切割，释放出海藻糖。缺失RD17区域对牛分支杆菌AF2122/97表型的影响至今还不清楚，因为海藻糖的合成至少还存在两条途径。利用RD17的特异性引物通过PCR检测RD17区域缺失在结核分支杆菌复合群其他成员中出现的频率，发现glgXYZ操纵子在牛分支杆菌BCG巴斯德株基因组内是完整的，说明RD17可能是牛分支杆菌AF2122/97菌株特有的，但是具体功能还不清楚。

基于BAC文库分析发现，牛分支杆菌BCG巴斯德株两个基因簇RvD1和RvD2是结核分支杆菌缺失的序列，结核分支杆菌这个区域被插入序列IS6110取代，但是该插入元件未在侧翼出现3bp的直接重复，这提示区域缺失的机制是直接区域缺失时，侧翼IS元件发生重组。进一步观察这种变化，发现结核分支杆菌存在16个IS6110元件直接重复，且不是通过侧翼的直接重复形成的，这些IS6110侧翼的序列在牛分支杆菌数据中是相反的。这些现象支持H37Rv菌株中发现的缺失区域可能是IS元件之间直接重组引起的观点。随后用这种方法发现了H37Rv的3个缺失区域，分别是RvD3～RvD5。值得注意的是，首先，并不是结核分支杆菌所有菌株都缺失这些区域，所以这应该不是导致结核分支杆菌和牛分支杆菌表型不同的原因；其次，缺失RvD1～RvD5基因簇的H37Rv菌株对啮齿类动物仍然具有致命的杀伤力，因此这些基因簇可能不参与编码有效的毒力因子。

四、牛分支杆菌与结核分支杆菌基因组比较

2003年Garnier等完成了牛分支杆菌全基因组测序工作，发现牛分支杆菌（*M. bovis* AF2122/97）基因组长度为4 345 492bp，与结核分支杆菌基因组相似度大于99.95%。和结核分支杆菌的基因组相比，由于部分基因的缺失，牛分支杆菌基因组的长度有所减少。牛分支杆菌基因组测序工作的完成为研究牛分支杆菌的进化、宿主嗜性和致病性奠定了基础。鉴于牛分支杆菌基因组与结核分支杆菌基因组的高度相似性，而目前关于结

核分支杆菌基因组的研究比较全面，本节主要介绍结核分支杆菌基因组特点及其与牛分支杆菌基因组的差异。

（一）牛分支杆菌基因组

牛分支杆菌全基因组测序工作的完成使得从基因组层面解释牛分支杆菌的特征成为可能。牛分支杆菌的基因组测序工作于2003年完成，基因组序列全长为4 345 492bp，GC含量为65.63%，共有3 952个基因编码蛋白，包括一个原噬菌体和42个插入序列，与结核分支杆菌核苷酸的同源性大于99.95%，遗传信息的缺失引起了基因组的减小。

牛分支杆菌基因组与其他分支杆菌，如山羊分支杆菌（*Mycobacterium caprae*）、海豹分支杆菌（*Mycobacterium pinnipedii*）等高度同源，可达99.9%。与麻风分支杆菌基因组进行对比后发现，牛分支杆菌有大量共有基因的缺失，表明牛分支杆菌进化导致冗余功能基因的去除。此外，牛分支杆菌细胞壁成分以及分泌蛋白发生了巨大的改变，提示他们可能在与宿主的相互作用或者免疫逃避过程中发挥着重要作用。

牛分支杆菌并没有自己独有的基因，这可能暗示着基因表达不同可能对人和牛分支杆菌的宿主嗜性具有重要的意义。通过测序已经证明，与结核分支杆菌相比，牛分支杆菌基因组有11个缺失区，长度从1 ~ 12.7kb。而且值得注意的是，在牛分支杆菌序列中包含一个基因座TbD1，现有的大多数分支杆菌的成员不含有该基因座。总体来说，缺失是塑造牛分支杆菌基因组的主要机制。

（二）牛分支杆菌特异性基因

比较基因组可以揭示进化及分子流行病学特征。通过比较17 000年前欧洲野牛样品和9 000年前人类遗骸中的分支杆菌基因组，发现结核分支杆菌比牛分支杆菌和其他相关菌种先出现。比较基因组学显示，人结核分支杆菌与牛分支杆菌的基因序列最显著的差异在于编码细胞壁蛋白及分泌蛋白的基因，而其中序列差异最明显的抗原是MPB70和MPB83，而这种差异可能决定着菌株的宿主偏爱性或嗜性。另外，不同亚系的牛分支杆菌卡介苗中MPB70和 MPB83的表达也存在着差异，目前还不清楚这种关键抗原表达量的差异是否会影响疫苗的保护力。

基因组分析显示，牛分支杆菌丙酮酸激酶基因存在突变，使得酶活性缺失，这决定了牛分支杆菌与结核分支杆菌的体外培养条件不同。牛分支杆菌的单核苷酸多态性分析也为结核菌群体遗传学提供了可以借鉴的证据，这有助于鉴定菌株感染的宿主范围和疾病表现。通过比较牛分支杆菌和鸟分支杆菌对结核菌素迟发型超敏反应的差异，可以发现特异性的牛结核病诊断抗原。

细菌细胞壁上的蛋白序列和大分子组成是多变的，并且与细菌的致病性密切相关。因此，最大程度地了解编码细胞壁和分泌蛋白基因的差异是非常重要的。牛分支杆菌基因组中编码*lppO*、*lpqT*、*lpqG*和*lprM*的基因缺失，却含有两个编码*lppA*的基因。分泌蛋白*fpfA*可以调控细菌的休眠和复苏，牛分支杆菌编码*fpfA*的基因出现了240bp的缺失，导致其合成的*fpfA*较短，目前还不清楚这种变化是否会影响*fpfA*的功能或体现抗原变异。

编码PE和PPE蛋白家族的基因是非常多变的，尽管对这两个蛋白家族的功能还缺乏全面的了解，但能肯定一些暴露在菌体表面的PE和PPE家族蛋白在黏附和免疫调节方面发挥着重要作用。PE和PPE蛋白家族基因的多变性主要是由于插入、缺失以及移码造成的，牛分支杆菌中有29个PE–PGRS和28个PPE蛋白与结核分支杆菌不同。PE和PPE蛋白家族中大约60%的基因是多变的，这种现象不符合基因组的遗传稳定性，但为这两个家族基因的多态性提供了变异的来源。例如，Rv1759c是结核分支杆菌中的一种PE–PGRS蛋白，可以连接纤维蛋白，这就意味着Rv1759c的改变可以影响结核分支杆菌对宿主或组织的嗜性。牛分支杆菌的Rv1759c是个假基因，这可能会影响牛分支杆菌对宿主的嗜性。

牛分支杆菌基因组中缺失了部分编码ESAT6蛋白家族成员。ESAT6蛋白家族是结核分支杆菌编码的重要分泌蛋白，该家族中研究较多的是ESAT6和CFP10，它们主要以二聚体的形式存在，ESAT6蛋白家族中其他成员和ESAT6和CFP10一样，大部分是以二聚体的形式存在。牛分支杆菌基因组中有6种ESAT6蛋白家族成员缺失，分别为Rv2346c、Rv2347c、Rv3619c、Rv3620c、Rv3890c和Rv3905c。目前很难评价这种缺失会对牛分支杆菌产生什么影响。

与结核分支杆菌相比，牛分支杆菌编码蛋白中变化最显著的是MPB70和MPB83，MPB83是细胞壁上的一种糖基化蛋白，MPB70是一种分泌蛋白，并且MPB70比例可以占到牛分支杆菌分泌蛋白总量的10%。

脂类与分支杆菌致病性密切相关，比较发现牛分支杆菌基因组中编码脂类合成相关的基因也存在一定的差异。

牛分支杆菌和结核分支杆菌基因组在核苷酸水平上相似性达到99.95%，基因调控序列的变化能引起广泛的基因表达变化，这可能是两种菌不同特征的根本原因。事实上牛分支杆菌基因组的一些变化会使基因调控相关蛋白转录失败。例如，结核分支杆菌的*alkA*基因编码的是一个DNA修复蛋白，具有N端调节结构域和C端糖基化酶结构域，当DNA损伤时，N端调节结构域可以被激活。然而，牛分支杆菌*alkA*的编码区序列（coding sequence，CDS）前面包含一个移码框，进而导致合成了一个截短的蛋白。根据大肠杆菌*alkA*编码蛋白的功能推测：这种变化可能导致牛分支杆菌在恶劣环境下修复DNA损伤的功能受阻。

Rv2779c编码一个AsnC/Lrp家族调控蛋白，当结核分支杆菌处于饥饿应激时，这个蛋白的表达会上调。基因组比较发现，牛分支杆菌Rv2779c编码的蛋白存在8个氨基酸的缺失，这种变化可能会影响该蛋白与DNA的结合，导致其不能在应激状态下发挥正常的调节功能。

基因*pknH*编码的蛋白是一种丝氨酸/苏氨酸蛋白酶，与结核分支杆菌相比，牛分支杆菌的*pknH*存在一些核苷酸的缺失和突变，虽然这种变化并没有影响到*pknH*编码蛋白的活性位点，但是可能导致*pknH*编码蛋白的底物发生变化。结核分支杆菌中*pknD*编码的蛋白是另外一种丝氨酸/苏氨酸蛋白酶，而在牛分支杆菌中*pknD*是一个假基因。基因*pknD*的改变导致与其相邻的基因群发生错乱，其中包括两个*pstB*同源的*pst*基因群，导致发生移码，这种变化会导致牛分支杆菌摄取磷酸盐能力受阻。基因*pknD*的改变同时也会导致*mntH*编码的Mn^{2+}转运蛋白N端增加一段亲水性的片段，可能会改变Mn^{2+}转运蛋白的正确膜定位，进而影响Mn^{2+}的转运，从而改变Mn^{2+}参与的牛分支杆菌的一些基因调控过程。

基因组的复制与转录

基因组的复制与转录在生物体稳定遗传、蛋白质合成、生长发育等过程中发挥着重要作用，原核生物有其独特的复制与转录方式。目前对分支杆菌属成员复制与转录机制仍然缺乏全面系统的研究，牛分支杆菌的相关研究更为少见。本节主要以介绍原核生物复制与转录的共性为主，阐述分支杆菌的复制特点；同时参考结核分支杆菌的复制与转录特点，介绍牛分支杆菌相关特性。

一、分支杆菌基因组的复制

DNA复制是指亲代双链DNA分子在DNA聚合酶的作用下，分别以每条单链 DNA分子为模板，按照碱基互补配对的原则，合成两条与亲代DNA分子完全相同的子代DNA分子的过程，该过程能够将遗传信息从亲代DNA分子精确稳定地传递给子代DNA分子。

（一）复制原点

在细胞的复制周期中，复制起始起到了举足轻重的作用。在细菌中，DNA复制从特定位点启动，这一位点被称为复制原点（origin of chromosomal replication，*oriC*）。DNA复制从复制原点*oriC*启动，双向同时进行直到复制终点为止，每一个完整的DNA复制单位称为复制子。一个复制子含有许多顺式作用元件，通过与相关反式作用因子协同作用，构成一个复杂的核酸蛋白复合体，称为复制体。在复制相关蛋白中，复制原点识别蛋白（DnaA）扮演着极为重要的角色，是高度保守的AAA^+家族成员，负责启动整个DNA复制过程。复制解螺旋酶（DnaB）在DNA复制过程中是打开DNA双链结构所必需的，存在于整个DNA复制过程。

分支杆菌基因组的复制与其他原核生物相比有许多共同的特点，但作为一种独特的病原菌，其DNA复制也具有其独一无二的特点。与大肠杆菌（*E.coli*）等细菌相比，分支杆菌的oriC区域结构更为复杂并且氨基酸序列更长。它位于Rv0001（DnaA）终止密码子下游至Rv0002（DnaN）起始密码子之间。通过比较耻垢分支杆菌（*M. smegmatis*）、结核分支杆菌（*M.tuberculosis*）、牛分支杆菌（*M. bovis*）、麻风分支杆菌（*M.leprae*），以及禽（或鸟）分支杆菌（*M. avium*）的*oriC*序列，发现其基因序列是相对保守的，但同时又具有种间特异性。例如，缓慢生长的结核分支杆菌oriC在快速生长的耻垢分支杆菌中不发挥作用；耻垢分支杆菌的*oriC*仅可以在同为快速生长菌株的偶然分支杆菌（*M. fortuitum*）中发挥功能，同样的结核分支杆菌*oriC*可以在牛分支杆菌中发挥功能，这表明尽管缓慢生长菌株与快速生长菌株的*oriC*基因序列相似，但功能上却存在一定的差异。同时，研究发现结核分支杆菌复制原点*oriC*区域中的DnaA box序列一致性不高并且分布也相对零散。

（二）分支杆菌复制相关蛋白

分支杆菌DnaA蛋白的结构和功能与其他细菌类似。许多研究围绕结核分支杆菌的DnaA蛋白展开，发现其与DNA的结合存在一定的特殊性。有报道指出，把结核分支杆菌的DnaA替换到耻垢分支杆菌中后会产生温度敏感的表现型，因此，DnaA蛋白可以在两种菌中互换，但是存在一定的限制性。通过比对发现牛分支杆菌卡介苗的DnaA蛋白受到两个启动子的调控，而耻垢分支杆菌的DnaA蛋白的转录只有一个启动子参与，并且在两种菌中DnaA蛋白在细胞生长周期中一直存在。由此可见，不同分支杆菌的DnaA蛋白功能上既有相似性，又有差异性，需要更为系统与具体的研究来加深对DnaA蛋白的了解。结核分支杆菌DnaB也存在N末端结构域和C末端结构域及铰链区。

分支杆菌的复制过程有其独特的调控机制，由于现阶段研究尚不深入，无法阐明其机理。在未来的研究中，需要通过提高技术来寻找复制关键蛋白和调控因子，从而全面阐释分支杆菌的复制机制。

二、分支杆菌基因组的转录

转录是以双链DNA中的模板链（又称信息链、无义链）为模板，在RNA聚合酶的作用下以四种核糖核苷三磷酸（ATP、GTP、CTP、UTP）为原料，从5′ 至3′ 方向合成出对应mRNA的过程，即遗传信息从DNA流向RNA的过程。

（一）启动子特性

启动子是指RNA聚合酶中的被σ因子识别、结合，并开始进行转录的一段DNA 序列。细菌的主要σ因子是高度保守的，因此被σ因子识别的启动子序列也存在一定的相似性。相对于大肠杆菌等其他细菌，目前对分支杆菌启动子的了解较少。绝大多数分支杆菌蛋白是由一个启动子转录翻译而来，在不同的环境与效率下有部分基因是由多个启动子翻译出来。这种多启动子可以在正常和诱导状态下诱导不同水平基因的表达，能够最大限度地优化细胞中mRNA及蛋白质含量。大多数分支杆菌的启动子在大肠杆菌中不能发挥功能，但是却与链霉菌属密切相关，并且在链霉菌属中可以发挥应有功能，然而大肠杆菌启动子可以在分支杆菌中很好地启动。另外，有些在大肠杆菌中顺利表达的启动子被鉴定出来后发现，大肠杆菌、海分支杆菌和耻垢分支杆菌的启动子与转录起始位点相同，转录起始的特异性及效率在分支杆菌中是相对保守的。

相比于转录起始的效率，启动子的结合强度更能影响菌株的生长速率，强启动子在快速生长的耻垢分支杆菌中出现的频率高于慢速生长的结核分支杆菌。Tyagi通过试验证明，耻垢分支杆菌、结核分支杆菌及牛分支杆菌卡介苗中RNA聚合酶结合启动子结合位点的效率是基本相当的。结核分支杆菌的启动子在耻垢分支杆菌中不具有活性，在同样为慢速生长的牛分支杆菌卡介苗中可以显著激活，可能的原因是结核分支杆菌启动子的激活需要特异的σ因子和需要基因组中其他区域的协助。

ATG是分支杆菌最常见的起始密码子，但是在结核分支杆菌中有1/3的蛋白是由GCG作为起始密码子开始翻译过程的。分支杆菌属的许多成员的–10区序列高度保守，并且与大肠杆菌的序列高度相似，但是大多数分支杆菌的启动子在大肠杆菌中并不能发挥功能。与–10区不同，–35区的序列具有多样性，保守性较差，与其他许多细菌的TTGACA存在差异，推测可能由于多个σ亚基识别特异性的–35区或者存在重叠特异性而导致的，这与链霉菌属的启动子比较相似，并且–35区单独不能起始转录作用。通过改变–35区序列的位置、方向，或者缺失–35区序列后与野生型启动子相比，活性在6%～200%变化，表明–35区序列的变异性会引起启动子活性的变化。有一些分支杆菌属的成员有类似于大肠杆菌–35区的基因序列，但是只有少数可以在两种细菌中均发挥作用。而且已有研究证明分支杆菌属的–35区通过调控RNA聚合酶对启动子的识别以及开放复合物的形成来影响启动子的强弱。–10区与–35区之间碱基序列的最优距离为16～19bp，但是已经鉴定出的启动子这段距离为6～25bp，此序列长度的变化不会影响启动子的强度，但在诱导性启动子中，此段序列参与应对环境中铁、锌、铜，以及应对DNA损伤刺激下的转录。

值得注意的是，牛分支杆菌–10启动子区的–6T/C单核苷酸多态性影响到硝酸盐还原反应转运蛋白*narK2X*的启动子活性，会使得肉芽肿中的牛分支杆菌不能在缺氧情况下通过硝酸还原反应维持生存，这在疾病诊断过程中具有一定的应用价值。

（二）σ因子

σ因子在转录早期起到重要作用，它可以促进RNA聚合酶与DNA上的特定部位（启动子）牢固结合，保证合成从正确的部位开始进行。大多数细菌产生多种σ因子，包括主要σ因子和选择性σ因子。分支杆菌属的成员众多，不同分支杆菌σ因子的种类与数量也不相同。牛分支杆菌基因组有13个σ因子基因，按照字母顺序分别命名为*sigA*–*sigM*，并推测其中的σ^A是调控毒力基因与管家基因转录的主要σ因子。Collins及其同事已经证实：对*sigA*基因进行点突变后，牛分支杆菌ATCC35721株的毒力会减弱。参与应对压力反应的基因转录主要受到σ^B调控，σ^F则参与控制细菌晚期生长的基因转录，其余10个σ因子主要参与胞质外功能。

有两种蛋白可调节σ因子的转录活性，即抗–σ因子（anti–sigma factor）和抗–抗–σ因子（anti–anti–sigma factor）。抗–σ因子（如RsbW）可通过直接隔离相关的σ因子、阻止其与RNA聚合酶结合而抑制σ因子的功能，分支杆菌共有4个抗–σ因子，影响σ^E、σ^F、σ^H、σ^L的活性。抗–抗–σ因子是另外一种蛋白（如RsbV），可通过与抗–σ因子结合解除其转录抑制作用，在结核分支杆菌中共有7个抗–抗–σ因子。同时，抗–σ因子可通过将抗–抗–σ因子保守的丝氨酸（Ser）或苏氨酸（Thr）磷酸化而将抗–σ因子/抗–抗–σ因子复合体解离，从而去除抗–抗–σ因子的调节作用。这种相互调节现象被称为伙伴切换（partner switching）。

（三）终止子

终止子（terminator，T）是给予RNA聚合酶转录终止信号的DNA序列，位于poly（A）位点下游，长度在数百碱基以内。终止子可划分为5类，① L型/大肠杆菌型：在茎环结构之后尾部的U残基数量大于3个；② I型/分支杆菌型：在茎环结构10个核苷酸后有小于3个U残基的尾部；③ 前后型（tandem）/U型：在同一个基因的下游有两个或者多个茎环结构，并且茎环结构之间的距离小于50个核苷酸；④ V型：一个茎环结构紧接着另一个茎环结构，中间没有序列的插入；⑤ X型/积聚型（convergent）：在两个不同分支上的相邻基因在转录方向积聚。

在分支杆菌属中，I型终止子占了绝大多数，另外几种终止子所占比例相对较小。即使在基因组GC含量相对较低的麻风分支杆菌中，I型终止子的比例也达到了81%；在卡介苗中，I型终止子所占比例为91%，L型及U型终止子均为8%；在禽（鸟）分支杆菌中，除了占绝对比例的I型终止子（92%），U型终止子所占比例相对较高，为12%，L型大约为7%。而X型与V型终止子所占比例很小。在大部分分支杆菌中，终止子集中在终止密码子后50个碱基对以内。

三、牛分支杆菌转录组学及宿主基因关联分析

分支杆菌的相关研究具有重要的基础研究意义与实践应用价值，近年来，以结核分支杆菌为代表的分支杆菌多组学研究取得了长足的进展，更好地解释了结核分支杆菌的生理与病理特征，深入和具体地描述了重要致病基因，为筛选诊断标识和药物靶标提供了坚实的基础。

（一）转录组学（transcriptomics）

转录组是指在某一生理条件下某物种产生的所有转录本的集合，主要包括信使RNA、非编码 RNA、转运 RNA及核糖体 RNA，是一门在整体水平上研究细胞中基因转录情况及转录调控规律的学科。

Zárraga及其同事曾用基因芯片杂交法来鉴定处于对数生长期的牛分支杆菌与结核分支杆菌H37Rv的总转录组，共发现了258个差异表达基因，占到基因组编码基因总数的6%。差异蛋白主要涉及参与中间代谢与呼吸作用，此外还有一些细胞壁蛋白和假定蛋白也被鉴定出来。通过转录组对比发现，牛分支杆菌中具有更多的转录调节因子。此项研究还发现许多在结核分支杆菌H37Rv和牛分支杆菌2122基因组中没有注释的基因，而在结核分支杆菌CDC1551基因组中有注释。利用芯片和 RT－qPCR方法比较牛分支杆菌减毒和强毒株的转录组，发现*mce4D*、Mb2607/Mb2608 和 Mb3706c 在强毒株中上调表达，而 *alkB*、Mb3277c 和 Mb1077c 在弱毒株中上调表达，这些被鉴定的蛋白可能是造成感染性强弱差异的主要原因，在巨噬细胞内繁殖的结核分支杆菌也有类似的结果。

（二）牛分支杆菌宿主基因关联分析

易感动物作为传染病流行中的重要环节，其基因型也影响着其对牛分支杆菌的易感性及临床表现。通过对牛结核病易感性遗传变异的分析和鉴定，将有促于寻找潜在的药物靶点及高抗病性的动物品种。遗传可能性及关联分析是调查疾病易感性遗传基础的最常用方法。

遗传可能性研究是用于评估某一基因对某一特殊表型的贡献程度，即疾病的表现型在多大程度上受控于宿主的基因修饰。对于人类来说，本项研究通常应用于双胞胎这一群体，更为常见的是通过研究某一家庭来确定基因型与表现型的一致程度。对于动物来说，可以通过育种计划及实验性感染来进行更彻底的研究。遗传可能性研究对任何疾病都是非常重要的，也是成功实施育种计划的关键步骤。已经有相当数量的研究显示，不同品种的牛对牛结核病显示出不同程度的易感性。Ameini 及其同事做过一项研究，将瘤牛、瘤牛与荷兰乳牛的杂交品种，以及荷兰乳牛在完全相同的畜牧条件下饲养，结果显示与瘤牛、瘤牛与荷兰乳牛的杂交品种相比，牛结核病在荷兰乳牛群中更广泛地流行，并引起严重的临床症状。另外一项研究显示，牛的品系是影响牛结核病临床表型的重要因素。将牛群分为本地种群、外来种群和杂交种群后，通过调查统计发现，外来种群感染牛分支杆菌后的临床表现更严重。红鹿作为对牛结核病高度易感的物种广泛分布于世界各地，Mackintosh的一项研究指出，红鹿表现出对牛结核病不同程度的易感性及传播性，并且可以作为储存宿主将牛结核病传播到牛，这与其遗传变异有关。雄鹿试验感染能够显示出一系列牛结核病表型，而且这种疾病表型在后代中同样出现，显示出牛结核病很强的遗传基础。

关联分析比较的是感染/患病和未感染/未患病个体之间的特异性标志物——等位基因出现的频率，是目前研究感染和疾病易感性最广泛的一种方式。基因关联分析通常分为两种：候选基因研究和全基因组研究。Kadarmideen 及其同事分析了非洲瘤牛SLC11A1基因3'端非翻译区微卫星标记的多态性及其与牛分支杆菌感染的关系，他们通过贝叶斯模型比较了4种表现型，发现两个等位位点与牛结核病的发生高度相关。Driscoll利用微卫星位点技术分析英国牛的遗传因素，发现了两个标记基因BMS2753和INRA111与牛分支杆菌感染的反应密切相关。Acevedo－Whitehouse通过对欧洲野猪易感性的基因成分进行比较分析发现，不论是在感染阶段还是感染后发病阶段，增加基因杂合度均可以显著提高对牛分支杆菌的抗感染性。已经展开的一些关于基因位点的研究显示，免疫相关功能的基因区域具有高度同源性。Naranjo等人调查了欧洲野猪的甲基丙二酸单酰辅酶A变位酶微卫星标记的多态性与牛分支杆菌易感性之间的联系，调查结果表明，筛选出的两个等位基因中，一个等位基因可以显著提高对牛分支杆菌的抵抗力，而另外一个等位基因会增加感染的风险，但是两个等位基因同时存在会产生更高水平的抗感染能力。

参考文献

吴雪琼. 2010. 分支杆菌分子生物学[M]. 北京：人民军医出版社.

Aagaard C, Govaerts M, Meng Okkels L, et al. 2003. Genomic approach to identification of Mycobacterium bovis diagnostic antigens in cattle[J]. J Clin Microbiol 41, 3719–3728.

Abdallah A M, Savage N D, van Zon M, et al. 2008. The ESX-5 secretion system of Mycobacterium marinum modulates the macrophage response[J]. J Immunol 181, 7166–7175.

Acevedo-Whitehouse K, Vicente J, Gortazar C, et al. 2005. Genetic resistance to bovine tuberculosis in the Iberian wild boar[J]. Molecular ecology 14, 3209–3217.

Agarwal N, Tyagi A K. 2006. Mycobacterial transcriptional signals: requirements for recognition by RNA polymerase and optimal transcriptional activity[J]. Nucleic acids research 34, 4245–4257.

Alonso-Rodriguez N, Martinez-Lirola M, Sanchez M L,et al. 2009. Prospective universal application of mycobacterial interspersed repetitive-unit-variable-number tandem-repeat genotyping to characterize Mycobacterium tuberculosis isolates for fast identification of clustered and orphan cases[J]. J Clin Microbiol 47, 2026–2032.

Ameni G, Aseffa A, Engers H, et al. 2007. High prevalence and increased severity of pathology of bovine tuberculosis in Holsteins compared to zebu breeds under field cattle husbandry in central Ethiopia[J]. Clin Vaccine Immunol 14, 1356–1361.

Anthony R M, Schuitema A R, Bergval I L, et al. 2005. Acquisition of rifabutin resistance by a rifampicin resistant mutant of Mycobacterium tuberculosis involves an unusual spectrum of mutations and elevated frequency[J]. Annals of clinical microbiology and antimicrobials 4, 9.

Baliko Z, Szereday L, Szekeres-Bartho J. 1998. Th2 biased immune response in cases with active Mycobacterium tuberculosis infection and tuberculin anergy[J]. FEMS immunology and medical microbiology 22, 199–204.

Bashyam M D, Kaushal D, Dasgupta S K,et al. 1996. A study of mycobacterial transcriptional apparatus: identification of novel features in promoter elements[J]. Journal of bacteriology 178, 4847–4853.

Beckman E M, Porcelli S A, Morita C T,et al. 1994. Recognition of a lipid antigen by CD1-restricted alpha beta+ T cells[J]. Nature 372, 691–694.

Bento C F, Empadinhas N, Mendes V. 2015. Autophagy in the fight against tuberculosis[J]. DNA and cell biology 34, 228–242.

Biffa D, Bogale A, Godfroid J, et al. 2012. Factors associated with severity of bovine tuberculosis in Ethiopian cattle[J]. Tropical animal health and production 44, 991–998.

Blanco F C, Nunez-Garcia J, Garcia-Pelayo C, et al. 2009. Differential transcriptome profiles of attenuated and hypervirulent strains of Mycobacterium bovis[J]. Microbes and infection / Institut Pasteur 11, 956–963.

Brudey K, Gutierrez M C, Vincent V, et al. 2004. Mycobacterium africanum genotyping using novel spacer oligonucleotides in the direct repeat locus[J]. J Clin Microbiol 42, 5053–5057.

Chapman G B, Hanks J H,Wallace J H. 1959. An electron microscope study of the disposition and fine structure of Mycobacterium lepraemurium in mouse spleen[J]. Journal of bacteriology 77, 205–211.

Chauhan S, Singh A,Tyagi J S. 2010. A single-nucleotide mutation in the -10 promoter region inactivates the narK2X promoter in Mycobacterium bovis and Mycobacterium bovis BCG and has an application in diagnosis[J]. FEMS microbiology letters 303, 190–196.

Colditz G A, Brewer T F, Berkey C S,et al. 1994. Efficacy of BCG vaccine in the prevention of tuberculosis[J]. Meta-analysis of the published literature. Jama 271, 698–702.

Cole S T, Brosch R, Parkhill J,et al. Deciphering the biology of Mycobacterium tuberculosis from the complete genome sequence[J]. Nature 393, 537–544.

Collins D M, Kawakami R P, de Lisle G W,et al. 1995. Mutation of the principal sigma factor causes loss of virulence in a strain of the Mycobacterium tuberculosis complex[J]. Proc Natl Acad Sci U S A 92, 8036–8040.

Daffe M, Etienne G. 1999. The capsule of Mycobacterium tuberculosis and its implications for pathogenicity[J]. Tubercle and lung disease : the official journal of the International Union against Tuberculosis and Lung Disease 79, 153–169.

Dale J W, Brittain D, Cataldi A A,et al. 2001. Spacer oligonucleotide typing of bacteria of the Mycobacterium tuberculosis complex: recommendations for standardised nomenclature[J]. Int J Tuberc Lung Dis 5, 216–219.

Davison M B, McCormack J G, Blacklock Z M, et al. 1988. Bacteremia caused by Mycobacterium neoaurum[J]. J Clin Microbiol 26, 762–764.

Dinadayala P, Lemassu A, Granovski P,et al. 2004. Revisiting the structure of the anti-neoplastic glucans of Mycobacterium bovis Bacille Calmette-Guerin. Structural analysis of the extracellular and boiling water extract-derived glucans of the vaccine substrains[J]. The Journal of biological chemistry 279, 12369–12378.

Dmitriev B, Toukach F, Ehlers S. 2005. Towards a comprehensive view of the bacterial cell wall[J]. Trends in microbiology 13, 569–574.

Driscoll E E, Hoffman Ji Fau - Green L E, Green Le Fau - Medley G F,et al, 2011. A preliminary study of genetic factors that influence susceptibility to bovine tuberculosis in the British cattle herd[J]. PloS one 6, e18806.

Driscoll J R. 2009. Spoligotyping for molecular epidemiology of the Mycobacterium tuberculosis complex[J]. Methods Mol Biol 551, 117–128.

Du Preez I, Loots du T. 2012. Altered fatty acid metabolism due to rifampicin-resistance conferring mutations in the rpoB Gene of Mycobacterium tuberculosis: mapping the potential of pharmaco-metabolomics for global health and personalized medicine[J]. Omics : a journal of integrative biology 16, 596–603.

Ejeh E F, Raji M A, Bello M, et al.2014.Prevalence and dinect economic losses from bovine tuberculosis in makurdi, Vigeria. Vet. Med. lnt. 2014: 904861.

Farhat M R, Shapiro B J, Kieser K J,et al 2013. Genomic analysis identifies targets of convergent positive selection in drug-resistant Mycobacterium tuberculosis[J]. Nature genetics 45, 1183–1189.

Frehel C, Rastogi N. 1987. Mycobacterium leprae surface components intervene in the early phagosome-lysosome fusion inhibition event[J]. Infect Immun 55, 2916–2921.

Garcia de Viedma D, Alonso Rodriguez N, Andres S, et al. 2006. Evaluation of alternatives to RFLP for the analysis of clustered cases of tuberculosis[J]. Int J Tuberc Lung Dis 10, 454–459.

Garnier T, Eiglmeier K, Camus J C,et al. 2003. The complete genome sequence of Mycobacterium bovis[J]. Proc Natl Acad Sci U S A 100, 7877–7882.

Geijtenbeek T B, van Kooyk Y. 2003. Pathogens target DC-SIGN to influence their fate DC-SIGN functions as a pathogen receptor with broad specificity[J]. APMIS : acta pathologica, microbiologica, et immunologica Scandinavica 111, 698–714.

Geurtsen J, Chedammi S, Mesters J,et al. 2009. Identification of mycobacterial alpha-glucan as a novel ligand for DC-SIGN: involvement of mycobacterial capsular polysaccharides in host immune modulation[J]. J Immunol 183, 5221–5231.

Gordon S V, Heym B, Parkhill J, et al. 1999. New insertion sequences and a novel repeated sequence in the genome of Mycobacterium tuberculosis H37Rv[J]. Microbiology 145 (Pt 4), 881–892.

Goude R, Amin A G, Chatterjee D,et al. 2008. The critical role of embC in Mycobacterium tuberculosis[J]. Journal of bacteriology 190, 4335–4341.

Greenstein A E, MacGurn J A, Baer C E, et al. 2007. M. tuberculosis Ser/Thr protein kinase D phosphorylates an anti-anti-sigma factor homolog[J]. PLoS pathogens 3, e49.

Haddad N, Ostyn A, Karoui C, et al. 2001. Spoligotype diversity of Mycobacterium bovis strains isolated in France from 1979 to 2000[J]. J Clin Microbiol 39, 3623–3632.

Hermans P W, van Soolingen D, van Embden J D. 1992. Characterization of a major polymorphic tandem repeat in Mycobacterium tuberculosis and its potential use in the epidemiology of Mycobacterium kansasii and Mycobacterium gordonae[J]. Journal of bacteriology 174, 4157–4165.

Hoffmann C, Leis A, Niederweis M, et al. 2008. Disclosure of the mycobacterial outer membrane: cryo-electron tomography and vitreous sections reveal the lipid bilayer structure[J]. Proc Natl Acad Sci U S A 105, 3963–3967.

Hunter R L, Venkataprasad N, Olsen M R. 2006. The role of trehalose dimycolate (cord factor) on morphology of virulent M. tuberculosis in vitro[J]. Tuberculosis (Edinb) 86, 349–356.

Jankute M, Grover S, Rana A K,et al. 2012. Arabinogalactan and lipoarabinomannan biosynthesis: structure, biogenesis and their potential as drug targets[J]. Future microbiology 7, 129–147.

Jarlier V, Nikaido H. 1994. Mycobacterial cell wall: structure and role in natural resistance to antibiotics[J]. FEMS microbiology letters 123, 11–18.

Javed M T, Aranaz A, de Juan L, et al. 2007. Improvement of spoligotyping with additional spacer sequences for characterization of Mycobacterium bovis and M. caprae isolates from Spain[J]. Tuberculosis (Edinb) 87, 437–445.

Jayawardena-Wolf J,Bendelac A. 2001. CD1 and lipid antigens: intracellular pathways for antigen presentation[J]. Current opinion in immunology 13, 109–113.

Jo E K. 2008. Mycobacterial interaction with innate receptors: TLRs, C-type lectins, and NLRs[J]. Current opinion in infectious diseases 21, 279–286.

Joshi D, Harris N B, Waters R, et al. 2012. Single nucleotide polymorphisms in the Mycobacterium bovis genome resolve phylogenetic relationships[J]. J Clin Microbiol 50, 3853–3861.

Kadarmideen H N, Ali A A, Thomson P C, et al, J. 2011. Polymorphisms of the SLC11A1 gene and resistance to bovine tuberculosis in African Zebu cattle[J]. Animal genetics 42, 656–658.

Kamerbeek J, Schouls L, Kolk A,et al. 1997. Simultaneous detection and strain differentiation of Mycobacterium tuberculosis for diagnosis and epidemiology[J]. J Clin Microbiol 35, 907–914.

Khan N, Alam K, Nair S, et al. 2008. Association of strong immune responses to PPE protein Rv1168c with active tuberculosis[J]. Clin Vaccine Immunol 15, 974–980.

Lefevre P, Braibant M, de Wit L,et al. 1997. Three different putative phosphate transport receptors are encoded by the Mycobacterium tuberculosis genome and are present at the surface of Mycobacterium bovis BCG[J]. Journal of bacteriology 179, 2900–2906.

Lenaerts A J, Hoff D, Aly S, et al. 2007. Location of persisting mycobacteria in a Guinea pig model of tuberculosis revealed by r207910[J]. Antimicrobial agents and chemotherapy 51, 3338–3345.

Lewis K N, Liao R, Guinn K M, et al. 2003. Deletion of RD1 from Mycobacterium tuberculosis mimics bacille Calmette-Guerin attenuation[J]. The Journal of infectious diseases 187, 117–123.

Liu H, Jiang Y, Dou X,et al. 2013. pstS1 polymorphisms of Mycobacterium tuberculosis strains may reflect ongoing immune evasion[J]. Tuberculosis (Edinb) 93, 475–481.

Mackintosh C G, Qureshi T, Waldrup K, et al. 2000. Genetic resistance to experimental infection with Mycobacterium bovis in red deer (Cervus elaphus) [J]. Infect Immun 68, 1620–1625.

Madiraju M, Madiraju S C, Yamamoto K, et al Rajagopalan, M. 2011. Replacement of Mycobacterium smegmatis dnaA gene by Mycobacterium tuberculosis homolog results in temperature sensitivity[J]. Tuberculosis (Edinb) 91 Suppl 1, S136 – 141.

Maloney J M, Gregg C R, Stephens D S, et al. 1987. Infections caused by Mycobacterium szulgai in humans[J]. Reviews of infectious diseases 9, 1120 – 1126.

McNeil M R, Brennan P J . 1991. Structure, function and biogenesis of the cell envelope of mycobacteria in relation to bacterial physiology, pathogenesis and drug resistance; some thoughts and possibilities arising from recent structural information[J]. Research in microbiology 142, 451 – 463.

Minnikin D E, Minnikin S M, Goodfellow M,et al. 1982. The mycolic acids of Mycobacterium chelonei[J]. Journal of general microbiology 128, 817 – 822.

Minnikin D E. 1991. Chemical principles in the organization of lipid components in the mycobacterial cell envelope[J]. Research in microbiology 142, 423 – 427.

Mishra A K, Driessen N N, Appelmelk B J,et al. 2011. Lipoarabinomannan and related glycoconjugates: structure, biogenesis and role in Mycobacterium tuberculosis physiology and host-pathogen interaction[J]. FEMS microbiology reviews 35, 1126 – 1157.

Murcia M I, Tortoli E, Menendez M C, et al. 2006. Mycobacterium colombiense sp. nov., a novel member of the Mycobacterium avium complex and description of MAC-X as a new ITS genetic variant[J]. International journal of systematic and evolutionary microbiology 56, 2049 – 2054.

Naranjo V, Acevedo-Whitehouse K, Vicente J, et al. 2008. Influence of methylmalonyl-CoA mutase alleles on resistance to bovine tuberculosis in the European wild boar (Sus scrofa) [J]. Animal genetics 39, 316 – 320.

Newton J A, Jr, Weiss P J, et al. 1993. Soft-tissue infection due to Mycobacterium smegmatis: report of two cases[J]. Clinical infectious diseases : an official publication of the Infectious Diseases Society of America 16, 531 – 533.

Nigou J, Gilleron M, Puzo G. 2003. Lipoarabinomannans: from structure to biosynthesis[J]. Biochimie 85, 153 – 166.

Ortalo-Magne A, Lemassu A, Laneelle M A, et al 1996. Identification of the surface-exposed lipids on the cell envelopes of Mycobacterium tuberculosis and other mycobacterial species[J]. Journal of bacteriology 178, 456 – 461.

Owens R M, Hsu F F, VanderVen B C,et al. 2006. M. tuberculosis Rv2252 encodes a diacylglycerol kinase involved in the biosynthesis of phosphatidylinositol mannosides (PIMs) [J]. Mol Microbiol 60, 1152 – 1163.

Panwalker A P, Fuhse E. 1986. Nosocomial Mycobacterium gordonae pseudoinfection from contaminated ice machines[J]. Infection control : IC 7, 67 – 70.

Poulet S, Cole S T. 1995. Characterization of the highly abundant polymorphic GC-rich-repetitive sequence (PGRS) present in Mycobacterium tuberculosis[J]. Archives of microbiology 163, 87–95.

Prakash P, Yellaboina S, Ranjan A,et al. 2005. Computational prediction and experimental verification of novel IdeR binding sites in the upstream sequences of Mycobacterium tuberculosis open reading frames[J]. Bioinformatics 21, 2161–2166.

Qin M H, Madiraju M V, Rajagopalan M. 1999. Characterization of the functional replication origin of Mycobacterium tuberculosis[J]. Gene 233, 121–130.

Ramakrishnan L, Federspiel N A, Falkow S. 2000. Granuloma-specific expression of Mycobacterium virulence proteins from the glycine-rich PE-PGRS family[J]. Science 288, 1436–1439.

Ramos D F, Tavares L, da Silva P E,et al. 2014. Molecular typing of Mycobacterium bovis isolates: a review[J]. Brazilian journal of microbiology : [publication of the Brazilian Society for Microbiology] 45, 365–372.

Raynaud C, Laneelle M A, Senaratne R H, et al. 1999. Mechanisms of pyrazinamide resistance in mycobacteria: importance of lack of uptake in addition to lack of pyrazinamidase activity[J]. Microbiology 145 (Pt 6) , 1359–1367.

Rehren G, Walters S, Fontan P, et al. 2007. Differential gene expression between Mycobacterium bovis and Mycobacterium tuberculosis[J]. Tuberculosis (Edinb) 87, 347–359.

Runyon E H. 1959. Anonymous mycobacteria in pulmonary disease[J]. The Medical clinics of North America 43, 273–290.

Ryter A, Frehel C, Rastogi N,et al. 1984. Macrophage interaction with mycobacteria including M. leprae[J]. Acta leprologica 2, 211–226.

Safi H, Lingaraju S, Amin A,et al. 2013. Evolution of high-level ethambutol-resistant tuberculosis through interacting mutations in decaprenylphosphoryl-beta-D-arabinose biosynthetic and utilization pathway genes[J]. Nature genetics 45, 1190–1197.

Saito H. 1998. Laboratory media for the cultivation of tubercle bacillus[J]. Kekkaku : [Tuberculosis] 73, 329–337.

Sakoh M, Ito K, Akiyama Y. 2005. Proteolytic activity of HtpX, a membrane-bound and stress-controlled protease from Escherichia coli[J]. The Journal of biological chemistry 280, 33305–33310.

Salazar L, Guerrero E, Casart Y, et al. 2003. Transcription analysis of the dnaA gene and oriC region of the chromosome of Mycobacterium smegmatis and Mycobacterium bovis BCG, and its regulation by the DnaA protein[J]. Microbiology 149, 773–784.

Sander P, Rezwan M Fau - Walker B, Walker B Fau - Rampini S K,et al. 2004. Lipoprotein processing is required for virulence of Mycobacterium tuberculosis[J]. Molecular microbiology 52, 1543–1552.

Sani M, Houben E N, Geurtsen J,et al. 2010. Direct visualization by cryo-EM of the mycobacterial capsular layer: a labile structure containing ESX-1-secreted proteins[J]. PLoS pathogens 6, e1000794.

Skeiky Y A, Ovendale P J, Jen S,et al. 2000. T cell expression cloning of a Mycobacterium tuberculosis gene encoding a protective antigen associated with the early control of infection[J]. J Immunol 165, 7140–7149.

Skjot R L, Oettinger T, Rosenkrands I, et al. 2000. Comparative evaluation of low-molecular-mass proteins from Mycobacterium tuberculosis identifies members of the ESAT6 family as immunodominant T-cell antigens[J]. Infect Immun 68, 214–220.

Skuce R A, Brittain D, Hughes M S,et al. 1996. Differentiation of Mycobacterium bovis isolates from animals by DNA typing[J]. J Clin Microbiol 34, 2469–2474.

Smith I. 2003. Mycobacterium tuberculosis pathogenesis and molecular determinants of virulence[J]. Clinical microbiology reviews 16, 463–496.

Somoskovi A, Parsons L M, Salfinger M. 2001. The molecular basis of resistance to isoniazid, rifampin, and pyrazinamide in Mycobacterium tuberculosis[J]. Respiratory research 2, 164–168.

Sreenu V B, Kumar P, Nagaraju J,et al. 2006. Microsatellite polymorphism across the M. tuberculosis and M. bovis genomes: implications on genome evolution and plasticity[J]. BMC genomics 7, 78.

Stillman B 1993. DNA replication. Replicator renaissance[J]. Nature 366, 506–507.

Stokes R W, Norris-Jones R, Brooks D E, et al. 2004. The glycan-rich outer layer of the cell wall of Mycobacterium tuberculosis acts as an antiphagocytic capsule limiting the association of the bacterium with macrophages[J]. Infect Immun 72, 5676–5686.

Supply P, Mazars E, Lesjean S, et al. 2000. Variable human minisatellite-like regions in the Mycobacterium tuberculosis genome[J]. Mol Microbiol 36, 762–771.

Supply P, Allix C, Lesjean S,et al. 2006. Proposal for standardization of optimized mycobacterial interspersed repetitive unit-variable-number tandem repeat typing of Mycobacterium tuberculosis[J]. J Clin Microbiol 44, 4498–4510.

Telenti A, Imboden P, Marchesi F, et al. 1993. Detection of rifampicin-resistance mutations in Mycobacterium tuberculosis[J]. Lancet 341, 647–650.

Tsuji S, Matsumoto M, Takeuchi O, et al. 2000. Maturation of human dendritic cells by cell wall skeleton of Mycobacterium bovis bacillus Calmette-Guerin: involvement of toll-like receptors[J]. Infect Immun 68, 6883–6890.

Ulstrup J C, Jeansson S, Wiker H G,et al. 1995. Relationship of secretion pattern and MPB70 homology with osteoblast-specific factor 2 to osteitis following Mycobacterium bovis BCG vaccination[J]. Infect Immun 63, 672–675.

Vander Beken S, Al Dulayymi J R, Naessens T,et al. 2011. Molecular structure of the Mycobacterium tuberculosis virulence factor, mycolic acid, determines the elicited inflammatory pattern[J]. Eur J Immunol 41, 450–460.

Vergne I, Chua J, Deretic V. 2003. Mycobacterium tuberculosis phagosome maturation arrest: selective targeting of PI3P-dependent membrane trafficking[J]. Traffic 4, 600–606.

Vergne I, Gilleron M, Nigou J. 2014. Manipulation of the endocytic pathway and phagocyte functions by Mycobacterium tuberculosis lipoarabinomannan[J]. Frontiers in cellular and infection microbiology 4, 187.

Verschoor J A, Baird M S, Grooten J. 2012. Towards understanding the functional diversity of cell wall mycolic acids of Mycobacterium tuberculosis[J]. Progress in lipid research 51, 325–339.

Wall S, Ghanekar K, McFadden J,et al. 1999. Context-sensitive transposition of IS6110 in mycobacteria[J]. Microbiology 145 (Pt 11), 3169–3176.

Watanabe M, Aoyagi Y, Ridell M,et al. 2001. Separation and characterization of individual mycolic acids in representative mycobacteria[J]. Microbiology 147, 1825–1837.

Weiszfeiler J G, Karasseva V, Karczag E. 1981. Mycobacterium simiae and related mycobacteria[J]. Reviews of infectious diseases 3, 1040–1045.

Welin A, Winberg M E, Abdalla H, et al. 2008. Incorporation of Mycobacterium tuberculosis lipoarabinomannan into macrophage membrane rafts is a prerequisite for the phagosomal maturation block[J]. Infect Immun 76, 2882–2887.

Wiker H G. 2009. MPB70 and MPB83--major antigens of Mycobacterium bovis[J]. Scandinavian journal of immunology 69, 492–499.

Yamamoto K, Low B, Rutherford S A, et al. 2001. The Mycobacterium avium-intracellulare complex dnaB locus and protein intein splicing[J]. Biochemical and biophysical research communications 280, 898–903.

Yuan Y, Crane D D, Simpson R M, et al. 1998. The 16-kDa alpha-crystallin (Acr) protein of Mycobacterium tuberculosis is required for growth in macrophages[J]. Proc Natl Acad Sci U S A 95, 9578–9583.

Zajonc D M, Ainge G D, Painter G F, et al. 2006. Structural characterization of mycobacterial phosphatidylinositol mannoside binding to mouse CD1d[J]. J Immunol 177, 4577–4583.

Zhang H, Li D, Zhao L,et al. 2013. Genome sequencing of 161 Mycobacterium tuberculosis isolates from China identifies genes and intergenic regions associated with drug resistance[J]. Nature genetics 45, 1255–1260.

第三章

生态学和流行病学

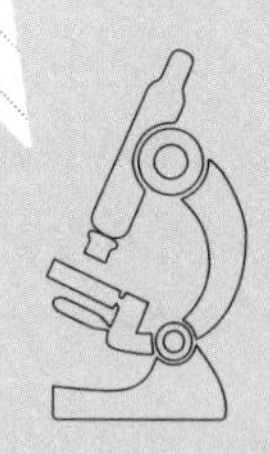

牛分支杆菌宿主范围广，其流行与传播涉及生态系统中的不同成员，包括家畜（如牛、猪）、驯养动物（如鹿）和人，还涉及野生动物（如獾等）。各种宿主间可相互传播，彼此成为传染源。牛感染人结核病给人结核病控制带来新的挑战。在那些家养牛结核病已处于控制状态的国家，野生动物结核向家养牛传播是阻碍家养牛结核病净化的最主要因素。分子流行病学是追溯牛结核病传播途径、阐明传播规律的最有效手段。

第一节 牛结核病自然史

疾病的自然史是其在一定生态环境中维持感染和传播的全过程，受多种因素制约。牛结核病是一个古老的疾病，存在于多种生态环境中。牛分支杆菌与宿主共进化，能潜伏，能致病，抗逆、抗药、抗免疫能力均很强，既是重要的病原体，也可以长期与宿主共栖，成为一种进化最成功的人兽共患性微生物。

一、传染源

牛结核病的定义原本仅指牛发生的结核病，现在则泛指各类动物因感染牛分支杆菌而发生的结核病。由于牛分支杆菌宿主范围广泛，研究者们一度将关注的焦点集中到其贮存宿主上。英国和爱尔兰的獾、新西兰的负鼠、赞比亚的驴羚都被认为是牛分支杆菌的重要贮存宿主。野猪曾经被认为是有争议的宿主，但越来越多的证据表明：欧洲野猪已成为其他野生动物和家畜牛结核病的贮存宿主。除上述野生动物外的其他野生动物也能感染牛分支杆菌，包括牦牛、花鹿、条纹羚、骆驼、欧洲小鹿、狍、麋鹿、雪貂、香猫、转角牛羚、牦牛和大羚羊等，也可能为牛结核病的贮存宿主。至于具体地区何种动物成为贮存宿主，与该地区何种动物为优势种群动物有关。这些野生动物的感染一直存在，成为该传染病最主要的传染源，也是家养动物结核病难以控制和根除的主要障碍之一。许多能有效控制其他传染病的策略在降低牛结核病的感染率方面都没有效果，原因是牛结核病潜伏感染动物数目大，传播途径多，尤其是人们并未完全了解其所有的传播途径；潜伏感染很普遍，且众多的潜伏感染个体都是隐藏的、常被忽略的传染源。在当前缺乏有效药物和疫苗用于牛结核病控制条件下，这种“隐身”传染源的存在，增加了根除该传染病的难度。

由于牛分支杆菌的细菌壁富含类脂和蜡脂，因此其对外界环境的抵抗性较强。在干燥痰内可存活6~8个月；在冰点下可存活4~5个月；在污水中可保持活力11~15个月；在粪便中可存活数月；动物尸体内的牛分支杆菌具有感染性。正是由于牛分支杆菌对恶劣环境的超强抵抗力，使得患病动物排出的菌体在环境中持久存在，接触到菌体的健康动物可能因此被传染。

二、传播途径

病原体从传染源排出体外，经过一定的传播方式，到达与侵入新的易感宿主的过程，称为传播途径。

由于牛结核病的贮存宿主种类繁多，因而流行模式复杂。同一动物种群内和不同动物种群之间、家养动物和野生动物之间都存在传播的可能性。由于家养动物和野生动物间的交互影响，在那些野生动物活跃的区域，即使能将牛结核病控制在较低的流行率，但仍有再度流行的可能，而要根除牛结核病几乎是不可能实现的。

根据已有的流行病学调查结果，归纳起来牛结核病的传播途径主要包括以下三种。

（一）空气传播

流行病学调查的结果和实验室获得的数据表明，人和动物的结核病主要属于呼吸道传染病，经由空气传播，因此临床上人和动物的结核病类型主要为肺结核。

空气传播又分为飞沫传播、飞沫核传播和尘埃传播三种传播途径。

1. **飞沫传播** 吸入了被牛分支杆菌污染的飞沫是牛结核病最主要的感染方式，只需很少数量的牛分支杆菌即可引起感染。含有大量结核分支杆菌或牛分支杆菌的飞沫在病人或病畜呼气、喷嚏、咳嗽时经口鼻排入环境，大的飞沫迅速降落到地面，小的飞沫在空气里短暂停留，局限于传染源周围。因此，经飞沫传播只能累及传染源周围的密切接触者。由于这种传播方式只发生在近距离接触时，因此主要存在于动物种群密度较大的情况，如家养动物间，以及养殖相关人员与家养动物间的结核病传播。野生动物由于活动范围大，不同个体间发生近距离接触的机会很少。因此，通过飞沫传播的可能性很小。

2. **飞沫核传播** 飞沫核是飞沫在空气中失去水分后剩下的蛋白质和病原体所组成的颗粒物。飞沫核可以气溶胶的形式漂流到远处，在空气中存留的时间较长。由于牛分支杆菌属于耐干燥的病原体，因此可通过此方式传播。

3. **尘埃传播** 含有病原体的较大的飞沫或分泌物落到地面，干燥后形成尘埃，易感者吸入后即可感染。牛分支杆菌是对外界抵抗力强的病原体，在尘埃中存活的可能性大，因此，可通过此种方式传播。

空气传播的发生取决于多种条件，其中人口/牲畜密度、卫生条件、排菌者在人群/动物群体中的比例起决定性作用。一般说来，经空气传播的传染病往往传播广泛，发病率高。因此，结核病在居住拥挤和人口密度大的地区，或动物饲养密度大的养殖场高发。

（二）消化道传播

污染的食物或饮水可经消化道传播牛结核病。在巴氏消毒法引入乳品加工业前，欧美发达国家因食用生鲜牛乳和消毒不全的乳制品而感染结核病的人不计其数，尤其是婴幼儿，因饮用病牛奶而感染牛分支杆菌是婴幼儿结核病的最主要病因。此种情况的感染通常是经消化道而致消化道结核。令人感到意外的是，在那些因饮用牛分支杆菌牛奶引起结核病的地区，婴幼儿肺结核发病率反而低很多，约为牛结核病阴性地区的1/20，为婴幼儿肺结核总发病率的1/5。出现这种现象的原因可能在于，婴幼儿通过消化道接触牛分支杆菌后，无论发病与否，黏膜免疫系统均获得了针对人结核分支杆菌和牛分支杆菌的抵抗力，即便呼吸道接触到经飞沫传播的结核分支杆菌或牛分支杆菌，也不易发展为肺结核，发病率因而显著降低。但这种乐观的情况仅出现在婴幼儿和青少年中，在牛结核病盛行的地区，成年人通过呼吸道感染牛分支杆菌导致肺结核的发病率仍然可观。

不仅人类会因吃了含有牛分支杆菌的牛奶或奶制品感染，家养的猪或小牛也可能因食用从奶制品厂回收来的被污染废弃的奶产品而感染。因此，巴氏消毒的发明和应用，不仅保护了人类免受牛分支杆菌的感染，食用奶制品废弃物的家养动物也得到了保护。

由于牛分支杆菌具有长时间在体外存活的能力，动物摄入有传染性的黏液、鼻汁、粪便和尿液等可经口感染牛分支杆菌，造成种群内或种间的传播。

牛分支杆菌从人再传染到牛群通常是直接经空气传播，但也有少数的传染是经间接途径。如肾脏感染结核的患者尿液中含有大量的结核杆菌，其排出的菌体污染垫料后，动物因接触垫料引起感染。荷兰和德国的流行病学调查统计结果表明，数位患有泌尿生殖系统结核病的人造成了多个牛群结核病的爆发。

（三）撕咬传染和垂直传播

新的感染通常是由于接触到牛分支杆菌的菌体引起，一般是因为直接与感染动物接触，或从环境中摄入。尽管最常见的传播途径是通过呼吸道吸入菌体，动物之间的咬伤也是该病传播的途径之一。在英国格洛斯特郡的一次调查统计中发现，患结核病的獾中有14%的个体可能是由咬伤引起。有严重肺结核的病畜唾液和痰中含高浓度的牛分支杆菌，通过咬伤感染的动物传播结核病是野生动物间传播的重要途径之一。尽管大部分野生动物都有严格的领地特性，发生在它们间的直接身体接触很少，但在交配季节，处于发情期的成熟雄性动物会徘徊于各自领地的边界找寻雌性动物，攻击性行为因而有所增加，尤其是雄性个体间因捍卫领地而发生争斗和撕咬，已成为牛结核病传播的重要原因。

尽管致病性牛分支杆菌通过胎盘传染给胎儿的概率很小，但垂直传播的途径依然存在。哺乳期的病人或感染动物的乳汁中可能含有致病性牛分支杆菌，当幼儿或幼畜吸食含菌的乳汁后，也会感染牛分支杆菌。

三、易感动物

易感动物是指对某种病原体具有容易感染特性的动物。动物的易感性取决于机体的遗传特征和特异性免疫状态。

牛分支杆菌是宿主范围最广的病原之一。其易感动物主要是有蹄类动物，包括非洲水牛、森林野牛、北美野牛。某些鹿科动物也对牛分支杆菌易感，如白尾鹿、黑尾鹿、红鹿和麋鹿。除家养和野生牛外，山羊、猪、绵羊、马、猫、犬、狐狸、獾、负鼠、兔、貂、羚羊、骆驼、羊驼、骆马、人类和非人灵长类动物都对其易感。总的说来，牛分支杆菌能感染50多种温血脊椎动物和20多种禽类。

第二节 家养动物牛结核病流行现状

牛结核病主要传播途径为空气传播。一般情况下，经空气传播的传染病在居住拥挤和人口密度大的地区或动物密度大的养殖场高发。因此，牛结核病在家养动物中的流行率往往超过在野外生存的动物群体。

牛结核病在全世界范围内都有流行。据世界动物卫生组织（Office international Des Epizooties，OIE）可记载数据的统计，2005—2010年的6年内，有109个国家报道了牛群中牛分支杆菌的感染和病例。在发达国家，沿用传统的养殖模式，对养殖动物的交易和流动有严格的控制，因此牛结核病的流行率不高。某些国家甚至已经根除了该传染病。相反，在发展中国家，尽管已开始实施牛结核病防控措施，但在饲养密度高的国家，如巴西和阿根廷等，每年仍然因牛结核病造成相当大的经济损失，我国目前没有牛结核病流行的全面统计数据，但总体而言，其流行情况也不容乐观。

一、牛结核病

牛作为牛结核病最主要的易感动物，且在世界各地的养殖量都非常大，因此世界各国对牛结核病的防控都非常重视。欧、美发达国家实施牛的牛结核病根除计划已有近百年，但对于牛结核病这样一个宿主谱广泛、潜伏感染普遍、病程缓慢、缺乏疫苗、治疗药物和快速诊断技术的人兽共患传染病而言，实现控制与净化相当困难。欧盟已有不少国家如丹麦、比利时、挪威、德国、荷兰、瑞典、芬兰、卢森堡等在家牛已消灭了牛结核病，获得欧盟“无结核”（official bTB free，OTF）认可；澳大利亚已消灭牛结核病，日本、英国、法国、美国、加拿大等已控制了家牛结核病；但至今尚无任何国家获得OIE的“无结核”认可。英国、美国、加拿大等国牛结核病流行的主要原因是野生动物宿主充当了家养牛结核病的传染源。

（一）美洲

美国是世界上第一个实行根除牛结核病计划的国家。1917年联邦和州合作，开始实施消灭牛结核病计划；1922年年初牛结核病发病率下降至4%，1940年下降至0.48%，以后一直呈零星散发的趋势，1967年部分州宣布为无结核病牛群。目前，美国全国大部分地区的家养牛群已经是无结核病牛群。牛结核病高风险区主要有两个，一是与墨西哥接壤地区，由于墨西哥未控制牛结核病，边境贸易导致牛结核病在该地区的传播；二是密歇根州（Michigan）地区的牛结核病，由于白尾鹿中牛分支杆菌的感染得不到控制，给这个州控制和根除牛结核病造成了巨大障碍。2003年，广东省检验检疫总局从美国进境的142头良种奶牛中，检出19例患有结核病、副结核病的阳性种牛，并进行了扑杀和销毁处理。此事件打破了美国25年来没有牛结核病的说法，表明实施牛结核病根除计划近百年的美国，牛结核病仍然没有完全被根除。

2000年，美国农业部取消了密歇根州无牛结核病认可。此后，2000—2003年间，密歇根州政府加强了对家畜和野生动物结核病的监测。直到2004年，根据密歇根州各个县牛结核病流行的不同情况，美国农业部对无结核认可区进行了重新定义，确认密歇根下半岛的11个县为“改进认可地带”（modified accredited zone，MAZ），其余则为“改进认可高级地带”（modified accredited advanced zone，MAAZ）。改进认可地带（MAZ）的定义为牛群和野生动物结核病总的流行率降为0.1%以下；而改进认可高级地带（MAAZ）

的定义为牛群和野生动物结核病的流行率控制在0.01%以下。

2005年，密歇根的牛结核病开始得到较好的控制，上半岛确认为无牛结核病状态。密歇根下半岛到2010年改进认可地带（MAZ）减少为5个县；2011年，剩余68个县被划分为3个改进认可高级地带。此后，密歇根农业与发展部门发文规定：对不同级别的认可地带的牛结核病的监测，包括全群检测、个别牛测试前后的移动和发货牛的记录等制订不同的要求。在改进认可地带（MAZ），牛群必须每年进行全群检测，对所有野生动物实施无线电监控，测试所有2月龄以上的动物，从改进认可地带（MAZ）引出或区域内转移的动物需提前60天进行牛结核病检测，并做好所有区域内及引出动物的记录。

美洲其他国家，如墨西哥和巴西等国牛结核病感染率均很高，1995年和1996年墨西哥肉牛结核病感染率分别为0.02%和0.05%，奶牛结核病感染率分别为2%和8.3%。巴西为世界上家牛数目最大的国家，2010年统计有1.85亿头牛，牛结核病的流行给这个国家带来了巨大的经济损失。1985—1995年十年间的牛结核病检测统计表明：1985年牛结核病感染率为5%，1995年则增至21%。为控制传染病对养牛业的影响，巴西于2001年开始实施牛布病及结核病防控根除计划（The National Program for Eradication and Control of Bovine Brucellosis and Tuberculosis，PNCEBT）。尽管此后没有系统的统计数据，但零散的报告表明在牛结核病的防控上并未取得显著成效。

（二）欧洲

在20世纪的上半个世纪，英国40%的牛群被怀疑感染牛分支杆菌，污染牛奶成为人感染牛结核病的主要途径。自1950年实施牛奶的巴氏消毒法及“检疫-扑杀”的牛结核病根除计划后，这一传播途径得到控制，牛结核病流行率显著下降。到20世纪70年代时，流行率降至0.22%。80年代，牛群发病率小幅度增高，但总体维持在非常低的水平。自90年代中期，英国的牛结核病流行率又开始持续上升，以英格兰西南部和西部及威尔士西南部尤为严重。2003—2008年，牛群的发病率增加至59%。从2008年开始，“检疫-扑杀”的策略开始显露效果，感染率有所降低，但仍有4 703例新增牛结核病例。截至2012年，部分地区牛的淘汰率高达67%。2010—2012年间，英国加强了全国范围内的牛结核病检测方案，直至2013年根除计划开始出现显著效果后，检测方案变更为：南部和西部仍然每年检测一次，东部和北部每4年检测一次。截至2010年的统计数据显示，尽管在英国淘汰病牛共计3.3万头，依然存在牛结核病从疫区传播到无结核区的情况。从英国牛结核病根除计划的实施效果看，仅靠“检疫-扑杀”策略并不能达到净化根除的目的，而需要更强有力、考虑面更全的防控策略出台，包括在检疫周期延长的区域，加强牛群移出和引入前的检疫等。

1956—1964年间，西班牙建立了有关扑杀结核病阳性动物的第一个法律。但该法律没能有效地执行下去，原因是农民负担过高。1965年，由于政府经济补偿政策的实施，才使得该项牛结核病控制计划顺利实施。该计划主要集中在奶牛，数据显示，当时动物结核病流行率约为20%。1986年，西班牙成为欧洲经济共同体（简称欧共体）成员之一，进一步加强了牛结核病国家控制计划，检测覆盖范围扩大到肉牛。然而，直到1993年，经欧共体确定，牛结核病国家控制计划才覆盖到所有奶牛和肉牛。通过实行检疫–扑杀阳性牛的措施，使牛结核病流行率由1993年的5.9%降为2009年的1.6%。虽然西班牙在牛结核病控制方面取得了一定的成功，但2010年牛结核病的流行率仍然维持在1.6%～1.8%。

（三）大洋洲

澳大利亚的牛结核病根除计划最初从奶牛养殖场自发开始，1970年国家正式实施牛结核病和牛布鲁菌病根除计划。1997年全国宣布无结核状态；2000年又发现最后一例牛结核病；2008年再次宣布无结核病状态；共经历了38年之久。1975年，澳大利亚南部的奶牛和肉牛的结核病几乎实现了净化；而此后继续坚持“检疫–扑杀”政策。到80年代末90年代初，仍有很小数目的散发病例报道。在南部地区最后检测牛结核病的时间是1991年。自1982年开始实施的针对高敏感群体牛及水牛的“检疫–扑杀”策略后，澳大利亚北部地区牛结核病的根除计划得以加速实现。尽管截至1997年根除计划实施的时期并不算长，但得益于完善的防控策略及强大的执行力度，澳大利亚当局确实实现了牛结核病的根除目标。表3–1和表3–2给出了1993—1997年间、1998—2002年间牛结核病的监测数据，以及最后报道牛结核病例的年代。当然，该国生态环境上的优势也是其能获得成功的关键，不像英国、美国的密歇根州存在数量庞大的野生动物宿主，澳大利亚的幸运之处是没有难以控制的牛结核病野生宿主。

表3–1 澳大利亚各地区1993—1997年、1998—2002年检测到的动物结核病例数

辖区	1993	1994	1995	1996	1997	合计
北部地区	6	5	5	3	4	23
昆士兰	1	2	1	1	2	7
西部地区	1	0	1	1	1	4
新南威尔士	0	0	1	0	0	1
南部地区	0	0	0	1	0	1
维多利亚	0	0	0	0	0	0
塔斯马尼亚	0	0	0	0	0	0
合计	8	7	8	6	7	36

（续）

	1998	1999	2000	2001	2002	
北部地区	2	1	0	0	2	5
昆士兰	1	0	1	0	0	2
西部地区	1	0	0	0	0	1
新南威尔士	0	0	0	0	0	0
南部地区	0	0	0	0	0	0
维多利亚	0	0	0	0	0	0
塔斯马尼亚	0	0	0	0	0	0
合计	4	1	1	0	2	8

注：引自 Radunz，2006。

表 3-2 澳大利亚各省最后检测到动物结核的年份

地区	年份
北部地区	1995
昆士兰	1999
西部地区	2000
新南威尔士	1996
南部地区	1975
维多利亚	1991
塔斯马尼亚	1998

注：引自 Radunz，2006。

同样属于大洋洲的新西兰则没有澳大利亚那么幸运，由于野生宿主负鼠中牛结核病的流行，为家养牛的牛结核病的净化带来很大困难，在新西兰一直未能成功实行根除计划。除负鼠外，野生的雪貂、鹿和野猪也能感染牛结核病，但这三种动物在新西兰都不是真正的贮存宿主（reservoir host），一般情况下都只是剩余宿主（residual host），例外的是雪貂在分布密度很大时也会呈现贮存宿主的特点。新西兰自19世纪初就在家牛中发现结核病的流行，在实施牛结核病根除计划后，流行率逐步下降，20世纪90年代报道了1 700个牛结核病阳性的牛群，而截至2013年时，感染的牛群数目已被控制在100个以内。新西兰采取的防控措施主要包括消除媒介（针对有感染牛结核病的野生动物的区域）、检疫—扑杀及家畜流动限制；常规的流行病学监测包括对家牛群进行每年一次或三年一次的检疫，以及在屠宰场对所有用作人类食品的动物进行肉芽肿的排查。尽管新西兰全国范围牛结核病的流行率一直在下降，但在近几年却观察到牛结核病流行有反弹的征兆，使得根除计划的愿望很难在短期内实现。据Sinclair未发表的数据显示，从2005—2011年间，59%的牛群表现出感染牛结核病的征兆；有些以往感染过牛结核病的牛群也出现复燃迹象。

（四）非洲

非洲是人类结核病的高发地区之一，但其牛结核病的流行状况没有准确数据。1998年，在非洲的55个国家中，只有25个国家零星报道了牛结核病发生事件；6个报道了牛结核病的存在；只有马维拉和马里2个国家报道牛结核病存在高发病率；4个国家没有报道；其余18个国家没有疾病方面的数据。在所有的非洲国家中，只有7个国家考虑到牛结核病是必须申报的疾病而采取检疫和部分扑杀政策，其余48个国家采取的控制措施不当或根本就没有采取任何措施。在7个国家中，只有15%的结核病牛群采取检疫和扑杀政策。因此，大约85%的牛群和82%的非洲人生活在采取牛结核病部分控制措施或根本没有任何控制措施的环境中。

在南非，牛和自由活动的野生动物结核病是由牛分支杆菌引起的。1995年，牛结核病流行率低于1%，这主要是由于从1969年开始实行了国家牛结核病控制和根除计划。目前，牛群结核病的流行情况仍然未知。在克鲁格国家公园中，野生动物牛结核病最初是由1株牛分支杆菌引起的地方性疾病，在其南方区域具有非常高的流行率，并随后传播到该公园的北部，感染了至少12种野生动物。1996—2000年间，南非克鲁格国家公园爆发了牛结核病。据统计：公园南部的水牛感染率达42%，中部地区的感染率为21%。该地区牛结核病的自然宿主是水牛。

在赞比亚，高原地区牛结核病流行率高达50%，而在盆地的牛群牛结核病流行率为5.6%。据报道，喀辅埃河驴羚羊的结核病流行率也非常高，这可能是结核病在牛群和喀辅埃河驴羚羊间的种间传播造成的。

2010年，在喀麦隆，通过检查屠宰牛的牛结核病理变化，确认牛结核病患病率为0.67%～4.28 %。2012年，据报道，通过皮肤变态反应试验确认，牛结核病的患病率更高，为1.4%～26%。

在埃塞俄比亚高原的牛群中，牛结核病是地方性疾病，但牛结核病的流行率差异较大，这取决于饲养地域和牛群品种。在城乡结合部或城市的许多奶牛场中的进口品种和杂交品种牛群，由于采取集约或半集约化饲养模式，牛结核病流行率高达7.9%～78.7%。与此相反，在英格兰高地农村的散养瘤牛，由于保持数量较少的传统饲养模式，牛结核病流行率则低至0～2.4%。

（五）亚洲

和非洲一样，亚洲也是人类结核病的高发区。据世界卫生组织（WHO）报道，全球结核病人80%在发展中国家，发病率和感染率位居世界第一的是印度，其次为中国，结核病已经成为严重威胁亚洲人类健康的重大传染病。据估计，5%～10%的人结核病是由牛分支杆菌引起的，因此，控制牛结核病已经成为控制人结核病的重要措施之一。

奶牛结核病在亚洲各国均有不同程度的流行，但缺少准确数据。在亚洲的36个国家中，16个国家零星报道了牛结核病发生事件，10个国家没有报道牛结核病的存在，其余9个国家没有这方面的数据。亚洲国家中，只有7个国家采取检疫和部分扑杀的控制政策，并考虑进行申报。29个国家只采取了部分控制政策或根本没有采取控制措施。据不完全统计，在亚洲国家中，牛结核病感染牛中，只有6%的牛和低于1%的水牛采取了申报检疫和扑杀政策，94%的牛和99%的水牛采取了部分牛结核病控制措施和没有采取任何控制措施。人们平常所说的“牛”包括奶牛、肉牛和牦牛，与“水牛”均为牛科动物，但归为不同属。因此，大约94%的亚洲人生活在对牛结核病只采取部分牛结核控制措施或根本没有采取任何控制措施的环境中。2002年，韩国在亚洲首次证实雄性麋鹿因感染牛分支杆菌而死亡。

我国很早就有结核病的记载，家畜结核病在我国流行的历史悠久，与人的结核病流行呈平行关系，特别是进入20世纪40年代以后，由于从国外大量输入奶牛，有很多结核病牛混入其中，从而使我国牛结核病的流行更加广泛。自20世纪50年代中期以来，牛结核病一直被列为重大疫病，强制检疫，并采取“检疫—扑杀”政策控制牛结核病。但由于扑杀补偿额度过低，该政策执行的实际效果不显著。20世纪50—60年代的20年间，我国牛结核病一直呈缓慢上升的趋势。到1970年，随着奶牛业的不断发展，奶牛养殖规模的不断扩大，牛结核病的流行也达到了历史的最高峰，个别地区检出阳性率高达67.4%。虽然1980年后牛结核病的流行有所缓和，但感染率仍然比较高。计划经济向市场经济转化后，养殖企业私有化，养殖规模和集约化程度不断加大，牛群贸易日益频繁，2000年后，牛结核病流行率呈小幅度稳定上升，尽管在2004—2006年间得到一定程度控制，在2007年时又出现爆发式增长（图3－1）。

在中国，不仅内地家牛受到结核病的威胁，连仅产于青藏高原干旱地带、以高抗病力闻名的牦牛也难逃牛结核病的危害。从西藏和青海两省收集的家牦牛1 244份血清中，

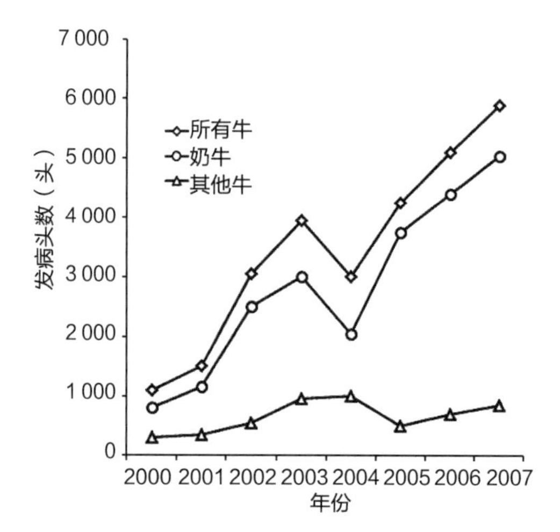

图 3-1　2000—2007 年中国牛群中结核病流行率趋势

通过间接ELISA检测牛分支杆菌特异性抗体，发现西藏样品中的牛结核病血清阳性率为2.6%、青海样品中的牛结核病血清阳性率为1%。

总之，牛结核病已经给中国的养牛业造成了巨大的经济损失，尤其是对奶牛业的危害极其严重。患病奶牛的寿命缩短，产奶量显著降低，母牛常常不能妊娠；役或肉牛患病后逐渐消瘦，劳动能力减弱。牛结核病已成为影响我国养牛业健康发展的重大障碍，同时给食品安全和人类健康带来严重威胁。

（六）拉丁美洲和加勒比海

在34个拉丁美洲和加勒比海国家中，有12个国家报道过牛结核病零星散发或低发病率，7个国家报道牛结核病为地方流行性疾病，只有多米尼加共和国报道牛结核病存在高发病率，12个国家没有报道牛结核病，2个国家没有牛结核病方面的数据。

目前，正在进行或基本完成牛结核病根除计划的国家有：欧洲的大部分国家、美国、加拿大、日本和新西兰。被认为无牛结核病的国家包括：澳大利亚、丹麦、法国（野生动物中有低水平流行）、德国（2001年有4起牛结核病发生）、卢森堡、芬兰、荷兰和瑞典。

二、猪结核病

猪对人结核分支杆菌、牛分支杆菌和禽分支杆菌都易感。经口或皮下注射牛分支杆菌对猪的致病性甚至高于对牛的致病性。人结核分支杆菌或禽分支杆菌，只需50mg

菌体经口或皮下注射就能使猪发生局部坏死。有证据表明，老龄猪比幼年猪对分支杆菌致病性的抵抗力更强，在母猪体内发现的结核结节通常都不含有活的分支杆菌。英国1952—1968年的流行病学调查结果显示，从猪分离得到的318株分支杆菌中，80%为禽型，只有20%为牛型，这与人们预想的并不相符，通常认为牛分支杆菌才是引起动物结核病的最主要病原，但在猪这一种群中，禽分支杆菌的发病率却超出了牛分支杆菌。野猪对牛分支杆菌也易感。据夏威夷1981年的流行病学调查结果，野猪的感染率约为20%。匈牙利通过被猎杀的野猪剖检结果统计，1985—1991年六年间的感染率估计为20%。

猪感染结核通常是经消化道，传染源一般为污染菌体的牛奶或奶制品、屠宰场或厨房的垃圾，以及结核病牛的排泄物。因此，猪群结核的发病与牛群密不可分。一个地区如果牛群结核病发病率居高不下，则猪群中的发病率也会相应升高。牛结核病根除计划的开展，使猪群的牛结核病发病率得到了很好的控制。例如，在美国，1924年屠宰生猪中15.2%发现有结核结节；牛结核病根除计划实施后，到1970年再次统计，仅1.09%的生猪中有结核病变。

英国的流行病学数据显示，自2004年开始，除牛以外，在家养动物中猪的感染率排名第三。2004—2010年间，动物健康兽医试验所（Arimal Health and Veterinary Laboratory Agency，AHVLA）收集的748份猪样品中，有85份分离到牛型和禽型菌（11%感染率），当然，大部分样品来源于大型养猪场，因此很多阳性样品属于同一个养殖场。与2004年之前的统计数据相比，猪感染结核的阳性率显著升高，分析有以下几个方面原因：一是分菌技术的进步使得假阴性减少；二是某些地区的感染率确实有升高，如南威尔士地区，家牛结核病的流行率一直居高不下，因此该地区家猪感染率相应较高并非偶然。

历史上，家猪一直被认为是结核的终末宿主，一旦最初感染的源头被清除，该病在猪群中便会销声匿迹。由于不同地区生态环境的差异，以及家养动物饲养模式的不同，这一物种在结核病流行中的地位并不是一成不变的，有可能成为牛结核的宿主：在西班牙的某些地区，野猪结核感染率高达44%，且通常都为肺结核，导致同一生态环境的其他动物很容易被传染，因此野猪成了该地区的结核贮存宿主。但在其他国家和地区，野猪仍然扮演着终末宿主的角色。据澳大利亚2006年的统计，随着牛结核病根除计划的开展，野猪结核病的流行率从20世纪70年代的40%骤然下降至90年代初的0.25%。

然而，结核病对生猪的影响相对较小，因为生猪的饲养周期短，而结核病的病程很慢，猪即便感染了结核分支杆菌复合群，但还未出现临床症状之时猪便已出栏和宰杀。

三、家养鹿结核病

新西兰是世界上第一个提出驯养鹿和发展鹿养殖业的国家。1955年，在离惠灵顿64km一片私人领地里，9头红鹿的幼崽被圈养起来，于是鹿的养殖业自此开始萌芽。到1989年，经过30多年的发展，新西兰鹿的养殖数量达到400 000头雌鹿和100 000头雄鹿；到1994年时，全国养殖规模已经发展为6 500群，总数120万头。随着养殖规模的扩大，牛结核病成了影响鹿养殖业最重要的细菌性传染病之一。政府实施牛结核病根除计划始于1985年，在80年代末，流行病学调查结果显示，在原本不存在牛结核病的区域检测出两头牛结核病阳性的鹿，第一次发现养殖鹿会成为牛结核病的传染源。自此，鹿的引入开始强制检疫牛结核病，到1991年，3.9%的种群因牛结核病而被严禁转运。

四、圈养猴结核病

尽管野生猴感染牛结核病的概率很低，圈养的灵长类动物却深受结核病的危害，不仅发病率高，且病死率也高达10%。为什么与圈养的其他动物相比，猴受结核病的危害更大呢？这是因为其他动物和人类均只对人型和牛型结核杆菌中的一种更易感，而猴却对两种结核杆菌易感性都高。圈养的灵长类动物一般分为两种情况，动物园内饲养的供观赏，实验室饲养的作为实验动物用。无论哪种情况，都有将致病菌传染给人类的风险，所幸的是，后者还会对相关的试验造成难以预料的影响。BCG免疫对猴结核病的防控非常有效。

第三节 野生动物牛结核病流行病状

由于牛分支杆菌宿主范围广泛，多种野生哺乳动物可能为牛结核病的贮存宿主，包括花鹿、条纹羚、骆驼、欧洲小鹿、狍、麋鹿、雪貂、香猫、转角牛羚、牦牛和大羚羊等。不同地区的优势动物种群不同，因而各地区的牛结核病宿主也有所差异。这些野生动物的感染一直存在，成为牛结核病非常重要的传染源，也是家养动物中结核病难以控制和根除的主要障碍之一。

一、梅花鹿

在野外，鹿科动物被认为是体格最强健的动物种群，鲜有严重的疫病能威胁它们。但由于与家畜的接触，造成了野生鹿群中结核病的感染。最初的病例发现于1934年美国纽约州的白尾鹿，1961年，又有两例野生鹿感染结核的报道。此后，在爱尔兰、英国、匈牙利和北美都出现了野生鹿感染结核的情况。当时，不同种类的鹿的分布密度从0.19 ~ 7.45只/km^2不等，而全球野生鹿群中牛结核病的平均感染率约为5.6%。事实上，鹿种群密度的暴增是造成牛结核病流行的重要因素。美国很多地区野生鹿的密度高于其他国家，因此发现的病例最多。据统计，美国1991年野生白尾鹿的数量约1 840万只，而在20世纪初，只有30万 ~ 50万只。

令人意外的是，流行病学调查显示野生鹿结核的流行并没有影响到家养鹿。除了自身种群密度大造成野生鹿中结核的传播外，鹿的生活习性也是主要因素。在新西兰，鹿有迁徙巡回的特点，感染牛分支杆菌的个体将病菌从疫区携带到非疫区，造成感染范围扩大。而猎鹿人随地处置猎杀鹿的内脏，更加重了牛分支杆菌的散播。

二、獾

獾的感染通常是由于接触到牛分支杆菌的菌体引起，一般是因为直接与感染动物接触，或从环境中摄入。最常见的传播途径是通过呼吸道吸入菌体，动物之间的咬伤也是该病传播的途径之一。例如，在英格兰格洛斯特郡（Gloucestershire）的一次调查统计中，患结核病的獾中有14%的个体可能是由咬伤引发的，有严重肺结核的病獾唾液和痰中含高浓度的分支杆菌，因此很可能通过咬伤感染的獾传播结核病。尽管如此，獾的领地性社会行为特征使得这种攻击性的接触频率很低。獾有高度的领地习性，很少偏离到自己领地以外的界限处，因而避免了与邻近领域的獾在边界处发生过多的直接接触。

尽管从理论上分析，从环境中吸入菌体造成感染的概率很小，但是调查的结果却显示：多种因素综合起来，这一传播途径反而是最普遍的。獾会花费大量的时间和精力觅食蚯蚓，因频繁光顾通过排便划定的边界，这些地方往往被菌体严重污染。此外，由于獾的主要食物是含水量高的蚯蚓，它们的排尿也很频繁。据记载，肾脏有坏死的獾每毫升尿液中排菌量高达300 000条/mL。其中大部分的菌因直接暴露于阳光而很快死掉，剩余可存活几周的时间，其存活时间长短取决于微环境的气候指数。总而言之，温暖、潮湿、阴暗的地方最适宜细菌的生长。在污染了病原体的栖息地，感染的风险主要是由吸入的菌体数量单因素决定，但后续是否发病的风险却存在很大变数，主要由宿主的多个因素所决定。

与菌体接触的概率、菌体存活，以及通过空气吸入菌体的概率都会因獾居住于地下的群居习性而大幅升高。此外，由于獾通过气味辨别群居的不同个体，会频繁地用鼻嗅触彼此，增加了群体内该病传播的概率。

群体之间的传播主要由于个体流窜、边界争端或结核病引起的异常行为。未成熟的个体，尤其是雄性个体，常会在其1岁左右离开原来的群体，融入新的群体中。交配季节，成熟雄性有时会在发情期徘徊于边界上找寻雌性。攻击性行为在交配季会有所增加，尤其是雄性个体间捍卫领地而发生的争斗。所有这些行为因素增加了群体之间疾病传播的可能性。此外，一些病情严重的个体会表现某些异常行为，如离开群体外出游荡的更多，越过领地边界更远。

一般认为，欧洲獾是导致牛感染结核的主要传染源。因此，在英国的结核防控政策中，对獾的检疫和扑杀是其中一项重要举措，已执行多年。但有研究证实，该举措不仅能降低牛群中结核的发病率，同时也可能升高其发病率。在全国开展口蹄疫净化项目期间，暂停了牛结核病的检疫与捕杀，结果发现全国范围内野生獾的结核感染率上升。这一现象说明，我们设想的传播途径其实很片面，牛分支杆菌不仅从獾传染到牛，而且也能从牛传染到獾。对于这种宿主谱非常广泛的人兽共患病病原而言，在制订防控策略时应把多种传播途径考虑进去。

三、猴

结核病是普遍威胁圈养灵长类动物的一种传染病。研究发现，“新世界”猴（新世界猴的种类包括位于美洲中部和南部及墨西哥的5个灵长类品种：Callitrichidae，Cebidae，Aotidae，Pitheciidae and Atelidae）比“旧世界”猴（猴科的绝大部分种类）对结核杆菌的抵抗力强。野生猴中感染结核的病例鲜有报道，截至1995年，仅在肯尼亚有两篇关于野生狒狒因感染牛分支杆菌而患结核病的报道。经溯源分析，发现染病的狒狒曾食用屠宰场中结核病牛的内脏。但患病的狒狒并未将病菌传染到种群的其他个体，即当时的病例中没有发现牛分支杆菌在狒狒之间的直接传播。

第四节 结核病在人和牛间的传播

结核分支杆菌和牛分支杆菌是引起人和动物结核病相关性最高的两种菌，因而是结核分支杆菌复合群中最重要的两个成员。通常认为结核分支杆菌是引起人结核病的主要病原，每年能引起全球800万人罹患活动性结核。牛分支杆菌被认为是宿主范围最广的致病分支杆菌，能感染多种哺乳动物，包括很多家养动物和野生动物。尽管结核分支杆菌的宿主谱主要集中在人和非人灵长类，但在流行病学调查中，从病牛中分离到结核分支杆菌菌株的报道有增多趋势；同时，牛分支杆菌也能感染人，因此这两种病原的跨种感染造成的结核病在人和牛间的传播一直是备受关注的公共卫生问题。

一、人感染牛分支杆菌

由于人类消费牛奶、牛肉及其制品等，牛和人类的关系较其他动物更为密切。据估计，有5%～10%的人结核病是由牛分支杆菌引起。正因如此，牛结核病在流行病学上的意义不仅仅是给畜牧养殖业带来巨大经济损失，而且严重威胁到人类健康，在公共卫生学方面也是意义重大。

结核分支杆菌（人型菌）和牛分支杆菌（牛型菌）引起的人呼吸道感染，从临床症状、放射显影检查以及病理变化都无法区分。在首次呼吸道结核杆菌感染后的5年内引起的感染称为原发型结核。原发型感染之后超过5年诊断出的感染称为二次感染或者复燃。儿童的原发型结核病通常不具有感染性，其痰液表现出涂片阴性，但大部分结核病例能培养出致病的分支杆菌。属于复燃情况且涂片阳性的成年患者具有很高的感染性。据现有的统计数据表明，牛分支杆菌感染只占成人感染结核病的一小部分，因为从成年患者体内分离出来的牛型菌复燃的活力很低。然而，一旦牛分支杆菌在人肺部建立了感染，则表现出和人型菌相似的毒力。但是一般认为，牛型菌很难在人的肺部建立感染，因而很难具有在人际间传播的能力。在巴氏消毒法引入制奶业前，欧美发达国家因食用生牛乳和乳制品而感染牛结核病的人不计其数，尤其是婴幼儿，因饮用病牛奶而感染是婴幼儿结核病的最主要病因；实施牛奶巴氏消毒与牛结核病根除计划后，人感染牛结核病的比例降至1%以下。在之前很长一段时期内，研究报道的人感染牛结核病的比例高于1%，甚至达到10%。此外，牛分支杆菌对常用的人结核病治疗药如利福平、吡嗪酰胺等具有天然抗性，给临床治疗带来困难。因此，人们普遍认为在牛结核病流行的国家，牛结核病是人结核病高发病率的重要原因。世界卫生组织在第七次专家委员会报告中还指出：在那些牛结核病流行的国家，除非扑灭牛结核病，否则人类结核病的控制是不会成功的。

因为意识到牛结核病可能带给人类的威胁，欧美发达国家于20世纪初就开始执行牛结核病根除计划。在牛结核病防控措施开始实施后，相当多的实验室和研究者调查报道了在此期间及措施实施之前的牛分支杆菌感染人的案例。早在1945年，便有研究者关注牛型菌对人的威胁性，Sigurdsson分析后没有发现牛型菌患者引起的人传人的证据，但发现6例人感染者传染给了牛，其中有3例是牛型菌传播，另外3例是人型菌传播。Schmiedal总结认为，如果真的发生传播，牛型菌在人之间传播会比人型菌的频率小很多。当然，这一结论是有数据支持的，当养殖者感染了人型菌而引发开放性结核病后，与这些农民接触的家庭中有29%也会引发开放性结核病；而当养殖者感染了牛型菌而引发开放性结核病后，与这些农民接触后的家庭只有13%会发病。而且，在这些后感染的患者中，一些甚至全部可能是直接来自于牛而不是人。我们不可能直接从人群中检测到牛型菌的感染率。因为尚没有结核菌素试验或者其他的大规模检测手段能区分牛型菌和人型菌的感染。在丹麦，有研究者采用基于人和牛感染结核病的一个简单的相关性数学模型，在20个郡进行了这一难题的研究。基于这一模型中所作假设，有可能估算出每个郡中由这两种分支杆菌引起人的发病率。1966年，在丹麦的这一模型研究中，根据病史将结核菌素反应阳性个体分为两组：一组为有牛结核病接触史，另一组为有结核病人接触史，分析发现前一组患肺结核的风险低于后一组。由于与结核病牛有接触史的人群中大部分仅是饮用了污染牛奶，因此研究者认为，消化道感染牛分支杆菌后反而降低了罹患肺结核的概率。尽管丹麦于1952年就已根除了牛结核病，但据1972年全国的统计数据显示，在对生于1910—1930年的人群进行结核菌素反应中，仍有1/3的人呈阳性反应，这部分人的感染来自于牛。在丹麦，1943—1952年间共有128个牛群被107个结核病患者再次感染。在1959—1963年间，报道了127例由牛型菌感染引起的人结核病，其中58%是肺结核，这些患者都是在中年或者老年时期才检出病原菌。英国对农村地区进行了一项研究，将从前牛群结核病的感染率和当时在校儿童的结核菌素阳性反应率进行综合分析，包括1959—1960年、1963—1964年和1967—1968年间，13岁在校儿童的结核菌素阳性反应率，以及12年前英国41个农村地区未患过结核病的牛（1947、1951及1955年统计数据）的比例。这项研究发现，与结核病病牛接触越少，学校儿童结核菌素阳性反应率越低，这表明大量的儿童结核菌素阳性反应者是由牛型菌致敏的。尽管是估计的结果，但表明牛型菌对人的感染率在英国和丹麦是一样的，但在英国受到牛型菌影响的儿童更加低龄化，这是由于英国牛结核病的流行要严重些。

牛分支杆菌从人传染到牛群通常是直接经由空气，但也有少数的传染是经间接途径，如肾脏感染结核的患者尿液中的牛分支杆菌污染牛的垫料，通过垫料引起牛感染结核病。据1969年荷兰的流行病学调查统计，在636头结核菌素阳性牛中，有497头牛经剖检确认为牛结核病感染，其中有50个牛群的传染源是感染牛分支杆菌的人类。这50个结核病人中，24位是泌尿系统结核，其他均为肺结核，这24位泌尿系统结核患者造成牛群中259头个体（占总数41%）感染牛结核病。尽管在德国牛结核病已经得到很好的控制，鲜有牛群发生该传染病，但发病的群体，主要是由饲养人员传染而来。有一项研究调查结果显示，12位结核病患者造成16个牛群中114头牛发病，其中9位患者为生殖泌尿系统结核，最严重的一位患者造成了4个牛群中48头牛感染。

据统计，1992年从英格兰和威尔士的结核病患者分离到的分支杆菌中牛型菌大约只占了1%。1995年再统计时，每年有20～40例的牛型菌感染人，这一数目在接下来的30年持续下降。这些病例中复燃的情况很可能占大部分。由于感染牛型菌的人群数量逐年下降，从病人身上分离到牛型菌也持续下降。在加拿大安大略湖，1964—1970年间，0.5%的结核病病例源于牛型菌的感染，其中58%的病变在肺外。13个出生于加拿大安大略湖的牛型菌感染者，其中有10个可能感染于青年期。毫无疑问，出现这种趋势的原因是牛结核病防控措施的实施，不仅控制了牛群中的感染率，人群中牛型菌的感染也得到控制，可检测到的大部分感染者都来自防控措施实施之前。在发达国家，牛型菌也能从HIV患者中分离到。在牛型菌感染人的病例中，任何可能防止二次感染或者对人与人之间传播的有防御能力的宿主因素，在HIV患者中都很有可能失效。我们担忧，HIV的流行将会导致更多的牛型菌感染人的病例，并会造成牛型菌传播给其他人类和家养动物。英国东南部公共健康实验室服务中心在HIV患者中诊断了2例牛型菌感染病例，1例是在1989年，一位32岁的女性罹患肺结核；另一例是在1991年，一位49岁的男性表现出颈部淋巴结结核。每年在英国东南部都能检测到15例左右由牛分支杆菌感染的患者，并且大多数病例发生于老年人群，而这2个病例实际上只是冰山一角。关于牛型菌引起人结核相关的流行病学工作还有系统的报道：在法国的一项回溯性研究中，研究者报道称123例患有结核病的HIV阳性患者中有2例（1.6%）感染了牛分支杆菌。由于牛分支杆菌对吡嗪酰胺和异烟肼具有抗药性，因此治疗这些牛分支杆菌感染就变得非常困难，因为两种一线抗结核药物对这些病人都无效。另有报道，在巴黎的一所医院，有一株多重耐药性的牛型菌株感染了5个HIV患者。在美国加利福尼亚圣地亚哥，开展了一项超过12年（1980—1991年）的临床流行病学研究，在48名成年患者中有12名（25%）感染了牛型菌，且都是AIDS患者。在圣地亚哥的这个研究调查中，牛型菌感染率几乎占了3%的结核病病例。在非洲多个国家，结核病病例中有超过40%的HIV血清阳性率。1992年，

41个非洲国家中有33个（80%）国家出现了牛结核病。截至1995年，牛结核病已经在94个热带国家中（69%，94/136）有过报道。尽管在1995年以前非洲国家没有牛型菌感染AIDS患者的报道，但是仅根据其他国家HIV与牛型菌混合感染的报道和两种传染病在非洲国家的高感染率，我们也可以预见，牛结核病在非洲给人类健康带来的威胁是巨大的。在那些牛结核病普遍流行的国家，约10%具有临床症状的患者可能由牛型菌引起。

根据疾病的形式、地域以及暴露情况，人感染牛结核病的发生率从3%～80%不等。儿童中主要为颈部淋巴结结核，成人主要表现以肺结核或者更轻微程度的肺外结核。1931—1937年，在南英格兰的研究表明，大约有6%的肺结核是由牛型菌引起。1937年，英国报道的7 500例人结核病病例中，有10%分离到了牛型菌。1939年，估计1.4%的呼吸道结核由牛型菌引起。如果5岁以下的儿童腹部结核病是由摄入了含牛型菌的牛奶而感染的，那么从1921年的1 107例死亡急剧下降到1953年的12例死亡，显而易见是源于采用了牛奶巴氏消毒和牛结核病防控措施的实施两方面的原因。

1947年，Francis曾表明：在英国，在包含所有年龄段的结核病死亡患者中，可能有5%的患者是感染了牛型菌，其中5岁以下的儿童感染牛型菌的比例高达30%。据统计，每年有1 000～2 000结核病死亡病例是由于感染了牛型菌。大约有8%的未经过加工处理的牛奶（总量约1 3600L）中含有牛分支杆菌，而这些牛奶都被大城市的居民消费，这正是当时人牛型菌感染率高的主要原因。有效的巴氏杀菌法可以杀死牛奶中的结核杆菌从而保证了牛奶安全，使人感染牛分支杆菌的发生率大大降低。

1938年，有报道称，在英国有24.6%的脑膜炎结核病例和50%的结核性淋巴结炎病例是牛源性的。在苏格兰，1937年29.6%的脑膜炎结核病例和51.6%的淋巴结炎病例是感染了牛分支杆菌。1941年，在对北爱尔兰随机选择的72例结核病病例研究中，有14例（19.4%）是由牛分支杆菌引起的，在29例脑膜炎结核病例中，7例（24%）是牛源性的。在16例颈部淋巴结炎中，有2例（12.5%）是感染的牛分支杆菌。当时没有发现感染牛分支杆菌可引起肺结核的病例。Reilly于1950年报道了在北爱尔兰出现的牛源人结核病的病例，记录了在爱尔兰第一个确切的牛型菌感染人引起的肺结核病例。在一系列的病例描述中，有0.1%的肺结核病例、3.37%的脑膜炎病例、13.3%的颈部淋巴结炎病例、3.5%的骨和关节结核病例以及6.2%的泌尿生殖结核病例中都分离出了牛型菌。在1935年和1949年进行的调查中，分别分离培养320份和500份来自爱尔兰共和国的肺结核病例，经分离证实，这些病例都没有分离到牛型菌。在1935—1950年间的爱尔兰岛上，从肺结核病例中分离出牛型菌是如此罕见，人们对此事从未有很满意的解释，这也许更容易得出一个简单的结论，即人的肺结核病例很大程度上仍是由人型菌感染所致。

在1986—1990期间，在巴塞罗那的一家医院里确诊了10例由牛分支杆菌感染引起的结核病，病人平均年龄是32岁（从5～68岁），有5例（50%）具有肺部症状，2例（20%）患有淋巴结炎，2例（20%）患有胸腔积液，还有1例患有腹膜炎。值得注意的是，其中2例病人是兽医专业学生，他们接触到结核病牛的概率很大。在津巴布韦，巴拉瓦约国家结核病参考实验室，从462例临床样本中，鉴定出了3例（0.65%）感染牛型菌。

关于牛分支杆菌引起的结核病对拉丁美洲人民公共卫生的影响，这方面的流行病学信息非常少，主要原因是当地人结核病的细菌学诊断一般局限于痰涂片检查。即使培养，由于L–J培养基中含有甘油，使牛型菌很难生长，但它是当地唯一可用的培养基。在拉丁美洲的一些国家，由于牛奶需要常规煮沸，人感染牛型菌的发病率一直较低。但是，在一些牛结核病流行严重的地区，由牛型菌引起的肺结核和肺外结核仍然是一个令人担忧的问题。

在秘鲁，对来自人肺结核的853个菌株进行鉴定，其中有38株（4.45%）为牛分支杆菌。在阿根廷，牛结核病患病率相对较高，与人结核病诊断的趋势相一致，都是用可靠的细菌学诊断，由人感染牛型菌引发结核病的百分比为0.4%～6.2%，并且大部分感染牛型菌的病人是屠宰场或来自于农村的工人。1982—1984年，在阿根廷进行了一次全国范围的细菌学调查，对7 700位肺结核病人的痰样本进行了检测，这些病人中有49例（0.6%）样本鉴定为牛型菌，由牛型菌感染的百分比为0～1.9%。1984—1989年间，在圣达菲省，2.4%～6.2%的人结核病病例是由牛分支杆菌引起的，并且64%的结核病病人是屠宰场或来自于农村的工人。在阿根廷和巴西，分别有5 100万和13 700万头牛，可能有约350万头牛结核病感染。在拉丁美洲和加勒比海地区，大约有牛30 000万头。

在拉丁美洲国家中，只有古巴和委内瑞拉实施了牛结核病防控计划。人们发现，南美的大城市周围的牛奶产区是结核病感染高发区。关于澳大利亚屠宰场工人肺部感染牛型菌的报道，强调了气溶胶的传播途径使得结核病成为一种有潜在威胁的职业病。从1953—1981年间，在昆士兰共有87例由牛型菌感染的病例（74例男性，13例女性）。诊断的患者年龄跨度从17～89岁不等，其中大部分超过了40岁（82%）。牛型菌引起的肺结核为67例（77%），其中20例有肺外结核，12例（60%）同时具有肺内结核。16例患者并没有与牛有直接接触的记录，或与感染了结核病的病牛有接触过的情形。13例病人喝过没有经过巴氏消毒的牛奶且1例病人曾与感染了牛型菌的病人有过接触。57例患者有过显著的工作相关和饲养相关的暴露情况，尤其是其中40个病人是肉品工人。1组患者包括患者本人、妻子、儿子和外甥，全部受雇于肉品企业。家庭内发生的牛型菌传播是可能的，但无法证实。一个可信的例子是一个44岁的患者有过与42岁患有空洞性肺结核患者的接触历史，且在孩童时期有过摄入未经过巴氏消毒牛奶的历史。在南澳大利亚的另外一个报道中，2年内有5例患者感染了牛型菌引起的结核病，这5个患者曾受雇于屠宰场（尽管是4个不同的屠宰场），4个患者有肺结核和胸膜结核。

综上所述，牛的结核病在对屠宰场工人而言是职业病，且气溶胶传播是人类感染的一个重要机制。由此可见，屠宰场工人应配备针对结核病的防护措施。

1987年，Collins和Grange两人列出了与牛分支杆菌感染有关的人兽共患传染病的一些现象：① 结核病在牛之间的传播最主要是通过空气传播，那些与牛在一起劳作的人们更有可能引发肺部疾病，而不是消化道疾病；② 人因牛型菌感染引起的结核病的发病率明显降低可能是漏报的结果，因为很少有临床试验能区分牛型菌和人型菌；③ 有文献报道称，牛分支杆菌可进行人–人传播，也可人–牛传播，并且人是潜在的贮存器，也是牛型菌的来源。尽管牛型菌具有从人传染到人的可能性，大部分观点仍然认为非常罕见。

以上这些报道都是基于传统的流行病学研究手段，大部分数据仅来源于皮试反应和分离菌株的培养特性的结果。随着分子流行病学方法的诞生，流调工作的开展更加细致，开始涌现出一些与早期报道不太一致的流调结果。以埃塞俄比亚的流行病学调查为例，它是世界上结核病发病率最高的国家之一，每年每10万人中新增261例结核病。同时，它也是非洲国家中拥有家畜数量最多的国家，共养殖约5 100万头牛。由于养殖牛数量之大，加上牛结核病流行情况不容乐观，使得人们担心牛结核病对人类健康产生较大的威胁，于是有研究开展了流行病学调查分析工作，认为牛结核病在人群中确有流行，其流行率为1%～10%。在2013年一项研究中，通过分子分型技术调查人结核中牛分支杆菌的比例，并对结核分支杆菌复合群在埃塞俄比亚流行的整体情况作一概述，最终评估牛结核病在该国对公共卫生的风险：研究中共分离到964株分支杆菌，其中大部分有完整的RD9区，可确认为结核分支杆菌；其中仅有4株缺失了RD9和RD4，为牛分支杆菌；另有10株分离株为非结核分支杆菌，除去与结核分支杆菌混合感染的2株，剩余8株为引起人结核病的非结核分支杆菌。该研究得出的人感染牛分支杆菌的比例为0.4%，这与在非洲、美洲中部和南部的两项研究的流行病学调查结果相似（比例在0.34%～1%）。这几项调查研究都采用了最新的分子分型技术，数据较为精准可靠，其调查结果算出的比例比以往局限于某些小范围地区开展的调查算出的比例小很多。例如，在坦桑尼亚北部和南部的几个田园区进行的一项流调工作（报道A），比例为16%（样本数量149，仅从培养特性和生化反应特征去鉴别的），埃塞俄比亚南部为17%（报道B）（用两轮种特异性PCR鉴定包括169位点的等位基因和JB21–JB22引物对，但样本数量少，仅35个，统计学意义不大）；墨西哥为28%（报道C）（样本数量为124，但仅用一个基因*oxy R*的引物进行PCR加以区分）。以上这些研究结果之所以相差较大，不仅是因为它们选定的地域范围的大小，当样本来源的范围过于局限时，样本量太少，则反映不出整体的流行趋势，例如，报道B的样本仅35个。此外，采用的流调方法也对结果的精准性有很大影响，如报道A中仅从培养特性和生化反应特征对牛分支杆菌和结核分支杆菌菌株进行鉴别，而报道C中仅用一个*oxyR*基因的引物进行PCR鉴别两个种，其结果很难保证准确性。

综上，可以推测2013年就埃塞俄比亚全国范围开展的流调获得的数据，无论从地域范围、样本数量，或是研究方法上，获得的数据都更有说服力。随着分子流行病学的进步和高通量测序技术的快速发展，流行病学的工作更加系统，准确性也更高。越来越多的研究结果暗示牛结核病对人类结核病的影响比以往估计的要小，即便在牛结核病高发地区，从分离到的牛型菌菌株数量来判断，牛结核病也不是人类结核病发病率居高不下的最主要原因。

2013年，有一项研究综合了与牛结核病感染人类相关的几乎所有文献，对不同地区人兽共患结核病的情况进行了综合分析。这项研究统计了从20世纪90年代至今的20多年间相关的调查报道，详细评估了全球范围内的牛分支杆菌或山羊分支杆菌感染引发的动物源性的人结核病情况。除去没有相关调查的一些地区，来自61个国家的数据表明了全球的人兽共患结核病发病率较低：除非洲以外地区，动物源性结核病的平均百分比小于1.4%；在非洲地区，动物源性结核病在人结核病中所占比例略高，为2.8%。

结核病是全球性的最具毁灭性的人类传染病之一。根据2014年结核病报告，估计每年有960万新增病例，死亡病例达150万人。人的结核病主要由结核分支杆菌引起。牛的结核病主要病原为牛分支杆菌，其次是山羊分支杆菌。然而，这些病原在动物之间的传播主要是通过与被感染的牛有过亲密接触，或是消费了污染的动物产品，如未经过高温消毒的牛奶。尽管其他动物宿主（或野生动物）来源的其他种类的分支杆菌引发的人结核病也有报道，但世界上大多数的动物源性人结核病是由牛型菌引起的，牛是主要的宿主。有证据表明，在将常规的牛奶巴氏消毒法引入之前，动物源性结核病在全部的结核病病例中占有较高的比例。目前，在发达国家，大部分地区的牛结核病都得到了很好的控制或根除，动物的结核病已很少见了。然而，结核病的野生动物宿主依然存在，甚至导致在这些国家的牛结核病的发病率还有所增加，尤其在英国。其他地方的情况有着根本的不同。例如，在非洲的大部分国家，牛结核病是普遍存在的，他们缺乏有效的疾病控制措施，包括常规的牛奶巴氏消毒，对屠宰场牛体进行检查等。当出现多种其他风险因素，如HIV传染病的普遍流行时，情况会更加恶化。在HIV阳性人群中，由牛型菌感染引起的结核病比例比HIV阴性人群高。

要评估动物源性结核病在全球范围的影响是一项艰巨的任务，因为没有直接简单的方法可以区分结核病是由人型菌还是牛型菌引起的，这需要对分支杆菌进行培养，然后从生物化学和分子水平上（基因分型等）进行分析。在大部分发展中国家，鉴定结核病病原的工具很匮乏。15年前有一篇关于动物结核病的综述，其分析主要是基于风险因素的存在，而不是基于实际病例的调查统计。从那以后，全世界的不同地区就有多篇关于动物源性结核病的研究报道。2013年，由世界卫生组织委托食源性疾病流行病学参考小组负责，在以前公布数据的基础上，整体分析了全球动物源性结核病的发生率及其占整个结核病的比例。其引用的数据来源涵盖了6个WHO区域中的5 个，即非洲、美洲、欧洲、东地中海和西太平洋。在东南亚没有获得任何数据。除欧洲外，代表区域中仅有少数几个国家有可用数据。在地中海东部和西太平洋地区，只有2～3个国家有可用数据。总体而言，数据并不全面，这在一定程度上降低了全球性评估结果的可靠性。但是到目前为止，这已是最新、最综合的统计结果了。

（一）非洲地区

来源于非洲的所有研究中，平均2.8%（范围为0～37.7%）结核病例是由牛型菌引起的（图 3-2）。研究中覆盖的非洲13个国家中，有10个国家由牛分支杆菌引起的人结核病平均比例低于3.5%，而且这些国家中有5个国家没有发现病例（图3-3）。相反，埃塞俄比亚、尼日利亚和坦桑尼亚由牛分支杆菌引起的平均比例分别为17.0%（范围：16.7%～31.4%），15.4%和26.1%（范围10.8%～37.7%）。在坦桑尼亚和埃塞俄比亚，大约有30%的病例由4个区域的基础研究所报道。然而，许多研究样本太小，从而导致统计误差过高。

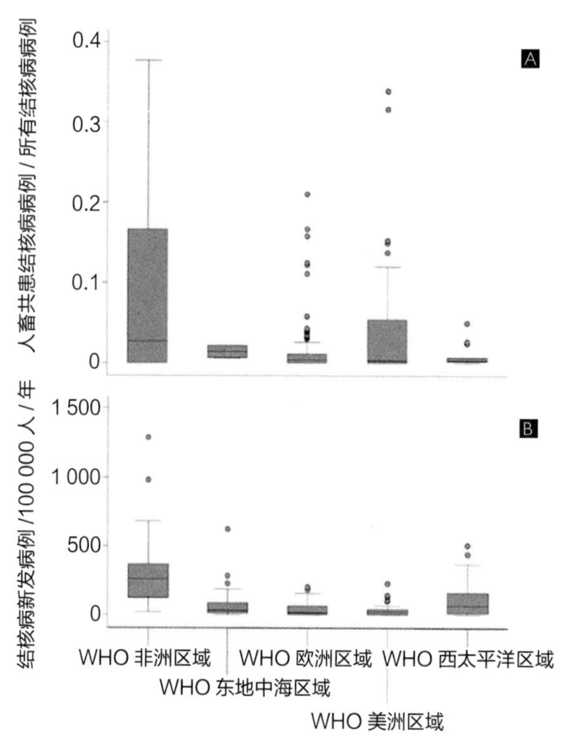

图 3-2 所有结核病病例中动物源性结核病所占的比例

A．评估整个结核病发病率 B．世界卫生组划分的区域

2010 年评估的世界卫生组织范围内地区的整体结核病发病率，评估覆盖了各自地区的所有国家。灰色框上界代表 75% 发生率，下界代表 25%，灰色框内水平线表示中值百分比。须状物代表上下邻近值，圆圈代表异常值。（数据引自世界卫生组织 WHO，2011）。

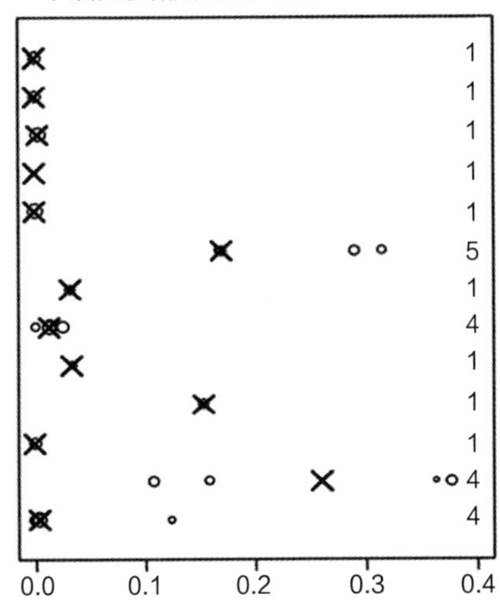

图 3-3　非洲不同国家的动物源性结核病占所有结核病病例的百分比

X 轴数值表示动物源性结核病占所有结核病病例的百分比。每个圆圈表示一个研究，圆圈直径表示分离试验数目成比例的 $\log_{10}$ 值。灰色的菱形表示测试样品的数目还没有报道或可以从其他可获得的数据进行推断。X 表示所有研究的中值百分比。右侧的数字代表给出国家的研究数目。（数据引自世界卫生组织 WHO，2011）。

（二）美洲地区

所有的报道汇总后，得出牛型菌感染而引发人结核病的平均感染率为0.3%（从0～33.9%）。对于大部分国家而言，牛型菌感染的病例占整个结核病的比例微不足道（图3-2）。相反，在一些特别的地区（如墨西哥和美国），报道的比例很高（图3-4）。在墨西哥，牛型菌感染所占的平均百分比为7.6%（从0～31.6%），在3个独立的研究中比例都超过了10%。但从全国范围看，墨西哥整体的结核病发病率还是相对较低的，每年16/100 000。在美国，由牛型菌感染所引起的结核病与西班牙社区有很高的相关性，这些人主要来自于墨西哥（图3-4）。有一篇包含有来自美国41个洲的研究数据表明，大约有90%的结核病病例是由牛型菌感染引起的（多数是西班牙裔）。这种相关性背后的原因是，这些人食用了墨西哥生产的未经过消毒的、污染的奶酪制品。此外，当使用多元逻辑回归分析时，在美国的一些研究显示。由牛型菌感染引起的结核病病例具有独立相关性，这些病例包含儿童、HIV合并感染和肺外感染结核病。在圣地亚哥和加利福尼亚地区的调查显示，由牛型菌感染引起结核病的比例有所升高，而由人型菌感染引起的结核病比例有所下降。在此种情形下，由牛型菌感染结核病的病死率（在治疗期间致死）是感染人型菌病人的两倍。在圣地亚哥地区，1994—2003年间和2001—2005年间，牛型菌感染引起的死亡分别有25例、19例，占所有结核病死亡总数的27%、17%，死亡率约为每年0.1/100 000。与感染结核人型菌相比，感染牛型菌呈现出更高的病死率，究其原因现在尚无定论，可能的解释是卫生医疗条件的差异或治疗上的差异引起的。然而，在美国，人兽共患结核病整体上来说发病率是不高的，平均比例为每年0.7/100 000。尽管在美国人兽共患结核病的影响较小，但根据现有数据，我们需警惕的是，牛分支杆菌的感染在特定的人群或特定的环境会引发大量的结核病患者死亡。

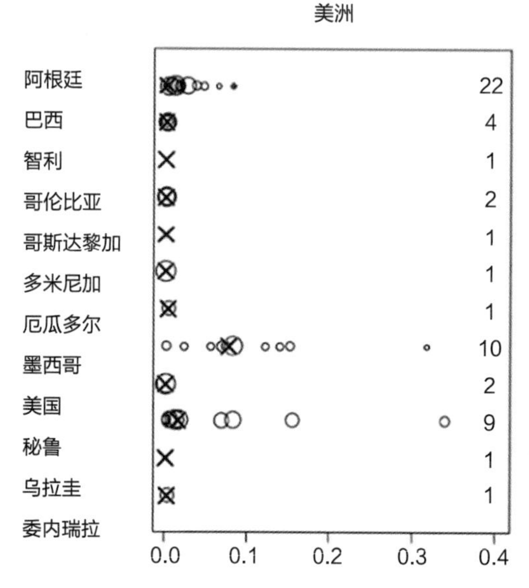

图 3-4 美洲不同国家的动物源性结核病占所有人结核病病例的百分比

X 轴数值表示动物源性结核病占所有结核病病例的百分比。每个圆圈表示一个研究，圆圈直径表示分离试验数目成比例的 $\log_{10}$ 值。灰色的菱形表示测试样品的数目还没有报道或可以从其他可获得的数据进行推断。X 表示所有研究的中值百分比。右侧的数字代表的是给出国家的研究数目。（数据引自世界卫生组织 WHO，2011）。

（三）欧洲地区

来自于奥地利、德国、希腊、西班牙的流行病学研究发现，除了牛型菌之外，山羊分支杆菌也是引发动物结核病的病原。综合所有结核病病例的细菌学鉴定报告显示，牛分支杆菌或山羊分支杆菌的平均感染率为0.4%（从0～21.1%）。尽管有些特定的群体或环境出现过较高的感染率，仍有个别国家的平均感染率从未超过2.3%（图3-5）。在一些人结核病发病率非常低的地区（全国范围内每年少于20例），有5份研究报告，其中由牛型菌引起的比例超过10%。西班牙的一篇报道，研究了多重耐药的牛型菌菌株传播特征，这些菌株引起了2个医院的结核病爆发，占多重耐药结核病分离株的12.2%。来自于欧洲国家的一份研究报告指出，由牛型菌和山羊分支杆菌感染而引起的结核病发病率小于每年1/100 000，这种情况不包括在西班牙的多重耐药牛型菌感染的病例。综合分析这些统计数据，我们可以发现，随着时间的推移，牛源性人结核病的病例数目有下降的趋势。

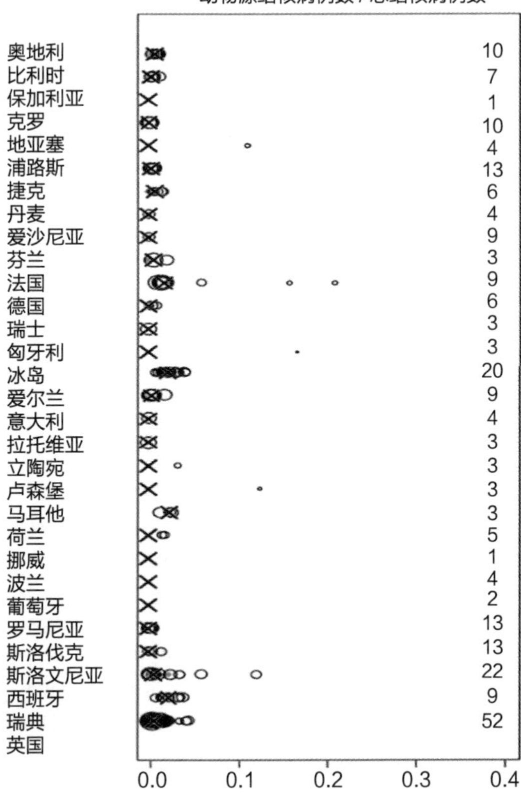

图 3-5 欧洲不同国家的动物源性结核病占所有结核病病例的百分比

X 轴数值表示动物源性结核病占所有结核病病例的百分比。每个圆圈表示一个研究，圆圈直径表示分离试验数目成比例的 $\log_{10}$ 值。灰色的菱形表示测试样品的数目还没有报道或可以从其他可获得的数据进行推断。X 表示所有研究的中值百分比。右侧的数字代表的是给出国家的研究数目。（数据引自世界卫生组织 WHO，2011）。

（四）地中海东部地区

一份来自于埃及苏伊士运河地区的研究报告显示，由牛型菌引起的肺结核病的比例为2.2%（0.1%～11.8%）。在吉布提的一份全国性研究结果中指出，由牛型菌感染引起的结核性淋巴结炎的平均比例为0.6%（0～3.5%）。地中海东部地区的动物源性结核病占总的人结核病病例的百分比如图3－6A所示。

（五）西太平洋地区

西太平洋地区的研究数据是来自于澳大利亚、新西兰和中国的一部分。这些地区中，在所有分析的结核病病例中，牛分支杆菌感染的平均比例分别是0.2%（0.1%～0.7%）、2.7%（2.4%～5%）、0.2%（0～0.5%）。这暗示了动物源性结核病对这些地区人类健康的影响较小。在澳大利亚和新西兰，每年100 000个病例中，由牛分支杆菌引起的平均病例数分别为0.03（0.00～0.06）和0.16（0.11～0.27）。虽然这几个地区的动物源性人结核病的发病率都比较低，但与澳大利亚相比，新西兰显示更高的百分比和总体发病率（图3－6B）。而由牛分支杆菌感染引起的结核病的比例在新西兰有稳定的升高，而在澳大利亚是下降的趋势。总之，根据以上这些数据，我们可以了解到，经常发生的动物源性的结核病传播，似乎只存在于特定的人群中，动物源性结核病对人的影响很小。为了鉴定出这些地区影响传播的主要因素，仍然需要更多的研究。

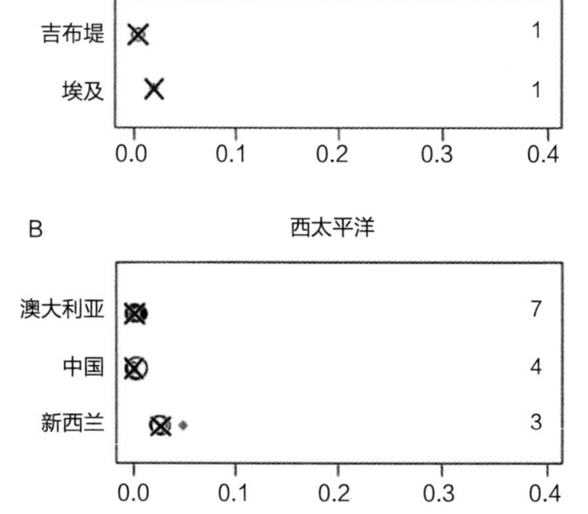

图3-6 不同国家的动物源性结核病占所有结核病病例的百分比

A. 地中海东部 B. 西太平洋

X轴数值表示动物源性结核病占所有结核病病例的百分比。每个圆圈表示一个研究，圆圈直径表示分离试验数目成比例的 $\log_{10}$ 值。灰色的菱形表示测试样品的数目还没有报道或可以从其他可获得的数据进行推断。X表示所有研究的中值百分比。右侧的数字代表的是给出国家的研究数目。（数据引自世界卫生组织WHO，2011）。

二、牛感染人结核分支杆菌

一般认为，人结核分支杆菌流行病学的重要性仅局限于人类和圈养的灵长类动物，其他动物即便偶有感染，也是终末宿主，一般不会再成为传染源。尽管人结核分支杆菌能感染牛，但目前报道的病例中，其组织病变小，且没有造成群体内的广泛传播。此外，人结核分支杆菌从牛到牛或从牛到人的传播途径，也没有过系统的研究报道。因为认为结核分支杆菌对牛无致病作用，结核分支杆菌发明者科赫曾考虑使用结核分支杆菌免疫牛群，但免疫后的牛能通过牛奶排菌，反而会成为人结核的潜在传染源，该免疫策略因此被否定。

在流行病学调查中，仅通过皮试反应分析的人或动物的感染情况，难以保证结果的准确性。随着分子流行病学技术的逐步精细化，很多研究发现牛感染结核分支杆菌的情况并非早期报道的那么微不足道。

2013年有一篇关于人结核在人和牛间传播的最新研究报道，选择了埃塞俄比亚共养殖

2 033头牛的287个养殖场（其中146个家庭有肺结核病人，141个没有病人）作为研究对象，将比较皮试反应和细菌学技术（致病菌株的分离和鉴定）相结合，分析人结核病在牛和人之间的跨种传播情况。皮试反应的结果显示，有结核病患者的养殖场阳性率（包括群阳性率和个体阳性率）明显高于无结核病患者的养殖场。从患有结核病的人中共分离到141株人结核分支杆菌，没有牛分支杆菌。从皮试阳性反应牛中仅分离到16株分支杆菌，其中仅5株属于结核分支杆菌复合群的成员，这5株中3株是牛分支杆菌，2株为人结核分支杆菌。对病牛剖检的病理变化进行评分，发现感染牛分支杆菌、非结核分支杆菌和人结核分支杆菌的牛平均得分分别为5.5、2.1和0.5。这一研究从三个层面剖析了牛分支杆菌和人结核分支杆菌的跨种传播：一是个体是否接触到病原（皮试反应），二是接触到的病原是否能在体内定殖（菌株分离），三是体内病原的致病力大小（病理评价）。这三个层面的立体阐述使我们对一直以来饱受争议的论题有了较为清晰的理解：引起人肺结核的病原主要是结核分支杆菌，由牛分支杆菌带来的风险很低（至少在这一系统的研究中表现为零）；结核分支杆菌能在牛体内定殖，使其致敏，但引起的临床症状很轻；相比结核分支杆菌，牛群对非结核分支杆菌的感染风险更高，表现为感染的概率更高和病理变化更大。

然而，以上病理评分结果并不能否定人结核分支杆菌对牛的致病性，临床上两种菌对牛的感染时间与病程未知，不能做严格比较，因此关于结核分支杆菌对牛的致病性的争论还未结束。但是结核分支杆菌能在牛体内定殖已达成共识。鉴于结核分支杆菌对人的高致病性，牛同时感染牛分支杆菌和结核分支杆菌的现实，给人结核防控带来了更大的挑战。

第五节　牛结核病分子流行病学

兽医流行病学是研究动物群体疾病的分布、疾病的病因及风险因素、评估治疗方法和预防措施效果的科学，只有基于兽医流行病学的研究结果，才能科学地制订预防、控制和消灭动物疾病的对策和措施，因而它是公共卫生和现代兽医学的基石，也是兽医学的一个重要分支学科。分子流行病学将分子生物学与兽医流行病学结合起来，使兽医流行病学研究更加科学、准确与灵敏。

一、流行病学及分子流行病学

传统兽医流行病学研究方法包括观察法和试验法。观察法涉及描述性研究和分析性研究：描述性研究指通过调查，了解疾病在时间、空间和动物群体间的分布情况，对于人兽共患传染病，还包括人群间的分布；分析性研究指通过观察，对可能的疾病相关因素进行检验。试验法是将研究对象分组后，实施不同的干预措施，在经过一段时间的观察和统计学方法比较各组试验结果的差异后，评估干预措施的效果。

通过流行病学调查对实施的防控策略进行评估和纠正的一个著名范例是英国在牛结核病根除计划中开展的獾扑杀试验。1998年，针对当地牛结核病的野生宿主-獾，英国开始推行獾的随机扑杀试验（randomised badger culling trial，RBCT）对策，因无法预测该项措施的效应。在没有成功经验可以借鉴的情况下，尝试了三种策略，以比较各自产生的不同效果，其本质是一个大规模的现场流行病学试验。三种策略分别是：不扑杀；随机捕捉后检测，宰杀结核病阳性个体（反应性剔除）；随机捕捉并扑杀试验范围内的个体（积极剔除）。在扑杀过程中持续监测家牛结核病流行情况，根据流调数据发现，反应性剔除的策略反而提高了家牛被传染的概率，因而没有按预定期限继续实施下去，而是被提前终止；另一方面，积极剔除策略因显示出一定成效而持续开展，实施5年后，相应试验区内家牛结核病的发病率下降了23%。英国执行了多年的獾扑杀计划，虽然杀了数万只獾，但对控制牛结核病流行的效果甚微。此后，獾扑杀计划的科学性与合理性受到了质疑。2010年，英国批准用BCG作为獾结核控制疫苗，随后进行了为期4年的临床野外研究，在局部地区进行獾BCG免疫试点与免疫效果评价，证实BCG免疫可减少獾传染结核病的风险以及减轻结核病的严重程度。因此，英国政府拟推广獾BCG免疫计划。

相对于传统流行病学研究，分子流行病学是应用分子生物学技术，从分子或基因水平阐明疾病的病因及其相关的传播或流行规律，并研究疾病的防治策略和措施的科学。分子流行病学的产生源于传统流行病学遇到的难题。随着疾病种类的增多，动物饲养规模和饲养密度的剧增及交易的日益频繁，疾病尤其是传染病流行的模式越来越复杂，传统兽医流行病学的研究方法已不能或很难阐明其病因或追溯源头，更难从宿主的角度研究个体之间的发病差异，因此从分子或基因水平发现疾病分布规律的分子流行病学便应运而生。传统的流行病学对于不同疾病的研究方法不存在非常大的差异，分子流行病学则不同，由于病原各自独有的特征，分子流行病学运用于不同病原时，有着各自独特的分子标志和代表性方法。

由于结核分支杆菌复合群成员属胞内寄生菌，在体内以诱导细胞免疫为主，且各成员间无血清型分类依据，因此从分子及基因水平进行分型是结核分支杆菌复合群流行病学研究的基本工具，用其可对疾病的爆发和流行进行有效的溯源分析。

一个理想的分型技术最重要的特点是对于同一株菌，其结果相当稳定，而在同一种内的不同菌株间，却呈现明显的多样性。最早通过DNA序列来鉴别牛分支杆菌可追溯至1985年。科林斯和莱斯利提取了牛分支杆菌的基因组DNA，经限制性内切酶消化后，通过琼脂糖凝胶电泳分离，结果显示出特征性的DNA条带谱型。自结核分支杆菌和牛分支杆菌基因组中的插入序列被鉴定后，1990年发展出限制性片段长度多态性分析（restriction fragment length polymorphism，RFLP）方法用于分支杆菌的分型研究，且该法一直沿用至今。

随着这两种重要的致病性分支杆菌基因组序列的解析，高通量分子分型技术应运而生，使得对流行病学、种系进化及病原亚群构成方面的了解都更加深入。分支杆菌基因组中的一些特异性序列，如多形性GC重复序列、正向重复序列（direct repeats，DR）以及可变数串联重复序列（variable number of tandem repeats，VNTR）相继被发现，并都被用作分子分型的依据。Spoligotyping和MIRU–VNTR法是基于以上重复序列和PCR技术的分型法。各种基因分型方法的特征已于前述，都有其优缺点（表3–3）。这些工具不仅能帮助我们确定疾病传播的源头，在发生于不同时间或地点的疾病爆发流行之间寻找到因果联系，还能帮助我们鉴定出牛结核病的野生宿主。此外，通过分子分型，我们还能跟踪病原体的遗传进化和疾病的动态发展，借以对疾病传播的风险进行了解和预警。

表 3–3　牛分支杆菌的分子分型方法比较

方法	优点	缺点
IS6110-RFLP	不同菌株之间 *IS6110* 的拷贝数和在基因组中位置不一样，近期发生在同一传播链的分离株呈现相同谱型，不同传播链的分离菌株谱型不同	需要大量的 DNA（1 ~ 2μg），试验对操作技能的要求高；操作费时；当 *IS6110* 的拷贝数小于 6 个时，对菌株区分能力很小，而大部分牛分支杆菌只有 1 ~ 2 个拷贝；结果的重复性较差，不同实验室之间结果横向比较比较困难
PGRS	对于基因组中 *IS6110* 拷贝数小于 6 个的菌株有很强的区分能力；比 *IS6110* 的多态性高，比 *IS6110*-RFLP 方法稳定，结果 100% 可重复	需要大量高纯度 DNA，试验对操作技能的要求高；PGRS 拷贝数越高，该方法的分辨能力越差；条带多，谱型复杂，分析时难度大，因此难以得到广泛应用

（续）

方法	优点	缺点
Spoligotyping	方便快捷，省时省力节省经费，能区分人结核分支杆菌和牛分支杆菌；与VNTR相似，用简单的数码形式呈现结果，方便不同实验室的结果进行比较，且能直接用病理样品进行操作，无需分菌和培养	区分能力比*IS6110*-RFLP差
VNTR	高分辨力，操作快捷；可直接用临床样品进行分型，无需分菌和培养，结果能用简单的数码形式呈现，方便不同实验室比较，100%的可重复性	区分能力比*IS6110*-RFLP和Spoligotyping差；带荧光标记的方法成本高

要有效地应用牛分支杆菌的分子分型方法，需要从结核病的监测和防控项目去考虑各个方法的优势和劣势，这些方法的应用毫无疑问地帮助检测样品之间的流行病学联系，便于更系统地了解牛结核病传播的动态变化为疾病的防控提供真正有价值的依据。事实上，不同地域的流行菌株在长期的进化过程中，在遗传学上形成了自己的特点。因而，不同地区在进行分子流行病学分析时，应该选择适用于自己区域的方法进行优势组合，才能最大程度地发挥出这些检测方法的价值。

在基因分型所用分子标记的选择上，多态性和稳定性是必须同时考虑和加以权衡的两个重要因素。

（一）多态性

1. 同一分子标记在不同亚种间的差异　就同一分子标记IS6110而言，在分支杆菌不同亚种间的多态性是存在差异的，结核分支杆菌中IS的拷贝数相对较多，多达25个，大部分分离株中最少也有6个拷贝。因此基于IS6110序列的分型方法，对人结核分支杆菌分离株的区分能力强。绝大多数牛分支杆菌含有的IS6110拷贝数很少，一般只有一个；很少的菌株中也出现过8个拷贝数。因此，RFLP-IS6110的分子分型方法基本上只应用于结核分支杆菌的分子流行病学调查中。

2. 同一亚种内不同分子标记的比较　对大多数牛分支杆菌而言，除了分离自某些特定动物如山羊中的分离株，从拷贝数来看，PGRS比DR区呈现更高的多态性，而DR区又比IS6110更具多态性。值得一提的是VNTR是牛分支杆菌最有价值的分子标记，因其多态性呈现出多个层次。第一层次多态性体现在某个给定VNTR序列变异的数量上，例如，在12个常用的MIRU位点中，每个位点都有2～8个等位基因序列；第二层次的多态性体现在不同VNTR位点的组合上，例如，24个VNTR位点中，不同分离株携带的位点组合不同。两个层次的多态性相叠加，通常仅需6个MIRU位点，对牛分支杆菌的分辨率即可达到90%以上，而24个VNTR位点的分辨率定义为100%。

3. 宿主种类的影响　前面提到，IS6110序列拷贝数在牛分支杆菌中一般都很少，但野生动物或西班牙的山羊和牛体内分离到的菌株属例外，其IS的拷贝数较高。这说明，某些分子标记的分布可能会在某些特定的宿主物种来源的菌株中呈现另类特征。

4. 不同地理位置的影响　在某些生态环境较为封闭的地区或国家，如岛屿上，尤其在流行率高的地区，分离株的多态性水平很低，说明主要流行株来源于同一个克隆。

5. 不同分子标记的组合　毫无疑问，在进化上存在无连锁效应的不同分子标记。我们组合使用分子标记的数目越多，不同分离株之间呈现的多态性水平就越高。VNTR位点的选择组合就是一个很好的例子。

（二）稳定性

尽管用于分子分型的标记均来自于物种的变异和进化，但在一段特定的历史时期内，这些分子标记应该是相对稳定的。唯有如此，分型结果才能标准化，研究结果才可在不同实验室、不同时间段之间横向比较。在实践中，在含有5个或5个以下拷贝数的菌株中，IS6110稳定性是不错的，这是在绝大多数牛分支杆菌菌株中存在的情况。但在结核分支杆菌中，拷贝数在5个以上，RFLP指纹图谱的半衰期则只有9年。由于IS6110序列拷贝数目与其稳定性之间的联系并非线性关系，且较为复杂，因此相对于其他分子标记，它的稳定性只能排在最后。

无论是在牛分支杆菌还是结核分支杆菌中，DR的稳定性都比IS6110高。尽管对PGRS和VNTR的研究没有那么深入系统，但也有文献支持该普遍持有的观点，即这两种分子标记的稳定性均高于IS6110。

综上，随着分子分型技术的发展，单一方法的运用始终是有局限性的，因此根据研究目的的不同，选择Spoligotyping、VNTR、RFLP－IS6110或RFLP－PGRS中两种或多种方法综合运用，无疑会获得更准确、更全面的数据。但是无论是对于牛分支杆菌，还是结核分支杆菌，Spoligotyping技术都是首选的分型技术。简便快捷当然是其最大优势，此外，开放的网络数据库使得分型结果易于标准化，给数据的综合分析又带来了便利。在需要精细化数据的情况下，VNTR分型方法则是对Spoligotyping技术最好的补充。

二、人结核病分子流行病学

在进行大范围的流行病学调查时，分子分型技术最重要的一个应用是鉴定一个国家或地区的优势基因型。

2010年，在全国开展的人结核分子流行病学调查中，综合分析了分离自13个省份的结核分支杆菌菌株，描绘了人结核病在中国的流行规律。总共2 346株分离株的分离地如图3－7所示。

根据Spoligotyping分型的结果，分离菌株共鉴定出278个基因型，被划分为85个簇，流行最广的10个谱系都能在SpolDB4.0数据库中比对到，所占比例如表3－4所示。其中，T1家族菌株在中国流行最为广泛，流行率为68.24%；其次是T53，占4.5%。T1家族隶属于北京家族，不难发现中国流行的结核分支杆菌最大优势谱系为北京家族，占分离菌株总数的74.08%，其次是T家族，为14.11%，两个谱系囊括了分离株总数的近90%。北京家族是指在遗传学上亲缘关系非常接近的结核分支杆菌菌株，它们具有独特的Spoligo谱型。自1995年首次在北京地区分离株中确认此基因型后，在世界各国都鉴定出过该家族成员。北京家族菌株在不同省份流行率从54.50%～92.59%不等（表3－5），离北京越近的地区该家族流行率越高，如此分布规律支持了“该家族起源于北京地区”这一推测。北京家族菌株在全球都有流行，尤其是在位于中国周边的国家如泰国、韩国、蒙古和越南等国，北京家族都是主要流行株。

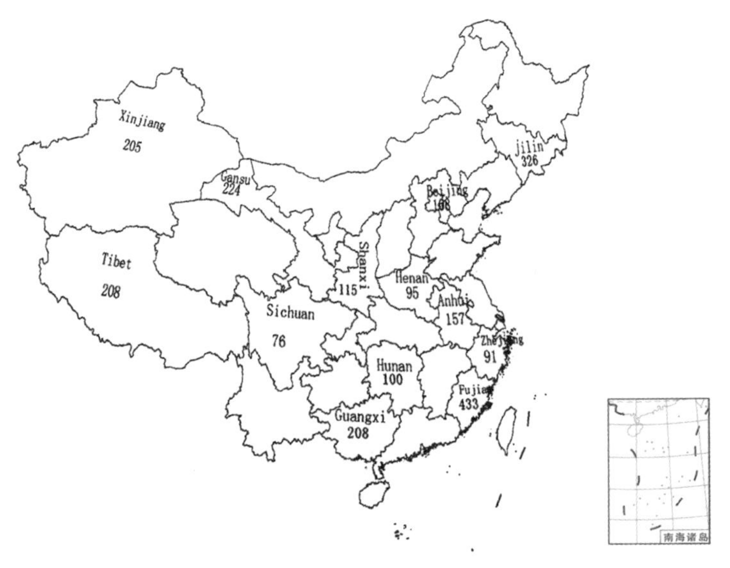

图3-7　涉及的2346株结核分支杆菌分离地示意图，数字表示菌株数量

（引自董海燕，2011）

表 3-4 中国 10 个流行最广的分支杆菌对应 Spoligo 谱型、在 SpolDB4.0 库中 SIT 编号及所占比例

Spoligotype description binary	SIT[a]	SpolDB4 ID[b]	No.[c]	Prevalence[d]
□□□□□□□□□□□□□□□□□□□□□□□□□□□□□□□□□□■■■■■■■■■	1	BEIJING	1,605	68.24
■■■■■■■■■■■■■■■■■■■■■■■■■■■■■■■■□□□□■■■■■■■	53	T1	106	4.50
□□□□□□□□□□□□□□□□□□□□□□□□□□□□□□□□□□■■■■■□■■■	190	BEIJING	41	1.74
■■■■■■■■■■■■■■■■■■■■■■■■■■■■■■■■□□□□■■■□■■■	52	T2	36	1.53
■■■■■■■■■■■■■■■■■■■■■■■■■■■■■■□■□□□□■■■■■■■	50	H3	34	1.44
■■■■■■■■■■■■■■■■■■■■■■■■■■■■■■■■□□■■■■■■■■■	54	MANU2	29	1.23
■■■■■■■■■■■□■■■■■■■■■■■■■■■■■■■■□□□□■■■■■■■	37	T3	11	0.47
■■■■■■■■■■■■■■■■■■■■■■■■□□□□□□□■□□□□■■■■■■■	742	H3	11	0.47
□□□□□□□□□□□□□□□□□□□□□□□□□□□□□□□□□□■■□■■■■■■	265	BEIJING	11	0.47
□■■■■■■■■■■■■■■■■■■■■■■■■■■■□□□■□□□□■■■■■■■	127	H4	9	0.38

注：a. SIT：SpolDB4.0. 库中的家族编号；b. SpolDB4.0 库中家族名称；c. 共享 SIT 型的菌株数目；d. 不同谱系在总研究菌株中所占比例（流行率）。 引自董海燕，2011。

表 3-5 北京家族菌株在中国 13 个省份的流行分布情况

分离地	分离株数目	北京家族菌株数（流行率 %）	非北京家族菌株数（流行率 %）
北京	108	100（92.59）	8（7.41）
西藏	208	188（90.38）	20（9.62）
吉林	326	293（89.88）	33（10.12）
甘肃	224	196（87.50）	28（12.50）
安徽	157	134（85.35）	23（14.65）
河南	95	76（80.00）	19（20.00）
山西	115	92（80.00）	23（20.00）
新疆	205	139（67.80）	66（32.20）
湖南	100	66（66.00）	34（34.00）
浙江	91	59（64.84）	32（35.16）
四川	76	44（57.89）	32（42.11）
广西	208	115（55.29）	93（44.71）
福建	433	236（54.50）	197（46.50）
合计	2 346	1 738（74.08）	608（25.92）

注：引自董海燕，2011。

事实上，北京家族的菌株不仅在中国流行率高，就全世界范围而言，它也是整体流行率最高的谱系。21世纪初，巴斯德研究所曾统计了全球多个国家关于结核分支杆菌的Spoligo分型数据，汇总分析发现北京家族谱系占所有分析菌株的14%，其次为T53，占6.6%。在美国流行最广的也是北京家族，占全国总数的14.4%，其次是T137型，包含了10.5%的菌株。欧洲的基因型分布比较均匀，其优势型T53只包含了欧洲总菌株数的6.9%。

通过分子分型绘制进化树，可了解病原的发展历史。对北京家族不同菌株之间在遗传学上差异进行分析发现，菌株之间差异非常小，这一特点意味着该优势基因型的菌株从出现至今，并没有经过很长的历史时期，而现已成为全球人类结核病的罪魁祸首，可见其传播速度之快。由此可推测，该家族的祖先在进化过程中一定获得了提高侵袭能力或散播能力的突变，使其后代相比其他菌株更具有应对选择压力的优势，从而得以迅速、广泛地传播开来。

三、牛结核病分子流行病学

对菌株进行基因分型日渐成为兽医流行病防控和根除计划的必备工具。对牛分支杆菌在分子水平进行区分，能够使我们就传染源、环境因素对疾病传播的影响，以及评价某些防控措施产生的效果等问题上获得重要的认知。在大范围分子流行病学数据保存的完整、系统和标准化的前提下，还能实现该病原的系统发育学和历史回顾性研究。通过综合分析这些数据，能了解动物结核病和人类结核病在一个地区甚至是全球的自然史，可获知不同地域、不同时间分离株在进化中的亲缘关系；更有实践指导意义的是，结合历史事件，我们可以认识到人类活动对动物结核病和人类结核病流行的影响，从而在疾病防控策略上把握关键性环节，指导政策的制定与实施。

基于21世纪初利用Spoligotyping分型方法获得的牛分支杆菌分子流行病学数据，进行全局分析，可发现各地区非常明显的流行特点（图3－8）。

在欧洲大陆，如法国、意大利、西班牙和比利时等国家，以及与这些国家有过频繁牲畜贸易的国家，如北非的突尼斯等国，其流行的牛分支杆菌基因型为“类BCG群”，这一谱系源自基因型为BCG－like的分离株，主要包括BCG－like和GB54等型。GB54不同于BCG－like的地方是仅缺失了第21号间区（Spacer 21）。

在以英国为代表的岛国，流行菌株属于“GB09群”，这一谱系源自GB09株，GB09与BCG－like相比缺失了第6和8～12号间区，而英国分离株94%均属于这一谱系。由于历史上很长一段时期内，新西兰、澳大利亚、加拿大、伊朗和阿根廷等国与英国有过频繁的牲畜贸易，尽管与英国地理位置无相关性，这些国家的流行株也以GB09谱系为主。

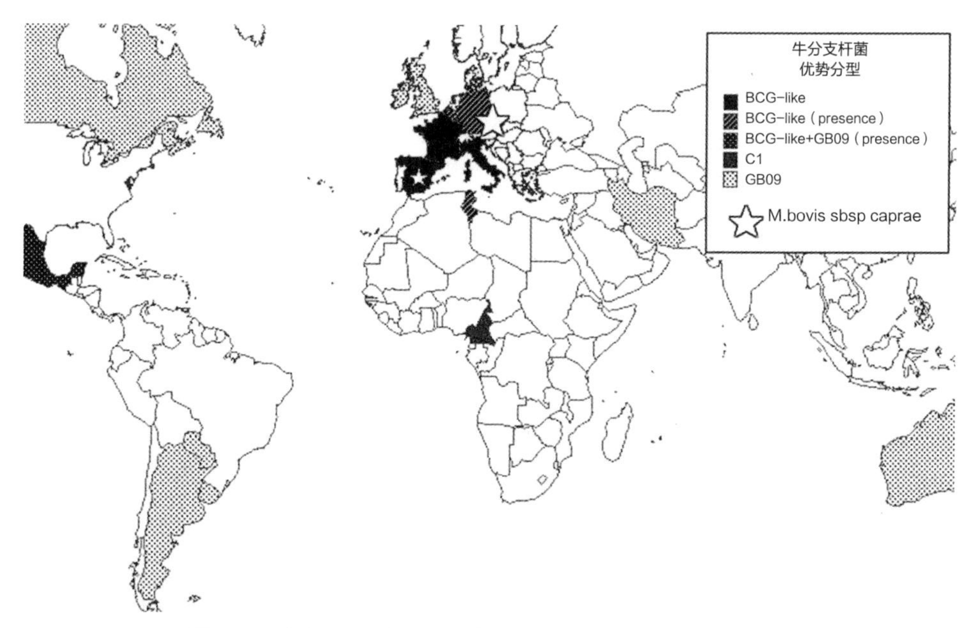

图 3-8 牛分支杆菌（*M. bovis*）不同 Spoligo 基因型的分布特点

（引自 Haddad，2004）

比较特殊的是墨西哥，主要流行以上两种谱系。这是因为作为西班牙殖民地，难免受其影响，类BCG谱系因而流行；另一方面，墨西哥靠近北美洲，地理位置的接近使得GB09谱系易于传入。

分子流行病学可以在全球统一分析的前提是数据能够标准化，为了方便不同国家和地区的横向比较及全球性综合分析，英国环境、食品及农村事务部（DEFRA）和其所属的动物健康与兽医实验所（Animal Health and Weterinary Laboratories Agency，AHVLA）资助建立了一个可免费使用的数据库，汇总所有Spoligo基因型，并对各基因型的命名标准化。

四、牛结核病的跨种传播

溯源研究是运用分子流行病学最重要的一个目的，因为消灭传染源和切断传播途径是结核病防控工程中最为关键的环节。若不考虑野生动物的影响，一场结核病流行性爆发有3种可能的情况：① 种群中引入了感染动物；② 被邻近结核病爆发种群传染；③ 曾经控制住的疫情复燃。若再考虑牛结核病的野生宿主，则情况更为复杂。跨种传播情况，包括从野生动物到家畜及家畜与人群之间的传播，都只能通过分子分型进行鉴定和持续监测。如英国环境、食品及农村事务部每年要做万株以上牛源结核杆菌的基因分型，并通过分子流行病学研究，证明了獾结核与家牛结核病间的传播方式等。

需要强调的是，分子流行病学并不是孤立应用的，任何分子分型的数据都需要与传统流行病学的调查结果结合起来分析。当我们判断两株分离株来源于同一克隆或是不同克隆时，需要综合两种以上的分子标记分型结果，并佐以传统的现场流行病学资料，判定结果才可靠。

（一）野生动物与家牛间的传播

在某些地区，牛分支杆菌在野生动物和家牛之间的传播是牛结核病防控中遇到的最大难题。因此，以此为目的的流行病学调查意义重大，从牛分支杆菌分子分型的结果，我们可以知晓不同物种存在的优势基因型，并了解牛分支杆菌在不同物种之间的传播轨迹，据此制定出最有效且成本投入最低的防控措施。

结核病从家牛传到野生动物，很可能会影响到某些野生物种的繁衍。南非野生水牛中，最初于1990年发现结核病的流行，此后该地区的野生猫科动物和反刍动物中的结核病感染率持续上升，其流行甚至蔓延到非洲北部。运用RFLP–IS6110、RFLP–PGRS和Spoligotyping分型技术，研究者发现：南非野生水牛中流行的结核病源自该公园旁的一个家牛群；RFLP–IS6110谱型分析也显示出，感染牛群所处地理位置与分离菌株之间存在密不可分的联系。然而，在角羚分离到的牛分支杆菌分离株未在其他物种中出现过，表明结核病在角羚这一物种中已形成相对独立的侵染循环；从另一个侧面也说明，感染角羚的牛分支杆菌可能发生了适应宿主的一些突变，使其失去感染其他物种的能力。

当一个地区存在牛结核病的野生宿主时，结核病从野生动物传播到家牛，是结核病根除计划难以实现的巨大障碍。此时，基于“检测和扑杀”的防控措施失去用武之地。最具代表性的例子是英国牛结核病的防控。在20世纪90年代，英国家牛的牛结核病发病率曾得到非常有效地控制，在2001年却出现爆发式的增长。基于RFLP–IS6110、RFLP–DR、RFLP–PGRS和spoligotyping 4种分子分型技术获得的数据显示，牛群和獾来源的分离株均呈现出同样的谱型，研究者据此证实激增的发病率源于结核从野生獾传播至牛群。通过基因型分布图，我们可以非常直观地看到这一结论是如何推演出来的（图3–9）。同样是通过分子流行病学调查结果，研究者证明，獾在英国和爱尔兰是牛结核病的贮存宿主，而其他同样有较高发病率的野生动物如扁角鹿或雪貂等，都只是偶然宿主（spill–over Host）。

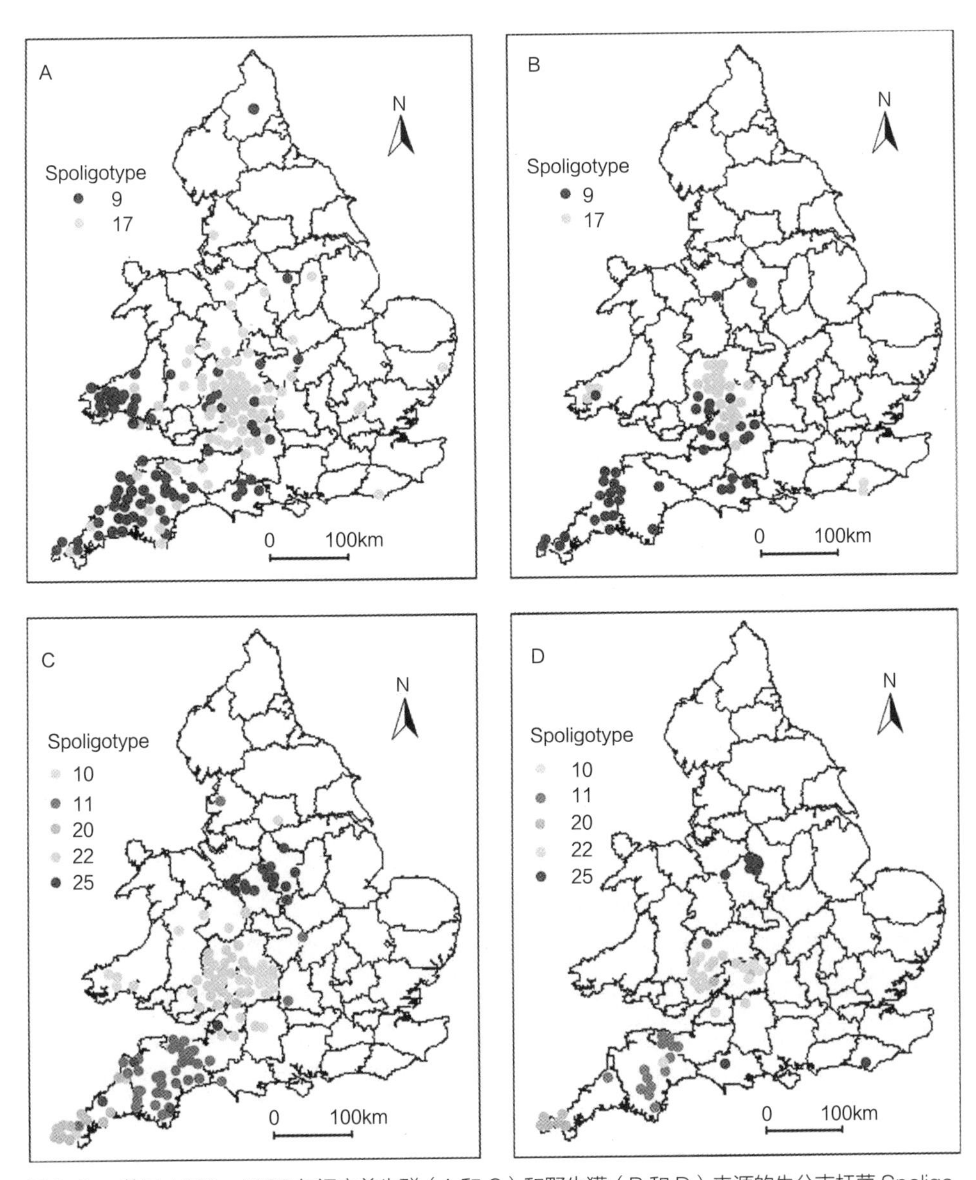

图 3-9　英国 1996—1997 年间家养牛群（A 和 C）和野生獾（B 和 D）来源的牛分支杆菌 Spoligo 基因型分布图

（引自 Durr 等，2000）

通过对牛分支杆菌RFLP–IS6110指纹图谱的分析，研究者证明美国密歇根州家养牛群爆发的牛结核病大部分是由白尾鹿感染源的跨种传播引起。在西班牙的分子流行病学调查中，鉴定出家牛与野猪、猞猁和野兔来源的牛分支杆菌有同样的Spoligotype谱型，表明西班牙牛结核病的野生宿主系统更为复杂。在意大利北部，家牛中73%的流行株与野猪中60%的流行株的Spoligotype谱型一致；在法国，家牛与野鹿、野猪中Spoligotype和VNTR谱型都一致，也为牛结核病从野生动物传播到家牛提供了证据。

（二）动物与人群之间

作为一种人兽共患病，结核病从动物传播到人的可能性，是动物结核病流行病学调查意义重大的首要因素。尽管这种传播方向在发展中国家的乡村地区尤为严重，但早些年，与此相关的报道几乎没有，因为大部分发展中国家没有把分支杆菌的鉴定和分型作为强制性的常规检测项目持续开展。随着全球对动物结核病防控的重视，以及牛分支杆菌分子分型技术的普及，近几年来，越来越多的发展中国家也开始了牛结核病分子流行病学调查。

据2013年非洲的研究报道，牛结核病从动物传播到人的概率很低，发生率仅为人结核病总发病率的2.8%，如赞比亚的某报道显示，65个结核病人中有2例是牛分支杆菌引起，经分子分型证实其来源于家牛结核病，占3.0%。撒哈拉以南非洲的流行病学调查中，用Spoligotyping和MIRU–VNTR两种分子分型方法也证实了牛分支杆菌从牛到人的传播方式。

一些发达国家通过分子流行病学也发现了牛分支杆菌从动物传染到人的现象。在西班牙，2004—2007年间从结核病人分离到110株牛分支杆菌和山羊分支杆菌中，牛型和山羊型菌各占1.9%和0.3%，Spoligotyping分型鉴定出优势基因型为SB0121、SB0134和SB0157，尽管动物源性人结核占总的人结核病发病的平均比例并不算高，但这种跨种传播多数都集中在家牛结核病盛行的地区。美国密歇根州白尾鹿的结核病流行一直未能得到很好的控制，2008年的分子流行病学调查发现两例人结核病是从白尾鹿传播而来。同年在爱尔兰西南部开展的分子流行病学调查发现，3%的人结核病由牛分支杆菌引起，用Spoligotyping分型方法，确认了11株中有9株属于动物源性。英国2007年的一项调查，用MIRU–VNTR和Spoligotyping两种分型方法，甚至证明了牛分支杆菌从人传播到人的情况，这一研究结果发表于全球知名杂志《柳叶刀》。

2008年在中国台湾地区的调查中，0.5%（15/3321）的结核病人感染了牛分支杆菌，分子分型的结果显示，Spoligotype谱型只有一种即ST684，MIRU谱型有两种即523–23232–42533–22和523–22232–42523–22。由于ST684型在其他报道中被划分为牛源谱系，可推测病人感染的牛分支杆菌是从家牛传播而来，但确切的结论仍需要对当地牛源分离株进行分子分型后才能获得。

另一方面，结核从人向牛的传播也早有报道。据报道从中国中部地区某牛场的结核病牛中曾分离到6株结核分支杆菌，运用Spoligotyping方法分型表明其属于中国流行最普遍的北京家族菌株。此外，通过16位点的MIRU–VNTR方法分析所分离的牛源结核分支杆菌，发现6株菌谱型一致；用MIRU方法对当地人结核的流行株进行分子分型，发现当地在人中流行的优势型包括牛源分离株的基因型，表明牛群感染的结核分支杆菌其源头为当地结核病人。

2007—2008年间，中国东北地区的牛结核病流行病学调查中，从43株牛源的结核分支杆菌复合群分离株中鉴定出29株人结核分支杆菌，Spoligotype分型表明菌株基因型以北京家族为主，这与该地区人流行的优势基因型吻合。

其他国家如印度、埃塞俄比亚等也都从家牛中分离到人型结核分支杆菌。一般认为，结核分支杆菌对牛不致病，但近期研究表明：结核分支杆菌在牛中可长期存在，可在牛群间传播，可诱导细胞与体液免疫反应，其对牛的致病性还需要进一步评价。

五、分子流行病学的其他应用

（一）新亚种的发现与鉴定

在分子流行病学研究中，一个独特分子标记的出现常常意味着一个新的亚种。例如，山羊分支杆菌亚种，始于在分子流行病学调查中鉴定出一个独特Spoligotype基因型，随后对这些新基因型菌株从表型到基因型开展了深入系统地研究，最终确认了牛分支杆菌家族中新的山羊分支杆菌亚种（*M. bovis* sbsp. *caprae*）。因此，分子分型技术对系统分类学也是不可或缺的。

（二）区分双重感染与复发

最初应用分子分型技术来区分人结核病是双重感染或是复发的病例，可追溯到1999年，通过用RFLP–IS6110进行分型，确认了一位罹患结核病的患者同时感染了两株不同的结核分支杆菌。但分子分型技术在此方面的应用价值并不是体现在这类案例中，而是体现在对治疗后复发病人的分析上：通过对治疗前后分离得到的菌株，可以了解病人是再次感染，还是原发感染未得到彻底控制而复发，从而对治疗效果进行评价。

当应用到兽医领域时，其价值还体现在确定感染动物群体的传染源是单一还是多个。对此类情况进行分析时，需要注意的是：确认非单一的传染源，需获得差异很大的不同谱型，否则需要用两种以上的分子标记确认分型结果的可靠性。

总之，牛分支杆菌引起的牛结核病无论是对公共卫生还是动物健康，抑或是养殖业而言，都有重要的影响。无论涉及的流行病学背景如何，对于在分子水平上能区分不同菌株的技术的需求是显而易见的。这些工具能帮助我们鉴定出疾病爆发的源头、不同时间或地点、爆发的疾病之间的联系，还有饲养动物与野生动物中疾病流行之间的关系。到目前为止，没有哪种分型技术能单独使用就能满足流调的需求，因为每种技术都有其优势和劣势。综合目前的技术，如将Spoligotyping和MIRU－VNTR两种技术结合起来使用就是一种完美的选择。

然而，目前对于基因分型技术而言，最大的挑战是如何使分子指纹图谱标准化，才能使世界各地不同实验室得到的流调数据具有可比性，才能便于研究结果的整理与综合分析。便捷快速的基因分型方法最需克服的是重复性差的问题，而不是我们认为的最重要的一区分能力。每种方法都有自己独特的预期目标和应用前景，综合分析之后，我们可以发现，唯有同时应用几种分型方法，才能准确地鉴别出各个菌株之间的差异。

参考文献

董海燕. 2011. 中国13省市结核分枝杆菌基因多态性分析［D］. 北京：中国疾病预防控制中心.

Allepuz A. Casal J. Napp S, et al. 2011. Analysis of the spatial variation of Bovine tuberculosis disease risk in Spain (2006－2009)［J］. Prev Vet Med 100, 44－52.

Ameni G, Tadesse K, Hailu E, et al. 2013. Transmission of Mycobacterium tuberculosis between farmers and cattle in central Ethiopia［J］. PLoSOne 8, e76891.

Awah-Ndukum J, Kudi A C, Bradley G, et al. 2013. Molecular genotyping of Mycobacterium bovis isolated from cattle tissues in the North West Region of Cameroon［J］. Tropical animal health and production 45, 829－836.

Biek R, O'Hare A, Wright D, et al. 2012. Whole genome sequencing reveals local transmission patterns of Mycobacterium bovis in sympatric cattle and badger populations［J］. PLoS pathogen 8, e1003008.

Brooks-Pollock E, Roberts G O, Keeling M J. 2014. A dynamic model of bovine tuberculosis spread and control in Great Britain［J］. Nature 511, 228－231.

Carter S P, Chambers M A, Rushton S P, et al. 2012. BCG vaccination reduces risk of tuberculosis infection in vaccinated badgers and unvaccinated badger cubs [J] . PLoS One7, e49833.

Chen Y, Chao Y, Deng Q, et al. 2009. Potential challenges to the Stop TB Plan for humans in China; cattle maintain M. bovis and M. tuberculosis [J] . Tuberculosis (Edinb) 89, 95–100.

Chen Y, Wu J, Tu L, et al. 2013. (1) H-NMR spectroscopy revealed Mycobacterium tuberculosis caused abnormal serum metabolic profile of cattle [J] . PLoS One8, e74507.

Collins D M , De Lisle G W. 1985. DNA restriction endonuclease analysis of Mycobacterium bovis and other members of the tuberculosis complex [J] . J Clin Microbiol21, 562–564.

Corner L A. 2006. The role of wild animal populations in the epidemiology of tuberculosis in domestic animals: how to assess the risk [J] . Vet Microbiol112, 303–312.

Dawson K L, Stevenson M A, Sinclair J A, et al. 2014. Recurrent bovine tuberculosis in New Zealand cattle and deer herds, 2006—2010 [J] . Epidemiol Infect142, 2065–2074.

De Garine-Wichatitsky M, Caron A Fau - Kock R, Kock R Fau - Tschopp R, et al. 2013. A review of bovine tuberculosis at the wildlife-livestock-human interface in sub-Saharan Africa [J] . Epidemiol Infect141, 1342–1356.

Delahay R J, De Leeuw A N, Barlow A M, et al. 2002. The status of Mycobacterium bovis infection in UK wild mammals: a review [J] . Vet J164, 90–105.

Du Y, Qi Y, Yu L, et al.2011. Molecular characterization of Mycobacterium tuberculosis complex (MTBC) isolated from cattle in northeast and northwest China [J] . Res Vet Sci90, 385–391.

Durr P A, Hewinson R G, Clifton-Hadley R S. 2000. Molecular epidemiology of bovine tuberculosis. I. Mycobacterium bovis genotyping [J] . Revue scientifique et technique19, 675–688.

Evans J T, Smith E G, Banerjee A, et al. 2007. Cluster of human tuberculosis caused by Mycobacterium bovis: evidence for person-to-person transmission in the UK [J] . Lancet369, 1270–1276.

Haddad N, Masselot M, Durand B. 2004. Molecular differentiation of Mycobacterium bovis isolates. Review of main techniques and applications [J] . Res Vet Sci76, 1–18.

Han Z, Gao J, Shahzad M, et al. 2013. Seroprevalence of bovine tuberculosis infection in yaks (Bos grunniens) on the Qinghai-Tibetan Plateau of China [J] . Tropical animal health and production45, 1277–1279.

Hang'ombe M B, Munyeme M, Nakajima C, et al. 2012. Mycobacterium bovis infection at the interface between domestic and wild animals in Zambia [J] . BMC Vet Res8, doi:10.1186/1746–6148–118 8–1 221.

Jou R, Huang W L, Chiang C Y. 2008. Human tuberculosis caused by Mycobacterium bovis, Taiwan[J] . Emerg Infect Dis14, 515–517.

Malama S, Johansen T B, Muma J B, et al. 2014. Characterization of Mycobacterium bovis from Humans and Cattle in Namwala District, Zambia [J] . Vet Med Int2014, 187842.

Muller B, Durr S, Alonso S, et al. 2013. Zoonotic Mycobacterium bovis-induced tuberculosis in humans

[J] . Emerg Infect Dis19, 899–908.

Naranjo V, Gortazar C, Vicente J, et al. 2008. Evidence of the role of European wild boar as a reservoir of Mycobacterium tuberculosis complex [J] . Vet Microbiol127, 1–9.

O'Brien D J, Schmitt S M, Fierke J S, et al. 2002. Epidemiology of Mycobacterium bovis in free-ranging white-tailed deer, Michigan, USA, 1995 – 2000 [J] . Prev Vet Med54, 47–63.

Ojo O, Sheehan S, Corcoran G D, et al. 2008. Mycobacterium bovis strains causing smear-positive human tuberculosis, Southwest Ireland [J] . Emerg Infect Dis14, 1931–1934.

Palmer M V. 2013. Mycobacterium bovis: characteristics of wildlife reservoir hosts [J] . Transboundary and emerging diseases60 Suppl 1, 1–13.

Pavlic M, Allerberger F, Dierich M P, et al. 1999. Simultaneous infection with two drug-susceptible Mycobacterium tuberculosis strains in an immunocompetent host [J] . J Clin Microbiol37, 4156–4157.

Radunz B. 2006. Surveillance and risk management during the latter stages of eradication: experiences from Australia [J] . Vet Microbiol112, 283–290.

Rocha V C, de Figueiredo S C, Rosales C A, et al. 2013. Molecular discrimination of Mycobacterium bovis in Sao Paulo, Brazil [J] . Vector Borne Zoonotic Dis13, 17–21.

Rodriguez E, Sanchez L P, Perez S, et al. 2009. Human tuberculosis due to Mycobacterium bovis and M. caprae in Spain, 2004–2007 [J] . Int J Tuberc Lung Dis13, 1536–1541.

Sanou A, Tarnagda Z, Kanyala E, et al. 2014. Mycobacterium bovis in Burkina Faso: epidemiologic and genetic links between human and cattle isolates [J] . PLoS neglected tropical diseases8, e3142.

Savine E, Warren R M, van der Spuy G D, et al. 2002. Stability of variable-number tandem repeats of mycobacterial interspersed repetitive units from 12 loci in serial isolates of Mycobacterium tuberculosis [J] . J Clin Microbiol40, 4561–4566.

Serraino A, Marchetti G, Sanguinetti V, et al. 1999. Monitoring of transmission of tuberculosis between wild boars and cattle: genotypical analysis of strains by molecular epidemiology techniques [J] . J Clin Microbiol37, 2766–2771.

Shittu A, Clifton-Hadley R S, Ely E R, et al. 2013. Factors associated with bovine tuberculosis confirmation rates in suspect lesions found in cattle at routine slaughter in Great Britain, 2003–2008 [J] . Prev Vet Med110, 395–404.

Sola C, Filliol I, Gutierrez M C, et al. 2001. Spoligotype database of Mycobacterium tuberculosis: biogeographic distribution of shared types and epidemiologic and phylogenetic perspectives [J] . Emerg Infect Dis7, 390–396.

van Soolingen D, Qian L, de Haas P E, et al. 1995. Predominance of a single genotype of Mycobacterium tuberculosis in countries of east Asia [J] . J Clin Microbiol33, 3234–3238.

Warren R M, van der Spuy G D, Richardson M, et al. 2002. Calculation of the stability of the IS6110 banding pattern in patients with persistent Mycobacterium tuberculosis disease [J] . J Clin Microbiol40, 1705–1708.

Wilkins M J, Meyerson J, Bartlett P C, et al. 2008. Human Mycobacterium bovis infection and bovine tuberculosis outbreak, Michigan, 1994–2007 [J] . Emerg Infect Dis14, 657–660.

Yeh R W, Ponce de Leon A, Agasino C B, et al. 1998. Stability of Mycobacterium tuberculosis DNA genotypes [J] . The Journal of infectious diseases177, 1107–1111.

第四章

致 病 机 理

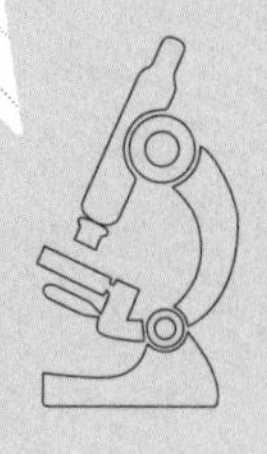

结核病的发生是细菌、宿主和环境三因素联合作用的结果。牛分支杆菌主要导致牛结核病，但也可导致包括人在内的广泛宿主的结核病；结核分支杆菌主要导致人结核病。实验动物模型常用于研究结核病的感染、发病、免疫过程，评价药物和疫苗效果等，包括小鼠、豚鼠等，其发病与感染剂量、感染途径等有关，可模拟牛结核病或人结核自然感染过程，但不能取代。牛分支杆菌或结核分支杆菌侵入宿主体内后，宿主和细菌在细胞水平和分子水平上都将发生一系列反应，体现在感染和抗感染的持续斗争之中。在细胞感染模型上，巨噬细胞研究的最为广泛。随着基因组学和蛋白组学研究的进展，对细菌的毒力因子的了解日益增多，和牛分支杆菌相比，结核分支杆菌的研究更为广泛和深入，因此，关于牛分支杆菌致病的细胞和分子机制的描述，部分借用了结核分支杆菌的研究资料和成果。

第一节 牛分支杆菌的宿主系统

一、自然宿主

牛分支杆菌与人结核分支杆菌基因组测序结果表明，二者序列同源性超过99.95%。尽管有如此高的同源性，二者的自然宿主却存在显著差异。人结核分支杆菌主要感染人和非人灵长类动物，但牛分支杆菌的自然宿主相当广泛，包括牛、人类和各种哺乳动物，但极少感染马科动物和绵羊。一般认为，牛和牛科动物是自然宿主（natural host），又称主要宿主（primary host），而其他动物主要在牛结核病的流行过程中发挥作用；野生动物常是牛分支杆菌的贮存宿主（reservoir host），如负鼠、獾和鹿等。人类、土狼和猫科动物属于终端宿主（definitive host）。

20世纪前，牛分支杆菌在北美的鹿科动物很少有报道。直到1942年，Hadwen报道加拿大野牛国家公园发现麋鹿和驼鹿感染牛分支杆菌。虽然鹿也是牛分支杆菌的易感宿主，但在北爱尔兰的流行病学调查中并不是重要的危险因素。2001年在夏威夷的莫洛凯岛，从野猪中分离出牛分支杆菌。最早认为野猪是牛分支杆菌的终端宿主，然而有报道称地中海生态系统中的野猪可持续感染，并传染给其他物种，因此，新的观点认为野猪也是贮存宿主。在多种野生动物宿主同时存在的情况下，其在牛结核病传播中的作用取决于特定生态中各种野生动物的地位优势差异，优势物种更可能成为贮存宿主。

许多捕获的外来动物也对牛分支杆菌敏感，包括牛科动物、长颈鹿科、鹿科、骆驼科的成员，灵长类、犀牛、河马、大象、貘和猪。动物的圈养条件，如密度、饲料、水和设备灭菌状况等，是决定牛分支杆菌传播的重要因素。通常饲料、水和设备的灭菌较困难，且灭菌费用昂贵。1826年伦敦新建了一个现代化动物园，10年后发现第一例外来的野生动物——黑猩猩感染了结核。表4-1列举了分离出牛分支杆菌的一些家畜及野生动物宿主。

表 4-1　分离出牛分支杆菌的一些家畜及野生动物

中文名称	英文名称	拉丁文名称
长颈鹿	Giraffe	Giraffa camelopardalis
非洲大象	African elephant	Loxodonta africana
非洲野牛	African buffalo	Syncerus caffer
狒狒	Baboon	Papio cynocephalus
黑犀牛	Black rhinoceros	Diceros bicornis
灰小羚羊	Grey duiker	Sylvicapra grimmia
驴羚	Lechwe	Kobus leche
猕猴	Rhesus monkey	Macaca mulatta
扭角林羚	Greater kudu	Tragelaphus strepsiceros
山羊	Goat	Capra hircus
狮子	Lion	Panthera leo
双峰驼	Bactrian camel	Camelus bactrianus
水牛	Water buffalo	Bubalus bubalis
跳羚	Springbok	Antidorcas marsupialis
弯角羚	Kudu	Tragelaphus strepsiceros
岩狸	Rock hyrax	Procavia capensis
野猪	Wild boar	Sus scrofa
疣猪	Warthog	Phacochoerus aethiopicus
蜘蛛猿	Spider monkey	Ateles geoffroyl

Hadwen早在20世纪中叶就记录了亚伯达省加拿大野牛国家公园爆发的一次严重的、持续时间很长的北美野牛感染牛分支杆菌事件。牛群在围起来的自然环境中半自由放养，同时放养的有麋鹿、鹿和驼鹿。1923—1939年间抽检的12 000头牛中，超过一半的肌肉样本中检测到牛分支杆菌；1939—1940年的抽检中，有5%～6%的麋鹿和驼鹿以及不到1%的长耳鹿检测到牛分支杆菌。由于牛群数量大，牛分支杆菌的来源不清，可能是由于北美野牛在没有转入该野牛国家公园前和附近的或者公园内部的家牛共同采食或家牛与北美野牛杂交所致。

獾（Badger）是易感染牛分支杆菌的一种野生动物。獾感染牛分支杆菌后可传染给牛。在英国，獾是家牛感染牛结核病的重要传染源，其最有力的证据是，猎杀獾后，牛分支杆菌的流行率显著降低。其他证据包括以下4点：① 在实验室条件下，牛分支杆菌可从獾传染给牛；② 常在同一时间和地点，发现獾和牛感染牛分支杆菌；③ 感染发病獾可排出大量牛分支杆菌；④ 同一地方的獾和牛感染同一基因型的牛分支杆菌。

然而，獾感染牛分支杆菌和牛结核病爆发的因果关系还存在两点疑问：① 自然条件下的随机试验没有设置对照；② 分子生物学分析分离样品的频率不均衡，不能合适地覆盖到各种野生动物。

獾和牛在正常情况下不太可能直接接触，但獾感染牛分支杆菌并发病或濒临死亡时将发生行为学变化，如行动缓慢、反应迟钝、离群、迷路等，进而可能进入家牛的放牧草地，病獾通过破溃的结核结节、粪、尿等将含菌内容物排放至草地上，被家牛摄取；或病獾和牛直接接触，导致牛近距离吸入含菌空气；或接触獾的粪便、尿和唾液被感染。同时，牛在闻气味时强烈呼气，产生气溶胶，形成感染区域，并吸入细菌。这些感染途径在理论上是可能的，但实际情况下的具体传播途径尚未可知，因此需要更多研究以阐明这种传播途径。

二、实验动物

（一）豚鼠模型

豚鼠对结核分支杆菌高度敏感，感染后的病理变化与人感染非常相似，感染后存活率高，非常适宜建立结核病实验动物模型。感染途径通常是吸入气溶胶，也可经前肢、腹股沟或腹腔注射。豚鼠感染低剂量结核分支杆菌可发展成典型的肉芽肿结构，具有朗格汉斯多核巨细胞（langhans giant cell），并发生液化坏死。豚鼠模型在疫苗评价，包括筛选免疫蛋白和疫苗佐剂等方面，显示出巨大优势。给豚鼠注射牛分支杆菌的培养物上清滤液蛋白（culture filtrate protein，CFP）后，豚鼠可产生强烈的免疫应答，并对牛分支杆菌的感染产生免疫保护作用；然而，在牛体中，蛋白疫苗很难达到这种免疫保护效果。由于缺乏研究豚鼠免疫机制的免疫学和分子生物学试剂，因此豚鼠模型的应用受到极大限制，但在疫苗研发及病理学试验中一直发挥着不可替代的作用。

（二）小鼠模型

小鼠体型小，价格便宜，繁殖周期短，在生物安全三级实验室独立送风系统的隔离鼠笼中操作方便，加之目前气溶胶感染技术较成熟，通过控制接触时间和细菌浓度可成功建立小鼠结核模型。细菌通过气溶胶在终末肺泡沉积后募集树突状细胞、单核细胞衍生的巨噬细胞、中性粒细胞等。细菌在小鼠肺部呈对数形式生长，约2个月后达到平稳期。小鼠感染结核分支杆菌后形成肉芽肿，肉芽肿是结核的典型组织病理学病变，观察肉芽肿形成的时间以及肉芽肿的大小和重量是研究细菌蛋白的功能、细菌致病机理或药物治疗效果的一个重要指标。

由于针对小鼠的抗体和检测试剂盒较多，检测血清和组织中细胞因子以及宿主蛋白表达水平的技术日趋方便，因此用小鼠作为结核感染模型的报道较多。研究发现，Th1型细胞因子激活巨噬细胞有助于小鼠抵抗结核分支杆菌感染，IFN－γ和TNF－α在激活巨噬细胞和诱导iNOS的表达中起着核心作用，而生成的NO可杀灭胞内分支杆菌；但如果Th2型细胞因子大量释放，就会丧失这种抗菌作用。同时，在对机体抗结核分支杆菌免疫机制的研究中，基因敲除鼠应用越来越广泛。目前常见的有Nlrp3$^{-/-}$、Aim2$^{-/-}$、MyD88$^{-/-}$、Trif$^{-/-}$、ASC$^{-/-}$单敲除或双敲除小鼠。基因敲除鼠为在体内研究某些蛋白的功能提供了非常方便的手段，并且和体外培养细胞系或原代细胞获得的蛋白功能结果相比，基因敲除鼠研究结果更接近于体内反应的真实情况。

（三）牛模型

牛低剂量经呼吸道感染牛分支杆菌可模拟自然感染引起的典型肺部和淋巴结病变。建模方法是将10^3～10^4CFU牛分支杆菌经气管内接种牛，感染后4～5个月处死动物，结核病变几乎全部位于肺部和胸部淋巴结，偶尔可见于头部淋巴结。肺部病变包括直径3～5mm的小结节，形成肉芽肿，淋巴结病变为直径2～30mm不等的小结节，同时，诱导产生强烈的细胞免疫应答，这些病变与自然感染病例一致。该感染模型可用于评价牛结核病疫苗的免疫效果。高剂量（10^5～10^6 CFU）牛分支杆菌感染可发展成为多淋巴结病变，肺部病变区域变大，与自然感染病例不一致。扁桃体内或鼻腔内接种也可能引起牛呼吸道病变，但这些技术在已报道的疫苗接种研究中尚未使用过。

（四）兔模型

兔经气溶胶或者静脉注射感染牛分支杆菌后，发生中等程度的迟发型超敏反应，形成干酪样坏死结核结节。相对其他动物来说，兔对结核分支杆菌不敏感，吸入500～3 000个细菌，5周后可形成一个肉眼可见的结节；6个月后动物自愈，结节几乎全部消失。偶然情况下，兔感染结核分支杆菌后肺部形成空洞。相反，兔对牛分支杆菌更加敏感，吸入1～5个细菌即可形成1个结节。1942年，Takeda和Shinpo报道兔支气管内感染牛分支杆菌后引起干酪样坏死性肺炎，并形成空洞。Converse和Dannenber低剂量（10^2～10^3 CFU）气溶胶感染兔，12只兔中有9只肺部形成了空洞；高剂量组（10^3～10^4）全部形成肺空洞病变。为了使空洞形成的时间缩短，结果更可靠，Yanamura进行了一系列研究并且发表了重要论文，其要点如下：

第一，胸腔内注射活菌或热灭活的细菌，再用热灭活的细菌致敏皮下，以提高空洞形成的可靠性和速度。如果不用热灭活的细菌致敏，空洞形成的可能性降低；

第二，牛分支杆菌比结核分支杆菌效果更好，但剂量低于0.5mg（2.5×10^7 CFU）时无效；

第三，含羊毛脂的液体石蜡在致敏和不致敏的兔中均可促进空洞形成，原因可能在于局部浓缩细菌促进机体免疫应答。使用免疫抑制剂可彻底抑制胸腔内注射牛分支杆菌所形成的肺空洞。

第二节 牛分支杆菌致病的细胞机制

大量研究表明，和结核分支杆菌一样，牛分支杆菌属于兼性寄生菌，原因是首先在感染的巨噬细胞内复制，故称为胞内菌；然后，随着病变发展又会出现在坏死组织中即巨噬细胞外进行复制。结核分支杆菌无内毒素，不产外毒素和侵袭性酶，其致病物质主要是脂质、蛋白质和多糖。结核分支杆菌中含有的大量脂质，占菌体干重的20%～40%，胞壁含量最多，使之具疏水性，对环境的抵抗力较强。而且大量研究表明，结核分支杆菌的毒力与其所含的复杂的脂质成分有关，尤其是糖脂。其脂质主要由索状因子、磷脂、脂肪酸和蜡质等组成。索状因子是分支菌酸和海藻糖结合的一种糖脂，与结核分支杆菌的索状生长有关，它能破坏线粒体的呼吸作用，与结核分支杆菌的毒力密切相关。磷脂能增强菌体蛋白质的致敏作用，产生干酪性坏死。脂肪酸中的结核菌酸有促进结核结节形成的作用。蜡质在脂质中所占比率最高，其中分支菌酸与抗酸性有关。

一、宿主一般反应过程

在感染早期，最先入侵的宿主细胞主要是肺泡巨噬细胞。当结核分支杆菌侵入机体后，首先遇到非特异性免疫机能的抵抗，主要为以巨噬细胞为主的细胞吞噬和炎症反应；随后，巨噬细胞对所吞噬的结核分支杆菌进行抗原加工处理，以 MHC－短肽的形式附着于巨噬细胞表面，并进一步呈递给T细胞，引起机体的特异性免疫反应。T 细胞产生的细胞因子又能吸引和激活巨噬细胞，被激活的巨噬细胞非特异性杀菌能力增强。在结核病中，这种非特异性增强表现在被激活的巨噬细胞不仅对结核分支杆菌，对其他细菌的杀菌作用也增强。

结核分支杆菌入侵宿主体内，宿主从感染、发病到转归均与多数其他细菌性疾病有显著不同，因此，宿主反应具有特殊意义。结核分支杆菌感染引起的宿主反应过程可分为四个阶段，即起始期、T细胞反应期、共生期以及细胞外增殖和传播期。

（一）起始期

起始期是肺泡巨噬细胞吞噬结核分支杆菌的初级阶段。入侵呼吸道的结核菌被肺泡巨噬细胞吞噬，因菌量、毒力和巨噬细胞非特异性杀菌能力的不同，被吞噬结核分支杆菌的命运各不相同。若结核菌在出现有意义的细菌增殖和宿主细胞反应之前，即被非特异性防御机制清除或杀灭，则不留任何痕迹或感染的证据。如果细菌在肺泡巨噬细胞内存活和复制，便扩散至邻近非活化的肺泡巨噬细胞，形成早期感染灶。结核分支杆菌在肺泡巨噬细胞内是存活繁殖还是被杀灭，取决于宿主巨噬细胞与被吞噬细菌间的相互作用，这一过程有许多细节尚不清楚。与巨噬细胞一样，树突状细胞也是结核分支杆菌的宿主细胞。

（二）T细胞反应期

该时期形成由T细胞介导的细胞免疫（cell mediated immunity，CMI）和迟发性过敏反应（delayed type hypersensitivity，DTH），对结核病的发生、演变及转归产生决定性影响。带有结核分支杆菌的抗原递呈细胞（antigen-presenting cell，APC）激活特异性T淋巴细胞反应。细胞毒性T细胞（cytotoxic T cell，简称Tc细胞）使已经吞噬结核分支杆菌的巨噬细胞死亡而释放结核菌，而辅助性T细胞（helper T cell，简称Th细胞）则能聚集和激活新的单核细胞或巨噬细胞到达病灶部位。肉芽肿的形成可以防止结核分支杆菌进一步扩散；此时，宿主产生免疫应答反应，而结核分支杆菌仍持续存活，但不导致临床发病，处于共生期。

（三）共生期

该时期以形成肉芽肿，结核分支杆菌不扩散但持续存活，无临床症状为特征。生活在流行区的多数感染者发展至T细胞反应期后，仅少数继续发展成原发性结核病；大部分感染者体内，细菌在肉芽肿中心与宿主处于共生状态。

肉芽肿中心主要是坏死组织与细胞膜紧密接触的多核巨噬细胞或朗格汉斯细胞（又称朗罕氏细胞）和上皮样细胞。肉芽肿外围由激活的巨噬细胞和$CD4^{+}$及$CD8^{+}$T细胞构成。围墙似的结构可以阻止结核分支杆菌进一步扩散增殖，传播到别的组织部位（图4-1）。

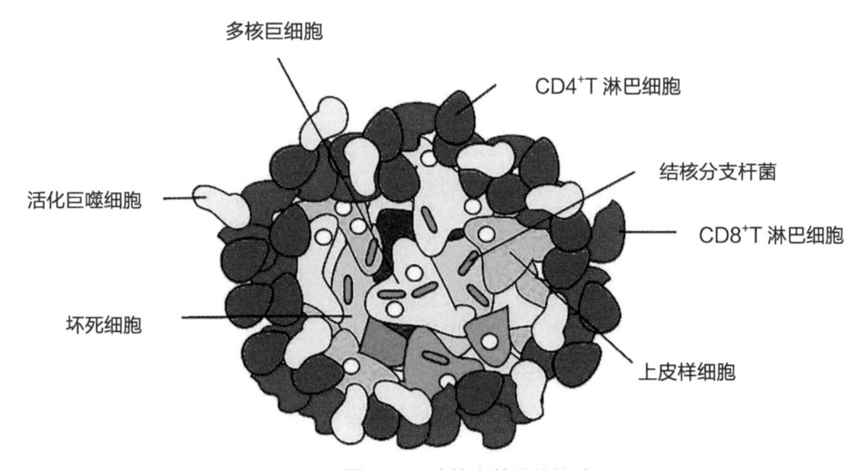

图 4-1 成熟肉芽肿的构成

（引自 Thomas，2008）

纤维包裹的干酪样坏死灶中央部位被认为是结核分支杆菌持续存在的主要场所。低氧、低pH和抑制性脂肪酸的存在使细菌不能增殖。宿主的免疫机制亦是抑制细菌增殖的重要因素，倘若免疫损害，受抑制的结核菌便可能重新活动和增殖。

（四）细胞外增殖和播散期

含有具有生长能力、但不繁殖的结核分支杆菌的固体干酪样坏死灶一旦液化，即使是免疫功能健全的宿主，从液化干酪灶释放的结核杆菌亦足以大量增殖并突破局部免疫防御机制，引起播散。虽然早在约130年前，人类已经鉴别出结核病的感染病原体是结核分支杆菌，但是在结核病的发病机理和机体的免疫功能上，至今仍有很多关键问题未能解决。

二、细菌对巨噬细胞的作用

结核分支杆菌病原体飞沫进入肺部后，被肺泡巨噬细胞吞噬。尽管如中性粒细胞、单核巨噬细胞和树突状细胞等多种可吞噬细菌的细胞也会聚集到感染肺部，并且可能对感染结果产生重要作用，但目前大多数关于吞噬作用受体的研究都聚焦在巨噬细胞上。事实上，在飞沫感染小鼠时，肺和引流淋巴结中的主要感染细胞是起源于骨髓的树突状细胞。

（一）结合与摄取

在巨噬细胞上有很多能与结核分支杆菌结合的受体，包括C型凝集素样受体（C type lectin receptors，CLR）、清道夫受体（scavenger receptor，SR）和补体受体（complement receptor，CR）等。在细菌的传播和扩散过程中，结核分支杆菌有多种侵染路径，而侵染吞噬细胞的能力可能是一个非常重要的决定性因素。但由于摄取机制过于复杂，在起始感染细胞和活体内解释单个受体的具体作用是十分困难的。

几种C型凝集素样受体在结合并摄取结核分支杆菌的过程中均发挥作用，这些受体包括巨噬细胞甘露糖受体（macrophage mannose receptor，MMR），树突状细胞特异性细胞间黏附分子–3结合非整合素因子（dendritic cell–specific intercellular adhesion molecule–3–grabbing non–integrin，DC–SIGN），以及Dectin–1受体。MMR是识别结核分支杆菌的第一个CLR受体，和DC–SIGN一起，参与结核分支杆菌的吞噬过程。除了在细菌摄取中发挥作用，MMR和DC–SIGN还被认为会影响吞噬体的成熟和细胞因子的信号转导。MMR和DC–SIGN可识别出结核分支杆菌细胞壁内大量带甘露聚糖帽的脂阿拉伯甘露聚糖（ManLAM），然而和Dectin–1相结合的结核分支杆菌配体目前还未发现。因为在致病性结核分支杆菌中LAM是甘露糖基化的，所以ManLAM作为一个潜在的毒力因子已经被广泛研究，可假定认为，能识别ManLAM并结合MMR和DC–SIGN是影响细菌毒力的重要因素。奇怪的是，不给LAM加甘露聚糖帽的BCG和海分支杆菌（*M.marinum*）突变体在小鼠体外或是活体内巨噬细胞的侵染中都不会衰减。同时，DC–SIGN也可识别细胞壁中其他甘露糖基化成分，尤其是磷脂酰肌醇甘露糖苷6（PIM6）。最近对ManLAM 和 PIM6缺陷的细菌突变体进行的研究表明，在结核分支杆菌的细胞壁中还有别的配体能和巨噬细胞DC–SIGN等受体结合。在识别结核分支杆菌糖脂和海藻糖二分支菌酸酯（TDM，曾被称为索状因子）的过程中，巨噬细胞诱导的C型凝集素（mincle）是必不可少的。Mincle在对TDM响应的细胞因子信号转导中起到重要作用，但至今未见Mincle在摄取结核分支杆菌过程中发挥作用的相关报道。因此，虽然多种C型凝集素样受体和它们相应的配体与细菌结合、摄取和信号转导有关，但一直难以用结核分支杆菌突变体或是小鼠突变体证明它们个体所能发挥的作用。

除C型凝集素样受体外，抑制剂研究表明，清道夫受体在结合和摄取结核分支杆菌中也起到一定作用。和最初在果蝇中的研究发现一样，B类清道夫受体介导调节结核分支杆菌的摄取。但是，B类清道夫受体CD36和SR–B1缺陷并不会影响巨噬细胞对结核分支杆菌的摄取。同样，A类清道夫受体MARCO 和SR–A缺陷，也没有对感染结果产生明显影响。补体受体3是一种整合素，能够介导调理素摄取和非调理素摄取结核分支杆菌，但基因敲除鼠感染结核分支杆菌的致病结果和正常小鼠相似。有一个著名的假说认为，受体不同会导致细菌在受体细胞内的命运不同。例如，通过MMR受体途径摄入结核分支杆菌会使细菌对吞噬体成熟产生抵抗性，但是，通过DC－SIGN 或 Fc受体介导途径摄取结核分支杆菌却会促进吞噬体和溶酶体的融合。然而在相同的细胞中很多相关的受体之间协同合作，活体中结核分支杆菌的摄取很可能是通过几种不同类型的受体联合完成的。

（二）胞内反应

虽然巨噬细胞具有杀菌功能，但是这种非特异性的杀菌作用是不完全的。部分结核分支杆菌可以通过一系列的措施，如降低磷脂酶D的活性，抑制活性氧中间体和活性氮中间体的产生，下调主要组织相容性复合物II（major histocompatibility complex Ⅱ，MHC Ⅱ）的表达，抑制吞噬溶酶体的成熟等，有效地逃避巨噬细胞杀伤机制而成为胞内寄生菌，并将巨噬细胞作为在体内存活甚至长期存在和生长的“居留地”和“避难所”。

1. 抑制巨噬细胞的直接杀菌作用　肺泡巨噬细胞内，溶酶体具有直接杀菌功能。溶酶体是胞吞作用中由液泡组成的细胞器复合体。在溶酶体的液泡里有许多水解酶，可以降解包括微生物在内的所有大分子物质。这些酶能在溶酶体的酸性内环境中发挥作用。同时，溶酶体也是动物细胞中酸性最高的细胞器，其pH可达4.5～5.0，膜上ATP介导的质子泵即液泡H^+－ATP酶不断维持着这种酸性环境。吞噬体是通过对包括微生物在内的大分子物质的吞噬作用而形成的，它能与溶酶体相互融合。在一定条件下，巨噬细胞的吞噬体能与溶酶体融合，吞噬细胞溶酶体的形成是一个充满活力的动态过程，在这个过程中吞噬体不断成熟、分裂，并与胞吞的细胞器相互融合。借助于吞噬溶酶体的融合作用，被吞噬的微生物被溶酶体内的酸性水解酶降解。这个生物学过程受到细胞内各个分子的高度调控，是巨噬细胞重要的抗菌机制。吞噬溶酶体的融合是机体有效杀灭结核分支杆菌的重要机制，溶酶体水解酶的降解作用及溶酶体的直接和间接的酸化作用，在一定程度上反映了吞噬溶酶体的抗菌活力。

结核分支杆菌进入巨噬细胞后，或者被巨噬细胞内的杀菌物质清除，或者是在巨噬细胞中存活下来。一方面，结核分支杆菌与巨噬细胞膜表面受体结合后，经过膜内陷形成吞噬小体进入细胞内与溶酶体融合后，溶酶体内容物如蛋白水解酶和其他杀菌物质释放到吞噬体内，导致吞噬体酸化，以适应消化酶发挥活性的需要，从而清除入侵的细菌。另一方面，结核分支杆菌能在吞噬小体内存活。一般吞噬小体对许多微生物都有杀灭作用，而结核分支杆菌吞噬体却可以特异地清除吞噬小体的某些重要膜蛋白，使吞噬

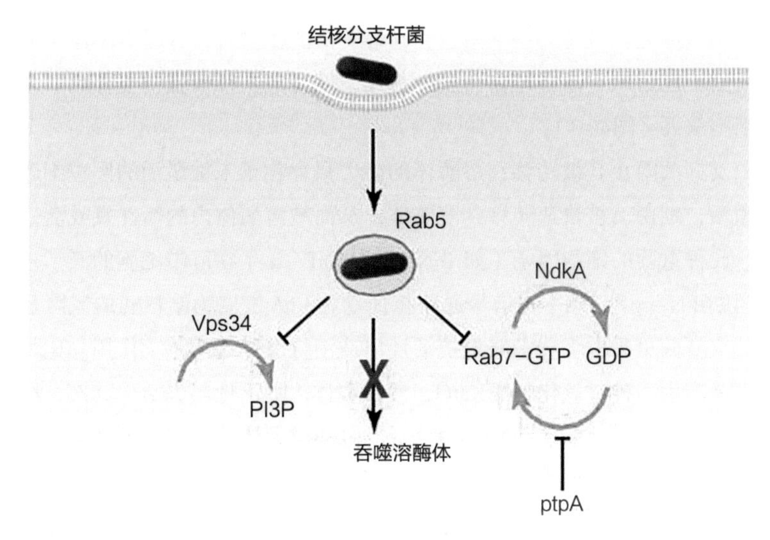

图 4-2　结核分支杆菌抑制吞噬体成熟模式

结核分支杆菌存在于结合蛋白 Rab5 的吞噬体中，抑制吞噬体膜表面 PI3P 和 GTP-bound Rab7 的形成，从而抑制吞噬溶酶体（Phagolysosomes）的融合。　（引自 Philips，2012）

小体不能有效成熟，从而不能与溶酶体融合（图4-2）。

酸性微环境有利于溶酶体酶活性的发挥，但MTB不仅可产生$NH4^+$中和吞噬体的酸化，还可抑制H^+-ATP酶降低吞噬体的酸化，并使含菌吞噬体与非溶酶体的内质体结合而阻碍吞噬溶酶体的形成。在巨噬细胞内吞噬小体成熟的初期，早期内质体会短暂地形成GTP结合蛋白Rab5，Rab5的累积在磷脂酰肌醇-3激酶（phosphatidylinositol 3 kinase，PI3K）的作用下会导致磷脂酰肌醇-3磷酸（phosphatidylinositol 3 phosphate，PI3P）的生成，后者是膜转运和吞噬小体成熟所必需的。Fratti等发现，结核分支杆菌的一种胞壁成分脂阿拉伯甘露聚糖可抑制PI3P的产生；Vergne等指出，结核分支杆菌可生成一种磷酸酶SapM，特异性降解已经生成的PI3P。这两种机制共同参与抑制吞噬小体的成熟及其与溶酶体的融合。此外，Walburger等发现，敲除MTB的丝氨酸–苏氨酸蛋白激酶G（PknG）基因或利用特异性抑制剂阻断激酶活性，可有效地促进巨噬细胞内含MTB的吞噬体与溶酶体发生融合，感染的MTB也很快被巨噬细胞杀灭。致病性MTB细胞壁含量最多的脂质物TDM（trehalose 6，6–dimycolate）可通过减少吞噬体的酸化而阻碍吞噬溶酶体融合。结核分支杆菌在哺乳动物宿主细胞内长期存在，说明结核分支杆菌除了产生如 SapM和PknG等毒力因子外，还利用宿主细胞分子促进其存活。含有分支杆菌的吞噬体存在一种独特的蛋白成分TACO（P57），该蛋白现在命名为 Coronin1（冠蛋白）。Coronin1是一种重要的宿主细胞成分，可特异性地阻止吞噬体和溶酶体融合，吞噬溶酶体形成受阻，溶酶体中的酶就不能进入含菌吞噬体中发挥作用，结核分支杆菌就得以存活下来，从而防止被巨噬细胞杀灭（图4-3）。

结核分支杆菌阻止其被转移到溶酶体的能力只存在于未被激活的巨噬细胞。一旦巨噬细胞被激活，细菌就被快速转移到溶酶体，从而被溶酶体内的活性氧或活性氮的杀菌活性破坏。几种重要的细胞因子（如 IFN-γ和TNF-α）在巨噬细胞的激活过程中起重要作用。阻断IFN-γ和TNF-α信号通路将使动物和人发展为结核病的风险显著增加。但是结核分支杆菌可采取多种策略抵抗活性氧或活性氮介质的杀灭作用。比如，首先，结核分支杆菌产生一种过氧化氢酶KatG，使吞噬体内的活性氧失活。其次，结核分支杆菌蛋白酶体可抵抗一氧化氮（NO）压力。各种Toll样受体的配基也可激活巨噬细胞，有助于控制结核病。

结核分支杆菌的糖脂在破坏巨噬细胞的激活方面起重要作用。细胞壁成分LAM和它的糖基化形式ManLAM能够调节信号通路，阻止巨噬细胞激活，包括IFN-γ诱导的基因表达、TLR激活及吞噬体溶酶体的融合。此外，LAM还能阻止MAPK的激活，进而阻止

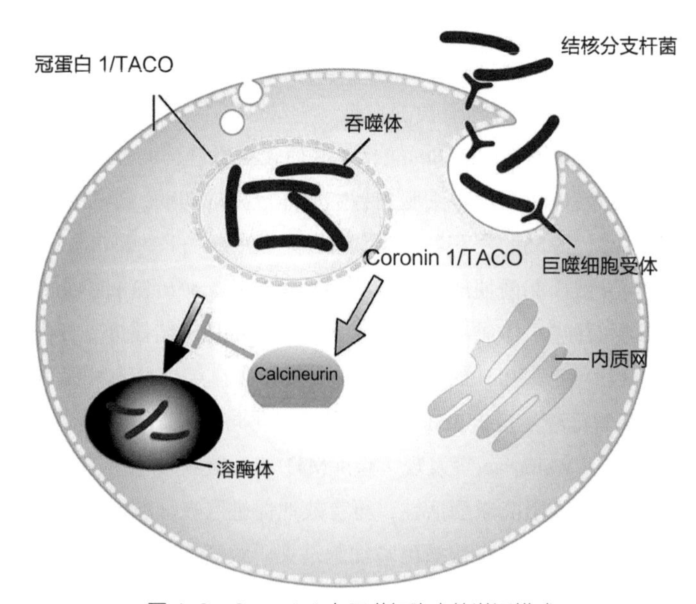

图 4-3 Coronin1 在巨噬细胞内的激活模式

结核分支杆菌进入巨噬细胞内的吞噬体后，Coronin 1（也叫做 TACO）也出现在巨噬细胞内。Coronin1 的存在可激活钙依赖性的磷酸酯酶钙神经蛋白，进而阻止吞噬体和溶酶体的融合。（引自 Pieters，2008）

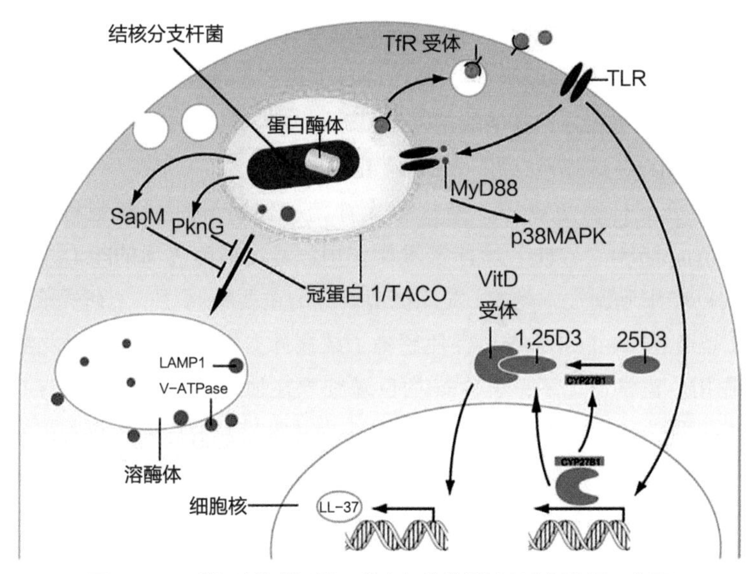

图 4-4 巨噬细胞抗菌活性和分支杆菌逃避杀灭之间的相互作用

结核分支杆菌被摄入巨噬细胞后，形成吞噬体。一旦进入吞噬体后，结核分支杆菌分泌磷酸激酶 SapM 和丝氨酸 / 苏氨酸激酶 PknG，以阻止吞噬体和溶酶体融合。吞噬体内的结核分支杆菌通过招募宿主冠蛋白 Coronin（1/TACO）至吞噬体表面以阻止吞噬体与溶酶体的融合。溶酶体相关膜蛋白 1（LAMP1）和泡内 H^+-ATP 酶（V-ATPase）是溶酶体的主要成分。而且，结核分支杆菌蛋白酶体可中和巨噬细胞产生的 NO 效应。Toll 样受体信号通路通过激活 p38MAPK 调节吞噬体和溶酶体的融合，但还不清楚结核分支杆菌是否阻止了该通路。此外，Toll 样受体信号可通过激活 VD 受体而诱导抗菌肽 LL-37 的产生。（引自 Pieters，2008）

了巨噬细胞的激活（图4–4）。

2. 抑制巨噬细胞的凋亡 细胞凋亡又称程序性细胞死亡，能够抵御胞内寄生菌的感染。细胞凋亡对胞内寄生物的反应在生物学上已通过病毒试验研究得到验证。结核分支杆菌通过抑制宿主细胞的凋亡，保持巨噬细胞处于活性状态，以获得生长和繁殖的空间。

结核分支杆菌本身的一些菌体成分，如结核菌酸、索状因子，均可抑制凋亡的发生。研究发现，索状因子或结核菌酸可抑制巨噬细胞凋亡，同时经结核菌酸和索状因子处理后的细胞存活率与Bcl–2表达呈明显的正相关。ManLAM也可抑制细胞发生凋亡。尽管ManLAM可诱导产生TNF–α 和NO，但ManLAM也能够抑制巨噬细胞蛋白激酶C（protein kinase C，PKC）的活性，形成去活化形式，降低巨噬细胞中IFN–γ 基因及HLA–DR–A基因的表达。但ManLAM对巨噬细胞的抑制有Ca^{2+}依赖性。研究表明，通过cAMP抑制剂、钙螯合剂、BAPTA/AM可以阻断凋亡的发生，抑制caspase–1的活性，减少cMAP的接头蛋白转运。另外，ManLAM也可阻止Ca^{2+}流入胞内，并影响p53和Bcl–2的表达。

致病性MTB可以分泌利用ATP的酶，经由P2z受体介导，促进细菌在宿主内的存活。试验研究证明，作为MTB的细胞毒力因子，Ndk的核苷连接位点可发生自身磷酸化，加强ATP诱导细胞死亡的能力。高碘酸盐氧化ATP（oATP）是P2z的抑制剂，可以阻断ATP/Ndk诱导的细胞凋亡，这些都说明Ndk有助于细菌的扩散。

在抗结核分支杆菌免疫中，结核分支杆菌抗原特异性的细胞毒性T淋巴细胞（Cytotoxic T lymphocyte，CTL）发挥了重要作用。通过细胞表面的FasL诱导感染结核分支杆菌的巨噬细胞凋亡，是CTL发挥抗菌效应的主要机制之一。研究表明，约86%的$CD4^{+}$CTL是通过Fas–FasL系统，促使感染了结核分支杆菌的巨噬细胞发生凋亡而发挥抗菌的作用。正常情况下，表达Fas的巨噬细胞在加入重组的可溶性FasL（sFasL）后会很快发生凋亡，但用可溶性FasL（sFasL）对体外培养的巨噬细胞进行处理后，感染了结核分支杆菌的巨噬细胞较未被感染的细胞对FasL诱导凋亡的敏感性明显下降。进一步研究发现，造成这种差异的原因在于感染结核分支杆菌后，巨噬细胞表面表达的Fas水平下降。因此，Oddo等认为，结核分支杆菌感染巨噬细胞后能抑制巨噬细胞表面Fas的表达量，从而抑制FasL对巨噬细胞的凋亡诱导作用，有利于其在巨噬细胞中的存活。

结核分支杆菌强毒株可以通过抑制或降低巨噬细胞的凋亡逃避巨噬细胞的杀伤，以便在细胞内增殖。研究发现，巨噬细胞凋亡水平随其感染的结核分支杆菌的毒力不同而存在差异。已有文献报道结核分支杆菌强毒株抑制宿主细胞的凋亡。Balcewicz–Sablinska等在试验中分别用结核分支杆菌强毒株H37Rv和弱毒株H37Ra感染人肺泡巨噬细胞，发现感染两种结核分支杆菌菌株后，巨噬细胞的凋亡率均有升高，但与弱毒株H37Ra感染组相比，强毒株H37Rv感染组巨噬细胞的凋亡明显受到抑制。另外，在同时用H37Ra、H37Rv及非致病性的堪萨斯分支杆菌（*M. kansasi*）感染人肺泡巨噬细胞的对比研究中，Keane等发现，与未感染结核分支杆菌的巨噬细胞相比，H37Ra及堪萨斯分支杆菌感染组的巨噬细胞凋亡水平明显提高，其中堪萨斯分支杆菌感染组巨噬细胞的凋亡水平最高，而H37Rv感染组巨噬细胞的凋亡水平虽然也有所上升，但与未感染组相比差别无统计学意义。

Dhiman等用H37Rv和H37Ra感染人源巨噬细胞系THP–1细胞，H37Rv感染组比H37Ra感染组引起的凋亡率低，是因为H37Rv激活了NF–κB，导致Bcl–2家族的Bfl–1/A1表达上调。研究表明结核分支杆菌强毒株H37Rv诱导的巨噬细胞凋亡数量明显少于减毒株H37Ra，因为H37Rv可通过诱导巨噬细胞抗凋亡蛋白Bcl–2的表达而抑制细胞凋亡，而该蛋白在H37Ra感染的巨噬细胞中表达下调。研究表明，结核分支杆菌强毒株感染巨噬细胞后，能诱导表达凋亡抑制因子Bcl–2和Mcl–1。Koziel等发现，该菌可抑制巨噬细胞内的细胞色素C释放及随后的caspase－3活化，上调一些如*bcl–2*和*mcl–1*抗凋亡基因的表达，而*mcl–1*又可抑制某些促凋亡基因如*bax*和*bak*的表达，从而抑制巨噬细胞凋亡。Bcl－2家族Mcl－1蛋白对结核分支杆菌感染具有正向调控作用，诱导其抗凋亡基因表达，从而促进结核分支杆菌强毒株在被感染巨噬细胞中存活。Han等用免疫共沉淀的方法发现，Mcl－1与Bcl－2家族的另一成员——Bim具有高度的亲和性。Bim是一种促凋亡因子，活化后可介导线粒体细胞色素C的释放，诱导细胞发生凋亡。Han等认为，Mcl－1与Bim的结合可抑制Bim的活性，从而抑制细胞的凋亡。

此外，结核分支杆菌可以诱导巨噬细胞生成IL－10，IL－10可以激活可溶性的TNFR2（sTNFR2）。sTNFR2是TNF－α的天然抑制剂，在正常人血液和尿液内均有少量存在。sTNFR2和TNF－α结合形成TNF－α－TNFR2复合物，抑制TNF－α的活性。同时，结核分支杆菌强毒株可以大量诱导产生IL－10，而减毒株H37Ra则不能，这可能与MTB对TNF－α的影响有关。

结核分支杆菌通过细胞代谢通路的调节确保其在巨噬细胞内长期存活。例如，当结核分支杆菌到达一个营养缺乏的环境（如巨噬细胞吞噬体内）时，它们只能利用脂肪酸作为碳源，此时，细菌就激活乙醛酸支路重新合成糖类。铁也是许多宿主防御反应不可缺少的，为了成功地与宿主竞争铁离子，结核分支杆菌具有特化的铁离子捕获分子。

三、细菌对树突细胞的影响

树突细胞（dendritic cells，DCs）是免疫系统中最重要的专职抗原递呈细胞，能够特异性地摄取抗原并呈递给T细胞，在免疫反应的初始阶段起着重要的作用。DCs通过网格蛋白小窝、细胞质膜微囊、巨胞饮或吞噬等方式将抗原摄取，然后移动到邻近的引流淋巴结。DCs迁移期间，抗原诱导产生的溶解蛋白、接触依赖因子以及环境中的细胞因子等，使得DCs经历了一个成熟的过程。成熟的DCs细胞表面受体大量增加，包括主要组织相容性复合体（major histocompatibilitycomplex Ⅰ/Ⅱ，MHC Ⅰ，MHC Ⅱ）分子和协同刺激因子CD80、CD86、CD40、CD54、CD83等；细胞因子如白细胞介素12（IL－12）、肿瘤坏死因子α（TNF－α）等表达也有所增加，使得DCs 与T 细胞作用的能力增强。因此，当DCs 到达淋巴结的时候，已具有了刺激初生T淋巴细胞（naive T cell）活化的能力。

（一）树突细胞对分支杆菌的识别

DCs与巨噬细胞（macrophages，Mø）一同分布在呼吸道，为抵御病原微生物的第一道防线。肺泡和间质中的未成熟DCs通过表面存在的大量受体，识别分支杆菌及其抗原，并将其摄取加工，转化成可以激活相应免疫反应的短肽形式。期间DCs的功能和表型也发生改变。分支杆菌的细胞壁主要由阿拉伯半乳聚糖（arabinogalactan）、脂阿拉伯甘露聚糖（lipoarabinomannan，LAM）和肽聚糖等组成。研究表明，阿拉伯半乳聚糖和肽聚糖能够活化Toll样受体TLR2和TLR4，而TLR2和TLR4的活化不仅与 DCs的成熟有关，还能刺激TNF－α，从而导致NF－κB 的活化。NF－κB能够上调DCs的表面分子并决定细胞表面表型，促进细胞因子和趋化因子的分泌以及T细胞反应。外源性的TNF－α也能够上调DCs表面CD80、CD86、CD83和CD150分子。

LAM中含有甘露糖帽的ManLAM能够与树突细胞表面的DC－SIGN结合，引起DCs的不完全成熟，细胞表面表达低水平的MHC Ⅰ、MHCⅡ、CD86、CD83 和 CCR7分子。这些不完全成熟的DCs吞噬和激活初生T细胞的能力大大减弱，而且易被NK细胞杀死；成熟的DCs则能够抵抗NK细胞介导的溶解。

结核分支杆菌细胞壁的其他成分，如脂阿拉伯甘露聚糖LAM、19kD脂蛋白、非甲基化DNA的CpG重复区以及肽聚糖也都能够作为TLRs的刺激物与其相互作用，如LAM和19kD脂蛋白与TLR2相互作用、CpG DNA与 TLR9相互作用以及肽聚糖和TLR2、TLR4相互作用。因此，MTB被认为可以通过TLRs对DCs产生影响。在体外，人的TLR2和TLR4参与MTB介导的细胞内信号通路。MTB通过表达不同的配体，与TLR2和TLR4 的结合，识别和活化细胞；而热灭活的MTB则不能通过TLR4活化细胞，表明只有活菌才能与TLRs相互作用，结果对疫苗的开发与研究起到了很重要的作用。

MTB及其抗原也能够诱导其他细胞向DCs分化。在小鼠模型中，感染MTB形成的肉芽肿中巨噬细胞高度空泡化，因此被称作“泡沫样巨噬细胞”，其能表达高水平的DEC－205、CD11b、CD11c、MHC Ⅱ和CD40分子，具有成熟DCs的特性。细胞只有在病程的早期才能呈现以上表型，并且在往后期发展的过程中又很快失去此表型。在感染部位，“泡沫样巨噬细胞”的这种表达机制潜在地激活了免疫反应，帮助病原在肉芽肿处聚集。结核分支杆菌分泌的抗原包括CFP10、ESAT6、MPT64、Ag85B，能够诱导鼠骨髓白细胞前体向DCs分化，具有DCs相似的形态和表型；细胞表面MHC Ⅰ、MHC Ⅱ 分子，以及协同刺激因子也高水平表达。

（二）树突状细胞活化

结核分支杆菌活化的DCs能够分泌细胞因子与T细胞作用，产生相应的免疫反应以抵抗结核分支杆菌的感染。DCs细胞表面合成的MHC Ⅱ分子将分支杆菌抗原呈递给抗原特异的$CD4^+$ T细胞，并且上调其活化所需的协同刺激分子如CD80、CD86、CD40、CD54、CD83等。经由$CD4^+$ T细胞增殖分化的Th1细胞可以激活并募集巨噬细胞，使巨噬细胞吞噬结核分支杆菌；而经由$CD4^+$T细胞分化的Th2细胞刺激体液免疫，其分泌的IL-4能促进B细胞的增殖和诱导抗体的产生，尤其是IgE的产生；另外，分泌的IL-4和IL-5又分别能诱导肥大细胞和嗜酸性粒细胞的分化增殖，因此Th2细胞主要与过敏性疾病有关。MHC-I分子能将分支杆菌抗原呈递给抗原特异的$CD8^+$T细胞，这种机制允许胞质中抗原的呈递，这对特定的分支杆菌抗原逃脱吞噬体是极其重要的。

研究表明，结核分支杆菌在感染早期与TLR作用，活化DCs并促使IL-12的表达，并刺激初生T细胞产生IFN-γ。同时DCs也能产生大量的趋化因子和趋化因子受体，以调节T细胞反应。研究表明，DCs能够表达CCR7，与其配体CCL21相结合。同时，CCL3、CCL4、CXCL9和CXCL10也高水平表达，对NK细胞和T细胞的迁移起重要的作用。

（三）树突状细胞与结核分支杆菌的免疫逃避机制

结核分支杆菌能够与DC-SIGN作用。DC-SIGN是一种由404个氨基酸组成的Ⅱ型跨膜蛋白，属于C型（钙依赖性）凝集素超家族，而结核分支杆菌细胞壁上ManLAM的甘糖帽，被认为是DC-SIGN的一个关键配体。DC-SIGN能够通过对甘糖帽的选择性识别来区别分支杆菌属。生长缓慢的毒株（如结核分支杆菌和禽分支杆菌），表达甘糖帽；而生长迅速的菌株（如耻垢分支杆菌），表达LAM分子上的阿拉伯糖。感染的后期ManLAM与DC-SIGN结合后，可以通过作用于TLRs信号途径，干扰DCs的成熟信号，从而抑制结核杆菌和脂多糖诱导的DCs的成熟，并且通过抑制NF-κB的活化导致脂多糖活化的IL-12生成的减少和IL-10产量的增加。DC成熟的抑制和IL-10的增加可能增强了结核杆菌的毒力。同时未成熟的DCs或IL-10处理的DCs，不仅刺激T细胞反应的能力降低，而且诱导机体形成抗原特异性耐受。表明DC-SIGN在结核杆菌感染中并不仅仅是一个细胞受体，更与结核杆菌诱导的免疫抑制密切相关。同时，体外研究了结核分支杆菌与DCs相互作用时的促炎与抗炎反应，结果显示：当用IFN-α诱导单核细胞差异性分化时，结核分支杆菌抑制DCs的产生，从而促使单核细胞向MΦ分化；而用IFN-α和脂多糖联合激活DCs和MΦ时，可抑制一氧化氮合成酶依赖方式的胞内菌的生长，这种激活方式激活的MΦ可杀死胞内菌，而活化的DCs却不能杀死其内的结核分支杆菌，仅能限制其生长。这表明DCs可以作为结核分支杆菌的储存宿主。也有研究表明，通过下调氧化应激反应和干扰素信号分子蛋白激酶C、钙的活化是结核分支杆菌得以在DCs胞内存活的分子机制。

四、结核分支杆菌对肺细胞的影响

肺上皮细胞（lung epithelial cells）是病原感染的局灶点和宿主细胞，也是肺防御微生物感染的第一道屏障，是天然免疫的积极参与者。最新研究表明，肺上皮细胞在多种刺激因素的作用下，经常处于应激状态，表现出活跃的生物功能。其中，它对气道高反应性疾病中免疫失衡的调控作用也被越来越多的学者关注。当受到变应原、病原体或物理损伤的时候，肺上皮细胞可以分泌白介素、趋化因子、生长因子、干扰素、集落刺激因子和肿瘤坏死因子等细胞因子以及可以表达MHC Ⅰ和Ⅱ类分子。而这些生物分子可介导炎性细胞的活化、迁移、细胞间的黏附、损伤后肺上皮的修复和重建等。

MTB的感染过程伴随着一系列的反应，包括具有抗原特异性的T细胞的产生和移动到肺组织处，引起肺组织炎性浸润和间质肺巨噬细胞的活化。感染早期阶段，分支杆菌在肺组织处生长迅速，但是并没有检测到炎性反应。而感染后3周，分支杆菌的生长速度开始减慢，与肺组织产生的炎性反应有关。T细胞在MTB感染后至少2周才被活化。肺巨噬细胞表面MHC Ⅱ表达增加，能够通过外源的IFN－γ抗分支杆菌。炎性反应的发展和巨噬细胞的活化与免疫T细胞在肺组织中的逐渐积累有关，感染后2～3周后，T细胞在肺组织积聚，产生IFN－γ，刺激巨噬细胞的成熟。T细胞通过IFN－γ活化巨噬细胞被认为是一个重要的抗分支杆菌特异性保护反应。外源性的IFN－γ不能够刺激肺巨噬细胞产生抗分支杆菌的活性。

MTB的主要细胞表面分子包括磷脂酰肌醇甘露糖（PIM）及多糖基化的脂质（LM）和脂阿拉伯甘露糖（LAM），它们对病原在宿主细胞内的持续存活相当重要。PIM存在于MTB细胞外被膜表面，构成56%的磷脂质，并且形成1～6个甘露糖残基与磷脂质的肌醇部分的连接；LAM存在于细胞外被膜内侧，与PIM、LM共用甘露糖磷脂酰肌醇片段。PIM不仅是LM和LAM的生物合成前体，而且也是主要的非肽分支杆菌抗原，能够通过TLR2介导巨噬细胞的活化。PIM和LAM可以被含有分支杆菌的吞噬体释放，移动到肺环境中去影响临近的细胞。

PIM能够与肺泡上皮细胞（alveolar epithelial cells，AEC）相互作用，从而导致细胞的完整性发生改变。PIM能够引起AEC Ⅰ、AEC Ⅱ产生更多的活性氧自由基（ROS）；而在此氧化应激的过程中，AEC Ⅰ比AEC Ⅱ产生更多的ROS，以刺激凋亡，表明相对于AEC Ⅱ，AEC Ⅰ细胞溶解更多，出现的时间也相对更早。PIM还能够作用AEC，导致肿瘤生长因子（TGF－β）的高表达，从而激活TLR。PIM也与$CD4^+$ T细胞上的 VLA－5反应，诱导整联蛋白（integrin）的活化。

分支杆菌的其他成分，如19kD糖脂蛋白（Rv3763）、PE_PGRS33（Rv1818c）、分支杆菌6kD早期分泌抗原靶点（ESAT6或Rv3875）、38kD脂蛋白（Rv0934）被认为是诱导AEC凋亡的主要因素。ESAT6能够引起AEC Ⅰ（WI26）、AEC Ⅱ（A549）的溶解，而AEC Ⅰ比AEC Ⅱ更易溶解；分支杆菌短期培养滤液蛋白片段（CFP）能够引起AEC Ⅱ的溶解；肝素结合血凝素能够使结核分支杆菌结合到AEC的糖基轭合物，与其相互作用后推动细胞对MTB的吞噬和转运，从而使结核分支杆菌透过上皮屏障进行肺组织外的传播。ManLAM能够诱导TGF－α的产生，促使结核分支杆菌在AEC内的生长并抑制了NK细胞、T细胞及IFN－γ、TNF－α、IL－1 的释放。TGF－β不仅能够降低细胞的炎性反应，推动肺组织的耐受性，而且还能推动肉芽肿纤维化，限制细菌的生长。AEC Ⅱ表面的MHC Ⅱ分子通过TGF－β介导的Foxp3^{+}调节T 细胞的分化。

结核分支杆菌的细胞壁主要由阿拉伯半乳聚糖（arabinogalactan）、脂阿拉伯甘露聚糖（lipoarabinomannan，LAM）和肽聚糖等组成。相关研究显示，结核分支杆菌的全细胞溶解物、结核分支杆菌细胞壁和细胞膜成分能够诱导AEC Ⅱ显著表达NO和iNOS mRNA，而细胞质则不能引起同样的结果，这可能是因为MTB细胞壁的LAM组分导致AECII细胞产生超氧化物和NO，从而协助细胞清除结核分支杆菌。

第三节 牛分支杆菌致病的分子机制

一、细菌蛋白分泌与运输

牛分支杆菌和结核分支杆菌类似，具有许多特殊的细胞壁成分，胞质膜外是牛分支杆菌细胞壁层，它由肽聚糖和阿拉伯半聚糖交联成网，其上有共价结合的长链分支菌酸。这层细胞壁的最外层还连着一层自由的脂质，在一定条件下这层脂质可能成为多糖样外壳结构的一部分。这些特殊的细胞壁成分说明其可能具有新的转运系统，将表达的蛋白运进或者穿越这层不寻常且复杂的细胞壁。

（一）Sec 途径

Sec 途径是细菌将蛋白从细胞质转运穿过胞质膜的主要和基本的途径，能将蛋白质运输至细胞膜或者完全释放出细胞。Sec途径转输的蛋白质是以前体的形式合成，因其氨基（N）末端存在三重的Sec信号序列而被识别。转运过程中，信号肽酶将信号序列从前体切除，形成成熟蛋白。切割后，N端半胱氨酸通过添加脂肪酸进一步修饰。脂蛋白信号序列的存在对于随后成熟蛋白的定位具有重要影响，因为脂质修饰能将蛋白质系与膜上。Sec途径也参与胞浆膜蛋白的转运和插入。初期，膜蛋白的疏水跨膜区域在翻译的早期被信号识别部位的信号识别颗粒（signal recognition particle，SRP）识别，当时仍与核糖体相连。细菌的SRP由蛋白Ffh和一个4.5S的rRNA组成。核糖体–初始蛋白链–SRP复合物与SRP受体FtsY作用，将蛋白传递给Sec移位酶。在移位的过程中，初期蛋白的跨膜区域与Sec易位子相遇，蛋白运输和输出将会停止。YidC蛋白在磷脂双分子层上膜蛋白的稳定整合中发挥作用。YidC蛋白也能不依靠Sec转位酶促进某些Sec依赖性膜蛋白的整合（图4–5）。

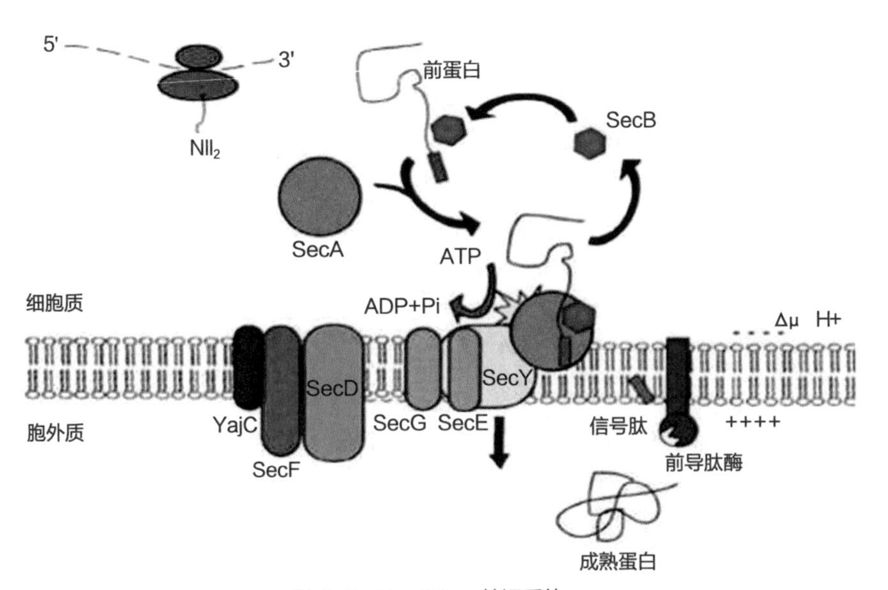

图 4–5 *E.coli* Sec 转运系统

SecB 与非折叠形式的前体蛋白具有亲和性，两者结合不需要 ATP 的降解。与蛋白结合后能与 SecA 结合形成三复体，从而进入转运体系。SecD、SecE、SecF、SecG、SecY 和 YajC 是与细胞膜整合的蛋白，组成转运酶复合物，协助蛋白运输。转运过程中，信号肽酶将信号肽序列从前体切除，形成成熟蛋白。（引自 Rusch and Kendall，2007）

结核分支杆菌拥有具备功能的Sec途径。基因组序列中包含了所有Sec途径组成的同源基因，如SRP和YidC等，只有SecB伴侣分子不存在，但是SecB并不是存在于所有的Sec系统中。与SecB的缺乏相对应，结核分支杆菌的SecA缺乏C端的SecB结合位点，因此可以推测结核杆菌中的其他分子伴侣完成了SecB在传递未折叠前体蛋白至SecA和其他移位酶成分中时所发挥的作用。

有试验证明，结核分支杆菌存在一些通过标准Sec信号序列或者脂蛋白Sec信号序列分泌的表面蛋白，这进一步说明结核分支杆菌中存在着发挥作用的Sec途径。通过分析这些已知和预测的通过Sec信号序列分泌的结核分支杆菌蛋白质，Wiler等人发现，这些蛋白质的成熟形式大部分都在+1位点有一个天冬氨酸（D），在+2位点有一个脯氨酸（P）。但是这种DP特征的重要性还有待探索。

（二）双精氨酸分泌途径

双精氨酸分泌（Tat）途径是近年来在细菌中新发现的，目前对这一途径的了解还相对有限。与Sec途径相似，Tat系统通过浆膜定位将蛋白从细胞浆转运至细胞膜或者分泌到细胞外。

Tat底物也以前体的形式分泌，具有一个在三级结构和切割位点都与Sec信号序列相似的氨基末端信号序列。然而，在其带电荷的氨基末端具有双精氨酸，该特点使其能与Sec信号序列相区别，这个双精氨酸引导前体进入Tat途径。Tat途径的另一个区别特点是其运输的前体蛋白是处于充分折叠状态的。一些底物转运时甚至带有绑定的辅助因子，其他的蛋白以类似多聚体的形式转运。Tat转运途径只能通过质子动力驱动，这也是其区别于Sec途径的特征之一。

Tat途径的转运依赖于Sec途径，且Tat依赖的转运至少需要两个膜蛋白（TatA和TatC）。一些菌还具有TatB和TatE蛋白，这两个蛋白具有同源区域，并具有和TatA相似的结构组织。转运中的每一个Tat因子的作用仍不明确。近年来发现，TatC在转运的早期能连接Tat信号序列，故TatC被认为在转运中担任底物识别和特异性因子的角色。TatA被认为是Tat转运通道中主要的组成分子，且当过量表达的时候能相互交联形成大的同源寡聚体结构。

根据基因组分析发现，结核分支杆菌中具有Tat途径。结核分支杆菌的基因组序列在一个预测的操纵子上显示两个基因片段，这个操纵子编码TatA和TatC的同源物。TatB的同源物定位于基因组的其他地方。根据已经公布的Tat信号序列的Tat底物识别程序，在结核分支杆菌中确定了潜在的Tat底物。这些潜在的Tat底物包括磷脂酶C，它定位于细胞壁并且与结核分支杆菌的毒力相关。Tat在毒力中的功能已经在绿脓假单胞菌、出血性大肠埃希菌和根癌土壤杆菌中得到证实。

（三）VII型分泌系统（type VII sceretion systems）

细菌的致病性与分泌毒力因子的能力密切相关，这些毒力因子可以在细胞表面表达，也可以通过分泌的方式到达细胞外基质或直接进入宿主细胞。革兰阴性菌的蛋白分泌特别复杂，对革兰阴性菌蛋白分泌机制的研究鉴定出了6种不同的分泌系统，分别命名为I～VI型分泌系统。在结核分支杆菌中，有些蛋白含有典型的信号肽序列，这些蛋白通过Sec途径进行分泌，还有一些蛋白的分泌则通过Sec2旁路途径或者Tat途径进行。然而在结核分支杆菌的培养滤液中含有很多分子量小、免疫原性高的蛋白，它们均缺少典型的信号肽序列，如ESAT6（6kD早期分泌抗原蛋白）。结核分支杆菌具有十分复杂的细胞壁结构，细胞壁基质和分支菌酸共价结合，形成了高度疏水、近乎不通透的分支菌酸膜，蛋白质必须穿过分支菌酸膜才能分泌到胞外，这就暗示在结核分支杆菌中可能存在着特殊的分泌系统，后来被证实为ESX-I分泌系统。

在ESX-I分泌系统被发现之前，通过基于ESAT6、CFP10及其两侧的膜相关蛋白和假定ATP酶的基因芯片分析也已经预测到了该分泌系统的存在。该分泌系统首个试验证据是，只有将完整的RDl区插入BCG疫苗株后ESAT6才得以分泌，RD1区单个基因的破坏都将妨碍ESAT6和CFP10的分泌。这个系统现在被称为ESAT6分泌系统或者ESX-I分泌系统，亦被称为VII型分泌系统。随后，在海洋分支杆菌和耻垢分支杆菌中也发现了ESX-I分泌系统。

1. ESX-I系统组成及其分泌机制　ESX-I系统所包含基因的数量还存在着争议，可能在不同种类的分支杆菌之间存在差异。目前，已经鉴定出一些确切参与ESX-I构成的蛋白质组分，普遍认为EspA、EspB、EAST6、CFP10、MycPl、PE35等蛋白参与了ESX-I分泌系统的形成。ESX-I分泌系统组分很有可能形成一个类似于细菌I～IV型分泌系统的多重跨膜结构，有关ESX-I分泌系统相关蛋白相互作用的研究为了解ESX-I分泌系统的分子机制提供了理论依据。

分泌的ESAT6和CFP10在稳定性上互相依赖，并且形成紧密的1：1的二聚体结构。酵母双杂交试验揭示，Rv3870可能与Rv3871相互结合，而Rv3871又与CFP10结合，因此推断胞质蛋白Rv3871首先识别ESAT-6/CFP-10复合物，并与CFP-10的C端结合。接下来Rv3871与Rv3870在细胞内膜上相互作用并形成具有活性的ATP酶。分子伴侣Rv3868可与Rv3870和Rv3871相互作用，进而促进ESAT6和CFP10蛋白的分泌。Rv3871/Rv3870复合物类似于l型和IV型分泌系统中的ATP酶，形成一个具有中央空洞的六环结构，这种结构有助于分泌的底物通过分泌通道。Rv3877预测含有11个跨膜结构域，很有可能形成了位于内膜上的转位通道。但是目前还不清楚是什么蛋白或者哪些蛋白形成了分支菌酸膜上的通道。

当发现ESX–I分泌系统的第2个基因簇（Rv3614c ~ Rv3616c）后，ESX–I的分泌机制变得更加复杂。Rv3616c（EspA）和ESAT6、CFP10是协同分泌的，共同参与ESX–I分泌系统。Rv3614C ~ Rv3616C区域的Rv3864 ~ Rv3867同源，EspA可能与Rv3614c和Rv3615c共同形成操纵子。胞质蛋白Rv3614c和胞膜蛋白Rv3882c相互作用进而促进相关ESX–I分泌蛋白的分泌。Rv3815c是一种分泌蛋白，其C端同CFP10一样，是分泌系统ESX–I所必需的。在缺少EspA或Rv3815c时，虽然能有效形成ESAT6/CFP10复合物，但是只能停留在细胞内而不能被分泌，这就意味着ESX–I的所有底物（EspA，Rv3815c，ESAT6和CFP10）在分泌时都是互相依赖的（图4–6）。

2. ESX–I分泌系统的作用　ESX–I位于RDl区域，是结核分支杆菌重要的毒力因素，这个区域在BCG株中缺失。结核分支杆菌缺失功能性的ESX–I分泌系统将会导致其毒力的降低；同样如果将完整的ESX–I补进BCG将会使BCG恢复部分毒力。麻风分支杆菌也含有ESX–I分泌系统，麻风患者的T细胞能够对麻风分支杆菌的ESAT6发生强烈的反应。但是功能性的ESX–I分泌系统并不仅仅存在于致病性分支杆菌中；另一方面，有

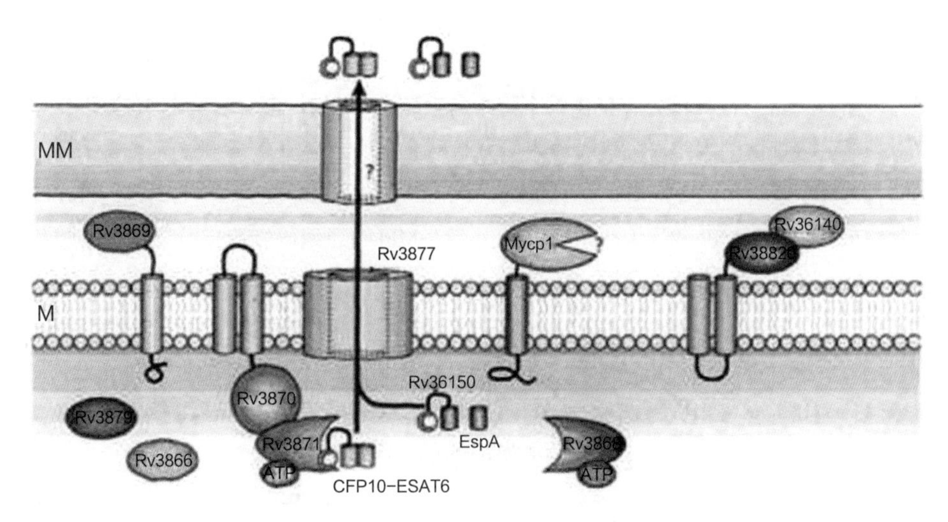

图 4–6　ESX–1 分泌系统转行机制模式

ESAT6-CFP10 形成二聚体复合物。分泌物 Rv3616c（也叫 EspA）与 ESAT6-CFP10 复合物相互依赖。但是，没有充分的证据证明这些蛋白可以形成一个更大的复合物。ESAT6-CFP10 复合物被 FtsK/SpoIIIE 样蛋白 Rv3871 识别，与 CFP10 的羧基末端结合。Rv3870 本身通过与 Rv3870 作用与内膜联系。内膜中的转运通道可能由 Rv3877 形成，有多个跨膜区域，但是哪种蛋白形成细菌膜的通道并不清楚。AAA+ 分子伴侣样蛋白 Rv3868 可能与分泌系统的生物起源有关。由于没有鉴定出在 EXS-1 分泌中被切割的蛋白，虽然枯草杆菌蛋白酶样蛋白酶 MycP1 的功能是必要的，但是不知道其中的原因。在其他 ESX 基因簇中也会出现的基因用彩色表示，ESX-1 特有基因使用黑灰色。？表示结核杆菌膜通道尚未完全清楚。　（引自 Abdallah，等，2007）

少数分支杆菌，如溃疡分支杆菌、禽分支杆菌和田鼠分支杆菌，它们缺少ESX-I的部分区域，ESAT6不能被分泌，但依然是致病性的。为什么仅仅在某些种属的细菌中ESX-I与毒力相关，这尚不清楚。或许与非致病菌相比，致病性分支杆菌中的ESAT6/CFP10具有额外的功能，也有可能是因为致病性分支杆菌通过ESX-I系统分泌了其他的蛋白。究竟哪些分泌蛋白对于细菌的毒力是至关重要的，这些蛋白又是怎样和宿主发生相互作用的，目前还无法清晰地回答这些问题，这将寄希望于对ESX-I分泌系统的进一步认识。对结核分支杆菌ESX分泌机制的深入研究，将为结核病的预防、诊断和治疗提供理论依据。

二、毒力因子

结核分支杆菌是单一致病菌感染导致病死率最高的致病菌，且自1882年德国科学家罗伯特.科赫（Robert Koch）发现结核分支杆菌至今133年历史，人们对结核分支杆菌的致病机制尚不完全了解。细菌常见的致病因子包括参与黏附、侵袭、复制、持留及免疫抑制等过程的毒力因子和外毒素等。但是结核分支杆菌的毒力与其他细菌不同，它没有经典的毒力因子，也不分泌外毒素。

以前一直认为，结核分支杆菌没有毒力岛（pathogenicity islands，PAIs）。但近年来，在对结核分支杆菌基因组序列进行深入研究基础上发现，结核分支杆菌有3个毒力岛，分别命名为MPI-1、MPI-2和MPI-3。MPI-2 和 MPI-3被认识得较早，除含有编码PE/PPE家族蛋白的基因外，MPI-2还编码VII型分泌系统，MPI-3还编码细胞壁分支菌酸合成相关基因。MPI-1为新发现的毒力岛，编码 CRISPR-Cas 家族蛋白，与结核分支杆菌持续感染有关。

结核分支杆菌分泌蛋白和细菌表面组分直接暴露于结核分支杆菌生长环境（分支杆菌吞噬体或培养基）中，是菌体与宿主细胞相互作用的重要分子。由于结核分支杆菌的蛋白分泌机制还不完全清楚，我们通常说的结核分支杆菌分泌蛋白主要是指培养滤液蛋白（culture filtrate proteins，CFPs）。存在于结核分支杆菌培养滤液中的蛋白大约200多种，其中很多种蛋白都能够被结核病人的血清识别，所以受到研究者的广泛关注。

（一）分泌蛋白

1. HspX（Rv2031c） HspX又名α晶状蛋白同系物、Acr或16kD蛋白，它是结核分支杆菌的主要蛋白，能够被多数结核病人血清识别。结核分支杆菌在缺氧条件下或者被吞噬入人巨噬细胞系THP-1后，HspX会被诱导表达，而HspX基因失活的结核分支杆菌变异体在巨噬细胞中的生长明显减缓。过表达HspX会抑制结核分支杆菌的生长；静止期或者体外模仿潜伏生长状态下结核分支杆菌的HspX表达上调；结核病接触者对HspX的IFN－γ反应试验明显高于未接触结核的BCG接种者；故我们推测HspX是结核分支杆菌潜伏或滞留的一个重要控制元素。此外，在缺氧条件下诱导HspX的表达还需反应调节子Rv3133c的参与。

2. ESAT6（Rv3875）和CFP10（Rv3874） ESAT6和CFP10蛋白是发现于结核分支杆菌培养滤液中的小分子量分泌蛋白，属于ESAT6家族，这两种蛋白都是能被多数结核病人血清识别的优势抗原。在牛分支杆菌的致病过程中，这两个基因存在的必要性尚不明确，但是研究表明牛分支杆菌这两个基因的突变株在感染豚鼠模型过程中致病力明显减弱。比较野生型牛分支杆菌和BCG菌株时发现的BCG第一个缺失区（RD1）（Rv3871～Rv3879c）包括十一个蛋白的结构基因，Rv3874和Rv3875也位于其中。在结核分支杆菌内，ESAT6和CFP10是共同转录的，两者在大肠杆菌中表达时也是同时转录的，且两者在大肠杆菌中共表达时按1：1比例形成复合物。同时发现，结核分支杆菌ESAT6家族的很多成员在结核分支杆菌基因组中成对的紧紧相邻，故我们推测其他家族成员可能也会按1：1形成复合物。Rv0288是ESAT6家族的另一成员，RT－PCR发现结核分支杆菌在巨噬细胞中时可诱导其表达，且其表达产物TB10.4能够被70%结核病人的血清识别，并且可引起T淋巴细胞强烈的细胞因子反应，并释放IFN－γ。Rv0288与结核分支杆菌毒力的关系有待研究，已发现与之紧邻的另一基因Rv0287也编码ESAT6家族成员，两者表达的蛋白极有可能形成复合物。此外，有研究发现ESAT6可以通过激活半胱氨酸－天冬氨酸蛋白酶（Caspase）－1、－3、－5、－7和－8基因的表达来诱导人巨噬细胞THP－1凋亡，故推测诱导凋亡也是ESAT6的毒力机制之一。

3. 19kD蛋白（Rv3763，lpqH） 19kD蛋白是一种位于结核分支杆菌表面的糖脂蛋白，并且是一种能够被结核病患者T淋巴细胞和血清识别的免疫优势抗原。当结核分支杆菌进入巨噬细胞或者其他吞噬细胞时，19kD蛋白与TLR2相互作用可引起宿主的信号传递。最初人们认为结核分支杆菌I2646菌株不产生19kD蛋白，但是随后DNA序列分析证明I2646菌株的lpqH基因发生了破坏，此菌株感染小鼠后能够很快从肺和脾中被清除。然后将野生型lpqH基因重新转入I2646菌株后，能够使其在肺中恢复生长，由此推断，19kD蛋白对结核分支杆菌的毒力很重要。但是也有试验表明，胞内分支杆菌编码19kD蛋白的基因突变后，其毒力并无变化；将此基因导入非致病性分支杆菌时，其免疫原性降低；在小鼠感染模型中，无论过表达还是阻止19kD蛋白的表达，BCG的保护作用均无改变。同时，在不同试验中，19kD蛋白对结核分支杆菌感染后巨噬细胞反应的影响结果也各不相同。

4. SapM　分泌型酸性磷酸酶（SapM）是一种磷酸肌醇磷酸酯酶，在结核分支杆菌培养滤液中首次发现，它能抑制磷酸酰肌醇的形成，从而抑制吞噬体的成熟。SapM缺乏所有细菌性磷酸酶的保守序列，但是具有两个在真菌磷酸酯酶中高度保守的重要的催化性组氨酸残基。SapM的分泌性质进一步说明其可能在感染过程中通过与宿主分子相互作用来发挥作用。

SapM首先被发现对磷酸烯醇丙酮酸盐、甘油磷酸盐、GTP、NADPH、磷酸酪氨酸和一磷酸海藻糖有活性。后来又有研究表明，吞噬体获得溶酶体成分所必需的一种膜运输调节脂质——PI3P，在含有死亡结核杆菌的吞噬体中保持稳定，但是在含有活结核杆菌的吞噬体中被不断消除。说明SapM通过扰乱PI3P 效应蛋白如早期体内抗原1（EEA1）的聚集来抑制吞噬体的成熟，且体外试验中添加SapM确实抑制吞噬体与晚期胞内体的融合。BCG的SapM敲除菌株制成的疫苗（ΔsapM BCG）能抵抗结核分支杆菌致命性攻击使小鼠存活时间延长。在引流淋巴结中，ΔsapM BCG疫苗在诱导$CD11c^{+}$ $MHCII^{int}$ $CD40^{int}$树突状细胞聚集和激活方面更加有效。疫苗效力的提高可能是由于SapM抑制吞噬体成熟作用的缺失，从而使抗原呈递作用顺利进行，激活树突状细胞产生后天免疫。MTBH37Rv进行*sapM*敲除以后形成高度弱毒且有免疫原性的菌株，更支持了sapM在吞噬体成熟过程中发挥抑制作用的假设。但是现在还没有关于*sapM*的特异性抑制剂的报道，可能是由于对*sapM*的研究以及对这类磷酸酶靶向的专业技术的研究有限。

5. LPD　机体通过iNOS诱导产生活性氮中间体（RNI）来抑制体内结核杆菌的增殖，RNI 形成菌内过氧硝酸盐来杀灭菌体。基因*lpdC*编码硫辛酰胺脱氢酶（LPD），是丙酮酸脱氢酶复合体（PDH）的第三种酶（E3）。LPD能发挥类似于E1在过氧硝酸盐还原/过氧化（PNR/P）过程中发挥的作用，这个过程能帮助结核分支杆菌抵御宿主反应性氮中间体。与PNR/P过程中缺失二氢硫辛酰胺酰基转移酶（DlaT）的缺失菌相比，LPD缺失的结核分支杆菌菌株在野生型和免疫缺陷型小鼠中的毒性严重减弱，说明LPD具有DlaT所不具有的功能。当结核分支杆菌中DlaT缺失时，一种由*pdhA*、*pdhB*和*pdhC*编码的LPD依赖性性支链酮酸脱氢酶（BCKADH）会升高。没有LPD，结核分支杆菌就不能代谢支链氨基酸，毒性支链中间产物就会发生积聚。DlaT和PdhC双缺失的菌株表型和LPD缺失型菌株表型相似。所以，在结核分支杆菌致病机制中，BCKADH、PDH和PNR/P同等重要。这些发现都说明LPD在抗结核分支杆菌感染的研究中具有潜能。

（二）细胞表面组分

分支杆菌细胞壁和细胞膜是包含多种蛋白、类脂和多糖的复杂结构，其中一些成分是分支杆菌特有的，另一些组分的亚类还是致病性分支杆菌特有的。因此，这些组分是进一步研究结核分支杆菌毒力的优良靶标。

1. ManLAM LAM是一种重要的免疫调节因子，同时也被列为毒力因子。它是一种含有重复阿拉伯糖–甘露糖二糖亚单位的复杂糖脂分子，是结核分支杆菌细胞壁的主要组分。将LAM加入小鼠巨噬细胞能抑制IFN–γ的产生，并阻断IFN–γ诱导基因的表达。LAM还能清除氧自由基，并在体内抑制宿主蛋白酶C的作用。由此可以得出，LAM的功能是下调宿主抗结核分支杆菌免疫反应，以保护细菌免于呼吸爆发之类的潜在致命损伤。

LAM在致病性结核分支杆菌中糖基化成为ManLAM，而在环境分支杆菌的细胞壁中，LAM被阿戊糖（AraLAM）或者磷酸肌醇包被，因此ManLAM作为潜在的毒力因子被广泛研究，MMR和DC–SIGN是ManLAM的受体，ManLAM诱导MMR和DC–SIGN的表达并与其结合被认为在结核分支杆菌毒力中发挥重要作用。

2. Mce3和Mce4 Mce（mammalian cell entry，Mce）基因叫做哺乳动物细胞入侵基因，该基因赋予重组非致病性大肠杆菌侵入，并有在巨噬细胞和上皮细胞系HeLa细胞中存留的能力。H37Rv基因组操纵子中有4个拷贝Mce基因，每一个操纵子编码8个组织方式完全一致的基因，包括YrbEA–B和MceA–F。Mce之前的两个基因编码膜整合蛋白，之后的5个基因编码带疏水信号肽的蛋白。所有Mce编码的蛋白质都具有信号序列或者在N端具有延伸的疏水基，这些特征与其在细胞表面的分布，以及Mce在宿主细胞侵袭和相互作用中可能发挥的作用相一致。它们的生物学功能尚不明确，但是越来越多的研究证据表明，它们与结核分支杆菌复合群的毒力紧密相关。

有研究分别构建H37Rv的Mce3和Mce4的单突变株及Mce3/ Mce4双突变株，用其感染小鼠后发现，感染Mce3突变株小鼠的细菌载量与感染野生型的小鼠无明显差异，而感染Mce4突变株和Mce3/ Mce4双突变株小鼠的细菌载量低于野生型。研究中Mce3、Mce4、Mce3/ Mce4双突变株和野生型H37Rv感染小鼠后的平均存活时间分别为46、58、62和40.5周。感染15周的小鼠肺组织学检测显示，Mce4和Mce3/ Mce4突变株感染者的肺脏损伤程度轻于野生型和Mce3突变株。说明虽然Mce3和Mce4对结核分支杆菌的毒力都有影响，但是Mce4相对来说发挥了更加重要的作用。

（三）细胞代谢酶

细菌生长过程中需要必需的营养物质及辅助因子，包括碳源、氮源和金属离子，这些物质的合成和降解需要多种酶的参与。牛分支杆菌也存在多种代谢酶，对其在生长过程中获得必需的营养成分具有重要作用。

1. 类脂和脂肪酸代谢 牛分支杆菌在体内生长的过程中，可以利用脂肪酸代谢，为自身生长提供必需营养。目前有很多实验支持这一观点。

（1）Icl（Icl，aceA，K60_020080，K60_004930） 异柠檬酸裂合酶（Isocitrate lyase，Icl）是乙醛酸循环中两个关键酶（异柠檬酸裂合酶和苹果酸合酶）之一，它们可使丙酮酸和乙酸等化合物源源不断地合成4C二羧酸，以保证微生物正常生物合成的需要。Icl在乙醛酸循环途径中能够将异柠檬酸转化成琥珀酸，乙醛酸循环为柠檬酸循环提供碳源，能够保证细菌可以利用脂肪酸或乙酸盐作为碳源。

（2）LipF（K60_036220，LipF） 脂肪酶或酯酶（esterase/lipase，LipF）参与脂质的降解过程，与病原体的毒力相关，其突变体的毒力减弱。在酸性条件刺激下，lipF启动子表达上调。在对耐一线结核药物的菌株进行分析中发现，lipF的基因表达水平下降，因此，该酶可能与结核分支杆菌耐药性的形成有关。另外，有研究通过基因融合技术发现，在lipF基因上游区域发现了phoP转录调节子的结合位点。

（3）FadD33（fadD33） 长链脂肪酸CoA连接酶（long chain fatty acid CoA ligase，fadD33），在致病性结核分支杆菌H37Rv中的表达量明显高于低致病性结核分支杆菌H37Ra。研究表明，fadD33是H37Rv重要的毒力因子。FadD33乙酰化作用可以抑制酶活性，fadD33蛋白的确切功能需要进一步研究。

（4）Plc（plcD，K60_018450） 磷脂酶C（phospholipase C，Plc）。结核分支杆菌基因组可编码4种不同的磷脂酶C类酶（PlcA、PlcB、PlcC、PlcD），其中在牛分支杆菌和BCG中只有PlcD的表达，然而PlcD在许多结核分支杆菌菌株中损坏或缺失。H37Rv感染人单核巨噬细胞时可诱导表达PlcABC。小鼠感染Plc多种突变株后，在感染后期，小鼠体内细菌的生长受抑制；但在体外试验中细菌的生长没有明显的差异。通过过表达这些磷脂酶发现其表达受到pH的影响，在酸性条件下，PlcC具有较高的活性。在RAW264.7细胞系中发现Plc具有细胞毒性，可直接或间接水解膜磷脂。结核分支杆菌可经Plc分子引起F-肌动蛋白重组，从而进一步促进结核分支杆菌对DC2.4细胞的感染。另外，结核分支杆菌也可以通过表达Plc破坏PGE2的产生，从而诱导肺泡巨噬细胞的坏死。

（5）PanC/PanD（K60_037400，panC，panD） 泛酸盐-β-丙氨酸合成酶（Pantoate-beta-alanine ligase，PanC）和天冬氨酸-α-脱酸酶（Aspartate alpha-decarboxylase，PanD）参与泛酸盐的合成过程。泛酸盐对CoA和其他参与脂肪酸代谢的重要因子的合成有重要的作用。PanC、PanD突变株的毒力减弱，感染小鼠后平均存活时间明显增加。而且，该突变株对小鼠具有与BCG类似的免疫保护作用。

2. 氨基酸和嘌呤生物合成

（1）LeuD（K60_030970，*leuD*） 异丙基苹果酸异构酶（isopropylmalate isomerase small subunit，LeuD）参与亮氨酸的生物合成过程。LeuD基因突变株不能够在体外巨噬

细胞（包括人和鼠）中生长。在副结核杆菌的研究中表明，LeuD突变株免疫山羊具有一定的免疫保护作用。同时LeuD缺失株也具有BCG类似水平的免疫保护作用。

（2）TrpD（K60_022740，*trpD*）邻氨基苯甲酸盐转磷酸核糖基酶（anthranilate phosphoribosyl transferase，TrpD）参与色氨酸的生物合成过程。有研究表明，H37Rv中TrpD主要在静止期的后期表达，相当于培养50d。其突变株毒力明显减弱，在NOD/scid小鼠体内几乎不生长。

（3）ProC（*proC*）吡咯啉–5–羧酸还原酶（pyrroline–5–carboxylate reductase，ProC），参与脯蛋白的生物合成过程。其突变株的毒力介于TrpD突变株和野生型结核分支杆菌之间。

（4）PurC（*purC*）1–磷酸核糖氨酸–咪唑–腺苷酸羧基酰胺合成酶（phosphoribosy–laminoimidazole–succinocarboxamide synthase，PurC），参与嘌呤的生物合成过程。BCG突变株和结核分支杆菌突变株在小鼠体内毒力明显减弱。

3. 金属元素摄取　病原菌的生长和增殖需要必需的金属元素，镁和铁是重要的生命元素，其摄取的缺陷将会导致病原菌的毒力减弱。下面介绍几种主要的在牛分支杆菌中与金属元素摄取相关的毒力基因。

（1）MgtC（JTY_1829，BCG_1845，K60_018960，*mgtC*）镁离子转运P–型ATP酶C（Mg^{2+} transport P–type ATPase C，MgtC）是摄取Mg^{2+}的转运蛋白，是许多胞内菌的毒力因子，对于病原菌在巨噬细胞中的生长具有重要作用，如结核分支杆菌。利用H37Rv构建的MgtC突变株和Erdman突变株在低Mg^{2+}培养基中生长表现出不同的状态，前者能够生长，而后者的生长较差。目前，对于这种差异的原因尚不清楚。对MgtC结构的研究表明，结核分支杆菌的MgtC并没有Mg^{2+}结合或摄取的结合区域，但可以通过ACT区域（指在结核分支杆菌 MgtC C–端结构域小分子结合域形成的$\beta\alpha\beta\beta\alpha\beta$折叠）形成的蛋白–蛋白相互作用调节$Mg^{2+}$摄取和结合。在沙门菌的毒力研究中表明，MgtC蛋白可以作为沙门菌自身的F1Fo ATP合成酶促进其致病性，这对进一步研究MgtC在牛分支杆菌的毒力功能有一定的参考价值。

（2）MbtB（K60_024690，*mbtB*）MbtB编码苯基恶唑啉合成酶（phenyloxazoline synthase），是合成羧酸分支菌酸和分支杆菌生长素的酶，在分支杆菌生长素的生物合成过程中催化水杨酸盐和丝氨酸之间的酰胺结合。分支杆菌生长素和羧酸分支菌酸为主要的铁载体。铁载体基因突变会对分支杆菌的毒力产生影响，结核分支杆菌突变株在低浓度铁培养时生长极差，在人巨噬细胞中生长也明显受到限制。

（3）IdeR（K60_028030，*ideR*）铁依赖性阻遏物和激活剂（iron–dependent repressor and activator，IdeR）作为一种铁元素依赖的DNA结合蛋白，在与DNA序列相互作用时需

要Fe^{2+}或其他相关二价阳离子的参与。

铁元素是一种必需但可能有害的营养元素，在环境中难溶，即使在宿主体内也并不容易获得。为了获取铁元素，病原菌进化出了高亲和性的铁元素摄取系统，即使在限铁的环境中也能够通过毒力因子的相互作用进行表达。由于过量铁的存在也是十分有害的，胞内的铁元素数量必须受到严格的调控。IdeR是分支杆菌中主要的铁元素依赖的转录调节子，由于IdeR的失活对结核分支杆菌是致命的，因此，无法通过基因突变研究该蛋白的完整的功能。但有研究利用有条件的结核分支杆菌*ideR*突变株研究其功能，发现在普通培养基中IdeR功能的主要方面是正向调节铁的储备，是分支杆菌在巨噬细胞内存活的突出因素。另外，该研究还发现IdeR在鼠的结核分支杆菌感染模型中是不可或缺的，可能与其能够维持铁内稳态，从而对结核分支杆菌毒力产生影响有关。

4. 无氧呼吸和氧化应激蛋白降解分子　结核分支杆菌在感染后期往往会面临贫氧环境。需氧呼吸会产生过氧化物和过氧化氢等副产物，过氧化物的累积会产生有害的活性氧分子（Reactive oxygen species，ROS），ROS对于病原菌的生存十分不利，因此，细菌的超氧化物歧化酶、过氧化氢酶及相关酶对于对抗各种外源性的氧化应激至关重要。同时，贫氧呼吸有利于细菌的胞内存活。

（1）NarG（K60_012530，*narG*）　呼吸亚硝酸还原酶亚单位〔respiratory nitrate reductase（alpha chain），NarG〕，在结核分支杆菌处于贫氧环境时，活性会增强。然而BCG的narG突变株在富氧或厌氧环境中的生长未受影响。BCG NarG突变株感染正常小鼠时，很快被清除，表明其毒力减弱，但该结果在结核分支杆菌中尚未证实。

（2）KatG（K60_020010，*katG*）过氧化氢过氧化物酶（catalase-peroxidase-peroxynitritase T，KatG）能降解过氧化氢和过氧化物，是结核分支杆菌中唯一具有过氧化氢酶活性的酶。KatG常常发生自发突变引起异烟肼耐药。

（3）AhpC（K60_025220，*ahpC*）烷基过氧化氢还原酶（alkyl hydroperoxide reductase，AhpC）参与降解机体内的羧基。牛分支杆菌ahpC表达降低后，与野生型牛分支杆菌相比，对过氧化氢和异丙基苯过氧化氢更敏感，致病性减弱，在感染豚鼠体内的存活数明显降低。

（4）SodA（K60_039940，*sodA*）和 SodC（*sodC*）铁超氧化物歧化酶〔superoxide dismutase（Fe），SodA〕参与降解超氧化物，是结核分支杆菌中具有该功能的主要酶，尤其对感染时细胞内病原菌的存活至关重要。SodA低表达株在小鼠体内毒力明显减弱，肺脏和脾脏内载菌量（CFU）明显较低，并且很快被清除。

铜锌超氧化物歧化酶〔superoxide dismutase（Cu-Zn），SodC〕，其具体毒力机制存在差异，需要更进一步的说明。

5. NuoG（K60_032700，*nuoG*）I型NADH脱氢酶亚单位G（NADH dehydrogenase subunit G，NuoG）具有抗凋亡活性。在分支杆菌中插入NuoG，能够抑制感染的人和小鼠巨噬细胞的凋亡，该毒株感染小鼠的平均存活时间明显缩短，说明其毒力增强。另有研究发现，*nuoG*突变株在感染中性粒细胞中数量较少。相反，去除NuoG基因后，结核分支杆菌的毒力则会明显减弱。

（四）转录调节因子

转录调节因子可以调控很多基因的转录，目前，已发现了很多重要的结核分支杆菌毒力相关基因。

1. Sigma因子　原核生物对环境的适应能力极强，其中一个重要的机制是能从根本上改变自身的生活方式。RNA聚合酶全酶具有多种不同的Sigma因子，通过识别不同的特异性启动子转录不同的基因。结核分支杆菌也具有多种Sigma因子，并可通过这种方式来适应环境。

（1）Sigma A（*sigA*）Sigma A是最基本、最重要的分支杆菌Sigma因子。SigA突变的牛分支杆菌感染豚鼠后呈减毒表型，表明其为重要的牛分支杆菌毒力因子。该突变株在体外生长正常，有试验证明SigA可以与WhiB3互作，从而解释了这一现象，表明SigA发挥其毒力可能需要与其他毒力必需基因的转录激活因子相互作用。后有试验证明结核分支杆菌休眠期的生存需要DevR/DosR与SigA的互作。

（2）Sigma F（*sigF*）Sigma F因子在结核分支杆菌潜伏状态和细菌孢子形成过程中发挥了重要作用。结核分支杆菌sigF突变株感染小鼠呈减毒表型，突变株感染小鼠的半数死亡时间明显延长。引起该毒力表型的基因必然由含sigF因子的RNA聚合酶转录，但具体是哪一个基因还不能确定。有研究发现sigF因子能够与抗sigF蛋白结合来调控自身活性，为转录后调控机制。最新研究发现sigF蛋白能够结合Usfx（抗sigF蛋白），从而抑制结核分支杆菌转录的起始和存活。

（3）Sigma E（K60_013110，*sigE*）Sigma E属胞质外Sigma因子家族成员，能够调控细菌对外源性刺激的反应。在环境因素（如高温、去污剂等因素）刺激下，会诱导sigE的转录。通过等位基因替换法获得的H37Rv突变株，对环境因素刺激更加敏感，在细胞内生长速度也受到抑制，小鼠体内试验也表明突变株毒力减弱。

（4）Sigma H（*sigH*）与sigE类似，sigH也属于胞质外Sigma因子成员家族，结核分支杆菌在热休克、SDS处理等应激下能够诱导sigH的表达。SigH突变株表现出对应激刺激更加敏感，同时，该突变株在小鼠体内试验发现其载菌量没有变化，但肺脏肉芽肿变少，炎症反应也较为延迟。另外有试验表明，感染sigH突变株的小鼠获得与BCG类似的免疫保护效果。

2. 反应调节因子 细菌对环境改变的另一个保障是信号转导系统，细菌有多样的双组分反应调节因子，每种均可应对不同的刺激，通过构建结核分支杆菌双组分基因突变体可研究其对毒力的影响。

（1）PhoP（*phoP*） 一种双组分磷酸盐反应调节基因phoP（a two-component phosphate-response transcriptional regulator，phoP）。结核杆菌MT103株phoP突变株在巨噬细胞中生长缓慢，在小鼠体内毒力明显减弱。H37Rv的phoP突变株也表现出减毒表型。另外有研究表明，phoP能够调节ESAT6的表达，是H37Ra毒力较低的原因之一。

（2）PrrA（K60_009640，*prrA*） 一种双组分反应调节子（two component response transcriptional regulatory protein，PrrA），是结核杆菌已知的13对反应调节子中的一个。之前研究表明结核分支杆菌感染人巨噬细胞后prrA基因表达上调。PrrA突变株在骨髓来源巨噬细胞（Bone marrow derived macrophage，BMDM）中生长前期低于野生型菌株，但生长后期达到野生菌株的水平。在小鼠体内的生长情况与野生型没有差异，仅仅在脾脏内的载菌量略有下降。

（3）MprA（K60_010510，*mprA*） MprA也是结核分支杆菌的一种双组分反应调节因子。BCG感染巨噬细胞时会诱导MrpA的表达。H37Rv菌株的MprA突变株在鼠巨噬细胞和人骨髓来源巨噬细胞（BMDM）中生长好于野生型菌株。但在体内感染时，小鼠对突变株的清除能力更强。

3. 其他转录调节因子 除上述所说的Sigma因子及双组分反应调节因子外，结核分支杆菌还存在一些其他的转录调节因子，其中有一些能够影响结核分支杆菌毒力的调节蛋白，如HspR、WhiB和IdeR等，但这些基因的具体毒力功能大多尚不明确。

（1）HspR（K60_003730，*hspR*） 热休克蛋白转录抑制因子（HEAT shock protein transcriptional repressor，HspR）。HspR在许多真菌中是一种控制热休克操纵子表达的抑制子。在结核分支杆菌和一些放线菌中，该蛋白由dnaKJE-hspR 操纵子合成，并可能在宿主免疫检测或毒力中发挥作用。结核分支杆菌hspR突变株在小鼠体内生长呈减毒表型，但具体机制尚不明确。有研究表明，hspR可以与DnaK操纵子的启动子结合，通过自我调节的方式控制其表达。反过来，产生的DnaK能够通过刺激操纵子与hspR结合辅助这种自我调节过程。但Dnak是如何辅助hspR执行其功能的具体分子机制并不清楚。另外，有研究发现DnaK能通过使完全变性的hspR恢复活性或通过改变hspR的热不稳定性来增强hspR的DNA结合活性。

（2）WhiB3（K60_035540，*whiB3*） WhiB3（transcriptional regulatory protein whiB-like whib3）是一种转录调节蛋白。目前已发现结核分支杆菌有7个该家族的成员，为胞

内（Fe–S）簇蛋白，并可作为氧化还原反应感受分子和效应分子来调节结核分支杆菌的毒力。牛分支杆菌的whiB3突变株在豚鼠体内呈减毒生长，脾内载菌量明显下降。目前有研究表明，WhiB3有一个4Fe–4S结构，能够特异性与宿主氧气、一氧化氮及内源性或外源性的代谢信号作用，以维持氧化还原反应的内稳态。然而，结核分支杆菌WhiB3蛋白如何通过监控内外环境调节其氧化还原途径，进而影响细菌信号转导以及核酸和蛋白质的生物合成的具体机制，目前尚不清楚。

参考文献

王静娴，杨春．2010．结核分支杆菌与巨噬细胞相互作用的研究进展 [J]．微生物与感染05，181–185.

吴雪琼，张宗德，乐军．2010．分支杆菌分子生物学 [M]．北京：人民军医出版社.

周磊，马越云，刘家云，等．2011．耐多药结核分支杆菌双组份系统反应调节子表达的研究 [J]．中华检验医学杂志34，800–804.

Abdallah A M, Gey van Pittius N C, Champion P A, et al. 2007. Type VII secretion-mycobacteria show the way [J] . Nature reviews Microbiology5, 883–891.

Aguilar L D, Infante E, Bianco M V, et al. 2006. Immunogenicity and protection induced by Mycobacterium tuberculosis mce-2 and mce-3 mutants in a Balb/c mouse model of progressive pulmonary tuberculosis [J] . Vaccine24, 2333–2342.

Court N, Vasseur V, Vacher R, et al. 2010. Partial redundancy of the pattern recognition receptors, scavenger receptors, and C-type lectins for the long-term control of Mycobacterium tuberculosis infection [J] . J Immunol184, 7057–7070.

Dhiman R, Raje M, Majumdar S. 2007. Differential expression of NF-kappaB in mycobacteria infected THP-1 affects apoptosis [J] . Biochimica et biophysica acta1770, 649–658.

Fortune S M, Jaeger A, Sarracino D A, et al. 2005. Mutually dependent secretion of proteins required for mycobacterial virulence [J] . Proc Natl Acad Sci U S A102, 10676–10681.

Gan H, Lee J Fau - Ren F, Ren F Fau - Chen M, et al. Mycobacterium tuberculosis blocks crosslinking of annexin-1 and apoptotic envelope formation on infected macrophages to maintain virulence.

Geluk A, van Meijgaarden K E, Franken K L, et al. 2002. Identification and characterization of the ESAT6 homologue of Mycobacterium leprae and T-cell cross-reactivity with Mycobacterium tuberculosis [J] . Infect Immun70, 2544–2548.

Hawkes M, Li X, Crockett M, et al. 2010. CD36 deficiency attenuates experimental mycobacterial infection [J] . BMC infectious diseases10, 299.

Hewinson R G, Vordermeier Hm Fau - Buddle B M, Buddle B M. Use of the bovine model of tuberculosis for the development of improved vaccines and diagnostics.

Hunter R L, Venkataprasad N, Olsen M R. 2006. The role of trehalose dimycolate (cord factor) on morphology of virulent M. tuberculosis in vitro [J] . Tuberculosis (Edinb) 86, 349–356.

Ishikawa E, Ishikawa T, Morita Y S, et al. 2009. Direct recognition of the mycobacterial glycolipid, trehalose dimycolate, by C-type lectin Mincle [J] . The Journal of experimental medicine206, 2879–2888.

Jean-Francois F L, Dai J, Yu L, et al. 2014. Binding of MgtR, a Salmonella transmembrane regulatory peptide, to MgtC, a Mycobacterium tuberculosis virulence factor: a structural study [J] . Journal of molecular biology426, 436–446.

Karlin S. 2001. Detecting anomalous gene clusters and pathogenicity islands in diverse bacterial genomes [J] . Trends in microbiology9, 335–343.

Keane J, Remold H G, Kornfeld H. 2000. Virulent Mycobacterium tuberculosis strains evade apoptosis of infected alveolar macrophages [J] . J Immunol164, 2016–2020.

Kusner D J, Barton J A. 2001. ATP stimulates human macrophages to kill intracellular virulent Mycobacterium tuberculosis via calcium-dependent phagosome-lysosome fusion [J] . J Immunol167, 3308–3315.

Kusner D J. 2005. Mechanisms of mycobacterial persistence in tuberculosis [J] . Clinical immunology114, 239–247.

MacGurn J A, Raghavan S, Stanley S A,et al .2005.A non-RD1 gene cluster is required for Snm secretion in Mycobacterium tuberculosis [J].Mol Microbiol 57,1653-1663.

Mahairas G G, Sabo P J, Hickey M J, et al. 1996. Molecular analysis of genetic differences between Mycobacterium bovis BCG and virulent M. bovis [J].J Bacteriol.178,1274-1282.

McClure, D. E. 2012. Mycobacteriosis in the rabbit and rodent [J] . The veterinary clinics of North America Exotic animal practice15, 85–99.

Mwandumba H C, Russell D G, Nyirenda M H, et al. 2004. Mycobacterium tuberculosis resides in nonacidified vacuoles in endocytically competent alveolar macrophages from patients with tuberculosis and HIV infection [J] . J Immunol172, 4592–4598.

Park, H D, Guinn KM, Harrell M I, et al. 2003. Rv3133c/dosR is a transcription factor that mediates the hypoxic response of Mycobacterium tuberculosis [J] .Mol Microbiol 48, 833–843.

Philips J A, Ernst J D. 2012. Tuberculosis pathogenesis and immunity [J] . Annual review of pathology7, 353–384.

Phillips C J, Foster C R, Morris P A, et al. 2003. The transmission of Mycobacterium bovis infection to cattle [J] . Res Vet Sci74, 1–15.

Pieters J. 2008. Mycobacterium tuberculosis and the macrophage: maintaining a balance[J] .Cell host &

microbe3, 399 – 407.

Pym A S, Brodin P, Majlessi L, et al. 2003. Recombinant BCG exporting ESAT-6 confers enhanced protection against tuberculosis [J] . Nature medicine9, 533 – 539.

Rodriguez G M, Voskuil M I, Gold B, et al. 2002. ideR, An essential gene in mycobacterium tuberculosis: role of IdeR in iron-dependent gene expression, iron metabolism, and oxidative stress response [J] . Infect Immun70, 3371 – 3381.

Rojas M, Garcia L F, Nigou J, et al. 2000. Mannosylated lipoarabinomannan antagonizes Mycobacterium tuberculosis-induced macrophage apoptosis by altering Ca^{+2}-dependent cell signaling [J]. Infect Dis, 182, 240-251.

Schafer G, Guler R, Murray G, et al. 2009a. The role of scavenger receptor B1 in infection with Mycobacterium tuberculosis in a murine model [J] . PLoS One4, e8448.

Schafer G, Jacobs M, Wilkinson R J,et al. 2009b. Non-opsonic recognition of Mycobacterium tuberculosis by phagocytes [J] . Journal of innate immunity1, 231 – 243.

Herrmann T L, Morita C T, Lee K, et al. 2005. Calmodulin kinase II regulates the maturation and antigen presentation of human dendritic cells [J] . Journal of leukocyte biology78, 1397 – 1407.

Thompson C R , lyer S S, Melrose N, et al. 2005. Sphingosine kinase 1 (SK1) is recruited to nascent phagosomes in human macrophages: inhibition of SK1 translocation by Mycobacterium tuberculosis[J]. Immuno L174, 3551 – 3561.

Van der Wel N Hava D, Houben D, et al. 2007. M. tuberculosis and M. leprae translocate from the phagolysosome to the cytosol in myeloid cells[J]. Cell 129, 1287 – 1298.

Vergne I, Chua J, Deretic V. 2003. Tuberculosis toxin blocking phagosome maturation inhibits a novel Ca^{2+}/calmodulin-PI3K hVPS34 cascade. The Journal of experimental medicine198, 653 – 659.

Wong D, Chao J D, Av-Gay Y. 2013. Mycobacterium tuberculosis-secreted phosphatases: from pathogenesis to targets for TB drug development [J] . Trends in microbiology21, 100 – 109.

Xie J, Zhou F, Xu G, et al. 2014. Genome-wide screening of pathogenicity islands in Mycobacterium tuberculosis based on the genomic barcode visualization [J] . Molecular biology reports41, 5883 – 5889.

Zahrt T C. 2003. Molecular mechanisms regulating persistent Mycobacterium tuberculosis infection[J] . Microbes and infection / Institut Pasteur5, 159 – 167.

第五章 免疫机制

牛分支杆菌能诱导细胞免疫和体液免疫。和体液免疫相比，细胞免疫研究得更多且更深入。细胞免疫在宿主抗牛分支杆菌感染中发挥主要作用，巨噬细胞和树突状细胞均参与细菌吞噬和抗原提呈作用，不同T细胞亚群在细胞免疫反应中的贡献不同。细胞免疫反应被成功用于检测和诊断结核病，包括结核菌素皮肤试验和外周血淋巴细胞IFN－γ体外释放试验。体液免疫也一直受到关注，尤其是抗体反应与病程的相关性，保护性抗原的发掘及其在诊断和新型疫苗研发中的应用等。在与宿主的长期抵抗中，结核分支杆菌和牛分支杆菌等成功进化出了多种免疫抑制和免疫逃避机制，包括抑制巨噬细胞摄取、吞噬小体酸化、吞噬溶酶体形成、巨噬细胞凋亡、干扰抗原提呈、激活调节性T细胞反应等。

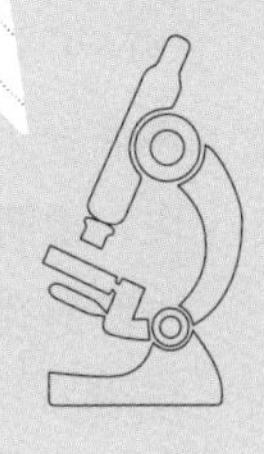

第一节 细胞免疫

一、细菌与抗原提呈细胞的相互作用

牛分支杆菌通过呼吸道进入机体后，部分细菌被黏膜纤毛清除，而其余的则是被巨噬细胞（macrophage，MΦ）吞噬并进入肺泡，在那里，它们成为了疾病的发源地。小鼠体内研究结果表明，牛分支杆菌通过支气管M细胞进入肺组织，在支气管内细菌侵入相关淋巴组织，接着被树突状细胞（dendritic cell，DC）和引流淋巴结（lymph node，LN）吞噬。因此，引流淋巴结是免疫应答起始点。

牛分支杆菌与抗原提呈细胞（antigen presenting cell，APC）的相互作用是决定结核病发生的关键因素。研究表明，MΦ和DC都受到牛分支杆菌感染并作出相应免疫反应，说明二者均在感染和免疫方面发挥作用。据发现，MΦ引发抗分支杆菌感染机制以去除感染的分支杆菌，然而DC上调一些分子的表达主要协助刺激T淋巴细胞发生免疫反应。

（一）巨噬细胞

肺泡巨噬细胞被认为是结核分支杆菌和牛分支杆菌在机体内重要的细胞宿主，其功能是快速清除入侵细菌。基本机制是通过活性氧和活性氮中间体的氧化损伤或者通过融合了细菌吞噬体的溶菌体的杀菌活性。分支杆菌摄取是通过吞噬作用，由细菌决定的细胞受体类型会影响MΦ作用。受体分子参与细菌摄取过程，包括：① 甘露糖受体，通过甘露糖基化分子结合到细菌表面。分支杆菌结合甘露糖受体被认为是细菌安全进入机体的可能途径，这有助于它们胞内存活。② 补体受体，分支杆菌与补体受体3（complement receptor 3，CR3）结合有利于细菌生存，这种结合不会引起潜在的有毒活性氧中间体释放。

细菌被巨噬细胞吞噬后，被吞噬体摄取，在吞噬溶酶体内被摧毁。进一步在MHC分子作用下，细菌抗原由巨噬细胞递呈给T细胞。T细胞通过该途径得到抗原刺激，接着激活获得性免疫应答，引起IFN－γ释放；同时也激活了CD8^{+} T细胞的细胞溶解能力，进一步增强抗分支杆菌的免疫反应。

然而，分支杆菌能逃逸正常的吞噬体–溶酶体融合途径，结果导致细菌长期存在于宿主体内。这不仅保证了细菌存活，而且由于细菌抗原不能有效地递呈给T细胞，避开了免疫反应。分支杆菌通过这种途径使得吞噬体不完全成熟，虽然吞噬体仍然是其胞内运输者，但不能和溶酶体融合。宿主蛋白也参与了该过程，如在分支杆菌吞噬体内抑制吞噬体与溶酶体融合的蛋白增加，如色氨酸天冬氨酸蛋白（TACO），该蛋白通常在吞噬体与溶酶体融合前被吞噬体去除。分支杆菌的存在使得TACO蛋白存留，从而防止吞噬体与溶酶体融合。该结果表明，结核分支杆菌能特异性地使吞噬体逃离正常成熟途径从而存活。

巨噬细胞（MΦ）吞噬过程导致细菌滞留，暗示这些细胞亚型不是以特异性刺激T细胞活化为主的抗原提呈细胞。巨噬细胞感染结核分支杆菌后会分泌前炎性因子，包括TNF－α、IL－1和IL－6等。感染的巨噬细胞也能分泌趋化因子，包括IL－8、RANTES和MCP－1等，这些因子将淋巴细胞补充至肺及肉芽肿，从而保护已侵入的分支杆菌。此外，结核分支杆菌感染的巨噬细胞分泌IL－10而不是IL－12，IL－10抑制Th1型免疫反应。牛源巨噬细胞同样也分泌IL－10而不是IL－12。IL－10也能抑制MHCⅡ分子到达细胞表面，从而下调T细胞免疫反应。据报道，结核分支杆菌感染巨噬细胞降低MHCⅡ分子表达与分支杆菌TLR2刺激途径有关。这些巨噬细胞刺激T淋巴细胞活化的能力降低，同时被不断地补充至肉芽肿，可能是帮助分支杆菌滞留在宿主的重要机制。然而，免疫反应中其他分子（如IFN－γ或TNF－α）将刺激巨噬细胞，从而增强巨噬细胞杀伤细菌的活性，该过程与IL－10分泌的降低有关。

（二）树突状细胞

树突状细胞（DC）是具有最大潜能的APC，能启动免疫应答。此外，DC也能作为免疫反应的调节者和连接天然免疫应答和获得性免疫应答的桥梁。DC对于细菌抗原产生的天然免疫应答可能是极化T细胞反应，这与DC产生细胞因子IL－12和TNF－α有关。TNF－α能上调T淋巴细胞和NK细胞的IFN－γ分泌，反过来增强Th1型免疫反应。

体外试验表明，DC能吞噬分支杆菌，并且在摄取细菌时其功能和表型被调整。气管中存在的DC可能是第一批遇到分支杆菌的细胞，因此可能对确保产生免疫反应起决定性作用。强毒力结核分支杆菌结合DC的主要靶位点是C型凝集素DC－SIGN，其结果是逃逸免疫识别和杀菌作用。然而，其他受体（如TLR2和TLR4）也参与DC的激活，研究发现TLR2$^{-/-}$和TLR4$^{-/-}$基因敲除小鼠在感染结核分支杆菌后TNF－α分泌下降。无论是结核分支杆菌和人DC还是牛分支杆菌和牛DC的相互作用都导致DC的成熟和激活，表现为细胞表型和细胞因子分泌特征的改变。分支杆菌和DC相互作用增加了DC与T细胞相互作用的表面分子的表达，主要包括MHC Ⅱ及CD40和CD80共刺激分子的表达。牛源DC和牛分支杆菌的相互作用上调CD40和CD80的高水平分泌，这与加强刺激T淋巴细胞的结果一致；相比之下，BCG上调DC分泌CD40和CD80的能力弱。然而，在体内，BCG感染DC能更有效刺激体内的Thl型细胞免疫反应。

在分支杆菌感染DC试验中发现，结核分支杆菌或者BCG感染人或鼠DC都会引起IL－12、TNF－α、IL－1和IL－6表达增加。然而，对牛DC而言，牛分支杆菌和BCG的作用不同。牛DC感染牛分支杆菌后不但能高水平分泌IL－12，还能高水平分泌TNF－α；而感染BCG则没有该现象。TNF－α高水平分泌可能对促进MΦ溶菌能力有重要作用。

有趣的是，牛分支杆菌感染MΦ也倾向合成TNF－α而不合成IL－12，这可能是上调其抗分支杆菌免疫反应的一种自分泌方式。牛MΦ感染BCG后也刺激TNF－α分泌。

细胞因子在抗牛分支杆菌免疫反应中起重要作用。DC分泌的IL－12能加强T细胞分泌TNF－α和IFN－γ，反过来加强MΦ抗分支杆菌活性从而摧毁入侵的细菌。除了产生前炎性因子外，牛分支杆菌感染DC也会使得IL－10水平上升，这可能是IL－12的分泌被抑制所致。IL－10水平上升可以用于限制DC和MΦ活性，从而调节体内组织中潜在的损伤性免疫反应。

结核分支杆菌在DC内的存活已经有了很多研究。如：已报道未激活的MΦ和DC提供了分支杆菌存活和增殖的环境，在DC内，细胞不足以杀死细菌，细菌缓慢增殖使得抗原不断地被呈递给T细胞，因此将增强免疫反应。然而，被TNF－α和IFN－γ激活的MΦ可杀死吞噬小体内几乎所有的分支杆菌，但该现象不存在于未激活的MΦ。IFN－γ刺激的DC能控制细菌增殖，但是不杀死细菌，且细菌存在于从正常回收途径产生的空泡里。牛MΦ和DC杀死牛分支杆菌的不同能力已经被报道，DC细胞内可存活很多活细菌。据之前报道，相比较BCG而言，牛分支杆菌在牛肺泡MΦ内的数量是增加的。被IFN－γ刺激的DC，其杀死细菌能力增加，但是活细菌仍然显著存在。因此，DC可能是分支杆菌在体内的储存细胞，特别是它们可随着针对分支杆菌感染的初次免疫反应迁移至淋巴结（LN）中。

牛分支杆菌被不同APC摄取将影响其感染状况和后果。DC摄取的细菌将转移至淋巴结中，DC细胞内分支杆菌的存活或者增殖可能不仅引起T细胞活化，而且能最终导致肉芽肿形成和持续感染。这具有导致疾病发生的潜在风险。然而，MΦ摄取牛分支杆菌后，或者导致T细胞免疫应答下降以及无法控制感染；或者将分支杆菌杀死，使得感染得以解决。

上述研究结果展示了牛分支杆菌有毒株和减毒株影响不同APC免疫反应的能力，这些反应可能导致天然免疫应答和获得性免疫应答，获得抗感染保护反应；也可能抑制免疫保护反应，导致发病或持续感染。

二、T细胞亚群和效应机理

（一）细胞介导的免疫（cell mediated immunity，CMI）

牛的获得性免疫系统与人类相似。在基因组水平的比较表明，调节人免疫反应的细胞因子也出现在牛中，包括没有在小鼠中发现的细胞因子（如IL–26）。牛和人抵御结核分支杆菌感染的保护性细胞免疫很重要，并且人和牛抗分支杆菌细胞免疫的初始机制显著相似，相似处包括：T细胞亚群（如$CD4^+$、$CD8^+$和γδ TCR^+）的保护功能；IFN–γ的细胞来源和细胞毒性颗粒蛋白；通过细胞毒T细胞和NK细胞、抗原特异性Th1和Th2细胞因子水平；抗原特异性T细胞表面标记来减少巨噬细胞内的分支杆菌数量等。

外周血淋巴细胞抗原特异性IFN–γ的体外释放检测被广泛用于牛和人结核病的诊断，是牛和人抗结核细胞免疫的重要应用。然而，相比于啮齿类动物，人和牛对结核病的免疫较少依赖巨噬细胞激活的抗原特异性IFN–γ，可能更多利用免疫细胞的细胞毒性作用。

正如人和其他TB动物模型一样，牛对TB的保护性免疫与特异抗原激活Th1型细胞因子的产生相关。与小鼠相比，牛分支杆菌抗原刺激牛T细胞产生的细胞因子（IFN–γ，IL–4）与人免疫后观察到的细胞因子群更为相似。牛结核病研究中，淋巴结T细胞表达IFN–γ和IL–4与组织病理学和疫苗/攻毒时细菌接种量有关。在BCG疫苗免疫的初生牛犊中，外周血白细胞表达抗原特异性IL–2和IFN–γ与强毒牛分支杆菌攻毒后的临床保护相关。在小牛TB模型中，Th2/Th17细胞因子IL–21第一次被认为有抵御牛分支杆菌病的保护潜力。IL–21是普通细胞因子γ链家族的一员，主要由$CD4^+$ T细胞分泌。来源于BCG免疫牛的$CD4^+$ T细胞体外经PPD刺激后表达IL–21。IL–21的表达和穿孔素相似，与细胞毒活性、被抗原刺激的$CD4^+$ T细胞表面受体和特异性抗原反应等有关。研究IL–21和其他关键调节因子（IL–12、IL–18、IL–23和IL–27）对于维持和诱导IFN–γ产生及NK细胞针对TB的免疫保护功能非常重要，为研发人和牛的新型抗结核疫苗提供了一个重要途径。

（二）γδ T细胞

γδ T细胞可能是联系抗牛分支杆菌感染先天和获得性免疫反应的一个关键成分。在牛中有两个显著不同的γδ T细胞亚群，$WC1^{+}CD2^{-}$和$WC1^{-}CD2^{+}$ γδ T细胞。WC1是清除半胱氨酸丰富基因家族的一员，这个家族包括CD5和CD6。两个γδ T细胞亚群（$WC1^{+}$和$WC1^{-}$）在丰度、组织分布、循环模式和TCR基因使用方面均不同，表明它们在宿主防御中起不同作用。WC1的直系同源物只在猪和骆驼中被认知，但是在灵长类中有未知的WC1直系同源物。在牛中，WC1亚型由两个基因座之间的一个含有13个基因的基因簇所编码，研究表明两个基因座的多基因产物共表达形成了两个本质上相互排斥群体，并且功能不同。这两个亚类$WC1.1^{+}$和$WC1.2^{+}$可用特异性单克隆抗体进行鉴别染色鉴定。有研究证明，抗原刺激产生的IFN－γ主要是由$WC1.1^{+}$亚类表达，并且也可能是穿孔素和粒溶素的早期来源。$WC1.1^{+}$和$WC1.2^{+}$两亚类细胞之间的关系随年龄而变化，$WC1.1^{+}$ γδ T细胞在青年牛中占优势。另外，青年牛中的$WC1.1^{+}$ γδ T细胞比成年牛有更强的IFN－γ分泌能力，这可能是由于青年牛中$WC1.1^{+}$细胞数量很高的缘故。

γδ T细胞对牛分支杆菌的抗原有反应，抗原包括牛分支杆菌感染早期表达的未成熟和成熟抗原、热休克蛋白和其他非蛋白组分。尽管牛$WC1.1^{+}$ γδ T细胞对牛分支杆菌免疫的作用还没有被完全阐明，但其在牛和小鼠感染牛分支杆菌和接种BCG疫苗后的早期作用已经被大量研究所证明。小牛接种BCG后早期，体内循环的$WC1.1^{+}$ γδ T细胞增多，这与抗原特异IFN－γ分泌增多相关。BCG滴鼻免疫的小牛，其肺内的$WC1.1^{+}$ T细胞明显增多，这些细胞在组织中与DC簇生；感染牛分支杆菌的牛，感染早期在损伤部位观察到$WC1^{+}$ γδ T细胞。同时，感染之后循环的$WC1^{+}$ γδ T细胞数量短期减少，随后又快速增加。虽然在感染之前除去牛体内$WC1^{+}$ γδ T细胞并没有改变病程，但是却显著地导致了抗原特异性免疫反应的偏移。这些数据都显示$WC1^{+}$细胞分泌IFN－γ与导致免疫偏移相关。与感染牛分支杆菌且没有除去$WC1^{+}$ γδ T细胞的牛相比，去除$WC1^{+}$ γδ T细胞的牛，IL－4表达量上升，并且免疫球蛋白型分布发生了改变。小鼠研究中也揭示了γδ T细胞在结核分支杆菌免疫反应中的作用。在感染牛分支杆菌的重度联合免疫缺陷病鼠－牛异源嵌合体中，$WC1^{-}$ γδ T细胞能调节肝脏和脾脏炎症。γδ T淋巴细胞在结核分支杆菌引起的炎症反应中有相似的调节作用，并对组织中存活的细菌有影响。早期γδ T细胞出现可能抑制牛分支杆菌刺激产生的细胞因子（如IL－12和IFN－γ）、粒溶素和趋化因子的释放，以及趋化因子刺激的巨噬细胞活化和T细胞募集。然而，最近利用重度联合免疫缺陷病鼠－牛异源嵌合模型的研究显示：在不同激动药反应中，γδ T细胞不是炎症趋化因子的最初来源，但是它能影响其他类型细胞（包括巨噬细胞）诱导炎症趋化因子和肉芽肿的形成。用抗WC1的单克隆抗体处理小鼠会导致炎症反应失控，证明了$WC1^+$ γ δ T细胞调节体内免疫反应的重要作用。在感染牛分支杆菌的γ δ TCR敲除小鼠中得到了相似的结果。其他研究也显示，牛$WC1.1^+$和$WC1.2^+$ γ δ T细胞在牛体内具有T调节细胞的作用；而$CD4^+CD25^+FoxP3^+$T细胞虽然在人和啮齿动物体内起T调节细胞作用，但在牛体内无T调节细胞的功能。有数据显示，牛$WC1.1^+$T细胞能够通过表达细胞因子发挥多种作用，包括抑制作用和刺激作用。在牛分支杆菌免疫中，它们的准确作用还不完全清楚。

（三）细胞毒性T淋巴细胞和结核病生物标识

人和鼠$CD4^+$、$CD8^+$和γ δT细胞感染结核分支杆菌后都发生细胞毒性淋巴细胞（cytotoxic lymphocyte，CTL）效应，表明其在抗结核免疫中的作用。抗分支杆菌蛋白粒溶素和穿孔素储存在CTL的细胞毒颗粒中，粒溶素能减少细胞内结核分支杆菌的数量，并且增加穿孔素进入受感染细胞的机会。牛CTL产生粒溶素活性与人类似。接种BCG疫苗产生的记忆性$CD4^+$ T细胞（$CD45RO^+$）能减少受抗原特异性刺激的感染巨噬细胞内BCG数量。这种抗分支杆菌的活性与记忆$CD4^+$ T细胞（$CD45RO^+$）表达穿孔素、粒溶素和IFN-γ有关。牛$CD4^+$、$CD8^+$和γ δT细胞诱导粒溶素基因表达，引起与人粒溶素相似的抗分支杆菌活性。犊牛接受牛分支杆菌攻毒后，利用激光捕获显微镜在肉芽肿中检测到牛分支杆菌DNA，同时也检测到了肉芽肿淋巴细胞中的粒溶素mRNA。与没有接种疫苗的犊牛（不被保护）相比，同时免疫BCG和*M. bovis* ΔRD1疫苗的犊牛（被保护）中的粒溶素和穿孔素基因表达受到外周血$CD4^+$和$CD8^+$T细胞的正调节，表明这些生物标记有潜力成为区分是否受到疫苗保护的候选者。迄今为止，小鼠和豚鼠的粒溶素直系同源蛋白还没有被鉴定出来，其原因是由于啮齿类TB模型中存在的溶解颗粒蛋白阻碍了研究。接种疫苗牛的外周血和肉芽肿中的保护性生物标记具有开发成检测试剂的潜力。

牛NK细胞能被CD335特异性单克隆抗体所识别，青年牛外周血中NK细胞数量最高，这包括$CD2^+$和$CD2^-$表型的杀伤细胞，这些NK细胞表面标志包括杀伤细胞抑制受体（KIRs），白细胞受体复合物（LRC）CD94/NKG2C（抑制）和CD94/NKG2A（激活），NKG2D和凝集素受体Ly49，CD69，NKP-R1以及KLRJ。最初研究显示NK细胞在对分支杆菌抗原的先天反应中有重要作用，它们是IFN-γ、IL-17和IL-22的最初来源，并且在对细胞内抗原包括结核分支杆菌的炎性反应中有重要作用，也是穿孔素和粒溶素的一个来源。新生牛$CD8^+$ $CD3^-$NK样细胞是产生IFN-γ的主要细胞群，通过该NK细胞与感染BCG的DCs相互作用，导致Th1倾向性免疫反应，这也许是影响体内感染早期反应的一个关键机制。

在牛中没有确认NKT细胞的存在。分析NKT细胞的表面标记分子CD1家族蛋白，包括抗原递呈给NK和NKT细胞的研究，暗示NKT细胞没有在牛中出现或者其受体与人和小鼠的显著不同。牛中CD1家族包含编码CD1a、CD1b和CD1e的基因，在牛基因组中未发现人CD1c基因的直系同源基因，且确定的CD1d基因也是假基因，这些证据支持牛无NKT细胞的观点。

三、T细胞中央记忆反应

为了确定疫苗的免疫效果，必须确定疫苗的免疫保护参数。但至今为止与免疫保护相关的理想参数还在探索之中。大体病理学变化减轻和组织中细菌定植减少（如支气管淋巴结）是免疫保护效果评价的经典指标。近年来发现，活BCG疫苗接种牛后可显著增加其外周血淋巴细胞对牛分支杆菌保护性抗原Ag85A的T细胞中央记忆（T central memory，TCM）反应，但灭活BCG则无明显的这种TCM反应；而且免疫活BCG或RD1缺失牛分支杆菌产生的针对Ag85A或TB10.4的TCM反应与免疫保护呈正相关，即大体病理变化减少，细菌在支气管淋巴结定植减少。TCM反应是通过检测外周血单核细胞在Ag85A和TB10.4刺激下产生IFN－γ的浓度而体现的。TCM反应的早期受体随时间减弱，记忆细胞可通过添加IL－2和新鲜培养基维持。此外，与TCM反应相平行的还有IL－17反应，也与免疫保护呈正相关。最近的发现还表明，IL－21和IL－22也是用来评估疫苗保护效果的理想潜在靶标。至于哪个指标与免疫保护最相关且最稳定，还需要进一步验证。

第二节 体液免疫

结核分支杆菌体液免疫的发现是19世纪巴斯德时代医学免疫学的重大成就，自然受到结核病临床免疫学和临床医学的关注。虽然巴斯德和柯赫两人曾就结核分支杆菌体液免疫问题争论不休，但鉴于体液免疫研究的成熟性及其检测的简便性，100多年以来体液免疫领域几乎每一个新进展都随即在结核病血清学诊断中进行验证，遗憾的是至今尚未获得满意的结果。

一、体液免疫在结核病发生中的作用

牛结核病田间病例及人工感染病例的研究均得到了如图5-1所示的免疫应答规律，牛分支杆菌侵入牛机体后最先诱导产生细胞免疫应答，随着细菌数量的增加而产生体液免疫应答。无反应性（anergy）发生于疾病晚期，此时检测不到细胞免疫应答。初始病变与细胞免疫应答相关，随着病情的发展，细菌增殖、病变增加。这个规律与人结核病的免疫应答规律一致。

到目前为止，除了确定抗结核抗体及补体和巨噬细胞上相应受体结合协同介导了吞噬作用外，始终未能发现体液免疫与结核病敏感性和耐受性之间的相关性，也未能发现抗结核免疫中体液免疫和细胞免疫之间存在重大关联。过继免疫试验证明，免疫血清不能介导小鼠抵抗结核分支杆菌感染，而免疫小鼠的T淋巴细胞则可成功过继抗结核免疫保护性反应。20世纪中期，细胞免疫在抗结核病免疫中的中心地位得以确立。然而迄今为止尚未发现体液免疫参与结核病的发生、发展和转归的重大证据。

在临床中，患镰刀细胞病、多发性骨髓瘤等一些体液免疫缺陷性疾病的患者，对结核分支杆菌易患性并无明显增加。但是，在细胞免疫缺陷人群中，如免疫缺陷病毒感染、慢性肾衰竭、糖尿病等就成为结核分支杆菌感染的危险因素。有学者认为体液免疫是生物进化中更为高级的阶段，有很好的特异性和效应性，而结核细胞免疫是由分支杆

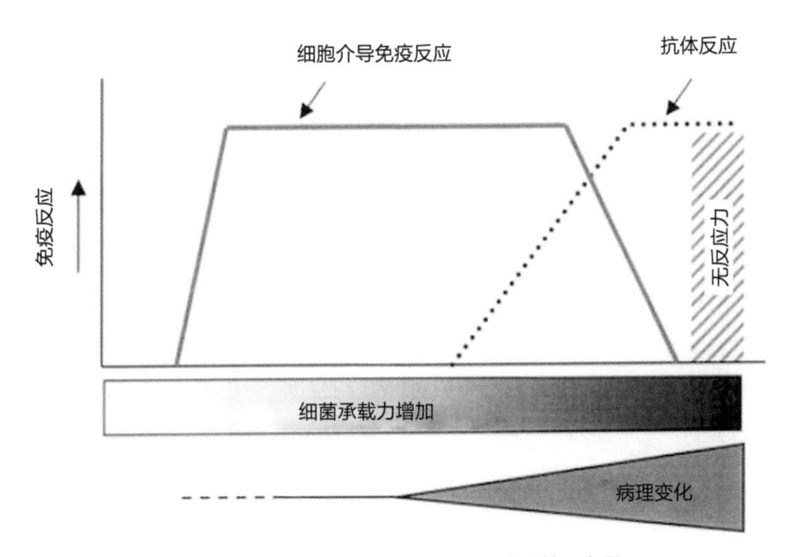

图 5-1 牛感染牛分支杆菌后免疫应答示意图

（引自 Pollock 等，2005）

菌抗原诱发的非特异性抗菌活性，更接近原始态，可能反映古结核菌的历史渊源。如此久远的进化，当前仅用T细胞为中心的细胞免疫解释也可能过于简单，体液免疫和细胞免疫之间的关联仍应得到关注。但是，到目前为止，对于结核免疫反应中B细胞的活化事件鲜有深入的研究报道。

二、结核分支杆菌抗体

在结核病患者中，确实存在着抗结核分支杆菌抗原的抗体，并与细胞免疫呈高涨和低落相对的镶嵌样关系。研究也发现，在结核性感染的细胞免疫发育的同时，宿主也产生抗结核分支杆菌抗原的抗体反应，并显示与疾病存在和转归间的某种正向和负向平行关系，成为结核病血清学诊断的依据。鉴于血清学诊断的简便，快速易行，以及其在其他传染病诊断中的重大成就，血清学诊断始终是临床结核病免疫学关注的焦点。

在结核病患者中，存在抗结核分支杆菌抗原的IgM、IgA、IgG各类型抗体。IgM是抗多糖抗原抗体，一般认为是在感染开始时产生的抗体，期望能成为早期感染的指征。在小鼠试验中似乎也有望鉴定早期结核性感染。但是，随后的人群研究未能得到证实。同时，因IgM滴度低，检测结果的可信性差，难以成为临床可信的方法。IgA抗体水平一般和IgG平行，但水平低，检测困难。因此，一般的血清学诊断仍是以检测抗结核抗原IgG抗体为基础的。1985年Daniel对结核病初治病人跟踪了16个月，每个月检测一次结核分支杆菌抗原5的血清抗体，结果发现抗体滴度虽与结核病发生有关，但在16个月的跟踪中保持稳定，并不与病程越慢性或结核病越开放呈正相关。同时，抗体诊断存在着感染早期的延误和治愈后的滞后现象。此外，人群中也存在很大的个体差异，使得其平均值的意义难以解释。因此，使用抗体检测进行疗效判定应该审慎。

三、结核分支杆菌特异性抗原

结核病的诊断和疫苗的构建成为当前的研究热点，筛选出结核分支杆菌免疫优势抗原是快速准确的诊断结核病及研制安全有效疫苗的关键。结核分支杆菌特异性抗原是结核病诊断的基础。结核分支杆菌有着由蛋白质、糖类、脂质及它们的相互结合物等构成的丰富抗原库。就其在细胞上定位，可分为分泌抗原、胞壁抗原和胞质抗原。就其纯化程度，可分为粗抗原、半纯化抗原和纯化重组抗原。而就其决定簇在分支杆菌属内的分布而言，可分为4类，Ⅰ类是分支杆菌属各种间共同抗原；Ⅱ类抗原是缓慢生长分支杆菌共同抗原；Ⅲ类是快速生长分支杆菌共同抗原；Ⅳ类是种特异性抗原。Daniel鉴定和命名了结核分支杆菌培养液的一些蛋白，其中，抗原1：阿拉伯甘露聚糖；抗原2：阿拉伯半乳聚糖；抗原3：葡聚糖。此3种抗原是属于Ⅰ类属间共同抗原。抗原5是含结核分支杆菌特异性决定簇的糖蛋白，抗原6和抗原7是广泛分布的蛋白抗原。应该指出，不同抗原可能有着相同的决定簇，而在特异性抗原单体上也可能存在不同的非特异性决定簇。因此，抗原特异性问题实际上更为复杂。

血清学诊断研究初期多采用粗抗原，如菌悬液、培养滤液和糖提取物等。至今仍有人采用粗抗原旧结核菌素、纯化蛋白衍生物（PPD）、胞壁和胞质抗原。20世纪60年代建立了结核分支杆菌抗原参比系统，进行了一些抗原纯化和免疫原性鉴定的努力。抗原5就是当时的代表性成就。随着20世纪20年代的单克隆抗体技术和20世纪70年代开始的重组技术的建立，出现了大量亲和纯的单体抗原。目前，进行生化、抗原性等研究的单体抗原几近百种之多。

（一）分泌蛋白

1. 早期分泌抗原靶　早期分泌抗原靶（early secreted antigenic target，ESAT）包含有近百种蛋白，其中ESAT6家族对结核分支杆菌的毒力和致病性至关重要，其相对分子质量为6 000～10000。研究较多的有ESAT6、CFP10和TB10.4等。

ESAT6是MTB感染早期培养滤液中的低相对分子质量蛋白，仅存在于致病性分支杆菌中，绝大部分环境分支杆菌和所有BCG菌株（如Tokyo株、Russia株和Sweden株等）则不含有。ESAT6在感染潜伏期和活动期均高水平表达，能够诱导机体产生强烈的细胞免疫反应。ESAT6的两个$CD4^+$T细胞表位（第1～20位和第51～60位氨基酸）可被小鼠、牛和人的T淋巴细胞识别，产生高水平IFN－γ。ESAT6的第21～29位和第69～76位氨基酸为$CD8^+$抗原表位，可诱导机体特异性$CD8^+$细胞毒性T淋巴细胞（CTL）的活化与增殖，并且能通过激活p38 MAPK，NF－κB和AP－1κ诱导IL－8表达。

培养滤液蛋白10（culture filtrate protein 10，CFP10）是存在于MTB培养滤液中、相对分子质量约为10 000的高度特异性抗原。CFP10具有良好的免疫原性，为人MTB和牛分支杆菌所特有，而BCG和非致病分支杆菌则缺乏。CFP10是一种有效的$CD8^+$T细胞抗原，已证实含有4种9个氨基酸的抗原表位，能诱导显著的$CD8^+$T细胞反应。同时，CFP10能够诱导机体产生特异性Thl免疫应答，在MTB的潜伏与显性感染中具有一定的诊断价值。研究表明，重组CFP10抗原能诱导T细胞增殖和产生IFN－γ。另外，CFP家族中的CFP25、CFP20.5和CFP3也具备较强的免疫原性，是候选亚单位疫苗成分。

TB10.4是一种新发现的MTB抗原，其基因仅存在于MTB复合物中，在MTB感染期间能被人类、小鼠和牛的T细胞识别。将TB10.4的第74～88位氨基酸肽免疫BALB/c小鼠，能诱导机体产生较强的Th1型免疫应答。

2. Ag85复合物 Ag85复合物是由Ag85A、Ag85 B和Ag85 C组成的异三聚体复合物，分别由FbpA、FbpB和 FbpC2三个基因编码。该复合物中Ag85B的表达量最高，但在宿主免疫反应中Ag85C活性最强，Ag85A诱导的保护作用最佳，Ag85A诱导的免疫保护作用比BCG更强，但以Ag85A为基础的DNA疫苗保护效果比BCG弱。Ag85B是一个极性蛋白水溶性抗原，重组的Ag85B蛋白能够诱导小鼠产生高水平的TNF－α、IFN－γ、IL－12和IgG2。

3. MPT64蛋白 MPT64蛋白是一种相对分子质量为24 000的分泌性蛋白，占培养上清滤过液中蛋白总量的8%。MPT64蛋白具有超氧化物歧化酶活性，只有在结核细胞活化分裂的时候才表达，其编码基因为RD2区的Rv1980c。在宿主感染MTB早期，MPT64蛋白为重要的抗原，能刺激T细胞增殖和外周血单个核细胞释放IFN－γ。MPT64的$CD8^+$T细胞表位（173～187位氨基酸）能够诱导小鼠CTL的活化与增殖，对TB的感染具有免疫保护作用。另外，MPT64能诱导机体产生较强的体液免疫应答。

4. Erp蛋白 MTB输出重复蛋白（exported repetitive protein，Erp）是MTB的一种全长为284个氨基酸的输出蛋白，由信号肽序列（氨基酸1～22）、基于PGLTS序列的12个重复区和高度保守的N末端结构域（氨基酸1～80）与C末端结构域（氨基酸176～284）组成。Erp是MTB的一种毒力因子，与MTB细胞壁构建和侵染组织有关。该蛋白有9个单克隆抗体结合表位，能诱导机体产生体液免疫和细胞免疫反应。

5. 38KD蛋白 38KD蛋白是一种磷酸盐转运脂蛋白，是MTB的主要免疫原，具有很强的免疫原性，含有对MTB特异单克隆抗体定位的7个表位，研究表明38KD蛋白诱发豚鼠DTH反应的效果优于17KD、19KD、24KD和32KD蛋白。研究表明，38KD蛋白免疫豚鼠能诱导T淋巴细胞增殖且产生较强的DTH反应。38KD蛋白特异性强、灵敏度高，是目前最常用的TB诊断免疫优势抗原之一。

6. MTB8.4蛋白 MTB8. 4蛋白的相对分子质量为8 400，是从MTB的H37Rv株培养滤液中分离纯化出的一种蛋白，该蛋白不含信号序列。MTB8. 4蛋白能诱导小鼠产生特异性Th1免疫反应，分泌高水平的IFN－γ。重组MTB8.4蛋白免疫小鼠能诱导出与BCG相当的免疫保护水平，能够诱导外周血单核细胞（peripheral blood monoclear cells，PBMC）活化与增殖，产生IFN－γ，可望成为TB疫苗的候选抗原或作为亚单位疫苗的组分用于TB的预防。

7. MPB70 是牛分支杆菌的主要分泌性抗原，可占培养滤液蛋白的10%，但结核分支杆菌分泌少，结核分支杆菌复合群外的分支杆菌不产生。基因约583bp，蛋白相对分子质量约22 000，是一种T细胞和B细胞均能识别的优势抗原，是牛结核菌素的主要有效成分，也是新型疫苗与诊断试剂开发的理想候选抗原。

（二）胞质蛋白

1. 热休克蛋白　热休克蛋白（heat shock protein，HSP）是一类高度保守的应激性蛋白质，能刺激机体T淋巴细胞和B淋巴细胞反应。HSP在抗原提呈和淋巴细胞、巨噬细胞的活化中起重要作用。当细胞在发热、感染和休克等应激条件下时，HSP可高效表达且高度同源，易于被免疫系统识别，作为人类疫苗具有一定的危险性。

HSP65有约20个T淋巴细胞表位，其中1个为MTB和BCG所特有且具有较强的免疫保护与免疫治疗作用。MTB HSP65和IL－12共同免疫的小鼠对MTB有较好的保护性作用。HSP65作为抗原与活BCG的保护性相当。

HSP70是MTB的主要免疫优势抗原，具有至少6个T细胞决定簇，能够被多种HLA－DR分子识别，可起免疫佐剂作用。HSP70抗原多肽能诱导$CD8^+$T和$CD4^+$T淋巴细胞反应。HSP70的C末端部分能刺激人单核细胞极化产生IL－12和TNF－α。HSP70能够被人类$CD4^+$T细胞识别并诱导其分泌TNF－β、IL－6、IL－1和IL－10。

HSP60是MTB细胞内的一种特异性抗原，能诱导机体产生与HSP60相关的交叉免疫反应。研究表明，HSP60能诱导PBMC和T细胞活化与增殖，产生细胞因子IL－6、IL－8、IL－10、IL－12、TNF－a和GM－CSF，因此可以作为一个潜在的亚单位候选疫苗。

2. MTB39α蛋白　MTB39α蛋白是由3个高度相关基因编码的相对分子质量为39 000的蛋白家族，MTB39α仅存在于结核分支杆菌和牛分支杆菌中，而不存在于其他分支杆菌中。免疫印迹分析表明MTB39α是MTB溶菌产物而不是培养滤液蛋白（CFP）。MTB39α蛋白能诱导机体PBMC活化与增殖，产生IFN－γ，有作为亚单位疫苗的潜能。

3. MTB9.9家族　MTB9.9家族的相对分子质量约为9 900，显存在于细胞裂解液中的蛋白，由94个氨基酸组成。H37Rv株的MTB9.9家族主要由Mtb9.9a（Rv1793）、Mtb9.9c（Rv1198）、Mtb9. 9d（Rv1037c）和Mtb9.9e（Rv2346c）基因编码，其序列相互间具有高度同源性。MTB9.9家族蛋白之间有相似和特异的抗原表位。Mtb9.9家族蛋白免疫小鼠后，血清中lgG、IgGl，IgG2a，IgG2b和IgG2c的抗体水平显著升高，且IgG2c的产生量比IgGI多，IFN－γ和TNF－α的含量增加，说明Mtb9.9家族蛋白能诱导小鼠产生强烈的体液免疫和以Th1型为主的细胞免疫应答，对MTB的感染具有保护效应。

（三）膜蛋白

1. PPE68　PPE68存在于MTB的细胞膜或细胞壁中，由RD1区Rv3873基因编码，BCG中不存在PPE68蛋白，重组PPE68蛋白可以作为诊断抗原。用穿梭质粒载体构建PPE68－rBCG，并用其免疫BALB/c小鼠，检测到小鼠血清中IgGa、IFN－γ、IL－12和

IL-4含量增加；分析$CD4^+$，$CD8^+$及$CD4^+/CD8^+$含量，显示其能诱导小鼠产生强大的Thl型免疫应答。

2. MPB83蛋白　MPB83蛋白是牛分支杆菌细胞表面主要的糖脂蛋白，结核分支杆菌分泌少。MPB83基因约603bp，以相对分子质量26 000和23 000的蛋白分别存在于细菌细胞壁和培养基中，是牛结核菌素的有效成分之一。MPB83也是一个重要的B细胞免疫优势抗原，与其毒力密切相关。MPB83在酞基化和糖基化的过程中为重要的抗原，MPB83酞基化能诱导人巨噬细胞通过与TLR1和TLR2相互作用产生IFN-γ。MPB83在牛结核病的血清学检测方面具有一定的应用价值。

（四）其他免疫优势抗原

MTB的H37Rv株的TB27.4蛋白由RV3878基因编码，存在于细胞质和细胞膜中，含有T淋巴细胞抗原表位，能诱导结核感染者产生强烈的T细胞免疫应答，产生高水平IFN-γ。从MTB H37Ra株的培养滤液中分离出两种抗原：MTB抗原5和免疫亲和柱纯化抗原（IAP）。实验室诊断中IAP比抗原5更敏感。MTB抗原Wag31可作为分子伴侣，且能特异性诱导巨噬细胞表达c-趋化因子XCL2，表达的c-趋化因子并不局限于T细胞和自然杀伤细胞的某些类型中。在一组包括约50个基因属于DosR调节子的潜伏期MTB抗原中，已证实其中16种DosR调节子具有良好的免疫原性，3种介导Th1细胞免疫应答的DosR调节子是目前发现具有前途的T细胞抗原。MTB中的类脂蛋白质脂阿拉伯甘露糖（LAM）含有9个B淋巴细胞抗原表位，具有较强的免疫原性，能有效刺激机体产生IgG型的抗LAM抗体。

第三节　变态反应

这种形式的超敏反应最初由Robert koch描述。他观察到，如果结核病人皮下注射结核分支杆菌的培养过滤液（结核分支杆菌分泌的抗原混合物），他们会发热和全身不适。在注射的皮肤局部出现硬块和肿胀，称为皮内注射结核菌素皮肤试验（intradermal tuberculin skin testI），简称皮肤试验或皮试。来自许多微生物的可溶性抗原，包括结核分支杆菌、麻风分支杆菌和热带利什曼原虫等，在致敏个体中皆能诱导出类似的反应。皮肤试验常用于检测事前接触微生物后的致敏性个体。这种形式的过敏性也称超敏性（hypersensitivity），也可被非微生物抗原诱导，如铍和锆。

一、结核菌素皮肤试验

结核菌素皮肤试验是对可溶性抗原再次应答的一个良好例子，表明曾感染过此抗原。对结核分支杆菌或牛分支杆菌致敏个体，皮内注射结核菌素后，抗原特异性T细胞被激活，分泌IFN－γ，并激活巨噬细胞产生TNF－α和IL－1。这些来自T细胞和巨噬细胞的促炎症细胞因子和趋化性细胞因子作用于真皮层血管内皮细胞，诱导黏附分子E选择素、ICAM－1和VCAM－I的顺序表达。这些分子同白细胞的受体结合，招募它们到达反应部位。反应开始4h流入的是中性粒细胞，但是12h后被单核细胞和T细胞所取代。这种浸润向外扩展，破坏真皮胶原束，48h达到高峰。$CD4^+$ T细胞在数量上超过$CD8^+$T细胞，它们之比约为2：1。在皮肤浸润24h和48h也可见到$CD1^+$朗格汉斯样细胞，但缺少Birbeck颗粒。24～48h之间，少数$CD4^+$细胞浸润到表皮。炎性细胞与液体在注射部位的浸润导致注射局部皮肤出现隆起，测量时表现为皮厚增加。严重反应时还可见皮肤破溃，液体流出等局部炎性变化。

二、巨噬细胞在皮肤反应中的作用

在所有细胞浸润中，单核细胞占80%～90%。浸润的淋巴细胞和巨噬细胞都表达MHCⅡ分子，这可提高巨噬细胞活化为APC的效率。在淋巴细胞浸润48～96h后，角质形成细胞表达HLA－DR分子。

结核菌素型超敏反应中，巨噬细胞也许是主要的抗原递呈细胞。然而，在真皮浸润中也有$CD1^+$细胞，提示朗格汉斯细胞或某些不确定的树突状细胞也会参与抗原递呈。免疫细胞通过循环进出淋巴结的方式和接触性超敏反应中的方式相似。结核菌素的皮损通常需5～7d才会消失，但是如果组织中有抗原持续存在，可发展成肉芽肿反应。

三、超敏反应的应用

结核菌素样的迟发型超敏反应（delayed type hypersensitivity，DTH），实际上有两种应用方式。第一，对来自病原体的可溶性抗原有反应，证明过去感染过该病原体。因此，牛结核菌素皮肤试验阳性反应证明了对牛分支杆菌的既往感染，而不一定有活动性结核。第二，对常见微生物的DTH反应可作为检测细胞免疫的一种手段。这可通过皮内注射来自该病原的单一抗原来检测，或者用一种多头刺孔器以标准化的样式注入几种常见的微生物抗原。患T细胞功能受损的相关疾病，或者患者正在用皮质类固醇或免疫抑制剂进行治疗时，虽然发生过既往感染，也可能对特异性抗原不产生回忆反应，从而出现DTH反应阴性。从既往感染角度判断，这是一种假阴性反应。

第四节 免疫抑制与逃避

巨噬细胞是机体抵抗结核分支杆菌感染的主要初始效应细胞，同时也是MTB潜伏感染的主要寄居地。结核分支杆菌与巨噬细胞的相互作用关系极其复杂，整个过程大致如下：MTB由呼吸道进入体内，经吞噬作用被巨噬细胞摄入胞内，MTB便会暴露在一些毒性物质中，继而引发巨噬细胞产生细胞因子和趋化因子，这些因子在诱导天然免疫、获得性免疫和凋亡过程中发挥重要作用。当MTB存在于成熟的吞噬体中时，巨噬细胞中的溶酶体酶和抗菌肽等可进一步杀伤MTB。此外，巨噬细胞还可通过抗原递呈而启动获得性免疫应答，产生的IFN-γ又会重新激活感染的巨噬细胞，被激活的巨噬细胞通过增强活性氧产物（reactive oxygen species，ROS）和活性氮产物（reactive nitrogen species，RNS）的毒性作用，增加吞噬溶酶体的形成和巨噬细胞凋亡等，从而更有效地控制MTB感染。但MTB已发展出多种逃逸巨噬细胞杀伤的机制，最终造成机体潜伏感染。这些机制主要包括：改变巨噬细胞的摄取方式，抑制并抵制吞噬小体的酸化，抑制吞噬溶酶体的形成，抑制巨噬细胞的凋亡，避免ROS和RNS的毒性效应，干扰巨噬细胞的抗原递呈等。因此，详细探讨MTB逃逸巨噬细胞免疫杀伤的分子机制对结核病的防控具有至关重要的作用。

一、改变巨噬细胞的摄取方式

天然免疫在宿主抵抗MTB感染中起重要作用，其中巨噬细胞是主要的效应细胞，它的多种模式识别受体（pattern recognition receptors，PRRs）可以识别MTB的病原体相关模式分子（pathogen associated molecular patterns，PAMPs）。这些受体主要有Toll样受体（Toll-like receptors，TLRs）、NOD样受体（NOD-like receptors，NLRs）、甘露糖受体（Mannose receptor，MR）、补体受体（complement receptor，CR）和清道夫受体（scavenger receptor，SR）。目前，MTB 如何选用对自身有利的受体介导胞内生存的机制还不完全清楚，然而不同的受体会介导不同的炎症反应和胞内活化信号，最终导致MTB 产生不同的生存方式。

在这些受体中，MR介导的吞噬途径不会触发巨噬细胞的杀菌效应。MR由8个相连的碳水化合物识别区和一个富含半胱氨酸区组成，在肺泡巨噬细胞上高度表达。带甘露糖帽的脂阿拉伯甘露聚糖（mannose capped lipoarabinomannan，ManLAM）是MTB细胞壁的重要成分，能够被MR识别。Kang等发现MR与ManLAM 相互作用介导的吞噬途径是抑制吞噬体-溶酶体（P-L）融合的主要因素，在人类巨噬细胞或表达MR 的细胞株上P-L融合明显减少，但缺少MR的单核细胞P-L融合未受到限制，并且发现封闭人类巨噬细胞上的MR可引起吞噬MTB 后的P-L融合增加。Torrelles等发现MR介导的吞噬途径，能够使MTB 处于相对温和的初始内环境，进而增强其在巨噬细胞内的存活能力。

二、抑制吞噬小体的酸化

吞噬小体的酸化在机体抵抗MTB感染中发挥重要作用，MTB可通过抑制吞噬小体的酸化来阻止吞噬体的成熟，进而存在于吞噬体相对适中的酸性环境下，这时pH大约为6.2，其酸性低于溶酶体，有利于MTB在细胞内的存活、增殖。虽然包含MTB的吞噬体未被酸化的原因目前还没有确切的解释，但V-ATP酶和LRG-47在此过程中发挥重要作用。研究发现缺少V-ATP 酶，吞噬小体的酸化将受到抑制。IFN-γ 刺激LRG-47缺陷的巨噬细胞后，吞噬体也不能被完全酸化，进而降低巨噬细胞对MTB的免疫应答。

此外，MTB通过自身成分的变化抵制吞噬小体的酸化作用，当MTB处于pH为5的酸性环境时，MTB细胞壁由于其物理结构和分子组成的特殊性，可以作为一个效应屏障，使其自身的pH仍保持在中性。而与此相关的功能成分有Rv3671c编码的丝氨酸蛋白酶、Mg^{2+}载体（MgtC）和结核分支杆菌外膜孔蛋白（OmpATb）等。

三、抑制吞噬溶酶体的形成

MTB被巨噬细胞吞噬后形成吞噬小体，其成熟后与溶酶体融合形成富含酸性水解酶和具有抗菌活性的吞噬溶酶体，进而降解MTB，这一过程是巨噬细胞抵抗MTB的重要机制之一。吞噬体从成熟到与溶酶体融合是极其复杂而有序的过程，此过程中MTB主要采用2种方式抑制吞噬溶酶体的形成。

（一）募集TACO分子

TACO分子（tryptophan aspartate containing coat protein）又称Coronin1，仅存在于包含活MTB的吞噬小体中，而在胞外以及包含有被降解杀死的MTB或卡介苗（BCG）的吞噬小体中均未发现这种蛋白分子的存在。Flynn等发现MTB可通过募集宿主细胞TACO分子于吞噬体膜上来阻止吞噬溶酶体的形成。Schuller等发现在包含有10～20个MTB的吞噬体中会持续募集TACO分子，在含有少量MTB的吞噬体中，TACO分子仅在早期吞噬小体中募集，24 h内就会消失。Noble等发现巨噬细胞吞噬MTB以后，TACO分子会很快地募集至胞内，并在短时间内引起大量钙离子涌入胞内；TACO分子感应到胞内钙离子浓度变化以后，便激活钙调磷酸酶，调节吞噬体与溶酶体之间的融合。Ferrari等通过向无吞噬作用的黑色素瘤细胞转染编码TACO分子的cDNA，发现MTB向晚内体的转运受到抑制，最终有利于MTB的生存，这些发现推测TACO分子的滞留是被吞噬的大量MTB能持续生存的重要条件之一。

（二）滞留早内体标记物

巨噬细胞吞噬MTB后，首先形成早期吞噬体并募集早内体标记物Rab5（Rab蛋白家族的一种GTP酶）；随后吞噬体会去除Rab5而募集晚内体标记物Rab7；经过一段时间的相互作用后，吞噬体便会成熟进而与次级溶酶体融合，获得较高浓度的酸性水解酶来杀伤MTB。然而，MTB正是通过阻止这一过程来逃逸巨噬细胞的杀伤。Vergne等发现含有MTB 的吞噬体可长时间滞留早内体标记物Rab5，而不能募集晚内体标记物Rab7，促使吞噬体停留在早内体阶段，以阻止与溶酶体的融合。Clemens等发现含强毒株结核分支杆菌（H37Rv）的吞噬小体能够长时间存在Rab5，而含弱毒株结核分支杆菌（H37Ra）或无效分子的吞噬小体则只暂时性存在Rab5。早内体自身抗原1（early endosome antigen 1，EEA1）是Rab5的相互效应蛋白，当其被募集至吞噬体膜上时，与Rab5相互作用后，促进吞噬体的成熟；但包含MTB的吞噬体可以驱逐EEA1。近来Welin等发现抑制促丝裂原活化蛋白激酶P38（mitogen activated protein kinases p38，MAPKp38）的活性，可以增加膜上EEA1的募集和吞噬体的成熟，说明MAPKp38的激活与驱逐内吞体膜上的EEA1有关，并推测ManLAM可能通过阻断MAPKp38活性来抑制EEA1的募集。Malik等却发现Man–LAM可能通过抑制Ca^{2+}信号来抑制EEA1的募集，而Ca^{2+}信号转导似乎只对活菌有效，这也就解释了为什么死的MTB 不能抑制吞噬体与溶酶体的融合，但具体机制还有待于进一步研究。

Rab22与Rab5有52%的序列同源性，是Rab5的家族成员之一，MTB通过上调Rab22a的活性，减少Rab7在内体膜上的募集或选择性的从膜上去除Rab7，从而大大增强MTB在巨噬细胞内的存活能力。用RNA干扰（RNA interference，RNAi）方法抑制Rab22a表达，可有效阻止转铁蛋白受体等早内体标志物在膜上的表达。如果过量表达Rab22，可以使早内体因互相融合而增大，这与Rab5的作用十分相似。

四、抑制巨噬细胞的凋亡

巨噬细胞的凋亡也是机体抵抗MTB感染的重要机制之一，它有助于清除病原体或抑制病原体在体内的播散。BCL–2家族的促凋亡蛋白和抗凋亡蛋白在控制巨噬细胞凋亡过程中发挥重要作用。线粒体外膜孔上的促凋亡蛋白BAK和BAX，能促进细胞色素C的释放，而抗凋亡蛋白BCL–2，BCLX–L和Mcl–1作用则刚好相反。因此细胞的命运取决于凋亡蛋白和抗凋亡蛋白所占的比例。此外，BCL–2家族促凋亡成员BID被半胱氨酸天冬氨酸蛋白酶8（caspase–8）激活后以tBID的功能形式存在，可以与BAK和BAX协同作用促进细胞色素C的释放，最终引起细胞凋亡。

MTB抑制巨噬细胞的凋亡方式主要有：增加可溶性肿瘤坏死因子受体2（tumor necrosis factor receptor 2，TNFR2）的分泌，增加抗凋亡蛋白的表达量，降低促凋亡蛋白的表达量，活化MTB自身基因SecA2，PknE和NuoG抑制凋亡等。

目前在抗凋亡蛋白方面的研究已取得了一些进展，Sly等用反义RNA技术沉默人类血浆单核细胞（THP–1）中*mcl*–1基因，成功使Mcl–1蛋白表达水平降低84%，再用不同毒力的菌株感染THP–1细胞，发现H37Rv感染后的细胞凋亡大大增加，细胞中MTB的数目大量减少，而未用MTB感染的对照组和用H37Ra感染的弱毒组，细胞凋亡几乎不变，细胞中的MTB数量未发生变化。因此，通过抑制Mcl–1蛋白表达来促使巨噬细胞凋亡成为可能。

Bfl–1/hA1也是BCL–2家族成员之一，其抗凋亡机制是通过与tBID的BH3结构域紧密结合，抑制tBID与促凋亡蛋白BAK和BAX相互作用，阻止细胞色素C 向胞质中的释放，进而抑制细胞凋亡的发生。Dhiman等发现MTB侵染THP–1细胞的过程中，细胞核因子

κB（NF-κB）依赖的抗凋亡蛋白Bfl-1/hA1表达量的多少决定了H37Rv和H37Ra 的命运。试验成功发现：相比于H37Ra，H37Rv感染THP-1后，Bfl-1/A1的活化作用加强。将Bfl-1/hA1的小干扰RNA（small interfering RNA，siRNA）导入到THP-1细胞，与对照组相比，观察到H37Rv感染的THP-1细胞凋亡率增加。

五、避免活性氧和活性氮产物的毒性效应

免疫活化的巨噬细胞在氧化酶（NOX2/gp91phox）和诱导型一氧化氮合酶（inducible nitric oxide synthase，iNOS）的催化下产生抗菌活性物ROS和RNS，这些物质能有效抵抗MTB的感染。Cooper等发现Phox缺陷鼠感染MTB后，相比正常小鼠，其控制感染能力受到抑制，因此提出ROS在控制MTB早期感染中发挥重要作用。Yang等发现iNOS 缺陷小鼠，大大增加了对MTB的敏感性。此外，Nathan发现：小鼠感染MTB后，无论是急性感染还是慢性感染，使用iNOS抑制剂，小鼠会很快表现出感染症状。进一步研究发现，抑制iNOS调节的相关细胞因子（如TNF-α），将会导致MTB的再活化。Shiloh等发现phox和iNOS共同缺陷小鼠，比任何单一缺陷小鼠表现出更高的敏感性，表明RNS和ROS可以共同保护宿主细胞。尽管Yang等发现人肺泡巨噬细胞杀伤MTB也依赖于iNOS的活性，而且来自潜伏感染患者的巨噬细胞能够产生NO，抑制MTB的生长，但在人类TB中，RNS的作用还存在争议，有待于进一步研究。

MTB可通过3种方式来抑制ROS的毒性效应，一是MTB具有较厚的细胞壁，如脂阿拉伯甘露聚糖（LAM），分支菌酸和酚糖脂（phenolic glycolipid I，PGL-1），可以有效地抵抗ROS的毒性效应。二是MTB 可以产生过氧化氢酶（KatG），超氧化物歧化酶（SodA和SodC）以及由AhpC、AhpD、SucB（DlaT）和Lpd 组成的酶复合体等，这些酶都可以有效清除ROS。此外，结核分支杆菌DNA结合蛋白Lsr2 可以直接保护细菌免受ROS 毒性。

MTB抑制RNS毒性效应的方式还不是很清楚，但研究发现截短血红蛋白（trHbN）在有氧呼吸条件下可以催化降解NO的毒性。若MTB编码*msrA*、*prcBA*、*uvrB* 和*fbiC*酶的基因缺失时，对RNS表现出高度敏感性。此外，*nox1*和*noxR3*基因也参与抵抗RNI 的杀菌效应，但具体的机制还有待于进一步研究。

六、干扰巨噬细胞的抗原递呈功能

抗原递呈是激活天然免疫和获得性免疫杀菌机制的一个重要部分，同时T细胞介导的细胞免疫反应是抵抗MTB感染的一个重要环节。巨噬细胞也可作为抗原递呈细胞在抵

抗MTB感染中发挥重要作用。巨噬细胞吞噬MTB后，将MTB抗原降解为具有免疫原性的小分子肽段，通过主要组织相容性复合体（major histocompatibility complex，MHC）将有效成分递呈给特异性T细胞。不同抗原表位可分别与MHC Ⅰ 和Ⅱ类分子结合后递呈至巨噬细胞表面，分别激活$CD4^+$和$CD8^+$T细胞，促进机体对MTB的特异性杀伤，同时活化的T 细胞可分泌IFN－γ、IL－12和TNF－α 等细胞因子，以进一步增强巨噬细胞的功能。

MTB主要通过2种机制有效的干扰巨噬细胞的递呈抗原能力。第一种是破坏抗原递呈过程，抑制抗原递呈给已经表达的MHC分子，这一过程包括：抑制抗原的加工处理，MHC分子与内体的共定位，抗原肽的卸载等；第二种是干扰MHC Ⅱ类分子的表达合成，确保能持续抑制抗原的递呈，以逃避免疫监视，从而建立潜伏感染。目前证实MTB自身的多种成分可以干扰抗原的递呈，在体外培养的人巨噬细胞系中，ManLAM可以减弱IFN－γ 诱导的MHC Ⅱ类分子的表达。另外，相对分子质量25 000 和19 000 的脂蛋白也参与抑制MHC Ⅱ类分子的表达。

参考文献

陈艳清，张林波. 2014. 结核分支杆菌免疫逃逸分子机制的研究进展 [J]. 免疫学杂志，84－88.

游晓拢. 2014. 结核分支杆菌免疫优势抗原研究进展 [J]. 微生物学免疫学进展42，60－64.

Roitt. I. 2002. 免疫学 [M]. 周光炎，译. 第6版. 北京：人民卫生出版社.

Ahn J S, Konno A, Gebe J A, et al. 2002. Scavenger receptor cysteine-rich domains 9 and 11 of WC1 are receptors for the WC1 counter receptor [J] . Journal of leukocyte biology 72, 382－390.

Barthel R, Piedrahita J A, McMurray D N, et al. 2000. Pathologic findings and association of Mycobacterium bovis infection with the bovine NRAMP1 gene in cattle from herds with naturally occurring tuberculosis [J] . American journal of veterinary research61, 1140－1144.

Billeskov R, Vingsbo-Lundberg C, Andersen P, et al. 2007. Induction of CD8 T cells against a novel epitope in TB10.4: correlation with mycobacterial virulence and the presence of a functional region of difference-1 [J] . J Immunol179, 3973－3981.

Boggaram V. 2003. Regulation of lung surfactant protein gene expression [J] . Frontiers in bioscience : a journal and virtual library8, 751－764.

Boggaram V, Gottipati K R, Wang X, et al. 2013. Early secreted antigenic target of 6 kD（ESAT6）protein of Mycobacterium tuberculosis induces interleukin-8（IL-8）expression in lung epithelial cells via protein kinase signaling and reactive oxygen species [J] . The Journal of biological chemistry288, 25500－25511.

Boysen P, Olsen I, Berg I, et al. 2006. Bovine CD2-/NKp46+ cells are fully functional natural killer cells with a high activation status [J] . BMC immunology7, 10.

Boysen P, Storset A K. 2009. Bovine natural killer cells [J] . Vet Immunol Immunopathol 130, 163 – 177.

Buza J, Kiros T, Zerihun A, et al. 2009. Vaccination of calves with Mycobacteria bovis Bacilli Calmete Guerin (BCG) induced rapid increase in the proportion of peripheral blood gammadelta T cells [J] . Vet Immunol Immunopathol 130, 251 – 255.

Cao W, Tang S, Yuan H, et al. 2008. Mycobacterium tuberculosis antigen Wag31 induces expression of C-chemokine XCL2 in macrophages [J] . Current microbiology57, 189 – 194.

Clemens D L, Lee B Y, Horwitz M A. 2000. Deviant expression of Rab5 on phagosomes containing the intracellular pathogens Mycobacterium tuberculosis and Legionella pneumophila is associated with altered phagosomal fate [J] . Infect Immun68, 2671 – 2684.

Coler R N, Campos-Neto A, Ovendale P, et al. 2001. Vaccination with the T cell antigen Mtb 8.4 protects against challenge with Mycobacterium tuberculosis [J] . J Immunol 166, 6227 – 6235.

Cooper A M, Segal B H, Frank A A, et al. 2000. Transient loss of resistance to pulmonary tuberculosis in p47 (phox-/-) mice [J] . Infect Immun68, 1231 – 1234.

Daniel T M, Benjamin R G, Debanne S M, et al. 1985a. ELISA of IgG antibody to M. tuberculosis antigen 5 for serodiagnosis of tuberculosis [J] . Indian journal of pediatrics52, 349 – 355.

Daniel T M, Debanne S M, Van der Kuyp F. 1985b. Enzyme-linked immunosorbent assay using Mycobacterium tuberculosis antigen 5 and PPD for the serodiagnosis of tuberculosis [J] . Chest88, 388 – 392.

Denis M, Keen D L, Parlane N A, et al. 2007. Bovine natural killer cells restrict the replication of Mycobacterium bovis in bovine macrophages and enhance IL-12 release by infected macrophages[J] . Tuberculosis (Edinb) 87, 53 – 62.

Dhiman R, Kathania M, Raje M, et al. 2008. Inhibition of bfl-1/A1 by siRNA inhibits mycobacterial growth in THP-1 cells by enhancing phagosomal acidification [J] . Biochimica et biophysica acta1780, 733 – 742.

Dillon D C, Alderson M R, Day C H, et al. 1999. Molecular characterization and human T-cell responses to a member of a novel Mycobacterium tuberculosis mtb39 gene family [J] . Infect Immun67, 2941 – 2950.

Dillon D C, Alderson M R, Day C H, et al. 2000. Molecular and immunological characterization of Mycobacterium tuberculosis CFP-10, an immunodiagnostic antigen missing in Mycobacterium bovis BCG [J] . J Clin Microbiol38, 3285 – 3290.

Dong Z, Xu L, Yang J, et al. 2014. Primary application of PPE68 of Mycobacterium tuberculosis [J] . Human immunology75, 428 – 432.

Elhmouzi-Younes J, Storset A K, Boysen P, et al. 2009. Bovine neonate natural killer cells are fully functional and highly responsive to interleukin-15 and to NKp46 receptor stimulation [J] . Vet Res40, 54.

Endsley J J, Furrer J L, Endsley M A, et al. 2004. Characterization of bovine homologues of granulysin and NK-lysin. J Immunol173, 2607 – 2614.

Endsley J J, Endsley M A, Estes D M. 2006. Bovine natural killer cells acquire cytotoxic/effector activity following activation with IL-12/15 and reduce Mycobacterium bovis BCG in infected macrophages [J] . Journal of leukocyte biology79, 71 – 79.

Endsley J J, Hogg A, Shell L J, et al. 2007. Mycobacterium bovis BCG vaccination induces memory CD4$^+$ T cells characterized by effector biomarker expression and anti-mycobacterial activity [J] . Vaccine25, 8384 – 8394.

Ferrari G, Langen H, Naito M, et al. 1999. A coat protein on phagosomes involved in the intracellular survival of mycobacteria [J] . Cell97, 435 – 447.

Flynn J L. 2004. Immunology of tuberculosis and implications in vaccine development [J] . Tuberculosis (Edinb) 84, 93 – 101.

Hasan Z, Zaidi I, Jamil B, et al. 2005. Elevated ex vivo monocyte chemotactic protein-1 (CCL2) in pulmonary as compared with extra-pulmonary tuberculosis [J] . BMC immunology6, 14.

Hoek A, Rutten V P, Kool J, et al. 2009. Subpopulations of bovine WC1 (+) gammadelta T cells rather than CD4(+) CD25(high) Foxp3(+) T cells act as immune regulatory cells ex vivo[J] . Vet Res40, 6.

Hope J C, Sopp P, Howard C J. 2002. NK-like CD8 (+) cells in immunologically naive neonatal calves that respond to dendritic cells infected with Mycobacterium bovis BCG [J] . Journal of leukocyte biology71, 184 – 194.

Huynh K K, Grinstein S. 2007. Regulation of vacuolar pH and its modulation by some microbial species [J] . Microbiology and molecular biology reviews : MMBR71, 452 – 462.

Imir T, Gibbs D L, Sibbitt W L, et al. 1985. Generation of natural killer cells and lymphokine-activated killer cells in human AB serum or fetal bovine serum [J] . Clinical immunology and immunopathology36, 289 – 296.

Kang P B, Azad A K, Torrelles J B, et al. 2005. The human macrophage mannose receptor directs Mycobacterium tuberculosis lipoarabinomannan-mediated phagosome biogenesis [J] . The Journal of experimental medicine202, 987 – 999.

Kleinnijenhuis J, Oosting M Fau - Joosten L A B, Joosten La Fau - Netea M G, et al. Innate immune recognition of Mycobacterium tuberculosis.

Kleinnijenhuis J, Oosting M, Joosten L A, et al. 2011. Innate immune recognition of Mycobacterium tuberculosis [J] . Clinical & developmental immunology 40, 5310.

Klepp L I, Soria M, Blanco F C, et al. 2009. Identification of two proteins that interact with the Erp virulence factor from Mycobacterium tuberculosis by using the bacterial two-hybrid system [J] . BMC molecular biology10, 3.

Le Cabec V, Cols C, Maridonneau-Parini I. 2000. Nonopsonic phagocytosis of zymosan and Mycobacterium kansasii by CR3 (CD11b/CD18) involves distinct molecular determinants and is or is not coupled with NADPH oxidase activation [J] . Infect Immun68, 4736 – 4745.

Leonard W J, Spolski R. 2005. Interleukin-21: a modulator of lymphoid proliferation, apoptosis and differentiation [J] . Nature reviews Immunology5, 688 – 698.

Liu X Q, Dosanjh D, Varia H, et al. 2004. Evaluation of T-cell responses to novel RD1- and RD2-encoded Mycobacterium tuberculosis gene products for specific detection of human tuberculosis infection [J] . Infect Immun72, 2574 – 2581.

Malik Z A, Thompson C R, Hashimi S, et al. 2003. Cutting edge: Mycobacterium tuberculosis blocks Ca^{2+} signaling and phagosome maturation in human macrophages via specific inhibition of sphingosine kinase [J] . J Immunol170, 2811 – 2815.

McNair J, Corbett D M, Girvin R M, et al. 2001. Characterization of the early antibody response in bovine tuberculosis: MPB83 is an early target with diagnostic potential [J] . Scandinavian journal of immunology53, 365 – 371.

Murase T, Zheng R B, Joe M, et al. 2009. Structural insights into antibody recognition of mycobacterial polysaccharides[J].Jmol Biol.392, 381–392.

Murphy D, Gormley E, Collins D M, et al. 2011. Tuberculosis in cattle herds are sentinels for Mycobacterium bovis infection in European badgers (Meles meles) : the Irish Greenfield Study [J] . Vet Microbiol151, 120 – 125.

Nathan C. 2002. Inducible nitric oxide synthase in the tuberculous human lung [J] . Am J Respir Crit Care Med166, 130 – 131.

Noble M E, Endicott Ja Fau - Johnson L N, Johnson L N. Protein kinase inhibitors: insights into drug design from structure.

Ottenhoff T H, Verreck F A, Hoeve M A, et al. 2005. Control of human host immunity to mycobacteria [J] . Tuberculosis (Edinb) 85, 53 – 64.

Pollock J M, Welsh M D, McNair J. 2005. Immune responses in bovine tuberculosis: towards new strategies for the diagnosis and control of disease [J] . Vet Immunol Immunopathol108, 37 – 43.

Price S, Davies M, Villarreal-Ramos B, et al. 2010. Differential distribution of WC1 (+) gammadelta TCR (+) T lymphocyte subsets within lymphoid tissues of the head and respiratory tract and effects of intranasal M. bovis BCG vaccination [J] . Vet Immunol Immunopathol136, 133 – 137.

Sable S B, Verma I, Khuller G K. 2005. Multicomponent antituberculous subunit vaccine based on immunodominant antigens of Mycobacterium tuberculosis [J] . Vaccine23, 4175 – 4184.

Schuller S, Neefjes J, Ottenhoff T, et al.2001. Coronin is involved in uptake of Mycobacterium bovis

BCG in human macrophages but not in phagosome maintenance[J].Cell microbiol,3,785-793.

Shiloh M U, Nathan C F. 2000. Reactive nitrogen intermediates and the pathogenesis of Salmonella and mycobacteria [J] . Current opinion in microbiology3, 35 – 42.

Singh S, Saraav I, Sharma S. 2014. Immunogenic potential of latency associated antigens against Mycobacterium tuberculosis [J] . Vaccine32, 712 – 716.

Sly L M, Hingley-Wilson S M, Reiner N E, et al. 2003. Survival of Mycobacterium tuberculosis in host macrophages involves resistance to apoptosis dependent upon induction of antiapoptotic Bcl-2 family member Mcl-1 [J] . J Immunol170, 430 – 437.

Splitter G, Choi S H. 1993. Bovine natural killer activity against virally infected cells inhibited by monoclonal antibodies [J] . Vet Immunol Immunopathol39, 269 – 274.

Stokes R W, Waddell S J. 2009. Adjusting to a new home: Mycobacterium tuberculosis gene expression in response to an intracellular lifestyle [J] . Future microbiology4, 1317 – 1335.

Torrelles J B, Schlesinger L S. 2010. Diversity in Mycobacterium tuberculosis mannosylated cell wall determinants impacts adaptation to the host [J] . Tuberculosis (Edinb) 90, 84 – 93.

Van Pinxteren L A, Cassidy J P, Smedegaard B H, et al. 2000. Control of latent Mycobacterium tuberculosis infection is dependent on CD8 T cells [J] . Eur J Immunol30, 3689 – 3698.

Vandal O H, Roberts J A, Odaira T, et al. 2009. Acid-susceptible mutants of Mycobacterium tuberculosis share hypersusceptibility to cell wall and oxidative stress and to the host environment [J] . Journal of bacteriology191, 625 – 631.

Vergne I, Fratti R A, Hill P J, et al. 2004. Mycobacterium tuberculosis phagosome maturation arrest: mycobacterial phosphatidylinositol analog phosphatidylinositol mannoside stimulates early endosomal fusion [J] . Molecular biology of the cell15, 751 – 760.

Vordermeier H M, Villarreal-Ramos B, Cockle P J,et al. 2009. Viral booster vaccines improve Mycobacterium bovis BCG-induced protection against bovine tuberculosis [J] . Infect Immun77, 3364 – 3373.

Waters W R, Palmer M V, Nonnecke B J, et al. 2009. Efficacy and immunogenicity of Mycobacterium bovis DeltaRD1 against aerosol M. bovis infection in neonatal calves [J] . Vaccine27, 1201 – 1209.

Welin A, Winberg M E, Abdalla H, et al. 2008. Incorporation of Mycobacterium tuberculosis lipoarabinomannan into macrophage membrane rafts is a prerequisite for the phagosomal maturation block [J] . Infect Immun76, 2882–2887.

Whelan A O, Wright D C, Chambers M A, et al. 2008. Evidence for enhanced central memory priming by live Mycobacterium bovis BCG vaccine in comparison with killed BCG formulations [J] . Vaccine26, 166 – 173.

Zhu H, Liang Z, Li G. 2009. Rabex-5 is a Rab22 effector and mediates a Rab22-Rab5 signaling cascade in endocytosis [J] . Molecular biology of the cell20, 4720 – 4729.

第六章

诊　　断

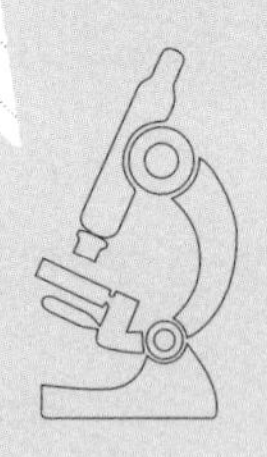

牛结核病临床诊断主要依靠牛结核菌素皮内变态反应，临床诊断、病理学诊断、细菌学诊断和血液免疫学指标检测等都是皮内变态反应检测的辅助方法。所有活体检测方法（结核菌素皮内变态反应、临床诊断和血液免疫学检测）等都是间接诊断方法，准确度很难判断。细菌学检测可以作为金标准，但灵敏度很低，且需要高级别的生物安全防护措施。病理学检测也较准确，但同样灵敏度低，病程早期不一定能观察到典型病理变化，且需要解剖动物，不能进行活体检测。临床上综合利用多种方法可提高灵敏度或特异性。

第一节 临床诊断

牛结核病通常为慢性经过，潜伏期为半月至数年不等，大多数情况下细菌可以休眠状态潜伏于动物体内而不引起任何临床症状，表现为潜伏感染；有的动物在感染几个月甚至几年后才会出现明显的临床症状，发展为活动性结核。由于病原菌可以侵染几乎所有的组织器官，患病器官不同，患畜所表现出来的症状亦有所不同。整体说来，患病动物表现为明显的食欲不振，顽固性腹泻，以致逐渐消瘦；易疲劳；偶见明显波浪热，间歇性咳嗽，部分个体伴随淋巴结肿大 。

牛结核病以肺结核最为常见，其次为乳房结核和肠结核，以及淋巴结核、胸膜结核和腹膜结核，有时可见肝、脾、肾、生殖器官、脑、骨和关节结核，严重者可表现为全身性粟粒性结核。

一、肺结核

以渐进性消瘦、长期顽固的干咳为主要症状，且以清晨最为明显。病初患牛易疲劳，食欲、反刍无明显变化，常出现短而干的咳嗽，当患牛起立、运动和吸入冷空气时易发咳嗽。随病情发展，咳嗽加重、频繁，并转为湿咳，咳嗽声音较弱，且患牛咳嗽时表现痛苦，呼吸次数增加，严重时可见明显的呼吸困难。

二、乳房结核

一般先是乳房淋巴结肿大，继而后方乳腺区发生局限性或弥散性硬结，硬结无热无痛，凸凹不平。患牛的泌乳量逐渐下降，乳汁初期无明显变化，后期病情严重时乳汁可变得稀薄如水，由于肿块形成和乳腺萎缩，两侧乳房变得不对称，乳头变形、位置异常，甚至破溃流脓，泌乳停止。

三、肠结核

最主要的症状为消瘦，多见于犊牛，病牛表现腹痛、消瘦，初期持续腹泻与便秘交替出现，后期拉痢，粪便为粥样，常带血，并混杂脓汁和黏液。重症病例表现营养不良、贫血、咳嗽，有时可见体表淋巴结肿大等。

四、淋巴结核

常为非独立病型。在各部位脏器结核病周围的淋巴结均有可能发生病变。通常表现为咽、颌、颈和腹股沟等部位淋巴结肿大并突出于体表，大小如鸡蛋，触摸坚硬。麻醉后穿刺可流出黄白色油性脓汁，无热无痛。

五、生殖器官结核

母畜可发生于子宫、卵巢和输卵管，表现为性机能紊乱，导致母牛流产、屡配不孕。公牛发生于睾丸和附睾，一侧或两侧睾丸肿大，有硬结，以致睾丸萎缩。

六、其他结核

1. 骨和关节结核　局部硬肿、变性。关节硬肿、痛感、变性。病牛卧地不起。

2. 脑和脑膜结核　牛神经结核常表现为在脑和脑膜等部位发生干酪样或粟粒状结节，继而侵害中枢神经系统并引起各种神经症状，如癫痫样发作，眼球突出。头向后仰或绕圈运动，有的头颈强直。行动偏向一侧，有的出现痉挛、运动障碍等。

但是，随着牛结核病控制和根除计划的实施，很多国家或地区在牛结核病发展早期就对动物进行扑杀，因此具备典型临床症状和病理变化的牛并不常见。临床上对牛结核病的确诊必须借助一些辅助性手段，如免疫学诊断方法等，同时结合流行病学、临床症状、病理变化和微生物学检查等进行综合判断。

第二节 病理学诊断

牛结核病又称为“珍珠病”，该病最特征的病变为在肺脏及其他被细菌侵害的组织器官形成白色的结核结节，最常发生部位为肺及肺门淋巴结、纵隔膜淋巴结；其次可见于肠系膜淋巴结、头颈部淋巴结，甚至全身。结节多呈圆形，大小不一，小的如针尖，大的如豌豆状。多为灰白色或浅黄色、半透明状，边缘清晰，触之坚硬，多散在分布。切面为干酪样坏死或钙化，也可出现化脓灶，通过病理组织学检查，可见到大量的牛分支杆菌。有时坏死组织溶解和软化形成脓汁，脓汁排出后形成空洞。

将结节性病变组织取样，10%中性福尔马林固定后，做成石蜡切片和苏榛–伊红（hematoxylin and eosin，HE）染色，光学显微镜下，可观察到典型的结核结节，即由上皮样细胞、朗格汉斯多核巨细胞、淋巴细胞和少量反应性增生的成纤维细胞构成的特异性肉芽肿，外周由结缔组织膜包裹，与周围界限清晰；中央为坏死组织与细菌。

第三节 免疫学诊断

免疫学诊断方法具有简单、快速、特异性和敏感性高的特点，可实现自动化检测，大大提高了检测效率，所以在牛结核病诊断中具有广泛应用前景。主要有结核菌素皮内变态反应（PPD）、淋巴细胞增生试验、IFN–γ体外释放试验、抗体检测法（酶联免疫吸附试验ELISA、免疫胶体金诊断等）。

一、结核菌素皮内变态反应

结核菌素皮内变态反应（the tuberculin skin test，TST）又称皮试法（skin test），是OIE最早推荐用于牛结核病的检测方法，也是国际贸易的指定方法。单皮试法主要操作步骤是：在牛颈部上1/3处剃毛，皮内注射提纯牛结核菌素（即PPD-B，通常为 2 000IU/头），由同一工作人员分别在注射前、注射后 72h 测量注射部位皮皱厚，计算皮皱厚增加值（图6-1）。

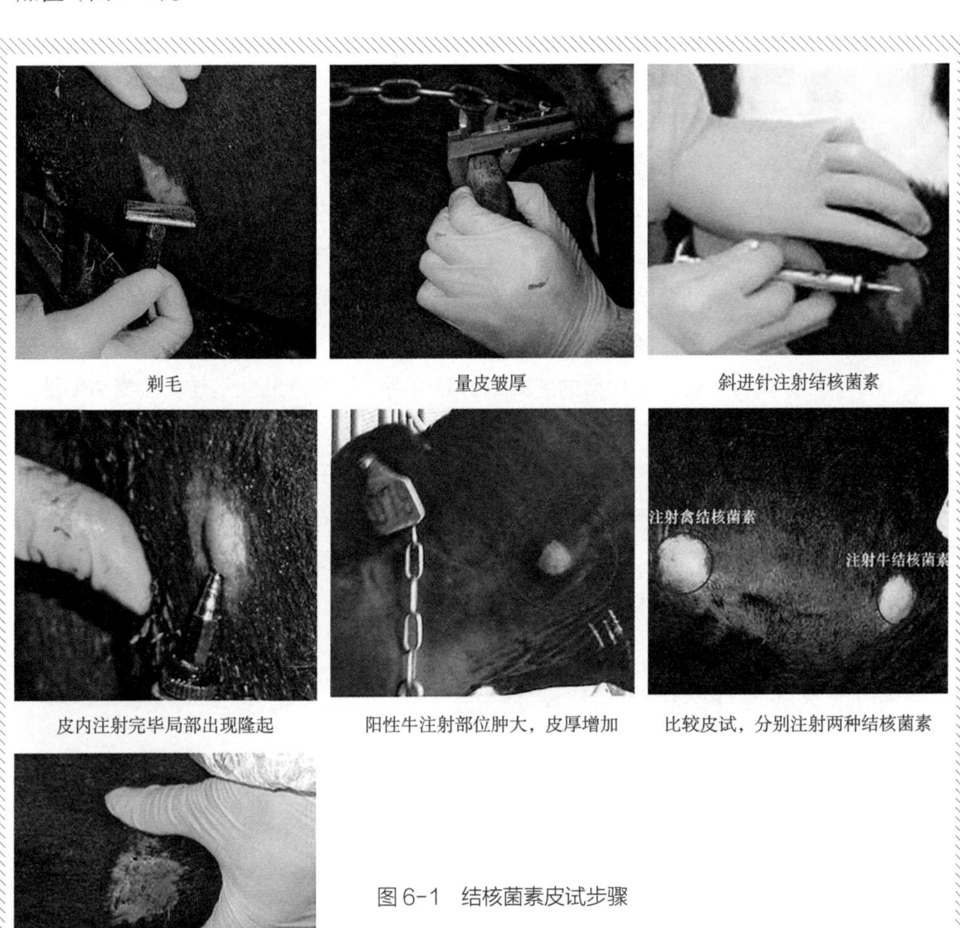

图 6-1　结核菌素皮试步骤

在2009年之后，OIE将皮试法的判定标准进行了更为严格的规定，当皮皱厚增加值小于2mm且注射部位没有出现明显炎性水肿、渗出、破溃坏死等症状时，判定为阴性；当皮皱厚增加≥2mm，＜4mm，且注射部位未出现上述临床症状时判定为可疑；当皮皱厚≥4mm，或动物出现明显临床症状，或注射部位有上述炎性反应时，则判为阳性。对第一次检测为可疑的动物，则需要在42d后进行第二次皮试试验，当出现非阴性结果时则判定为阳性。但是由于PPD–B与环境分支杆菌、禽分支杆菌有交叉抗原，当牛感染环境分支杆菌时，皮内注射PPD–B也容易出现迟发型过敏反应，发生误判。为了减少环境分支杆菌对检测的干扰，OIE现推荐比较皮试法，即在牛颈部两点间隔12～15cm分别注射 PPD–B 和PPD–A，（$\text{PPD–B}_{\text{皮皱厚}}$–$\text{PPD–A}_{\text{皮皱厚}}$）≥4mm时判为阳性：2mm＜（$\text{PPD–B}_{\text{皮皱厚}}$–$\text{PPD–A}_{\text{皮皱厚}}$）<4mm时判为可疑，（$\text{PPD–B}_{\text{皮皱厚}}$–$\text{PPD–A}_{\text{皮皱厚}}$）＜2mm时判为阴性。

结核菌素皮内变态反应检测方法对操作人员的技术要求不高，有较好的敏感性，能够检测出大部分的阳性动物，但是越来越多的临床实践证明该方法仍存在明显的缺陷：皮肤试验阳性只能表明在过去某一时间，曾经发生过分支杆菌（主要是牛分支杆菌）的感染，但无法判断是活动性结核还是潜伏期感染；免疫力低下的病牛易出现假阴性；牛结核菌素与环境分支杆菌、禽分支杆菌、BCG存在交叉反应，无法鉴别BCG免疫牛与结核病阳性牛，容易因环境分支杆菌的感染而引起误判；检测重复性不佳，检测结果受主观因素影响较多；需要两次对牛进行保定，因此工作量大，不利于开展大规模的流行病学调查；检测人员必须与牛群密切接触，增加了人感染牛分支杆菌的风险。

虽然皮内变态反应存在明显的不足，但由于该方法具有很高的敏感性，几乎所有国家和OIE等国际组织仍采用这种方法作为法定方法，对牛进行检测并运用于牛结核病根除计划，并取得了很好的成效。

二、细胞因子及细胞因子受体检测法

这类方法的原理是：通过检测抗原特异性的T淋巴细胞在体外接受相应抗原刺激活化后分泌的T淋巴细胞活化标记分子（如IFN–γ、TNF–α、IL–2、IL–2R–α等），可以判断机体对某种病原的致敏情况，从而间接反映是否被该病原感染。与PPD皮内试验相比，具有出现反应早（ 在牛被感染后2～3周即可得到阳性结果），试验快速、灵敏的优点。

（一）干扰素（ IFN–γ ）体外释放检测

1990 年，Wood 等发现曾被牛分支杆菌感染致敏的牛，其外周血T淋巴细胞在体外培养的条件下，再次被牛分支杆菌抗原刺激时，会释放大量的IFN－γ，从而创建了牛IFN－γ体外释放试验检测方法。1989—1990 年，研究工作者在新西兰、澳大利亚和西班牙等国家通过大规模的临床试验，证实IFN－γ释放试验可以作为 PPD 皮肤试验的替代检测方法或辅助检验方法。1991年，这些相关国家批准其用作牛结核病检测的官方检测方法。

该方法的主要操作步骤是：采集牛的肝素抗凝血，分装至24孔细胞培养板，分别加入牛结核菌素PPD-B、PPD-A 禽结核菌素和 PBS，孵育24h 后，收集血浆，用 IFN－γ 定量试剂盒检测血浆样品中牛 IFN－γ的含量，如果 PPD-B 与 PPD-A 刺激孔的 OD 差值大于0.1，同时 PPD-B 与 PBS 刺激孔的OD 差值也大于0.1时，则表明该动物为牛结核病阳性。

该方法与结核菌素皮内变态反应相同，都是以 PPD-B 为刺激原，并不能有效区分牛分支杆菌感染牛和BCG 免疫动物；虽然 PPD-A 作为检测对照刺激原可以排除部分的禽分支杆菌感染牛，但是在牛分支杆菌和禽分支杆菌共感染的流行地区，PPD-B与PPD-A刺激后的血浆样品中IFN－γ的含量均很高，但是其差值很可能小于0.1，容易导致牛结核病的漏检与误判。目前商品化试剂盒的检测临界值（cutoff值），主要是根据在西班牙、澳大利亚和新西兰的大规模临床试验的检测数据获得的，这些地区的牛结核病控制较好，发病率比较低，因此与高发病率地区的 cutoff 值可能不同，应用该试剂盒进行牛结核病诊断的地区，需要在地方范围内进行大规模的临床验证试验，以获得适宜该地区的cutoff值。

为了提高检测的特异性，科研工作者利用 RD1 区的CFP10/ESAT6 蛋白或多肽作为刺激原，RD1区基因仅存在于结核分支杆菌复合群，在环境分支杆菌、禽分支杆菌及BCG中缺失，可以用于特异性诊断结核病阳性牛；抗原的生产过程中不需要接触毒力牛分支杆菌，且重组蛋白或多肽抗原较 PPD 而言成分单一、易于生产和保持批次间稳定性、易于进行产品的质量控制。

但是基于结核菌素或重组蛋白的IFN－γ释放试验在发展中国家难以大规模应用。该方法需要在专业的实验室环境下操作，血样必须在16h内送至实验室进行检测，试剂盒的价格昂贵，检测一头牛需要花费100元左右人民币，很多发展中国家，包括中国在内，普通的养殖企业、养殖户与基层兽医防疫部门均难以承担。因此，需建立适合本国消费水平、价廉物美的实验室血液诊断方法。

（二）白细胞介素-2（IL-2）检测

IL-2主要由活化的T 淋巴细胞分泌，与IFN－γ一样，也是参与细胞免疫反应的重要细胞因子，同样可以作为T 淋巴细胞介导的免疫反应的指标。Ng 等利用IL-2具有刺激成淋巴细胞（ Lymphoblast）增生的特性，通过Lymphoblast 增生试验，测定牛外固血成淋巴细胞PBL经抗原刺激培养后的上清中IL–2的生物活性，以重组人IL–2建立的标准曲线作对照，可以对全血培养物上清中的IL–2活性进行半定量。同时，他们还通过半定量RT–PCR，测定经过刺激培养的牛PBL的IL–2m RNA的表达量。有学者通过化学发光技术（ chemiluminescence）测定IL–2 mRNA的表达量，以及通过光密度扫描（ densitometric scanning）或竞争PCR技术对其进行精确定量。

（三）白细胞介素–2受体肽链（ IL–2R–α ）的检测

IL–2R–α 是组成IL–2受体的一条肽链。静止状态的T淋巴细胞仅表达低水平的IL–2R–α 。T 淋巴细胞被活化后，其细胞膜上的IL–2R–α 表达量增高，使这些分子以可溶形式释放（可能与特异性蛋白酶水解导致的切割有关）。ELISA检测经特异抗原（如PPD、ESAT6等）刺激后的牛外周血或脾脏淋巴细胞释放的IL–2R–α ，可以了解动物机体对牛分支杆菌的细胞免疫状态。

三、血清学检测

牛结核病感染的显著特征之一是细胞免疫和体液免疫分离。疾病初期以细胞免疫为主，血液中的抗体几乎无法检出。随着疾病的发展，细胞免疫逐渐减弱，机体转为以体液免疫为主。介导细胞免疫的优势抗原对结核早期诊断起着至关重要的作用，但是在疾病的后期或转归期可能检出率较低。因此，血清抗体检测方法是牛结核病诊断的重要补充和佐证方法。

此类方法均利用抗原抗体反应检测针对牛分支杆菌抗原的循环抗体。目前用于检测的抗原有PPD、Esat 6/CFP10、MPB70、MPB83、F5、A60、LAM（ lipoarabinomannan）等。已经建立的诊断技术有: 酶联免疫吸附法（ enzyme–linked immunosorbent assay，ELISA）、免疫斑点测定法（ dot immunoassay）、荧光偏振检测法（ fluorescence polarization，FPA）、斑点金免疫渗滤试验（ dot immunogold filtration assay，DIGFA）、银加强胶体金技术（silver enhan ced colloidal gold assay，SECGA）、免疫印迹法（ western blotting）、固相抗体竞争试验（ solid–phase antibody competition test，SACT），以及固相抗体竞争夹心酶联法（solid–phase antibody competition test sandwich enzyme–linked immunosorbent assay，SACSET）等。

MPB系列蛋白是牛分支杆菌的主要分泌蛋白，其中MPB70、MPB83在牛分支杆菌中高效表达。MPB70是牛分支杆菌感染过程中最重要的体液免疫抗原，其分泌量占牛分支杆菌培养物蛋白总量的10%，是很好的血清学诊断抗原，Surujballi等首次报道通过FPA技术检测牛分支杆菌感染，利用荧光标记的MPB70作为抗原，检测感染牛血清中的抗MPB83的抗体。该法只需要荧光标记抗原一种试剂，无需分离和洗涤步骤，操作快速、简便，可在数分钟内得到结果，且无需大型复杂的设备，只需一台荧光偏振检测仪即可进行现场检测。另外，据Silva报道，将结核杆菌AN5菌株超声裂解，取培养液上清进行抗原包板，用过氧化物酶标记的抗牛IgG的二抗，对牛血清标本进行ELISA检测，其灵敏度约为47. 5%，特异性高达94.4%。Lightbodya等报道，通过合成肽技术分析MPB70上的B细胞抗原表位，将人工合成的含有这些表位的多肽用于检测MPB70的抗体，有助于提高诊断的特异性。由于牛体对大多数牛分支杆菌的感染首先产生有效的细胞免疫，并能长期将感染限制在局部区域使之不能扩散，因而体液免疫反应出现较迟且往往反应低下，加之各种分支杆菌之间含有较多的共同抗原成分，因而导致该法的灵敏度和特异性较低。高水平的循环抗体可见于病情恶化之后，可能与细胞免疫失败，从而失去对分支杆菌繁殖的限制有关。因此，在进行PPD皮肤试验之后应用血清学检测方法复检，对高危病牛的鉴定有一定的作用。另外，对于那些因无免疫反应性而导致PPD皮内试验假阴性的牛体，ELISA血清学检测方法是解决这一问题的有效手段。

另外，免疫胶体金诊断方法以其简便快速、特异性强、敏感性高、肉眼判读、试验结果易保存、无需特殊仪器设备和试剂等优点，被广泛应用于兽医临床疾病诊断和检验检疫中。目前世界上有多个实验室正在致力于牛结核病的免疫胶体金诊断研究，韩国利用重组蛋白 MPB70作为诊断抗原已研制出商品试剂盒；吉林农业大学动物科技学院、哈尔滨兽医研究所、华中农业大学动物医学院已开展胶体金检测牛结核病方面的研究工作。如利用原核表达的牛分支杆菌抗原蛋白MPB83和MPB70分别作为胶体金标记抗原和检测线上的捕获抗原，制备牛结核病抗体检测试纸条，结果表明，其具有较高的敏感性和特异性，用于对牛结核病进行普查和检疫，可作为TST的辅助诊断方法（图6-2）。

血清学诊断方法的优点是方便、简单易用、高阴性预测值以及经济适用。但是，由于机体会产生针对环境分支杆菌的抗体，抗体检测容易出现假阳性，且难以区分结核分支杆菌与非结核分支杆菌感染。另外，目前的血清学检测方法不能有效区分活动性结核和潜伏性结核。

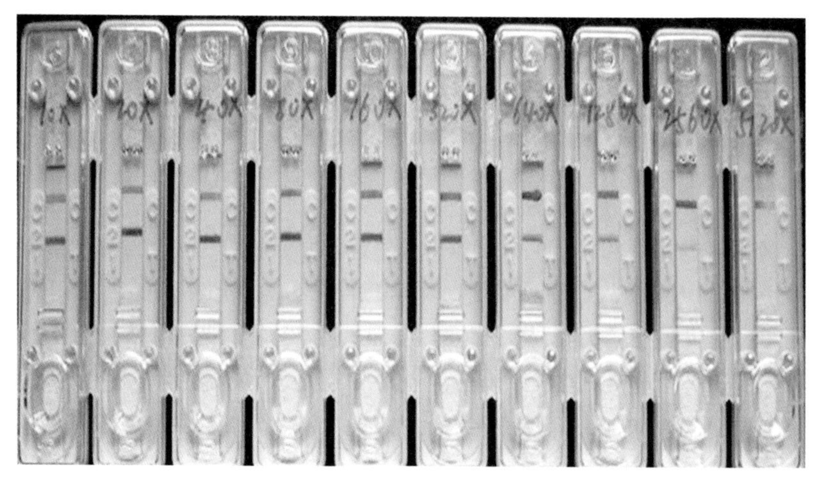

图 6-2　牛结核病抗体胶体金试纸条检测

四、重组蛋白在牛结核病免疫学诊断中的应用

目前，世界范围内仍然主要依赖检测牛分支杆菌感染后的细胞免疫反应水平来诊断牛结核病，主要是以 PPD–B 为刺激原的皮内变态反应试验或 IFN–γ 释放试验。PPD–B 来源于牛分支杆菌的可滤过培养物，是多种蛋白、脂类、糖的混合物，与环境分支杆菌、副结核分支杆菌、BCG 存在共同抗原，会在感染或BCG 免疫个体中引起迟发型过敏反应，容易引起误判；并且目前的检测方法无法区分潜伏感染和活动期感染者，感染过其他分支杆菌的患畜在皮肤试验中也呈阳性反应；另外，PPD–B 的生产过程需要用到牛分支杆菌强毒株，存在散毒的危险；PPD–B 是多种蛋白的混合物，难以保持成分的均一、稳定，只能通过豚鼠试验检测、标定其活性单位来进行质控，不同批次的PPD–B 可能在抗原的含量、种类中存在差异，难以保持稳定。而以 PPD–B 为包被抗原，建立的ELISA抗体检测血清学诊断方法，特异性差，背景值高，并不适于临床诊断。

因此，人们试图寻找、研究新的目标蛋白，以及不同的抗原组合，作为皮内变态反应、IFN–γ 释放试验或血清学诊断方法的检测原。检测抗原必须具有高免疫原性，且在培养液中有足够的分泌量，目前已经发现多种培养滤液蛋白可以用来建立结核病诊断方法，其中主要的具有强免疫原性的分泌蛋白有 MPT64、ESAT6、CFP10 和 Ag85 复合物等，这些蛋白已经被尝试用于结核病的诊断，包括皮内变态反应试验、多种类生物传感系统、免疫组化、免疫层析技术、ELISA 等。

（一）CFP10/ESAT6 家族蛋白

CFP10 和 ESAT6 是早期分泌蛋白，其分子量分别为 10-和 6-kD，是结核分支杆菌培养物中最为丰富的抗原。编码 CFP10 和 ESAT6 的基因位于 RD1 区，仅存在于结核分支杆菌复合群，在禽分支杆菌、环境分支杆菌和 BCG 中缺失。CFP10 和ESAT6 是由在分支杆菌基因组中线性成对排列的基因家族编码的，由特殊的 Esx-1 转运系统负责分泌。这两个蛋白以共转运，并依靠疏水作用力以 1：1 的比例形成紧密的二聚体为特征，CFP10 的 C 端的柔性臂负责与细胞表面结合。

CFP10 和 ESAT6 在激活机体的 T 细胞免疫反应中起重要作用，被用于人结核和牛结核病的IFN-γ 释放试验。Flores 等发现 CFP10和 ESAT6 蛋白混合物可替代 PPD-B 进行皮内变态反应试验，并且显示良好的特异性，但是其敏感性欠佳（48/63）；Casal 发现用 Rv3615c 和 Rv3020c 作为 CFP10 和ESAT6 的补充抗原进行皮内变态反应试验时，可以增强 DTH 反应，并提高基于重组蛋白的皮内变态反应检测方法的灵敏性（13/14）。

（二）MPT64 蛋白

MPT64（Rv980c）是结核分支杆菌的一个分泌性的免疫原蛋白。仅存在于包括结核分支杆菌、非洲分支杆菌、毒力牛分支杆菌以及一些 BCG 菌株在内的结核分支杆菌复合群（MTBC）中，在非结核分支杆菌中缺失。MPT64 基因存在于 RD2 区，在部分 BCG 菌株中缺失。RD2 区的缺失与毒力型菌株在动物感染模型毒力降低，以及减毒疫苗株在人体内引起病变有关。文献中报道的MPT64分子量不同，包括22.3kD、23kD、23.5kD、24kD 以及 28kD，结核分支杆菌早期感染的患者的 T 细胞能够识别 MPT64 的几个表位，因此关于 MPT64 在结核病诊断中的应用研究非常多。

MPT64 可以特异性激活活动期患者的免疫反应，并且基于 MPT64 建立的皮试试验在 BCG免疫人群、其他分支杆菌感染者，以及结核病已治愈人群中呈阴性反应，可用作鉴别诊断。在日本和菲律宾的试验显示，以 MPT64 建立的皮试试验敏感性可达 98%，特异性可达 100%。因操作方便、不需昂贵仪器或特殊培训，有希望在结核病高发地区或国家应用，其优点是准确性高，能够鉴别潜伏感染与活动期患者，并且不会被 BCG 免疫、环境分支杆菌感染和治愈干扰。

人们也尝试单独把MPT64或与 ESAT6 联合作为结核病的潜在疫苗。在豚鼠模型中，MPT64可以激发强烈的结核特异的迟发型过敏反应（DTH）。分析人T 细胞识别抗原的特点对于开发更为有效的疫苗和更加特异性的诊断方法非常重要。MPT64的DTH活性与G173到A187位之间的T细胞表位CE15有关。MPT64并不能像 ESAT6 和 CFP10 一样，可以对结核病患者或牛分支杆菌感染牛的外周血淋巴细胞激发强烈的 IFN- γ 释放。MPT64 被认为与结核肉芽肿抗细胞凋亡和增强分支杆菌在巨噬细胞内的生存期有关。

（三）MPT63 蛋白

MPT63基因仅存在于结核分支杆菌复合群中，在环境分支杆菌、禽分支杆菌中缺失，编码159个氨基酸的蛋白，包含 29 个氨基酸的分泌信号肽和 130 个氨基酸的成熟MPT63蛋白。MPT63蛋白在结核分支杆菌的培养滤液中含量丰富，具有一定的免疫原性。

（四）MPB70 蛋白

1960年Lind首次报道了MPB70蛋白，发现MPB70以42kD的二聚体形式存在于 BCG的早期培养滤液中，并在BCG Tokoyo 菌株中大量表达。该蛋白可以引起某些BCG免疫豚鼠DTH反应，但是在另外一些BCG菌株免疫豚鼠上，则不能引起DTH反应。MPB70在牛分支杆菌中的表达量较高，但是在结核分支杆菌中的表达水平比较低，其 T细胞反应活性要强于 MPB83，并且具有非常高的 B 细胞反应活性，被用于结核病的血清学诊断。

（五）Ag85 复合物

Ag85 复合物参与细胞壁生物合成和免疫反应。复合物是由不同基因编码的 Ag85A、Ag85B 和Ag85C 三个蛋白组成，Ag85B：Ag85A：Ag85C 以 3：2：1 的比例组成，但是比例会随着环境的变化而有所不同。尽管 Ag85B 的表达水平最高，但是 Ag85C 的生物活性是 Ag85B的 8 倍。复合物的形成对分支杆菌逃避宿主免疫反应是必需的。

Ag85 复合物是分泌蛋白，在吞噬体、细胞壁外膜以及血液中均能被检测到。在血液中，Ag85 复合物与血浆纤连蛋白、细胞外基质糖蛋白和免疫球蛋白 G相结合，这种相互连接可以减弱宿主细胞对结核分支杆菌的吞噬作用，从而增强感染。Ag85 复合物的表达对于结核分支杆菌在宿主巨噬细胞内的生存至关重要，可以催化分支杆菌细胞壁主要糖脂分子海藻糖-6，6-乙酸酯的合成。

（六）TB10.4 蛋白

TB10.4 是 ESAT6 家族的蛋白，具有很高的 T 细胞活性，可以诱导机体产生免疫保护反应，其 3 ~ 11 位氨基酸可能与分支杆菌的致病力有关。Rindi等学者发现 tb10.4 编码基因在致病性结核分支杆菌的基因组中有重复拷贝，而在非致病性分支杆菌中缺失。Dietrich 等的研究发现当 TB10.4 单独或与 Ag85B 共同作为亚单位疫苗时，可对小鼠感染结核分支杆菌产生一定的免疫保护作用。

TB10.4的MHCⅠ类分子表位在第3～11位和20～28位氨基酸，MHCⅡ类分子表位在74～88位氨基酸。结核病患者的T淋巴细胞能强烈地识别TB10.4，并且释放大量的IFN-γ。

（七）Rv3872及TB27.4

Rv3872位于RD1区，TB27.4位于RD2区，编码这两个蛋白的基因均位于结核病毒力相关区域，可能与结核分支杆菌致病性相关，有研究报道两个蛋白均能引起一定的T细胞反应，但是相关研究较少。

第四节　病原学诊断

细菌学检测方法主要检测病料中的致病性分支杆菌，采集牛结核病阳性牛的肺、肺门淋巴结、肝、脾等组织，重点采集有典型结核结节病变的病变与健康组织交接区域。将病料涂片后进行萋-尼二氏抗酸染色，光学显微镜检查组织中是否有抗酸性杆菌，如果组织内可见抗酸性杆菌，并具有典型的结核结节，即可以做出初步的判断。

萋-尼二氏抗酸染色是在19世纪50年代出现的，这种染色检测方法具有耗时少、特异性高的优点，然而敏感性低。逐渐地，对结核的荧光染色代替了萋-尼二氏抗酸染色，尽管荧光显微镜的成本高，但是荧光染色比萋-尼二氏抗酸染色所需的时间更短，还能获得更高的敏感性，因此对结核菌的荧光染色检测在临床中使用较广泛。

如果牛体没有病变，则重点采集肺门淋巴结和纵隔淋巴结。组织样本用酸或碱处理并中和后，离心取沉淀接种于固体选择培养基和液体培养基（改良罗杰二氏培养基或罗杰二氏培养基），于37 ℃连续培养5～7周，见到黄色、菜花样的牛分支杆菌疑似菌落生长时，进行抗酸染色、镜检证实。

牛分支杆菌分离、培养是牛结核病诊断的金标准，特异性非常好，但是缺乏敏感性，即使是从结核菌素皮内变态反应呈阳性，但是剖检无典型结核结节的个体上采集的样本中分离、培养牛分支杆菌也非常困难，分离率仅为5%～12%。对于有典型的结核结节的感染个体，牛分支杆菌的分离率非常高，可以达到 90%。因此，对于无结核结节病变的牛体、牛分支杆菌分离培养阴性并不能说明结核菌素皮内变态反应阳性或IFN－γ释放试验阳性是假阳性。在绝大多数发展中国家及发达国家，细菌培养只在特殊条件下进行，如开展菌株分型以及耐药菌株的流行病学调查等。

尽管牛分支杆菌分离培养的特异性比直接涂片高，但是需要的时间长，且需要较高的生物安全措施。利用液体培养可以减少时间，然而经常被污染所困扰。加入抗生素可以改善这一状况。在1977年，提出了一个混有放射性CO_2和抗生素的液体培养方法，通过检测CO_2的放射性确定细菌生长。该方法被广泛地使用，但是使用成本很高。后来，在此之上进行了改进，采取不用放射性的物质，仅仅检测CO_2浓度，达到检测细菌生长的目的，因此这个改进方法被广泛使用。利用液体培养可以增加敏感性和缩短一部分诊断时间。在1950—1970年之间，也曾用过豚鼠接种试验来诊断结核病，但逐渐被更加有效的培养方法所代替。

第五节 检测实验室质量和生物安全管理

所谓全面质量管理就是按系统论的原理建立一个体系，使在试验的全过程中所有影响试验结果的要求和环节都处于受控状态，保证每个环节的协调和统一，确保试验结果始终可靠。建立质量管理体系后，就可以依据其标准对试验的全过程进行全面管理。

人们对实验室质量管理的内容常强调得很多，但对实验室生物安全管理实际做得很少。自从2003年SARS疫情爆发以来，我国相继出台了一系列生物安全防护措施及法规。生物安全与质量安全同等重要。二者是相辅相成的统一体，任何单方面的管理都不是实验室的全面管理。

一、基本概念

（一）生物安全

生物安全（biosafety）是指为避免危险生物因子造成实验室人员暴露，向实验室外扩散并导致危害的综合措施。实验室生物安全防护是指当实验室工作人员所处理的试验对象含有致病的微生物及其毒素时，通过在实验室设计建造、使用个体防护设置、严格遵从标准化操作规程（standard operation procedure，SOP）等方面采取综合措施，确保实验室工作人员和周围环境不受试验对象侵染的所有活动。

（二）病原微生物危害级别

根据世界卫生组织《实验室生物安全手册》和卫生部行业标准《微生物和生物医学实验室生物安全通用准则》，依据病原微生物的传染性、实验室感染的可能性、感染后对人或动物的危害程度，以及是否具备有效的预防和治疗措施，病原微生物可被分为四类：第一类是指在通常情况下不可能引起人或动物疾病的微生物；第二类是指能够引起人或动物疾病，在正常情况下对实验室工作人员、社区、动物或者环境不会引起严重危害，发生实验室暴露可能引起严重感染时，具有有效的预防和治疗措施的微生物；第三类是指虽然能够引起严重的人或动物疾病，但在个体之间的偶然接触不会造成病原传播，且具备有效的预防和治疗措施的微生物；第四类是指能够引起潜在的人或动物疾病，而且容易在个体间发生直接或者间接传播，并且通常缺乏有效的预防和治疗措施的微生物。

（三）生物安全实验室分级

从生物安全防护的角度，生物安全实验室共分为四级。

1. 一级实验室（biosafety level 1 laboratory，BSL－1） 为实验室结构和设施、安全操作规程，安全设备适用于操作对健康成年人已知无致病作用的微生物，如用于教学的普通微生物实验室等。

2. 二级生物安全实验室（biosafety level 2 laboratory，BSL－2） 为实验室结构和设施、安全操作规程、安全设备适用于操作对人或环境具有中等潜在危害的微生物。

3. 三级生物安全实验室（biosafety level 3 laboratory，BSL－3） 实验室结构和设施、安全操作规程、安全设备适用于操作主要通过呼吸途径使人传染上严重的甚至是致死性的致病微生物及其毒素，通常已有预防传染的疫苗等措施（图6－3）。

4. 四级生物安全实验室(biosafety level 4 laboratory，BSL-4) 实验室结构和设施、安全操作规程、安全设备适用于操作对人体具有高度的危险性、通过气溶胶途径传播或传播途径不明，且目前尚无有效的疫苗或治疗方法的致病微生物及其毒素。

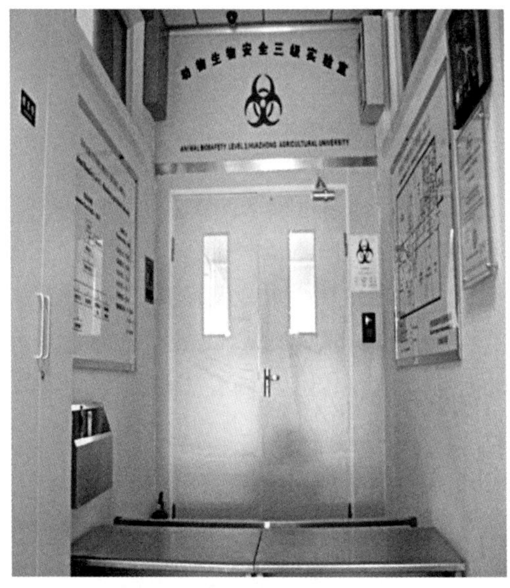

图6-3 生物安全三级实验室外观

与上述情况类似的不明微生物，也必须在四级生物安全防护实验室中进行。待有充分数据后再决定此种微生物或毒素应在四级还是较低级别的实验室中处理。

根据以上定义和相关要求，牛结核病原始病料组织的处理可在生物安全二级实验室进行；而处理纯培养物等含菌量高的样本时，应在三级生物安全实验室进行。

二、病原微生物BSL-3实验室建设的目的和原则

（一）目的

保护工作人员，保护实验室外环境不受高危险性试验生物因子的污染，从而保护试验对象。

（二）原则

（1）实验室的建设一定要符合国家《GB—19489—2008实验室生物安全通用要求》的要求。

（2）BSL-3实验室是从事病原微生物研究、检测等相关工作的必备条件。

（3）据病原微生物的危害程度和研究工作实际内容，设计BSL-3实验室的大小和规模。

（4）根据研究工作性质，确定BSL-3实验室的操作和技术。

（5）根据工作中所接触的病原体的危险度来决定BSL-3实验室相关防护设备的配备。

（三）BSL-3实验室的管理

1. 建立本单位的三级生物安全管理体系　从事病原微生物研究或检测的单位应该建立三级生物安全管理体系，即单位的生物安全委员会（Biosafety Committee，BC）、BSL-3实验室主任、课题负责人共同管理的三级管理体系。在生物安全委员会的成员中，必须有40%的外单位专家。

（1）生物安全委员会的职责　评价该单位所研究的病原微生物的危害程度、防护措施、人员培训、审查在BSL-3实验室内进行研究的课题内容和操作程序、协助该单位制定相关的管理规定等。

（2）BSL-3实验室主任的职责　协助生物安全委员会登记或更新登记实验室的生物安全设施、设备和人员培训的情况；有责任协助BC对相关课题进行生物安全的评估；有责任监督各课题组在课题研究过程中执行生物安全规定的情况；协助生物安全官员的正常监督审查工作。

（3）课题负责人的职责　制订本课题的生物安全防护措施和应急预案；向BC提交确定的研究计划；对课题组成员说明研究过程中潜在的生物危害和采取的预防措施；有责任向BC提出对课题组成员进行生物安全培训的要求；监督实验室工作人员的操作，保证要求的安全操作和技术得以执行；对实验研究过程中出现的意外情况，应立即向生物安全委员会和BSL-3实验室主任报告，并停止试验，重新调整相关的生物安全措施。

2. 制订BSL-3实验室的基本管理规章制度　实验室的危险管理为了保证实验室操作人员的安全操作和限制其他人员进入实验室。实验室实行挂牌制度。

（1）红牌　当实验室正在进行危险因子相关的操作、正饲养着危险因子相关的动物或实验室发生严重污染时，必须挂红牌。禁止所有非本实验室人员进入，实验室工作人员必须严格穿戴高效防护装备后，方可进入。

（2）黄牌　试验工作虽然已经结束，但尚未彻底消毒时挂黄牌。禁止所有非本实验室人员进入，实验室工作人员必须戴高效防护口罩、穿隔离防护服后方可进入。

（3）绿牌　无危险因子相关的试验或实验室已经彻底消毒后挂绿牌。穿普通防护服便可以进入（图6-4）。

（4）生物安全标志　在进入BSL-3实验室的入口处必须有生物安全标志，要设置在醒目处（图6-3）。

3. 进入BSL-3实验室的工作人员的医学监督

（1）试验前要对参加试验的人员进行相关血清抗体的检测，试验过程中和试验结束后，要定期进行复查，检测结果要存档。

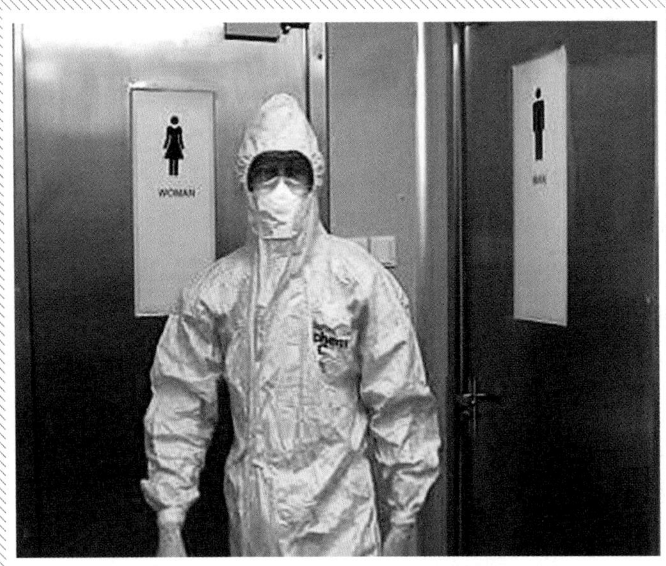

图 6-4 工作人员正确穿戴防护服装备

（2）进行强致病微生物的试验前，如有疫苗可用，参加试验的所有人员都要接种相应的疫苗；如没有疫苗可用，应采取相应的预防措施。

（3）试验期间，每个参加试验的人员每天都要测量体温并记录在档，发现体表有炎症或皮肤有破损时，不得继续参加试验。

（4）试验前，课题组要准备足量的救护药物，并有专人值班。

（5）对可疑感染的人员要采取必要的应急救护治疗措施，上报领导，并对其他参加人员进行仔细检查。

4. 试验前的准备工作

（1）试验前，课题负责人要召集课题所有人员和试验主任，认真研究试验过程中的有关操作，对参加试验的人员进行生物安全教育和有关操作的培训。培训合格后方可上岗。

（2）向科技管理部门和生物安全委员会通报试验计划，包括试验全部内容、试验时间和参加试验的人员名单等。

（3）通知有关后勤保障部门，试验期间必须保障供电、供水、供气等。

（4）全面检修所有试验用仪器设备，负压室各项控制参数必须正常，并逐项记录。

（5）仔细检查生物安全柜的密闭情况。

（6）准备好试验用的工具和器材，并逐项登记。

（7）准备好动物笼具，动物实验室中放入一定量的饲料和饮水及卫生清扫用具等。

（8）准备好消毒液、喷雾器和消毒巾等。

（9）根据试验内容，把试验步骤和操作内容一步一步地写下来，便于试验当日和试验过程中的正确操作，确保安全。

5. 试验结束后的处理

（1）试验结束后，要对所有工作台面、试验器材、废弃物、废弃动物、笼具和生物安全柜等进行全面消毒。

（2）对负压室进行空气消毒。

（3）对试验废弃物进行高压灭菌。

（4）清洗试验器材和动物饲养器材，并登记核对。

（5）试验记录要经紫外线照射消毒后才能拿出负压室。

（6）结合试验记录，分析试验过程中的安全问题，总结经验。

我国属于发展中国家，幅员辽阔，人口众多，与经济发达国家相比，病原微生物实验室生物安全存在隐患更大，如新加坡，我国台湾省、北京、安徽等地发生的SARS病毒泄露事件，充分表明了生物安全的重要性。病原微生物实验室承担着动物疫病研究和检测等任务，责任重大，对公众健康起着至关重要作用，故加强病原微生物实验室生物安全管理体系的建设，对国家、社会和公众有积极意义，要引起各级政府领导、各界和广大公众的足够重视。生物安全技术的应用，对保证病原微生物安全的研究打下了良好的基础，要进一步研究生物安全实验室的各项功能，使所有的病原微生物试验都在生物安全2级以上的实验室完成，高致病、易感染的试验样品在生物安全3级实验室完成，是防治病原微生物感染和外泄的基本保证。只有建立适合于本单位的病原微生物实验室生物安全管理体系，并对其认真贯彻落实，才能保证各类微生物实验室的安全，保证病原微生物不发生外泄，保证社会公众的健康及社会稳定。

参考文献

Bezos J, Casal C, Romero B, et al. 2014. Current ante-mortem techniques for diagnosis of bovine tuberculosis [J]. Res Vet Sci, 97 Suppl, S44－52.

Billeskov R, Vingsbo-Lundberg C, Andersen P,et al. 2007. Induction of CD8 T cells against a novel epitope in TB10.4: correlation with mycobacterial virulence and the presence of a functional region of difference-1 [J]. J Immunol 179, 3973－3981.

Billeskov R, Grandal M V, Poulsen C, et al. 2010. Difference in TB10.4 T-cell epitope recognition following immunization with recombinant TB10.4, BCG or infection with Mycobacterium tuberculosis [J]. Eur J Immunol 40, 1342 – 1354.

Brock I, Munk M E, Kok-Jensen A, et al. 2001. Performance of whole blood IFN-gamma test for tuberculosis diagnosis based on PPD or the specific antigens ESAT6 and CFP10 [J]. Int J Tuberc Lung Dis 5, 462 – 467.

Casal C, Bezos J, Diez-Guerrier A, et al. 2012. Evaluation of two cocktails containing ESAT6, CFP10 and Rv-3615c in the intradermal test and the interferon-gamma assay for diagnosis of bovine tuberculosis [J]. Prev Vet Med 105, 149 – 154.

Chen J W, Faisal S M, Chandra S, et al. 2012. Immunogenicity and protective efficacy of the Mycobacterium avium subsp. paratuberculosis attenuated mutants against challenge in a mouse model[J]. Vaccine 30, 3015 –3025.

Corbett E L, Watt C J, Walker N, et al. 2003. The growing burden of tuberculosis: global trends and interactions with the HIV epidemic [J]. Arch Intern Med 163, 1009 – 1021.

Corner L A. 1994. Post mortem diagnosis of Mycobacterium bovis infection in cattle [J]. Vet Microbiol 40, 53 – 63.

Dietrich J, Aagaard C, Leah R, et al. 2005. Exchanging ESAT6 with TB10.4 in an Ag85B fusion molecule-based tuberculosis subunit vaccine: efficient protection and ESAT6-based sensitive monitoring of vaccine efficacy [J]. J Immunol 174, 6332 – 6339.

Flores-Villalva S, Suarez-Guemes F, Espitia C, et al. 2012. Specificity of the tuberculin skin test is modified by use of a protein cocktail containing ESAT6 and CFP10 in cattle naturally infected with Mycobacterium bovis [J]. Clin Vaccine Immunol 19, 797 – 803.

Lightbody K A, McNair J, Neill S D, et al. 2000. IgG isotype antibody responses to epitopes of the Mycobacterium bovis protein MPB70 in immunised and in tuberculin skin test-reactor cattle [J]. Vet Microbiol 75, 177 – 188.

Ng K H, Aldwell F E, Wedlock D N, et al. 1997. Antigen-induced interferon-gamma and interleukin-2 responses of cattle inoculated with Mycobacterium bovis [J]. Vet Immunol Immunopathol 57, 59 – 68.

OIE. 2009. Bovine tuberculosis. In OIE Terrestrial Manual 2009, pp. 1.

Pollock J M, Girvin R M, Lightbody K A, et al. 2000. Assessment of defined antigens for the diagnosis of bovine tuberculosis in skin test-reactor cattle [J]. Vet Rec 146, 659 – 665.

Rhodes S G, Gavier-Widen D, Buddle B M, et al. 2000. Antigen specificity in experimental bovine tuberculosis [J]. Infect Immun 68, 2573 –2578.

Rothel J S, Jones S L, Corner L A, et al. 1990. A sandwich enzyme immunoassay for bovine interferon-gamma and its use for the detection of tuberculosis in cattle [J]. Aust Vet J 67, 134 – 137.

Silva E. 2001. Evaluation of an enzyme-linked immunosorbent assay in the diagnosis of bovine tuberculosis [J]. Vet Microbiol 78, 111–117.

Surujballi O P, Romanowska A, Sugden E A, et al. 2002. A fluorescence polarization assay for the detection of antibodies to Mycobacterium bovis in cattle sera [J]. Vet Microbiol 87, 149–157.

Wood P R, Corner L A, Plackett P. 1990. Development of a simple, rapid in vitro cellular assay for bovine tuberculosis based on the production of gamma interferon [J]. Res Vet Sci 49, 46–49.

第七章
流行病学调查与监测

随着国家经济发展及人民生活水平的提高，人们对动物性产品的需求日益加大。与此同时，人们对产品的质量和安全的要求也日益增加。为了满足人们日益增长的消费需求，畜禽养殖规模不断扩大，集约化程度越来越高，如我国饲养了世界1/2的猪和约1/3的禽和牛。在大群体、大规模养殖和高密度养殖背景下，疾病发生模式发生了显著改变，如新发病（其中50%以上为人兽共患病）和再现病增加，发病率和/或病死率提高，传播速度加快，影响群体更大，损失更重。为了有效保证畜牧业健康和可持续发展、食品安全和公共卫生，以个体为对象的传统疾病防治理论和方法虽然仍很重要，但已不能完全适应现代畜牧养殖业的发展要求。

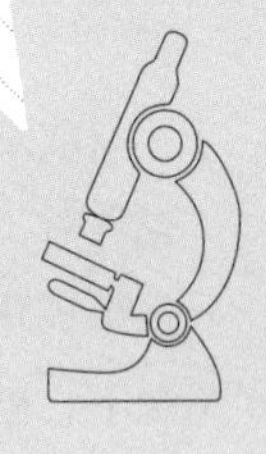

兽医流行病学（veterinary epidemiology）也叫动物流行病学（epizootiology），正是在这种大背景下应运而生，是研究动物群体中疾病发生及其决定因素的科学。这里所说的疾病包括传染病和非传染病。除疾病外，现代兽医流行病学的研究内容还包括动物群体的生产力和动物福利等，研究对象除家畜家禽等生产动物外，还包括伴侣动物和野生动物。

具体说来，兽医流行病学的基本用途有5个：① 确定病因已知疾病的来源；② 调查和确定病因未知或知之甚少的疾病的病因；③ 获得疾病生态学和自然史的相关信息；④ 制定、监控和评价疾病控制规划；⑤ 评价疾病的经济学影响，分析疾病控制和根除计划的成本和经济学效益。

兽医流行病学有其独特的研究和应用方法，正确抽样是分析和研究的基础，调查、监测、筛查和诊断、确定疾病分布和病因、制定和评价防控计划等是兽医流行病学的基本内容。

利用兽医流行病学理论和技术，立足于动物群体，研究疾病和健康问题，最终做到“预防为主，群防群控”，是现代畜牧业可持续发展的大势所趋。

第一节 基本概念

一、疾病的发生形式

疾病的发生形式（patterns）也称为流行强度，是指某个时期内疾病在特定地区、特定群体中发生的数量变化及各病例间的关联程度。常说的疾病发生形式是一种时间形式（temporal patterns）。广义地说，疾病发生形式通常分为三类，即流行、地方流行和散发流行。流行又包括大流行和爆发。这里所说的疾病包括传染病和非传染病。

（一）散发流行（sporadic occurrence）

散发流行是指无规律或偶然出现少量零星病例的疾病发生形式（图7-1）。如牛拴系饲养时，偶尔发生牛前腿跨过挡胸栏杆、导致被颈链勒死的现象；长途运输时，偶尔发生牛被踩踏致伤、致死现象；人和动物狂犬病是健康者被“疯”犬咬伤后发病，一般情况下，也呈散发。

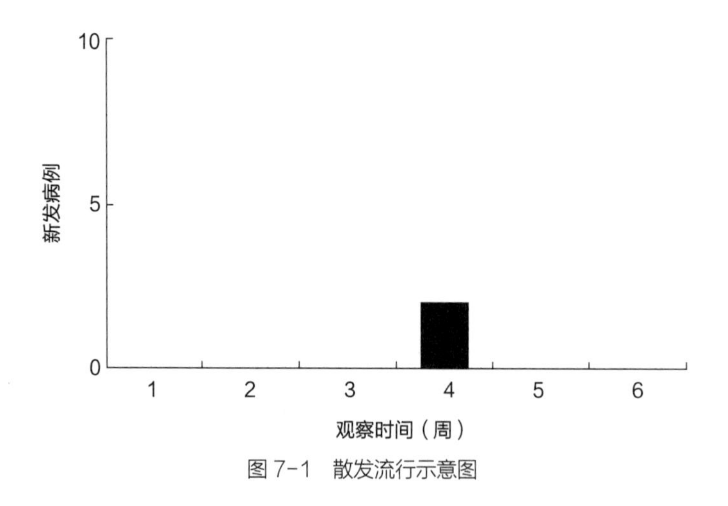

图7-1 散发流行示意图

（二）地方流行（endemic occurrence）

地方流行是指某疾病在某地区的动物群体中以相对稳定的频率发生或呈现一种常在状态（图7-2）。这里所指的疾病可以是临床症状明显的疾病，也可以是临床症状不明显的疾病，包括传染病和非传染病，其特点是：其流行水平可以预测。

许多传染病在爆发流行时疫情未能彻底清除或通过疫苗从临床发病上得到控制，导致蔓延或残余的病原体在局部地区的动物群体内增殖导致慢性和地方性流行，如猪气喘病、经典型猪伪狂犬病、圆环病毒病等。炭疽目前主要在我国西部地区呈地方性流行。转为慢性地方性流行的传染病很难在短期内根除。一些特定地区由于水、土壤、植物中某些元素不平衡，常导致地方性营养代谢病，如氟中毒、缺碘症、缺硒症等。

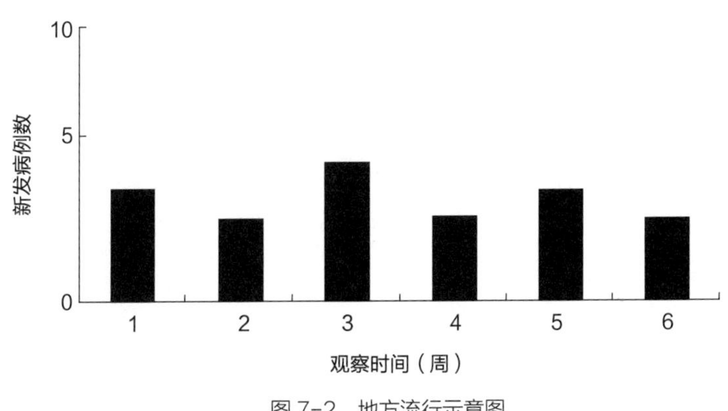

图7-2 地方流行示意图

（三）流行（epidemic occurrence）

流行是指疾病在某些人或动物群体中的发生数突然升高至超过预料水平（如超过散发水平或地方流行水平）的流行形式。应该注意的是，病例增加数是一种相对量，而不是绝对数。如美国2011年发生人食用污染鸡肝爆发海德堡沙门菌病，在发病的5—11月间，发病数大大超过前5年的发病基数（图7-3）。又如在无沙门菌感染鸡群中，鸡白痢的预期发病数为0，因此，即使检出几只鸡白痢阳性鸡，也表示发生了鸡白痢的流行。

如果流行表现为短时间局部范围内某病的病例数出乎预料地突然大量升高，称为爆发流行（outbreak）。

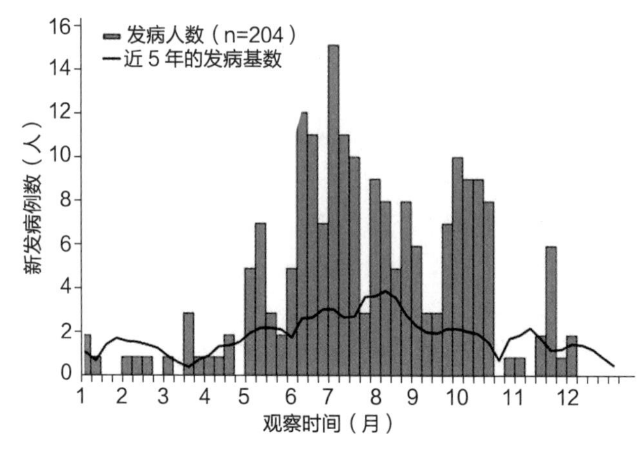

图7-3 流行（美国2011年人食用污染鸡肝爆发海德堡沙门菌感染的流行曲线）

（引自美国疾病预防控制中心网站 http://www.cdc.gov/salmonella/heidelberg-chickenlivers/011112/epi.html）

如果疾病流行范围广，甚至波及多个国家或几个大洲，群体中受害动物比例大，这种流行形式称为大流行（pandemic occurrence）。如H5N1禽流感病毒导致高致病性禽流感的大流行。2003年，仅在东亚和东南亚地区就发生了7起H5N1禽流感疫情，波及包括中国在内的 3个国家；2004年，H5N1禽流感疫情在亚洲扩大，波及 9个国家；2005年，疫情进一步从亚洲扩散到欧洲，有12个国家相继报告禽流感疫情。

二、动物群体结构

当连续观察一段时期内动物群体疾病发生情况时，遇到的最常见问题是动物群体成员的移动（引进或迁出）和交流，这将影响群体大小、受威胁的动物数量以及疾病的传播方式等。

动物群体通常可分为邻接群体（contiguous population）和分离群体（separated population）。邻接群体是指群体内的成员间以及与外群体的成员间具有较多的接触和交流，如伴侣动物群体和野生动物群体。该群体发生的传染病可出现大面积地扩散。分离群体是指动物分散在各个饲养单位，不同群体间一般不发生接触。现代养殖模式下的集约化养殖场，尤其是猪场和鸡场，各个场的畜（禽）群通常是不发生交流的。

分离群体又可分为封闭群体（closed population）和开放群体（open population）。封闭群体是指观察期内不增加新成员，但可允许死亡导致成员的减少。广义的封闭群体允许因出生而增加新成员，但禁止转入或迁出人为导致群体成员的变动。相反，开放群体允许观察时期内群体成员发生变动，包括转入或新出生而增加新成员，迁出或死亡而减少成员。由于不断地有成员进入或转出，当计算群体中各成员对群体疾病发生的贡献时，不能从同一时间开始，也不能到同一时间结束。

三、疾病的测量指标

正确利用测量指标描述疾病，是随后进行流行病学分析和病因推断的基础。疾病测量指标实际上就是描述疾病发生的频率，而疾病发生频率与特定的时间、地点和动物群体相关。

疾病发生频率可用比（ratio）（即A/B）、比例（proportion）（即A/A+B）和率（rate）（即A/A+B）表示，以率最为常用，可用百分率（%）、千分率和十万分率等表示。比和比例是一种静态指标（static measures），指各构成部分的比重；而率是一种动态指标（dynamic measures），它随着另一变量（时间）的变化而发生改变，反映的是频率或强度。如当用率描述疾病发生过程时，总是考虑新发病例数，而新发病数随着观察时间不同而不同，因此是一种动态指标 。

疾病的各种指标计算值通常以平均值表示。由于疾病发生是多种因素综合作用的结果，因此，实际情况下，疾病发生的各种指标值是一个范围。所以，无论计算哪个指标值，都需要给出可能出现的范围值，即置信区间，一般情况下，给出95%置信区间的上下限值。

（一）动态率

1. 发病率（incidence，I） 指一定时间内，某病在特定群体中的新发病例数，常以百分率表示，其计算公式如下：

$$发病率=\frac{一定时间内某病在某群体中的新发病例数}{同期内该群体动物平均数}\times 100\%$$

$$同期内该群体动物平均数=\frac{观察开始时动物数量+观察结束时动物数量}{2}$$

动物群体一般是个开放群体，在观察期内动物可能因发病死亡或转出而减少，也可能因为引入或出生增加，不是一个固定数字，因此，用观察期内该群动物的平均数进行粗略计算。

2. 累计发病率（cumulative incidence，CI） 又称为发病风险（incidence risk），是指观察期开始时无病个体在观察期内变为有病个体的比例（proportion），也可用百分率表示。其计算公式如下：

$$CI=\frac{观察期内变为有病动物的总数}{观察期开始时群体中健康动物数}\times 100\%$$

因为随着观察时间延长，新发病例数将增加，所以，累计发病率随着观察时间的延长而增加。同时，累计发病率计算是假设观察群体为封闭群体，观察开始时的所有成员在观察期内都存在于群体中，没有死亡或转出，适用于发病率低、病程稍慢的疾病和研究群体基本稳定的群体。

3. 发病速度（incidence rate，IR） 也叫发病密度（incidence density），指特定时间内某群体新发病例数与该段时间内所有个体处于发病风险状态的时间的总和之比，用来描述疾病传播的速度，即：病例数/动物时（如年、月、周等）。每个动物检出发病后即从群体总数中扣除，观察期或风险期也就结束。

$$IR=\frac{\text{特定观察期内新发病例数}}{\text{所有动物处于发病风险期内的时间总和（动物时）}}$$

例：某牛群中有30头黑白花奶牛，观察6个月，用牛结核菌素皮试法检测牛结核病，每2月检测一次，检出的牛结核病阳性牛按国家规定从群内移出，强制扑杀。第1月检出1头结核阳性牛，第2月新检出2头阳性牛，第4月新检出2头阳性牛，第6月新检出20头阳性牛。求该群体牛结核病的发病速度（I）。

解：在6个月观察期内，牛结核病新发病例数为25头；

所有动物处于发病风险期的观察时间总和为：$1\times1+2\times2+2\times4+25\times6=163$ 牛月；

牛结核病在该牛群中的发病速度是：

$$IR=\frac{25\text{头}}{163\text{牛月}}=0.15\text{牛月}\quad（95\%CI，0.10\sim0.22）$$

即牛结核病在观察期内在该群体内的传播速度为：每个月有0.15头牛发病（95% CI，0.10～0.22）。

由于观察时很难准确掌握所有牛的观察时间，因此，可用群体内动物的平均观察时数估算发病速度。计算公式如下：

$$IR=\frac{\text{特定观察期内新发病例数}}{（\text{观察期开始时的动物时数}+\text{观察期结束时的动物时数}）/2}$$

在以上例子中，在6个月观察期内，第1个月是30头，第6个月时有25头，牛结核病新发病例数仍为25头；所有动物处于发病风险期的平均观察时间为：$（30+25）/2\times6=165$ 牛月；

牛结核病在该牛群中的发病速度是：

$$IR=\frac{25头}{165牛月}=0.15牛月 \quad （95\%CI，0.10\sim0.22）$$

由以上例子可以看出，精确计算动物观察时数与用平均动物时数估算的发病速度相同，均为0.15牛月（95% CI，0.10～0.22）。

4. 死亡率（mortality，M） 指观察期内死亡动物的频率，其表述与发病率类似，只是分子为观察期内新死亡动物数，死亡原因包括所有疾病，不分病种，所以又称为死亡粗率（crude death）。计算公式如下：

$$死亡率=\frac{一定时间内某群体新死亡动物总数}{同期内该群体动物平均数}\times100\%$$

5. 某病死亡率 如果死亡率按疾病种类计算，则称为某病死亡率，也称为该病的死亡专率。

$$某病死亡率=\frac{一定时间内某群体内因某病新死亡的动物数}{同期内该群体动物平均数}\times100\%$$

6. 累计死亡率（cumulative mortality，CM） 与累计发病率类似，分子是特定时间内因某病新死亡的动物数，分母为观察期开始时群体动物数（包括发病的与未发病的动物）。公式为：

$$CM=\frac{观察期内因某病新死亡动物数}{观察期开始时群体动物总数}\times100\%$$

7. 死亡速度（mortality rate，MR） 也叫死亡密度（mortality density），计算方法与发病速度相似，分子为观察期内死亡动物数，分母为所有动物（发病动物和健康动物）处于死亡风险期内的观察时数的总和。即：死亡数/动物时。

8. 病死率（case fatality，CF） 指一定时间内某群体患某病的动物中因该病而死亡的比例。其计算公式如下：

$$某病病死率=\frac{一定时间内患病动物死亡的数量}{患病动物总数}\times100\%$$

病死率也可用该病的发病专率和死亡专率进行推算，计算公式如下：

$$某病病死率=\frac{该病死亡专率}{该病发病专率}\times 100\%$$

9. 存活率（survival，S） 指特定时间内患特定疾病的个体存活的概率。其计算公式如下：

$$存活率=\frac{N-D}{N}\times 100\%$$

D=特定时间内观察到的患病动物死亡数；

N=同期内新诊断的病例数。

（二）静态率

1. 流行率（prevalence，P） 流行率指一定时间内某病的病例数（包括观察期内的新、老病例）与同期该群体暴露动物数（population at risk）之比，也常用百分数表示，又称患病率或现患率。其计算公式如下：

$$流行率=\frac{在一定时间内某群体患该病的病例数}{同时间该群体暴露动物数}\times 100\%$$

例如，某200头奶牛群利用结核菌素皮内变态反应（简称皮试反应）检测，检出20头阳性牛，那么牛结核病的流行率为10%（20/200）（95% CI，6.2%～15.0%），即该牛群中的每头牛在该时间点有10%的可能性患牛结核病，其范围为6.2%～15.0%。

对于传染病而言，感染并不一定发病，尤其是一些慢性传染病，如结核病和布鲁菌病；一些寄生虫病通常状态下处于带虫状态，也不表现临床症状，如泰勒虫病、弓形虫病等。对于发病动物，有的疾病有典型症状，有的无典型症状。这种情况下，往往依赖检测方法判断感染或发病。因此在进行流行病学调研前，应进行病例界定（case definition），确定病例的具体指标。如确定牛结核病为牛和禽结核菌素比较皮试反应或牛结核菌素单皮试反应阳性者；确定布鲁菌病运用血清抗体检测方法为阳性（虎红平板试验或全乳环状试验初筛，试管凝集反应或补体结合试验确证），同时结合临床症状（母畜流产等）进行综合判断为阳性者。

由于检测方法不可能完全准确，依据真实发病和检测阳性计算的流行率间可能存在差异。依据真实发病计算的流行率称为真流行率（real prevalence或true prevalence），而依据检测阳性计算的流行率称为表观流行率或检测流行率（apparent prevalence或Test prevalence）。临床上检测流行率常用血清学检测。牛结核病一般用牛结核菌素皮内变态反应检测其流行率，有条件的单位用外周血淋巴细胞IFN－γ体外释放检测法或血清抗体检测法作为辅助诊断方法。

真实发病和检测阳性的对应关系如下表所示（表7－1）。

表 7–1　检测阳性数和实际患病数间的关系

	真实患病	真实无病	合计
检测阳性	a	b	a+b
检测阴性	c	d	c+d
合计	a+c	b+d	n

真流行率（real Prevalence或true Prevalence）=（a + c）/n

检测流行率（apparent Prevalence或test Prevalence）=（a + b）/n

如果是指某一时刻的流行率，称为点流行率（point prevalence）；而一段时间内的流行率称为期间流行率（period prevalence），如年流行率（annual prevalence），终生流行率（lifetime prevalence）。流行率的计算对病程长的疾病价值较大，这些病例易在现况调查时查出来。

2. 感染率（infection rate） 是指一定时间内受检动物中检出的感染阳性动物的比率，其计算公式如下：

$$感染率=\frac{同期检出的感染阳性动物数}{一定时间内受检动物总数}\times 100\%$$

感染率尤其适用于那些感染后不常发病（如牛结核病和布鲁菌病）或尚未发病（感染早期或潜伏期）因而无临床症状的状态，需要通过实验室手段进行检测，包括微生物学、免疫学方法和分子生物学技术等。由于一般情况下，检测方法的灵敏度和特异性不能达到100%，因此可能出现假阳性和假阴性结果，在分析和判断检测结果的意义时应特别注意。

（三）粗率和专率

1. 粗率（crude measures） 粗率是群体中疾病总量的表达方法，不考虑暴露群体性别、年龄、品种、疾病种类等特征，因此，粗率描述疾病时可能掩盖疾病的某些发生规律。

2. 专率（specific measures） 专率是指按暴露群体性别、年龄、品种等特征，将群体分成不同类别，然后分别计算针对特定类别的疾病频率，如年龄发病专率、品种发病专率、性别发病专率等。专率能揭示疾病发生的更多信息，有利于发现疾病的内在规律。

四、疾病的三间分布

疾病分布（distribution）是疾病频率分布的简称，是指疾病在畜群间、时间和空间的频率分布状况，所以又称为三间分布，是疾病的一种立体构象，通过描述什么动物发病多、什么时间发病多、什么地方发病多等三多，全面了解特定疾病的流行特征，是分析流行病学的基础，对研究疾病决定因素及制订有效防控计划具有重要意义。

五、资料

（一）概念

资料（data）是兽医流行病学研究中用于参考的事实（尤其是数字性事实）或信息。兽医流行病学就是收集资料、整理分析资料、描述疾病三间分布、确定疾病发生的病因因素、制订和评估疾病防控策略和措施的过程，因此，全面、系统、完整、准确、真实和可靠地收集原始资料，是流行病学研究的第一步和关键步骤。

资料可能来源于临诊症状、治疗记录和尸体剖检变化、实验室检测等，可分为定性和定量两大类。定性资料记录用于描述动物的特征，如性别、品种、是否腹泻等属于定性资料；定量资料涉及量，如疫苗保护率、流行率、发病率、体重、产奶量和血清抗体滴度等属于定量资料。

收集哪类资料是根据疾病种类和流行病学调查的目的而定的。调查者必须具有扎实的业务基础，能够准确识别关键资料，如收集疾病的典型症状，并通过精心设计流行病学调查研究方案，防止漏掉重要信息。同时，应该选择灵敏度和特异性均高的检测方法，尽可能地降低假阴性率和假阳性率。

（二）资料分类

根据资料来源，可将资料分成两类，即经常性资料和短时性资料。

1. 经常性资料 是各有关单位或部门按规定收集的记录和报表，通过逐日逐月长期积累并保存下来，因此，不需要进行专门调查即可获得。如兽医防疫部门的疾病报表、免疫接种和免疫监测记录，兽医门诊的病历记录，政府和社会各相关部门负责登记、整理并报告的统计资料，如统计部门和畜牧兽医部门的生产数据、市场数据、水文和气候资料等，中国奶业协会的奶牛生产性能测定（dairy Herd Improvement，DHI）资料（每月测定牛奶的乳脂、蛋白质、乳糖和体细胞数等）等。直接收集这类资料可节省大量人力、物力和财力，其缺点是资料可能不完整，可能缺少所必需的资料成分，甚至存在资料可靠性问题。

2. 短时性资料　有些资料不能从日常收集的资料中获取，必须通过专门组织的调查或试验采集，称为短时性资料。如现况调查、免疫和治疗等干预措施的效果评价、药品市场和生产行情的调查等。

（三）依据资料的兽医保健（evidence-based veterinary medicine, EBVM）

将流行病学资料用于临床疾病的防控，是资料的用途之一。以资料为根据的疾病控制活动，称为依赖资料的兽医保健（evidence-based veterinary medicine，EBVM）或依赖资料的保健（ evidence-based care，EB C ），包括以下 5 个基本步骤。

1. 将对资料的需求转化为可以回答的临床问题　找问题时越具体越好，例如，“用ELISA试剂盒进行疾病诊断时，对处于临界状态的值该怎么判断?”“打疫苗时是否应准备抗过敏治疗措施?”“免疫接种后如何判断发病与死亡是否由疫苗引起?”等。

2. 针对临床问题，收集所能得到的最佳资料　如前所述，资料可来自于各种渠道，应选择权威性强、可靠性高的渠道收集资料。

3. 对资料的可信度及适应性进行批判性评价　资料的来源与类型不同，可信度不同，其利用价值也不同。选择资料时，应考虑信息渠道的可靠性，杂志的权威性，相关研究机构的研究条件，试验设计的严密性、试验手段的先进性及试验结果的科学性等。不同机构的研究结果可能因为具体研究条件不同而相互矛盾，应该谨慎取舍。

4. 将对资料的批判性评价进一步与疾病控制的临床实际联系起来　评价资料的适应性是一个决策过程。如分析资料是否在一些重要方面与患病动物的具体情况不同？资料对患病动物有多大的帮助？资料是否具有良好的兽医—客户关系？包括资料是否考虑了顾客的偏爱、经济支付能力、提供家庭服务的能力，以及其他非医学上的考虑等；在此基础上，将资料进一步与本企业/地区/产业的实际情况结合起来，回答最初提出的临床问题；最终制订出符合本企业/地区/产业的具体方案。

5. 评价所用措施的效果与效益，并寻求进一步的改进方式　将所做的有关决定付诸实施后，要进一步评价有关措施的效果。应该指出的是，专业上认为最佳的措施（如某个疾病控制计划）在经济上并不一定最具活力（即具有经济效益），如猪瘟超前免疫。

而企业应该采取“双赢”政策，既有效控制疾病，又最大限度地增加企业效益。

六、筛检和诊断检测

疾病诊断是兽医流行病学资料收集的基本内容。界定是否发生疾病一般依据 4 类指标中的一类或几类指标：临床症状和表现的鉴定；特异性标记物的检测；对诊断性测试的反应；典型病理变化的鉴定。

筛检和诊断是疾病诊断的两个重要步骤。筛检是通过询问、检查、快速测试和其他方法在健康畜群中早期发现可能有病的动物的一种手段，是疾病诊断的第一步；而诊断则是进一步把筛检获得的患病和可疑动物确定为实际有病和实际无病的动物。筛检和诊断试验不可能完全准确，因此，需要使用一些参数对其进行评价，并对不同试验方法进行比较。

（一）筛检和诊断试验的评价

评价筛检和诊断试验时，常用精确性、准确性、灵敏度、特异性、假阳性率、假阴性率、阳性预测值和阴性预测值等。

1. **真实性（validity或accuracy）** 真实性是指筛检或诊断试验给出真实值的能力，即测量值与实际情况相符合的程度。

2. **精确度（precision）** 试验的精确度是指重复检测时能得到一致性结果的能力，是一种可重复性（repeatability）或可靠性（reliability）。

3. **诊断界限（cut-off）** 进行疾病筛检或诊断时，必须确定一个诊断标准，又称诊断界限（cut-off）或临界值，是用来区分患病动物和健康动物的界限值，一般为健康动物测量值平均值的2倍（按95%可信度取值）或3倍（按99%可信度取值）标准差。发病动物和健康动物值间的重叠部分，分别为假阴性和假阳性（图7-4）。流行病学调查应严格按规定的标准进行诊断，不能随意更改。

受试者工作曲线（receiver operator characteristic curve，ROC）是常用的直观确定诊断试验最佳临界点的方法。以诊断试验灵敏度为纵坐标，以假阳性率为横坐标，绘ROC曲线。应选择曲线上方尽可能靠近左上角的临界点作为诊断标准，也可计算曲线下面积大小。面积越大，诊断价值越大（图7-5）。

4. **金标准（gold standard）** 在实际情况下，任何诊断方法都不可能完全真实。当前情况下临床应用的最真实的方法，称为金标准（gold standard），按金标准方法获得的测量值最接近真实情况。其他方法与金标准的测量值进行比较，可出现真阳性、假阳性、真阴性、假阴性四种情况（表7-2）。

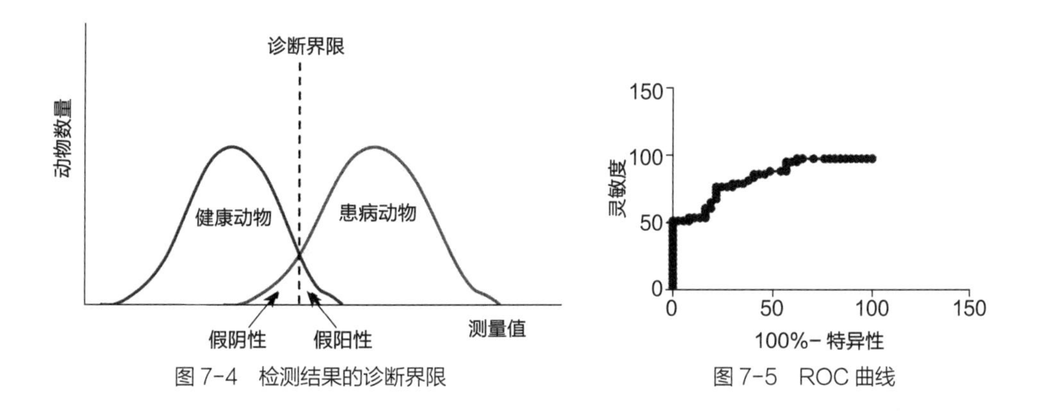

图 7-4　检测结果的诊断界限

图 7-5　ROC 曲线

表 7-2　筛检和诊断试验的评价

筛检和诊断试验结果	按金标准诊断结果		
	患病	无病	合计
阳性	a（真阳性）	b（假阳性）	a+b（检测阳性数）
阴性	c（假阴性）	d（真阴性）	c+d（检测阴性数）
合计	a+c（实际有病数）	b+d（实际无病数）	a+b+c+d=N（检测动物总数）

（1）灵敏性（sensitivity，Se）　灵敏度是指实际有病而按诊断标准被判为有病的比例，也称为诊断灵敏性（diagnostic sensitinty，Dse）。计算公式如下：

$$Se=\frac{a}{a+c}\times 100\%$$

（2）特异性（specificity，Sp）　特异性为实际无病而按诊断标准被判为无病的比例，也称为诊断特异性（diagnositic specificity，Dsp）。计算公式如下：

$$Sp=\frac{d}{b+d}\times 100\%$$

（3）假阳性率（false positive rate，FP）　假阳性率又叫误诊率，指实际无病但被判断为有病者的百分率。计算公式如下：

$$FP=\frac{b}{b+d}\times 100\%$$

（4）假阴性率（false negative rate，FN） 假阴性率又叫漏诊率，指实际有病但被判断为无病者的百分率。计算公式如下：

$$FN=\frac{c}{a+c}\times 100\%$$

5. 预测值（predictive value） 预测值是指检测为阳性或阴性的动物实际为阳性或阴性的概率。

（1）阳性预测值（positive predictive value，PPV） 指检测为阳性的动物实际为阳性的比例。计算公式如下：

$$PPV=\frac{a}{a+b}\times 100\%$$

（2）阴性预测值（negative prediction value，NPV） 指检测为阴性的动物实际为阴性的比例。计算公式如下：

$$NPV=\frac{d}{c+d}\times 100\%$$

6. 置信区间（confidence intervals，CI） 是指由样本统计量所估计的总体参数的范围。在统计学中，一个概率样本的置信区间是对这个样本所在的总体参数的区间估计，表示这个参数的真实值有一定概率落在测量结果的周围的程度。而给出的被测量参数测量值区间的可信程度，称为置信水平。目前在统计学上最常用的是取95%的置信区间。举例来说，如果某奶牛场的奶牛对牛分支杆菌的感染率为55%，而置信水平95%上的置信区间是（50%，60%），那么奶牛对牛分支杆菌的真实感染率有95%的概率在50%～60%。置信区间的两端被称为置信极限。对一个给定情形的估计来说，置信水平越高，样本量越多，置信区间越窄。以上筛检和诊断试验的各种评价比率一般用95%的置信区间和置信极限。

（二）多重试验或联合试验

在临床诊断和检测过程中，为了提高检测和诊断的灵敏性和特异性，常将几种方法联合使用，包括平行使用几种方法（平行试验）和顺序使用几种方法（系列试验）。有的情况下，还需评价不同试验间的一致性。

1. 平行试验（parallel test） 平行试验指同时采用两种以上的试验对动物或动物样本进行检测，如果其中任何一种试验是阳性，则判断为阳性。与单个试验相比，其优点是增加了灵敏性和阴性预测值，患病动物不易漏掉；但其缺点是降低了特异性和阳性预测值，可能产生较多的假阳性。实际操作时，往往在一种方法检测基础上，用另一种方法复检前种方法的阴性动物，将任一种方法检测为阳性的动物全部判断为阳性动物，而只有共同为阴性的动物判断为阴性。

平行试验的灵敏度计算公式为：$S_{eAB}=1-[(1-S_{eA})\times(1-S_{eB})]$，其中$S_{eA}$、$S_{eB}$和$S_{eAB}$分别为A检测方法、B检测方法、A和B联合检测方法的灵敏性。

平行试验的特异性计算公式为：$S_{pA}\times S_{pB}$，其中S_{pA}和S_{pB}分别为A检测方法和B检测方法的特异性。

2. 系列试验（serial test） 系列试验是指在前一个试验结果的基础上，进行下一个试验，两种方法均为阳性的动物或动物样本判断为阳性。实际操作时，只对前一个试验检测为阳性的动物进行复检，共同阳性的动物才被判断为阳性动物。这种方法降低了灵敏性和阴性预测值，但增加了特异性和阳性预测值。虽然阳性结果的真实性高了，但漏检率也增加了。

序列试验的灵敏性计算公式为：$S_{eA}\times S_{eB}$，其中S_{eA}和S_{eB}分别为A检测方法和B检测方法的灵敏性。

序列试验的特异性计算公式为：$S_{pAB}=1-[(1-S_{pA})\times(1-S_{pB})]$，其中$S_{pA}$、$S_{pB}$和$S_{pAB}$分别为A检测方法、B检测方法、A和B联合检测方法的特异性。

3. 诊断方法间的一致性评价 诊断实验室常需进行一致性评价，包括如下情况：

（1）评价诊断试验方法与金标准的一致性；

（2）在缺少金标准情况下，评价两种诊断方法对同一个样本的检测结果的一致性；

（3）评价两个兽医工作者对同一群动物的诊断结论的一致性；

（4）评价同一兽医工作者对同一群动物前后进行两次诊断的一致性；

（5）评价不同实验室间的操作一致性。

4. 符合率（proportion agreement） 符合率是指一个试验判断的结果与参照的诊断方法相比，或不同试验方法间相比，两者相同的百分率，又叫总体符合率（overall proportion agreement）。符合率可分为阳性符合率（proportion positive agreement）和阴性符合率（proportion negative agreement）。

阳性符合率是指两种方法诊断为阳性的样本数（a+b+a+c）中，共同诊断为阳性（a+a）的百分率。

阴性符合率是指两种方法诊断为阴性的样本数（b+d+c+d）中，共同诊断为阴性

（d+d）的百分率。

整体符合率、阳性符合率、阴性符合率的计算公式分别为：

$$整体符合率=\frac{a+d}{a+b+c+d}\times 100\%$$

$$阳性符合率=\frac{2a}{(a+b)+(a+c)}\times 100\%$$

$$阴性=\frac{2d}{(b+d)+(c+d)}\times 100\%$$

5. kappa值　诊断一致性评价常用kappa值计算法。Kappa（κ）值或叫Kappa系数是一种内部一致性系数（coefficient of internal consistency），取值在0～1之间。一般说来，Kappa>0.8表明两者具有高度一致性；0.4～0.8表明两者具有中度一致性；<0.4表明两者一致性较差。

以表2数据为例，κ值计算方法如下。

（1）计算两种试验间的观察符合率（observed proportion agreement，OP），或整体符合率。计算公式如下：

$$OP=\frac{a+d}{N}$$

（2）计算期望阳性值随机一致性的比例（expected proportion of positive agreement by chance，EP^+）计算公式如下：

$$EP^+=\frac{a+b}{N}\times\frac{a+c}{N}$$

（3）计算期望阴性值随机一致性的比例（expected proportion of negative agreement by chance，EP^-）计算公式如下：

$$EP^-=\frac{c+d}{N}\times\frac{b+d}{N}$$

（4）计算期望的随机一致性的比例（expected proportion of agreement by chance，EP）期望的随机一致性比例是期望的阳性值和阴性值随机一致性比例之和，即：

$EP=EP^++EP^-$。

（5）计算非随机的观察一致性（observed agreement beyond chance，OA）计算公式如下：

$$OA=OP-EP$$

（6）计算可能最大的非随机一致性（maximum possible agreement beyond chance，MA） 计算公式如下：

$$MP=1-EP$$

（7）κ值计算　κ值是非随机的观察一致性与可能最大的非随机一致性之比，计算公式如下：

$$K=\frac{OA}{MA}$$

七、病因推断理论

确定未知或已知疾病的发生原因是兽医流行病学研究的重要内容和重要目标。然而，临床实际中，各种因素混杂，因果难分，真假莫辨。科学推断病因主要依靠两个理论，即Koch假设和Evans假设。前者是一种单病因假说，后者是一种多病因假说。

（一）Koch假说

Koch假说又叫科赫法则，由Robert Koch于1892年完整提出，用于传染病的病因推断，适合于单种病原体导致的传染病的病因诊断。其判断病因的5条基本标准如下。

（1）从患同样疾病的患病动物中总能检出相同微生物；

（2）该微生物不存在于患其他疾病的患病动物中；

（3）该微生物能分离、纯化，并能反复传代培养；

（4）所分离的微生物纯培养物人工接种同种健康动物能引起相同疾病；

（5）能从人工感染发病的动物中分离到相同微生物。

Koch假说至今仍有重要意义，对于单种病原体导致的急性传染病的诊断具有指导作用。其主要缺点是：只考虑单种病因，忽略了疾病是病原体、宿主和环境多因素相互作用的结果；同时，有些传染病的病原体尚无办法或很难进行体外纯培养。如结核分支杆菌感染者中，大部分为潜伏感染，只有5%～10%发展成活动性结核，且结核分支杆菌的培养十分困难，分离率低。此外，一些疾病可能是多病原体混合感染的结果。

（二）Evans假说

基于Koch氏假说的缺陷，Alfred Evans于1976年提出了一种多病因理论，认为疾病是由多因素引起的，其判断主要依靠统计学评价，依据如下10条基本标准。

（1）暴露于某假设病因的群体，发生某病的比例应显著高于未暴露于该假设病因群体患该病的比例。

（2）在其他所有风险因素不变情况下，患病动物应比未患病动物更高频率地暴露于假设病因。

（3）在前瞻性研究中，暴露于假设病因的动物，其新增病例数应显著高于未暴露于该假设病因的动物。

（4）在时间上，暴露于假设病因在前，疾病发生在后，具有潜伏期，病例数呈正态分布曲线。

（5）宿主针对假设病因的一系列应答反应从轻微到严重，呈符合逻辑的生物学梯度。

（6）暴露于假设病因后，应有规律地出现暴露前不存在的可测量的宿主应答反应（如特异性抗体、癌抗原等）；或者即使在暴露前存在这种宿主应答反应，则在暴露后的应答反应强度明显增加，而未暴露个体的应答水平不发生改变。

（7）人工复制疾病时，暴露于假设病因的动物的疾病发生率应高于未暴露动物。这种病因的人工暴露可以是志愿者、实验室的试验性诱导，或控制条件下的自然暴露。

（8）除去假设病因（如除去特定传染性病原体）或改变假设病因（替换营养缺陷饲料等）后，该病的发生频率应下降。

（9）防止或改变宿主的应答反应（如通过免疫接种或对癌症患者使用淋巴细胞转移因子），应减少或消除在正常情况下暴露于假设病因所发生的疾病。

（10）疾病和假设病因之间的所有关系和联系在生物学上和流行病学上都应是可信的。

Evans假说充分考虑了致病因子、环境因素和宿主因素在疾病发生中的作用，不仅适用于传染病，也适用于非传染病，在多病因致病情况下，能更好地反映病因与疾病间的本质关系。

确定疾病发生和假设病因间的因果联系时，使用的是一种统计学检验，即寻找到动物组群间的统计学联系，而不是个体间的关联。

（三）病因推断方法

在从时间、空间及畜群等方面对疾病分布频率进行描述及确定主要的疾病相关事实后，可用下列4种方法形成病因假设。

1. 求同法（method of agreement） 如果某因素对存在某疾病的很多不同情况是公共的，该因素可能是该病的病因。如美国2011年某公司生产的鸡肝被污染沙门菌，导致全国多个州消费者因食用该品牌鸡肝发生沙门菌病。

2. 求异法（method of difference） 如果在两种不同情况下疾病发生的频率不同，在一种情况下存在某因素，而在另一种情况下缺乏该因素，则该因素可以被怀疑为与发病有因果联系。如大部分肝癌病人能检测出乙肝病毒感染，而非肝癌病例中均无或相当部分无乙肝病毒感染标记，所以乙肝病毒就被怀疑是肝癌的病因。

3. 伴随变异法（method of concomitant variation） 当某因素的频率或强度发生连续变化时，不同情况下的疾病频率也伴随发生变化，则该因素是疾病的假设病因。如人肺癌与抽烟之间存在伴随变异的关系，因此，抽烟被认为是人肺癌的病因。

4. 类推法（method of analogy） 当一种疾病的分布与另一种病因清楚的疾病相似时，则这两种疾病可能有类似的病因。由于实际情况下混杂因素错综复杂，干扰因素多，所以这种方法存在错误推导的风险。

（四）病因推断的原则

病因推断的形成与验证应符合以下7条原则。

1. 时间顺序 先因后果，病因暴露在前，疾病发生在后。

2. 联系强度 疾病与假设病因之间联系应在统计学上具有显著性差异，统计学联系越强，存在因果联系的可能性越大。

3. 联系的一致性 多种情况下，都存在联系。这是求同法推断的基础。

4. 联系的特异性 一个病因因素只和一种疾病或病变有联系。或一个病因因素出现后，一定有该病出现。

5. 联系的普遍性 不同情况下（如不同时间、地点、动物品种等）均得到相同意义的结果。

6. 剂量应答关系 随着某因素的暴露水平增高及时间延长，该因素与疾病之间的联系强度相应增加，如吸烟频率与肺癌，暴露的毒物剂量或时间与中毒等。

7. 联系与现有知识相符 所发现的因果联系应该与该疾病的生物学规律及疾病的自然史等方面的已知事实或知识相符，至少不相违背。

八、常见的流行病学研究方法

常见的流行病学研究方法包括观察性研究和试验性研究。

观察性研究是指通过比较不同组动物暴露于假设病因与疾病发生间的关系分析自然发生疾病的研究方法。在该方法中，因为研究的是自然发生的疾病，研究者不能给群组成员随意分配各类因素，如发病或暴露于假设风险因子等。

试验性研究是指在人为控制条件下，通过将实验动物分成不同处理组群，随机地将研究因素分配到所研究的各动物组群成员，观察和确定假设病因和疾病间的关系的一种研究方法。

观察性研究主要包括队列研究（cohort study）、病例–对照研究（case–control study）和现况研究（cross–sectional study）3种，其共同特点是都将动物分成有病和无病、暴露和未暴露于假设风险因子等4类，因此可能用2×2二联表格来表示疾病发生和各因子间的关系。表格中列写“有病”和“无病”，行写“暴露”与“未暴露”于假设风险因子或假设病因（表7–3）。

表 7–3 观察性研究中使用的 2×2 二联表格

	发病动物	未发病动物	合计
暴露于假设风险因子	a	b	a+b
未暴露于假设风险因子	c	d	c+d
合计	a+c	b+d	a+b+c+d=n

注：在队列研究中，（a+b）和（c+d）是预先确定的；在病例–对照研究中，（a+c）和（c+d）是预先确定的；在现况研究中，只有n是预先确定的。

（一）队列研究（cohort study）

又称定群研究，是根据是否暴露于某假设风险因素，确定两群（队列）动物，追踪观察并记录疾病发生情况，比较其发病率，确定假设风险因素对疾病发生的危险性程度。因为是由“因”推“果”，符合疾病发生的时间顺序，又称为前瞻性研究（prospective study）（图7–6）。

1. 队列研究的种类　队列研究根据时间起点不同，又可分为3类，即前瞻性队列研究、历史性队列研究和双向性队列研究等（图7–7）。

（1）前瞻性队列研究（prospective cohort study）确定研究队列的时间发生在现在，根据研究对象现在暴露情况进行分组，需要随访（follow–up）或追踪，结局在将来某时刻出现。其优点是：遵循疾病发生的自然时间顺序，增强了病因推断可信度，直接获得暴露与结局资料，结果可信，能获得发病率；其缺点是：所需样本量大，花费大，时间长，影响可行性。

（2）历史性队列研究（historical cohort study） 又叫回顾性队列研究（retrospective cohort study）。根据研究开始时研究者掌握的有关研究对象在过去某时刻的暴露情况的历史材料分组（或队列），向后追溯一段时间，观察不同组（队列）动物的发病或死亡情况，因此又叫回顾性队列研究。其特点是：不需要随访，研究开始时结局已出现。其优点是：短期内完成资料的收集和分析，时间顺序仍是由因到果，省时、省力、出结果快；其缺点是：资料积累时未受研究者控制，内容上未必符合要求；需要足够完整可靠的关于过去某段时间研究对象暴露和结局的历史记录或档案材料。

（3）双向性队列研究（mixed cohort study） 研究队列确定发生在过去，根据研究对象在过去某时刻的暴露情况分组，接着进行随访或跟踪；其结局在现在尚未出现，需要继续随访或跟踪到未来某个时刻，因此称为双向性队列研究。

三种队列研究方法的时间顺序关系比较如下（图7-7）。

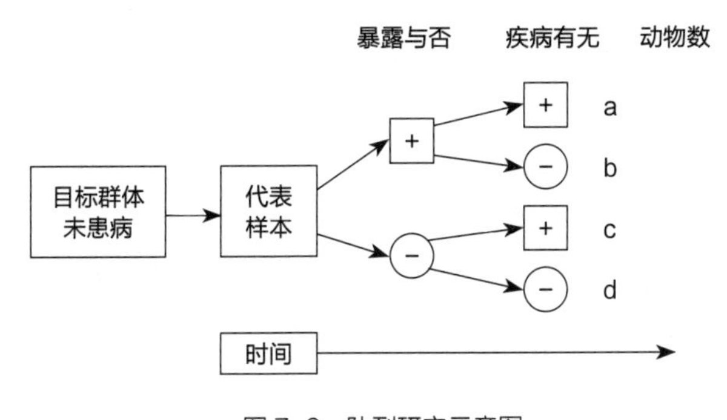

图 7-6　队列研究示意图

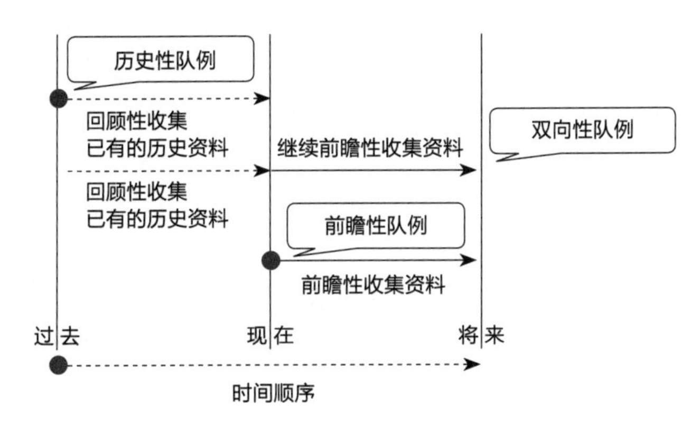

图 7-7　三种队列研究示意图

2. 研究方法 队列研究包括假设风险因素的确定、暴露组与对照组的划分、队列追踪和资料分析与评价四个步骤。

（1）假设风险因素的确定 通常队列研究检验已经建立病因假设。现况研究与病例—对照研究的结果分析能为假设病因的确定提供线索。

（2）暴露者和对照组的划分 首先要确定研究畜群，可以是区域畜群（整个区域的全部畜群作为研究畜群）或特定畜群（如对某假设病因有高度暴露危险的畜群，或某个品种的畜群）。然后根据暴露与否及暴露水平划分不同队列，比较将来发生某病的情况，同时考虑其他因素（如品种、性别、年龄），需特别注意组间的均衡性，尽量保持一致。

（3）队列追踪 对暴露水平不同的队列进行追踪观察，以确定对假设因素的应答，这是队列研究的重要步骤，但追踪往往很困难，尤其对于一个开放群体而言，动物可能因其他病死亡或迁移等终止观察。

在队列划分和追踪中，需进行双盲试验（double blind test），即研究者在对动物分配和观察结果评价都不知情即“盲”的情况下进行的试验。双盲试验是为了避免由于主观偏好而导致的人为误差。

（4）资料分析与评价 首先要构建资料模式或框架，遵循Evans假说第三条：暴露于某假设病因的动物，其发病率显著高于非暴露的动物。

然后进行统计学分析（卡方检验）和联系强度计算，确定假设病因和疾病发生的因果关系。

（二）病例–对照研究（case–control study）

1. 概念 将某动物群内一组患某病的动物作为病例组，将同一群内未患该病、但在与患病有关的某些已知因素方面和病例组相似（具有可比性）的动物作为对照组，调查对某个或某些可疑病因的暴露有无或（和）暴露程度（剂量），检验暴露与疾病是否存在着统计学联系，推测可能的因果关系（图7–8）。该方法是一种由果及因的回顾性研究方式，是验证病因假说的重要工具。

2. 病例和对照的选择原则 合理选择病例组与对照组对病例与对照研究非常重要，应遵循的原则主要有以下几方面。

（1）使用某些限制性方法控制某些外部变量，获得病例与对照的良好可比性；

（2）应采用随机方法确定研究群体，以保证研究群体对目标群体的代表性，减少偏差；

（3）病例组与对照组的某些因素或特征应匹配均衡（变量尽量一致），以保证两组成员间的可比性；

（4）病例与对照的样本量应足够，能满足分析要求；

（5）为了提高统计分析的效率，病例和对照应按可能出现的混杂因素进行分层设计。

（三）现况研究

现况研究（prevalence studies）是研究特定时刻或时期某动物群体中同时出现的发病和未发病个体与假设风险因素间的关系。由于是研究出发时间点或目前一段相对较短时间内的疾病发生情况，是一种当前状况，不追溯过去，也不跟踪未来，所以又称为横截面研究（cross-sectional studies），所计算的疾病频率以流行率（prevalence）表示。该研究不能区分暴露的假设风险因子与疾病发生间的时间顺序（图7-9）。

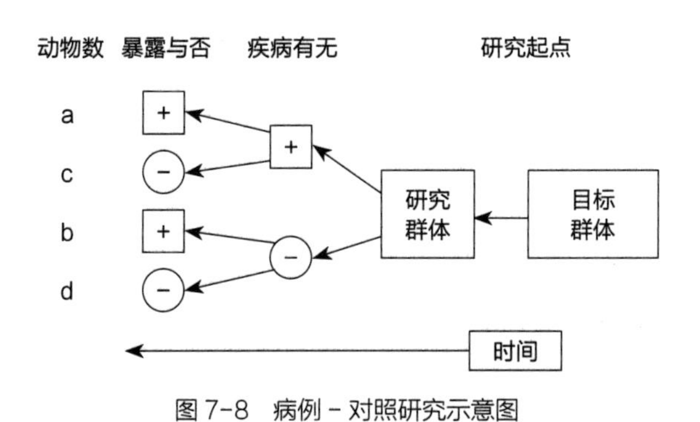

图 7-8　病例 - 对照研究示意图

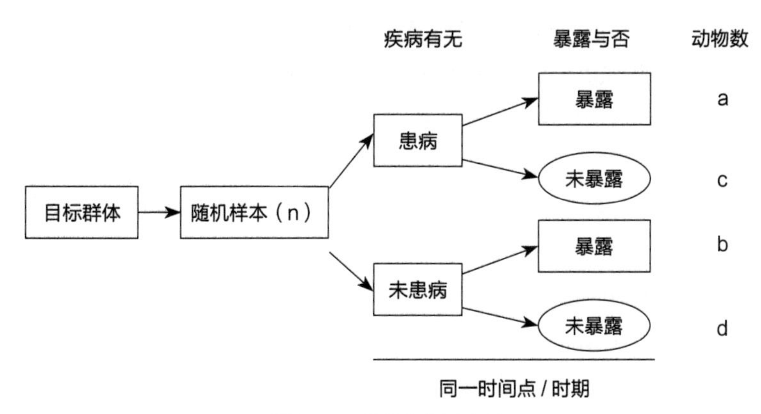

图 7-9　现况研究示意图

九、暴发调查

疾病暴发调查（outbreak investigation）往往是急性的，如对烈性传染病流行、中毒事件等的调查。对于已知疾病，需要确定疾病来源和诱发因素；对于未知疾病，需要确定病因。其最终目的是迅速采取对策，控制当前呈暴发流行的疾病，防止疾病蔓延以及类似事件再次发生。其基本原则是：早、快、准、好。发现要早，处理要快，诊断要准，控制效果要好。

暴发调查通常有8个基本步骤，需综合运用流行病学的多种方法：

（1）速赴现场，运用现况流行病学方法描述动物发病的时间、地点和症状；

（2）确定发病动物的早期诊断标准（case definition）；

（3）确定该病发生的正常水平，比较目前发病水平，进一步确定已发生或正在发生的疾病呈暴发流行；

（4）鉴定发病动物，进行适当的应急处置，包括隔离、治疗或淘汰；

（5）建立关于疾病特征、来源和发病因素的假设，利用流行病学研究检验这些假设；研究方法包括比较发病和不发病动物的暴露情况（病例–对照研究）或比较暴露与未暴露动物的发病情况（队列研究）等；

（6）建立干扰计划，包括治疗、紧急免疫或隔离扑杀等计划；

（7）监控和评价疾病控制和预防计划的效果；

（8）以书面和口头形式报告相关结果。

十、显著性检验和联系强度

根据Evens假说，要证明假设的风险因子与疾病发生间具有因果联系，首先需确定二者间存在统计学联系，这就需要进行显著性检验。当然，具有显著性联系的假设风险因子与疾病发生间，也不一定存在因果联系。如前所述，对假设的风险因子的暴露与疾病发生频率间的相关性总是可以列成2×2列联表，因此，显著性检验一般用卡方（χ^2）检验，也可能用t检验。具体选取哪种统计学检验方法，取决于概率分布类型和样本大小等多种因素。

显著性检验能表明假设风险因子与疾病发生间的联系是否显著。要评价联系强度，则需要用危险性估计（estimation of risk），又称风险评估。危险性估计通常用相对危险性、特异性危险性、病因分值来表示。

（一）t检验

t检验常用于小样本正态分布资料，即连续性资料，适用于三种情况，检验从同一个参考群体来的两个样本；检验从不同群体来的两个样本；比较两样本间配对观察值间的差异等。

（二）卡方（χ^2）检验

适合于离散型变量的分析，数据列成2×2列联表，表中列总是为发病与否的动物数，而行总是为暴露与否的动物数。具体计算方法参考统计学专业书。

（三）危险性评估

1. 相对危险性（relative risk，RR） 是指暴露组的发病（死亡）率与非暴露组的发病（死亡）率间的比值。数据列成2×2列联表，相对危险性的计算公式如下：

$$\mathrm{RR}=\frac{a/(a+b)}{c/(c+\mathrm{d})}$$

RR值的意义解释如下：

RR=1，暴露的假设风险因子与疾病发生间无联系；

RR>1，暴露的假设风险因子与疾病发生间有正联系；

RR<1，暴露的假设风险因子与疾病发生间有负联系；

RR值离1越远，表示联系强度越大。

只有队列研究可直接估算出相对危险性，同时，相对危险性可以从发病率或累计发病率（CI）推算出来。

2. 比数比（odds ratio，OR） 指暴露组的患病比（a/b）与未暴露组的患病比（c/d）之比，所以称“比数比”。计算公式如下，实际上是对角线乘积之比：

$$\mathrm{OR}=\frac{a/b}{c/d}=\frac{ad}{bc}$$

在以诊所为基础的病例对照研究中，样本来自于不同总体的非随机样本，一般计算OR值，而不计算RR值。在队列研究中，如果发病率很低，因为a和c远小于b和d，则OR值近似于RR值。

OR值的意义与RR值相同。

3. 特异危险性（attributable risk，AR） 由某因素引起的净危险性称为特异危险性，又称归因危险性，绝对危险性或净增危险性，是暴露组发病率与未暴露组发病率之差，扣除了背景发病率（未暴露组发病率）。其计算公式如下：

$$AR=\frac{a}{a+b}-\frac{c}{c+d}$$

4. 特异危险性比（attributable proportion，AP） 指暴露于某因素所致动物的发病率占暴露动物发病率的比，常用百分率表示。计算公式如下：

$$AP=\frac{RR-1}{RR}\times 100\%$$

5. 病因分值（etiological fraction，EF） 病因分值又叫群体特异危险性比例（population attributable proportion）、群体绝对危险性（population attributable risk）等，群体发病率中归因于暴露某因素的发病率的比例。计算公式如下：

$$EF=\frac{RR-1}{RR}\times f$$

f: 群体中暴露于某因素的发病动物占群体发病动物总数的比例。

十一、监测

疾病监测（surveillance）是对某种或某些具体疾病长期的定期、系统、完整、连续的观察，收集、核对、分析疾病动态分布及其影响因素资料，跟踪疾病的发生和变化趋势，并将信息及时上报和反馈给相关各方，以便对疾病进行预警预报，提出有效防控对策和措施并评估其效果，从而达到防控疾病的目的。

（一）监测的目的

广义的疾病监测的目的是控制动物疾病，保证食品安全和人畜健康。狭义的监测目标具体如下。

（1）快速发现疾病暴发；

（2）早期识别疾病问题（地方流行性或非地方流行性疾病）；

（3）评价特定动物群体的健康状况；

（4）确定疾病预防控制的优先秩序；

（5）鉴定新发传染病；

（6）评价疾病控制计划；

（7）为研究计划的制订和实施提供信息；

（8）确定无特定疾病。

（二）监测类型（types of surveillance）

根据疾病监测的功能和方法，可将监测分为多种类型，简述如下。

1. 主动监测和被动监测　主动监测（active surveillance）是指根据特殊需要设计调查方案，调查单位或上级单位亲自调查收集资料（也可要求下级单位按要求收集资料）的一类监测。如兽医防疫部门为调查特定疾病而专门进行的信息收集就属于主动监测。

被动监测（passive surveillance）指下级单位按照既定的规范和程序向上级机构报告监测数据和资料、上级单位被动接受的监测。各国常见法定传染病的报告属于被动监测范畴。

2. 靶向监测和扫描监测　靶向监测（target surveillance）是指就某群体特定疾病收集相关信息，以便测量其在特定群体中的发生水平并监控其无病状态，如收集某牛群牛结核病的资料。

扫描监测（scanning surveillance）指对所有群体就地方流行性疾病进行的连续监测，也叫全局监测（global surveillance），如调查某地区犊牛的腹泻病资料。

3. 血清学监测（serological surveillance，serosurveillance）是指用血清学手段检测特异性抗体以确定当前或过去的感染状态的一种方法。血清抗体阳性结果的意义如下：

（1）发生了自然感染；

（2）免疫后产生了疫苗抗体；

（3）存在母源抗体；

（4）相关病原导致的交叉反应。

4. 哨兵监测（sentinel surveillance）指通过观察充当哨兵的单位或动物的感染情况来研究主要群体的动物感染情况的一种监测。哨兵单位（sentinel unit）是指少数用来观察某一疾病发生的单位，可以是少数牧场、屠宰场、兽医院或实验室；哨兵动物（sentinel animal）是对拟观察的传染因子敏感的未感染（血清学阴性）动物，如用放牧羊（绵羊或山羊）做哨兵动物监测裂谷热病毒感染；用鸡作哨兵动物监测西尼罗河脑炎病毒的感染等。哨兵动物血清学检测阳性时，表示已被拟观察的传染因子感染。

第二节 抽样设计

在流行病学病调查中，如果对群体中所有成员进行全面调查，则称为普查（census）。普查无疑可以准确测量群体中的变量分布，但如果群体很大，普查费用将很高，甚至无法实施。

通过调查群体中部分动物疾病分布情况了解全部畜群（总体）的疾病情况的方法，称为抽样调查，简称抽查。与普查比，抽样调查所需样本少，能节省大量的人力、物力、财力和时间，但需要严密的抽样设计。

抽样设计的基本原则是随机抽样和适当样本量，其目的是保证样本的代表性。抽样调查中涉及的全部畜群（总体）称为目标群体，而将从中抽取样本的群体称为研究群体。理想情况下，目标群体就是危险群体，研究群体与危险群体属于同一群体，这样，样本对研究群体有代表性，而研究群体对目标群体有代表性，样本的结果才可以适应于目标群体。因此，只有合理科学的抽样设计，才可以使样本的结果适应于研究群体以外的动物。

一、抽样调查的类型

抽样可分为概率抽样（probability sampling）和非概率抽样（non-probability sampling）。

非概率抽样是由研究者决定样本选择标准，抽样时选择性状与目标群体相平衡的样本，因为不是随机抽取样本，所以可能导致偏差。

概率抽样又叫随机抽样，指随机选择样本，是一种经过周密设计的无偏差过程，群体中每个样本单元被抽取的机会均等，因此，样本对总体而言具有充分的代表性。

常见的随机抽样方法包括简单随机抽样、系统抽样、分层抽样、整群抽样和多级抽样等。

1. 简单随机抽样（simple random sampling） 是最基本的抽样方法。将研究群体中的所有成员连续编号，编成抽样框，然后通过随机数字表、抽签、电脑抽取等方法进行抽取所需样本数。其优点是操作简单，缺点是需要知道群体中所有成员信息。因此，只适用于动物数目较小的群体抽样。

2. 系统抽样（systematic sampling） 指按照一定顺序，每隔一定数量单位抽一个单位，因此又称间隔抽样或机械抽样。该方法也很简单，且不需要知道研究群体的所有成员信息，常用于屠宰场抽样。

3. 分层抽样（stratified sampling） 指对于较复杂群体，先将研究对象按特征（如性别、年龄、品种、饲养方式等）分为若干层，然后在各层中进行随机抽样的方法。每个层内成员间差异越小越好，而层间差异则越大越好。分层是为了提高样本对总体指标估计的精确度，同时可分别估计各层内情况，了解更多的样本信息，且方便管理。

4. 整群抽样（cluster sampling） 将整体分成若干群，随机抽到其中部分群作为样本，被抽取群体内全部个体都是调查对象。可以按自然分群，如不同窝仔猪、不同牛群等；也可以按地理单位或行政单位人为分群，如不同棚舍、不同村镇动物等。和分层抽样不同，整群抽样要求群间差异小，群内差异大。

5. 多级抽样（multistage cluster sampling） 指将抽样过程分成不同阶段，先从总体中抽取范围较大的单元，称为一级单元（如省、自治区），再从一级单元中抽取范围较小的二级抽样单元（如县、乡镇），再从二级抽样单元抽取更小的三级抽样单元（村、企业）等。常用于大型调查，由于总体范围太大，无法直接抽取样本。在每一阶段的抽样中，可综合运用以上一种或多种抽样方法。

二、抽样调查的样本量估计

抽样调查所需样本量大小与调查目的、抽样方法、疾病流行率、可利用的人力和抽样框架、允许的估计值误差限和置信区间等有关。在确定以上要求后，可按计算公式计算（具体计算方法可参照专业书籍），也可利用流行病学软件，输入适当参数后，直接进行样本量的计算。目前有各种免费下载的流行病学软件，常用的有：Survey Toolbox、WinEpiscop、Herdacc、Epicalc、EpiInfo、SampleXS、CSURVEY等。

三、抽样调查的程序

抽样调查一般包括如下程序。

1. 确定调查目的和内容 一般说来，抽样调查大多是专项调查，如调查牛结核病的发病情况，评估损失。

2. 确定调查方法 如通过日常登记和报告、专题问询调查和信函调查、现场调查和抽样检测等。

3. 培训调查人员　人员培训主要是让参与调查人员了解调查目的和内容，统一调查方法，保证收集资料和标准的一致性，减少误差。

四、资料整理与分析

指对资料进行检查与核对，以及对资料质量进行评估等，详见“资料”一节。

五、结果解释

指对抽样调查的资料进行整理分析后，应根据最初确定的调查目的对结果作出解释，并得出结论，如阐述疾病的三间分布，确定病因因素与疾病的联系，评价防控效果，并及早发现病例和进行预警预报等。

第三节 流行病学调查

牛结核病的流行病学调查是为了阐明动物群体中牛结核病的分布及其影响分布的决定因素而进行的一系列调查，其目的是为制订牛结核病控制和根除计划提供决策依据，或是对防控对策或措施的效果进行评价。以现况调查或横断面调查居多。

流行病学调查通常有3个方面的用途，包括：① 流行趋势的分析；② 制订保健计划；③ 为病因研究提供线索。在牛结核病的流行病学调查中，前两种最为普遍。目的不同，调查的方法也不同，如血清学调查多用于评估疾病的发生频率，分子流行病学调查多用于对病原进行溯源研究，而要了解病原的传播途径，除借助实验室检测方法外，还需以问卷的形式了解动物间的移动规律。

我国牛结核病的流行病学调查资料来自于两方面，一是国家主动和被动监测所获得的流行率资料；二是各省市地方兽医防疫部门的主动监测；三是各科研部门、民间诊断服务机构、企业自身进行的流行病学调查。

国家层面进行的牛结核病流行病学调查所获得的资料有限，一是采样数量少，二是样本代表性可能较差。基本原因是养殖者与当地兽医防疫部门可能不积极配合。由于我国实施“检疫—扑杀”的牛结核病控制策略，而对于强制扑杀牛的补偿额度规定远低于牛当前的市场价格，养殖者不愿意配合淘汰阳性牛，因此，难以实施；同时，牛结核病属于二类疫病，补偿基本上由当地政府承担，因此，扑杀阳性牛给当地政府带来沉重的经济负担，当地政府也难积极配合。另外，出现重大疫情属于问责范畴，也给兽医防疫部门增加了心理压力。

各省市地方兽医防疫部门处于以上原因，可能回避检测，或回避公开疫情。

各科研部门实施项目进行的民间调查、诊断服务机构和企业自身的检测等数据真实，具有一定的参考价值，但检测数量和范围有限。

流行病学监测

流行病学监测是监测的一种更为全面的描述。包括哨兵监测、血清学监测、主动监测和被动监测、靶向监测和扫描监测等。监测可以包括整个国家的动物群体，如对我国所有奶牛进行牛结核病的检测，也可以只针对部分农场、屠宰场、实验室等。由于这些单位或群体用以观察疾病的发生，因此被称为“哨兵单位”。

我国牛结核病分为被动监测与主动监测两部分。

一、被动监测

按照我国《牛结核病防治技术规范》，我国牛结核病的监测规定如下。

监测对象：牛

监测比例：种牛、奶牛100%，规模场肉牛10%，其他牛5%，疑似病牛100%。如在牛结核病净化群中（包括犊牛群）检出阳性牛时，应及时扑杀阳性牛，其他牛按假定健康群处理。

成年牛净化群每年春秋两季用牛分支杆菌PPD皮内变态反应试验各进行一次监测。初生犊牛，应于20日龄时进行第一次监测，并按规定使用和填写监测结果报告，及时上报。

上报疫情由农业部《兽医公报》按月公布。然而，牛结核病疫情在《兽医公报》上很少记录。而民间关于牛结核病流行率的调查显示：我国牛结核病疫情未得到控制，且有上升趋势。2000年农业部对全国16个省、自治区、直辖市的疫情进行调查统计，共有10个省、自治区、直辖市牛结核病阳性率为1%~10%，其中黑龙江省阳性率最高，达7%，而甘肃、四川、新疆等其他省疫情均有回升。郦睿于2011年10月至2012年6月先后赴新疆、河北、宁夏回族自治区等12个省份的29个县共97个场村采血，进行牛结核病 γ -干扰素体外释放检测，结果1 187头奶牛中，阳性286份，阳性率24.1%。共检测97个群，群阳性率54.6%。

二、主动监测

为了进一步了解我国牛结核病的流行情况，国家将牛结核病列入主动监测方案中，农业部委托相关实验室进行主动采样监测。

按照我国《牛结核病防治技术规范》，牛结核病监测规定如下：

监测对象：牛

监测比例为：种牛、奶牛100%，规模场肉牛10%，其他牛5%，疑似病牛100%。如在牛结核病净化群中（包括犊牛群）检出阳性牛时，应及时扑杀阳性牛，其他牛按假定健康群处理。

成年牛净化群每年春秋两季用牛分支杆菌PPD皮内变态反应试验各进行一次监测。初生犊牛，应于20日龄时进行第一次监测。并按规定使用和填写监测结果报告，及时上报。

按照《2009—2015年布鲁氏菌病结核病防治规划大纲》，奶牛结核病不同控制状态的监测要求如下：

1. 未控制区　以监测为主，按照100%监测，扑杀病畜和阳性畜。
2. 控制区　以监测为主，按照20%监测，扑杀阳性畜。
3. 稳定控制区　以监测净化为主，监测比例为10%。
4. 净化区　以监测为主，采用抽检方式，按照5%监测。

监测次数：以县为单位，成年牛春秋两季各一次，犊牛在20日龄时进行第一次监测。

国家每年制定和实施全国监测计划。如依照《2014年国家动物疫病监测与流行病学调查计划》中我国牛结核病监测方案，监测覆盖全国22个省份，包括所有乳用牛（含奶水牛）和所有种用牛；检测方法为比较结核菌素皮内变态反应和牛结核病IFN－γ体外释放检测法，阳性牛扑杀；抽样数量为：每省选择1～2个县，每个调查县选择5个奶牛规模场/小区，每场选择50头奶牛进行比较变态反应；每省采集牛结核菌素皮内变态反应阳性牛病料30份送检；同时检测所有种公牛站的所有种公牛。

参考文献

邴睿，田莉莉，曾巧英，等. 2013. 奶牛分支杆菌的分离鉴定与耐药性分析 [J]. 中国兽医科学，828－832.

甘海霞，何宝祥，刘棋. 2007. 牛结核病的危害与流行情况 [J]. 广西畜牧兽医，286－288.

刘秀梵. 2012. 兽医流行病学[M]. 北京：中国农业出版社.

吕敏，贺雄，王全意，等. 2007. H5N1型高致病性禽流感研究进展及其对人类的威胁[J]. 中南大学学报（医学版）32，15－19.

Buckley A, Dawson A, Gould E A. 2006. Detection of seroconversion to West Nile virus, Usutu virus and Sindbis virus in UK sentinel chickens [J]. Virology journal 3, 71.

Ziehm D, Rettenbacher-Riefler S, Kreienbrock L, et al. 2015. Risk factors associated with sporadic salmonellosis in children: a case-control study in Lower Saxony, Germany, 2008－2011 [J]. Epidemiol Infect 143, 687－694.

第八章 预防与控制

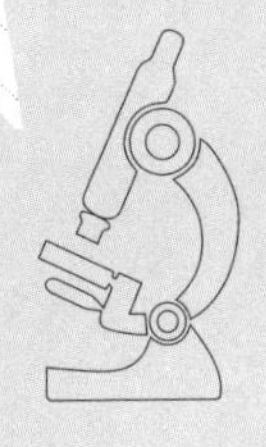

兽医流行病学风险评估是预防与控制牛结核病的基础。牛结核病是一古老的疾病，宿主广，没有特效的诊断方法，官方唯一的控制手段是“检疫—扑杀”，控制手段单一，不治疗，不免疫，因此，牛结核病预防和控制难度很大，其预防与控制策略要着眼长远。由于淘汰阳性动物带来巨大的经济负担，且“检疫—扑杀”对野生动物结核病防控来说，效果不确实，因此，近年来牛结核病疫苗研究得到重视。牛结核病防控需要进行经济学评估，只有具有经济活力的防控措施才能切实有效地实施。国际上有些发达国家已成功控制了牛结核病，其防控经验可以为我国所借鉴。

第一节 风险分析

风险分析（risk analysis）是指用于预测特定群体暴露在潜在危害下，并因此产生不利影响及结果的可能性的方法，在兽医相关领域有着广泛的应用。在动物疫病相关的风险分析中，对进口过程所产生的风险进行评估占主导地位。因此，OIE的《陆生动物卫生法典》和《水生动物卫生法典》中对风险分析有如下定义：对进口携带的某种危害（致病因子）传入进口国内，并维持存在或传播的可能性及其产生的生物学与经济学后果进行评估的过程。包括风险识别（危害确认）、风险评估、风险管理以及风险交流。其主要作用是帮助风险管理者和决策者采取安全措施，防止致病因子的传入，进一步阻止疫病的流行和降低疫病所带来的危害。

风险识别是风险分析的第一阶段，主要是对风险因子的简单定义，包括风险主体、风险客体和风险因素的性质、存在和发生条件，以及对三者之间联系的认识和分析。风险评估是对风险发生的途径、可能的概率，以及可能带来的潜在损失进行预测和评估的过程，包括释放评估、暴露评估、后果评估和风险计算。在风险评估的基础上，决策者提出防范、消除或规避风险的各项方案，并进行实施和决策（风险管理）。最后风险分析人员与决策者、参与者及其他利益相关者交换信息、交流和分析经验，进行风险交流。事实上风险交流贯穿整个风险分析的全过程，对正确进行风险识别、准确评估风险和提出恰当的管理模式都起到十分重要的作用。

一、风险分析的原则和方法

危害确认、风险评估、风险管理和风险交流四个过程构成了风险分析的主体。

风险分析的一般原则包括：① 风险分析必须要贯穿疫病控制的全过程，在每一次发生动物或动物产品的进口时都必须要进行风险分析；② 危害确认、风险评估和风险管理的全过程必须开放、透明，且有明确和翔实的记录；在风险分析的全过程中都应该进行有效的沟通和协商，即风险交流贯穿整个风险分析的全过程。

具体原则如下：

风险评估是在第一时间对某事件的发生进行识别和描述。包括评估这些风险发生的可能性，可能造成的潜在后果，以及在进行风险管理之后或进行干预之后所产生的结果。如对进口国而言，存在有引入一种外来病的高风险，但对于其所带来的社会或经济结果却可能风险很低，在风险评估过程中则需要对其进行综合性的评分。风险评估可能是定量的、半定量的或定性的。但由于很多时候对生物学的分析很难做到定量，因此建议在对外来病进行风险评估的时候采取定性的方法，可用“极”“高”“中度”或“低”等词来进行衡量，或采用简单的评分系统，如1－5级评分系统用来衡量风险水平或潜在的结果。

风险管理是通过一系列决策的实施以保障成员国的安全，同时将由贸易所带来的不利影响降低到最低的管理过程。其目的是通过正确的管理方式，在国际贸易协定所规定的义务下，各成员国既可满足进出口贸易的需要，又可以将由进口所带来疾病的风险或后果降低到最低。OIE制定的国际标准可作为各国疫病风险管理的参考标准。风险管理包括：① 评价可能的风险：对各成员国的保护水平进行风险评估并进行比较，预测风险频率和强度；② 对多种方案进行选择及评价：从技术性、可操作性、经济效应等多方面出发，确定能够降低风险的最优方案并预测可能产生的效果，包括降低不利生物学和经济学效应的频率和强调。在必要条件下，该过程需进行多轮重复，以达到将风险降到一个可接受水平的目的；③ 决策的实施：是指在进行管理决策后确保风险管理的正确实施；④ 监测并评估风险管理效果：对风险管理过程进行持续性的监管，确保能够达到预期的结果。

风险交流的原则包括：① 在风险分析过程中，感兴趣的各方对危险因子和风险的潜在影响应相互交流信息和意见；或进口、出口国的各决策者对分析风险评估和管理的结果应进行交流。且该步骤应贯穿整个风险分析全过程；② 风险交流应在每个风险分析初期就开始进行；③ 风险交流应该开放、互动、透明，在完成进口过程之后，还应持续性地进行风险交流；④ 风险交流的主要参与者包括出口国和其他利益相关者如国内外行业团体、家畜生产者和消费者团体；⑤ 风险管理模型的不确定性、输入及风险评估等过程都应进行交流；⑥ 同行评审是风险交流的一个重要因素，可以通过该过程得到科学的评价，确保数据、信息的真实性，确保所选择的方法和假设最优。

二、风险评审技术

风险评审技术（venture evaluation review technique，VERT）是一种基于计算机化的、数字化的网络模拟技术，用以分析新事件或风险发生过程中最受关注的三个指标：时间、成本和性能。它是通过丰富的节点逻辑功能，控制一定的时间流、费用流和性能流流向及相应的活动。在每次仿真运行时，通过蒙特卡洛模拟，这些参数流在网络中按概率随机流向不同的部分，经历不同的活动而产生不同的变化，最后到达某一终止状态。在用户多次仿真后，通过节点收集到的各参数，可以了解系统风险或危害情况供辅助决策。如果网络结构合理，逻辑关系及数学关系正确，获得的实际数据又是准确的，该方法可以较好地模拟实际系统，从而评价出系统的风险。

（一）概率风险评估以及动态风险概率评估

概率风险评估（probability risk assess，PRA）及动态概率风险评估（dynamic probability risk assess，DPRA）是定性评估与定量计算相结合的方法，它以事件树和故障树为核心，将其运用到系统安全风险分析领域。其分析步骤如下：

（1）识别系统中存在的事件，找出风险源。

（2）考查各风险源在系统安全中的地位及相互逻辑关系，给出系统的风险源树。

（3）标识各风险源后果大小及风险概率。

（4）通过逻辑及数学方法对风险源进行组合，获得系统风险的度量。DPRA 运用主逻辑图（master logic diagram）、事件树分析（ETA），以及故障树（FTA）综合对风险进行评估，将系统逐步分解转化为初始事件，然后确定导致系统失败的事件组合及失效概率。

（二）层次分析法

层次分析法（analytic hierarchy process，AHP）是一种定性与定量相结合的多目标决策分析方法。该方法已被广泛地应用于缺乏统一度量标尺的复杂问题分析，可以解决用纯参数数学模型方法难以解决的决策分析问题。AHP 首先对系统进行分层次、拟定变量、规范化处理，然后在评估过程中进行系统分解、安全性判断和综合判断。它的基本步骤如下。

（1）系统分解，建立层次结构模型。

（2）构造判断矩阵。

（3）通过单层次计算进行安全性判断。

（4）层次总排序，完成综合判断，给出风险评价的结果。

（三）模糊分析法

模糊分析法（the fuzzy analysis，FA）将风险分析中的模糊语言变量用隶属度函数量化。由于在具体项目或事件风险评价指标体系中存在着许多难于精确描述的指标，可以采用模糊综合评价法进行综合评价。具体是确定风险模糊综合评价指标集，给出风险综合评价的等级集。主要步骤有：确定评价指标体系中各指标权重；模糊矩阵的统计确定；模糊综合评价；计算出风险的最终综合价值。

三、WTO和OIE关于风险评估的原则

为保证动物及其产品的国际贸易公平性和决策的科学性，世界贸易组织（WTO）和世界动物卫生组织（OIE）分别在《实施卫生与植物卫生措施协议》（SPS协议）和《国际动物卫生法典》（以下简称法典）中要求在进口动物及其产品时必须进行风险分析。

（一）WTO框架下的风险评估原则及其要求

随着国际贸易的发展和贸易自由化程度的提高，各国实行的动植物检疫制度对贸易的影响已经越来越大，特别是某些国家为了保护本国畜产品市场，便利用非关税措施来阻止国外农畜产品进入本国市场，其中动植物检疫就是一种隐蔽性很强的技术壁垒。SPS协议就是为了缓解贸易自由化与动植物检疫之间矛盾而产生的。

在疫病风险评估中应该考虑以下三方面内容：首先需指明成员方意图阻止进入其境内的疾病种类及其生物学和经济学影响；其次评价该种疾病进入成员方境内的可能性；再次评价如果采取了SPS措施后这一疾病进入的可能性。基于以上三点，SPS协议要求根据可能实施的卫生与植物卫生措施，对病虫害在进口成员境内传入、定居或传播的可能性及相关的潜在生物学和经济学后果进行评估。无论采取何种风险评估类型，都不能仅仅“确认”可能降低风险的措施的范围，而是必须在采取的措施和风险评估之间建立一种合理的关系，即SPS措施需要得到风险评估的合理支持和保证。

同时SPS协议确定了国家在实施风险评估时应该考虑的一些因素。国家在制定进口决定时，应该考虑以下几方面内容：有效的科学证据；相关的加工程序和生产方法；相关的检测、抽样和检验方法；特定病虫害流行情况；现有的无病虫害区；相关的生态环境条件；检疫或其他处理方法。

另外，SPS协议要求国家在进行疫病或害虫的风险评估时，需要考虑有关的经济学因素，例如，病虫害传入、定居或传播对生产或销售造成的潜在损失；进口成员国控制

或消灭境内病虫害的费用；采用其他方法控制风险的相应成本。SPS协议对经济学因素的限定并不局限在以上几点，国家只要认为是适当的，便可以包含其他相关的经济学考虑，但是不允许将产品的进口竞争产生的经济损失考虑进去。SPS协议提出适当保护水平（appropriate level of protection，ALOP）概念，即成员在制定保护其境内的人类、动物或植物的生命或健康的卫生与植物卫生措施时，认为是适当的保护水平，许多成员也称之为“可接受风险水平”。

ALOP是国家基于社会政治等众多因素的考虑制定的，其通常在选择和采取SPS措施之前就已确定。成员通过风险评估计算出的风险要与国家的ALOP进行比较，从而采取相应的SPS措施。确定的ALOP，既不要导致风险的扩散，又不要过多的阻碍贸易。但是发达国家目前普遍利用该措施制造技术壁垒阻碍贸易。在风险评估考虑因素中，SPS协议提到了病虫害流行情况以及生态环境情况。为了最大程度地促进国际贸易，SPS协议第6条强调，WTO成员应特别承认无病虫害区和病虫害低度流行区的概念。

（二）OIE动物疫病风险分析

OIE（世界动物卫生组织）负责主持制定动物卫生领域的国际贸易相关的标准。在SPS协议生效后，OIE便将风险评估原则纳入动物卫生领域。OIE为各国制定了动物及动物产品的进口风险分析框架，目的在于为进口国对进口动物及动物产品进行风险评估提供客观和公正的方法。各成员在制定动物及其产品进口贸易措施时应以此为基础。它包括危害确认、风险评估、风险管理和风险交流四个部分（图8-1）。兽医机构能力评估、区划体系建设的科学合理性评估，以及动物卫生监测和监视的能力评估，是风险评估中需要考虑的重要内容。

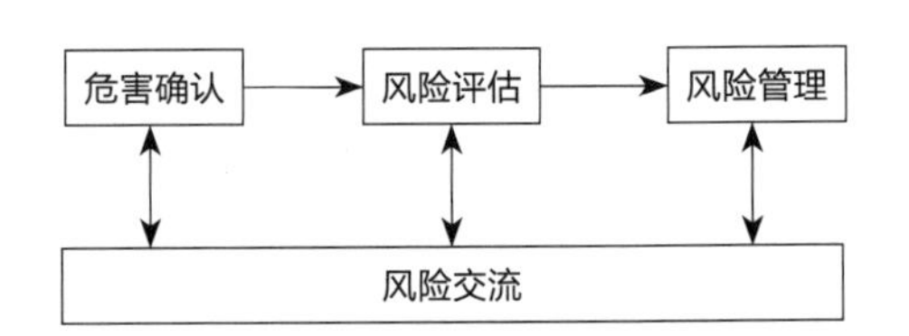

图 8-1 OIE 建议的风险分析四大要素

危害确认是进口商品中可能携带的致病因子的鉴定过程，所确认的潜在性危害可能与进口动物有关，或为商品所携带，且为出口国内存在的致病因子。因此有必要确定在进口国是否已存在可能的危害；是否为法定报告的疫病；是否具有对其实施控制或扑灭的计划与措施，同时要确保进口措施不能超过国内的贸易限制措施。

风险评估是指对“进口国领土上引入、定居或传播某类致病因子的可能性及其生物学和经济学后果的评价”，是风险分析的核心内容。其包括释放评估、暴露评估、后果评估、风险计算四个步骤。

释放评估是计算确认的潜在危害通过生物学途径感染或污染进口商品的可能性，即病原引入的可能性；暴露评估是进口国动物和人类暴露于所引入的危害的可能性；后果评估即为引入确认的病原体造成的生物学和经济学后果的评估；风险计算则是综合上述各过程的结果，确认评估风险的大小。风险评估的成果就是风险交流和风险管理所采用的风险评估报告。风险管理是根据风险评估报告，决定和执行动物卫生措施，以达到与进口国的保护水平相适应的过程，同时确保将贸易的消极影响降低到最低水平。

OIE国际标准是风险管理中疫病控制措施的首选。然而，有时法典的措施不能达到进口国适当的保护水平。这种情况下，可以采取其他措施。风险交流是风险分析过程中从潜在受影响的利益团体中，收集危害和风险方面的信息和建议，并将其同进出口国家的决策者和相关利益团体进行交互式的交流。整个风险分析过程都要进行风险交流，以确保风险评估结果的客观公正性。

四、动物疫病风险分析中应该考虑的因素

动物疫病风险因素是指引起或增加某种动物疫病传入、定居和扩散的可能性，以及造成生物学和经济学损失的条件。动物疫病的发生是受很多因素作用的结果。由于人们认识的广泛性和相对局限性，风险因素表现出了全面性、动态性、相关性和不确定性等特点。由于动物疫病流行的极其复杂性，很难制订一个能够应用于所有动物疫病的风险因素框架。参照OIE国际动物卫生法典，根据当前国际国内贸易形势，将动物疫病风险因素分为生物学因素、商品因素、环境因素和国家因素四个方面。

（一）生物学因素

生物学因素是动物疫病感染传播的基础，一切的风险因素都与生物学因素密切相关，其他因素也是通过对生物学因素的作用而影响风险分析的结果。在这方面，需要考虑病原体的特性，感染宿主的种类、年龄和品种，以及自然感染传播的途径等。其次，鉴于当前动物及动物产品贸易的自由化，商品在疫病传播中发挥着至关重要的作用。要考虑商品的加工、商品的用途以及商品的预期贸易量。

（二）传染病流行基本环节

传染源、传播途径和易感动物是构成传染病流行过程的三个基本环节。这三个环节能否相互连接和协同要受到环境因素（包括自然因素和社会因素）的影响。环境因素包括生物媒介的分布、地理和环境特征、习惯和文化习俗等。最后，兽医机构能力和区划体系的合理性建设是评估是否存在疫病风险的重要内容，在对兽医机构评估时主要考虑

组织和结构、人力资源、物力（包括财政）资源、职能和立法支持、动物卫生和兽医公共卫生控制、正式质量体系、工作评估和审计计划、参与OIE活动及遵守OIE成员国义务等内容。

在评价潜在经济影响时，应当考虑的因素包括动物感染、发病及生产损失等直接经济影响，还包括监控开支、赔偿损失、潜在贸易损失、对环境的不利影响等间接经济的影响。

五、国内外动物疫病风险分析的研究动态

（一）风险界定

国内外学者对于风险的定义表述不一，至今没有统一的定义，但都表达出风险源于事件不确定性的内涵。主要的观点有两个：一种观点认为风险就是不确定性；另外一种观点认为是由事件不确定性所带来的预期损失。OIE中将风险定义为“于特定的时间段在进口国引发对动物或人类健康不良事件的生物和经济后果的可能性和可能程度。”

畜牧业风险主要是指在生产经营中，受到内外部各种因素制约，导致实际产出结果偏离经营者预期的可能性。主要有生产风险、市场风险、政策风险及技术风险等等。而畜牧业生产风险应该是畜牧产量偏离预期产量的负波动程度，有学者认为农业生产风险是农作物单产和畜牧产量的下降，畜牧生产风险主要是指从补栏到出栏的过程中所面临的由于不确定性引起偏离预期结果的可能性，主要有自然风险、疫病风险及政策风险。

自然风险主要指各种自然因素的综合，既包括气候、温度、区位等既定因素，又涵盖洪水、干旱、冰雪等偶发的自然灾害。其次，畜牧业生产有其自身的特点，主要通过家畜的生长发育，将饲料转化为畜产品。所以自然因素不仅影响饲料原料的质量与数量，也影响畜禽的生长发育，就必然对养殖生产造成一定的风险。

政策风险，有些学者又称为制度风险，主要指生产经营政策及相关规则的制定、变动以及国内外规则的不同给经营者造成的不确定性。政策风险具有长期性特点。短期来看，政策风险的影响是很小的，几乎可以忽略不计。

疫病风险，动物疫病主要通过三方面来对经营者预期收益产生影响，一是导致生长发育周期延长、产量与质量下降、甚至死亡；二是经营者为预防降低发病率，对牲畜进行防疫，增加成本投入，使实际收益低于预期收益；三是重大疫病暴发，国家执行相关防控政策（扑杀、禁止交易）等也会造成经营者收益降低。

（二）国外风险研究现状

动物卫生风险分析是当前国际通行的实施动物卫生科学管理的重要技术手段，是对动物卫生事件进行预防性风险管理的一种通用工具。动物卫生风险分析作为国际上普遍采用的技术手段，着眼于为政府部门制定有关政策、法规、标准以及监督检疫检验措施提供科学依据，是当今世界各国纷纷采用的解决动物卫生及食品安全问题和贸易争端的重要技术手段。

20世纪80年代以来，全球不断出现的动物卫生问题推动了动物卫生风险分析的广泛关注和应用，美国、澳大利亚等畜牧业发达国家开始将风险分析方法用于动物卫生评估和食品安全性评价中，并通过建立动物卫生风险分析制度，提高了本国动物卫生和食品安全预警能力和防控水平，促进了动物和动物产品的国际贸易。

国外疫病风险分析比较成熟，尤其在定量分析中方法更为多样化，蒙特卡罗模拟就是其中较为常用的一种。蒙特卡罗模拟主要被用来估计策略变动的预期影响和效果，以及决策所涉及的风险，所以近些年被西方学者广泛地运用于疫病风险防控和经济评估。Van der Kamp等在分析荷兰细螺旋体病时，建立模拟模型来研究该疫病风险及控制措施的成本收益。Schlosser 等认为根据以往的历史经验数据，可以对疫病的流行情况进行一定的预测，构建马尔科夫–蒙特卡罗模拟对流行病 Z 进行分析，得出 Z 病发生率符合β分布，同时得出风险分布参数。Goldbach在评估荷兰猪肉生产中沙门菌时，运用蒙特卡罗模拟不同风险条件下可能采取的措施的成本收益，比较得出最优方案。

澳大利亚、新西兰、美国和欧盟等畜牧业发达国家都非常重视风险分析工作。首先，他们大都建立了专门的风险分析执行机关，如新西兰农林部（Ministry of Agriculture and Forestry，MAF）下设的生物安全局（Biosecurity Authority，BA），加拿大食品检验署（Canadian Food Inspection Agency，CFIA）下设的动物卫生与生产局（Animal Health and Production Division，AHPD）等，美国兽医局（Veterinary Service，VS）下设的流行病学和动物卫生中心（Center of Epidemiology and Animal Health，CEAH）等。有的国家将风险评估工作交予独立组织来完成，如新西兰还根据需要设立外部咨询机构进行风险评估。

其次，这些国家还以规范的形式，制定了完善的动物及动物产品进口风险分析的执行程序与运作机制。从进口风险分析的启动到如何进行风险分析都有比较详细的模式。如澳大利亚在进口风险分析过程中运用了完善的上诉程序，以增强进口风险分析结果的公正性和客观性。许多国家将先进的技术应用于进口风险分析，如美国开发了地理信息系统（Geographical Information System，GIS），在进口风险分析中能提供有效的帮助，提高分析的直观性。

六、国内风险研究现状

新世纪以来，随着农业改革的深化，许多地方畜牧业已经成为农村经济的支柱产业，成为增加农民收入的主要来源。但近几年，畜牧业发展过程中动物卫生风险日益突出，成为制约我国畜牧业发展的关键因素，动物卫生风险分析也逐步成为学术界的研究热点。

我国动物卫生风险分析仍缺乏系统的指导理论，同国外发达国家相比，还有一定差距。因此通过对 OIE、FAO等国际组织和美国、欧盟等发达国家动物卫生风险分析理论、技术和制度进行研究，构建适应我国国情的动物卫生风险分析制度框架、动物卫生风险分析方法和评估模型、动物卫生风险经济学评估理论、技术和方法体系，并在此基础上建立和完善动物疫病防控体系。

风险分析已经作为一项实用技术广泛应用于动物卫生决策和改善动物卫生措施。我国在风险分析方面取得了很大的进展，国家质量监督检验检疫总局于2002年发布了《进境动物和动物产品风险分析管理规定》，标志着中国正在将风险分析应用于进出境动物检疫。下面以对高致病性禽流感与疯牛病进行的风险分析为例加以说明。

（一）高致病禽流感风险分析

高致病性禽流感（highly pathogenic avian influenza，HPAI）于1996年首次在中国广东省暴发，随后导致了2004—2006年间在亚洲的大流行。

1. 危害确认　在家禽中发现了高致病性禽流感H5N1病毒。

禽流感因病毒的致病性不同可分为高致病性禽流感（HPAI）和低致病性禽流感。HPAI H5N1型主要感染鸟类导致禽流感，具有很强的传染性，死亡率可高达100%。此外，还可以感染猫科动物，包括老虎、雪貂、老鼠、獾和水獭等，也会重新感染野鸟种群。

2. 风险评估　对高致病性禽流感传播的可能性及与其相关的生物、环境、公共健康等方面进行可能性的后果评估。包括释放评估、暴露评估、结果评估。

（1）释放评估　确定病毒传播导致疫病的可能途径。H5N1病毒主要通过野生鸟类的迁徙及家禽贸易两种途径将病毒传播。因此可以通过监测野鸟及时发现疫情，并通过生物安全的方式预防病毒进入家禽。若出口国要求按照OIE的规定进行饲养管理，合法的家禽及产品贸易是可以接受的并认为是安全的，但难以控制的是非法的禽类产品贸易，如宠物鸟、斗鸡、猎鹰和其他鸟类的交易等，这种交易的安全性是不可控的，因此需要进行有效监控和监管，确定综合监控系统，包括早期预警、预防、检测和应急反应。早期预警包括通过监控系统加强HPAI在家禽和野鸟中的监控，并可通过全球组织发布的官方数据及国家间的交流获取相关资料。预防主要针对家禽，通过生物安全发挥重要作用。检测和应急反应可通过美国地理服务系统对野鸟进行监测并做出早期的反应。

（2）暴露评估　确定易感鸟类对病毒暴露的潜在途径。H5N1禽流感病毒释放到一个未受影响的国家或地区时，暴露于易感宿主的路线可能比较复杂，而是否导致感染和流行则取决于多种因素，包括家禽分布、家禽饲养结构、生产规模、农业生态环境变化等因素。在野鸟与家禽进行直接接触或间接接触时都有可能感染病毒，人主要是通过与感染家禽或未煮熟的家禽产品接触而被感染。人与人之间是否传播H5N1还未被证实。

（3）结果评估　H5N1高致病性禽流感病毒的释放将对人类和动物健康及生态环境直接产生不良后果，并进一步导致经济学和社会学的不良后果。

3. 风险估计总结　H5N1的释放与暴露途径复杂，候鸟和家禽贸易在引入病毒过程中起着关键的作用，并势必会对引入的国家和地区造成影响。

4. 风险管理　OIE规定了两种针对疾病发生的管理程序：区域化和无特定疫病区。区域化指的是种群的不同健康状态是由地理的标准划分的。而无特定疫病区指的是种群的不同健康状态按照管理和生物安全划分的。当野鸟感染了H5NI病毒时，区域化将被限制使用，因为野鸟无法识别人工划定的感染区和非感染区。无特定疫病区是减少疾病暴发影响的最实际的方法。

5. 风险交流　通过所有参与部门的交流体系来确定预防和控制措施，并利用信息平台进行国家间的风险交流。

6. 结论　对野鸟中HPAI（H5N1）的监控有助于提供病毒传播的信息。早期检测可能是无特定疫病区将HPAI引起的影响最小化的必要因素。对易感群体的目标监测是监控家禽和野鸟的最有效的策略。风险分析提供了一个结构框架。这包含了完整的疾病预防和控制程序。在这一点上，加强生物安全和建立无特定疫病区是风险管理的最有效的工具。

（二）疯牛病风险分析

我国目前尚未对疯牛病传入我国的风险进行完善的风险分析，仅依据英国疯牛病事件收集了一定的数据。

1986年10月25日，在英国东南部发现有神经症状的病牛。1987年10月，英国环境、食品与农村事务部（旧称农渔食品部）将该病命名为“牛海绵状脑病”，俗称“疯牛病”。到1990 年1月，官方确认前一年英国共发生疯牛病病例7 136例。此后的几年中，越来越多的证据表明，疯牛病已经传染给人类，使人患上一种新型的克雅氏症。经证实，1996

年新型克雅氏症病人已达到10人。但由于英国政府对疯牛病暴发时没有完善的应急预案，反应较为迟缓，导致疫情蔓延；研究人员受政府限制过多，研究工作仅仅限于政府机构以及政府授权研究的机构，且未提供足够研究经费，导致疯牛病的快速传播。虽然提出了禁止肉骨粉的贸易，但禁令实施不完全，有些仍通过地下渠道销售。

在这个过程中，英国政府没有进行完善的危害确认是导致疯牛病传播非常重要的因素之一。疯牛病暴发的初期，英国政府没有掌握有关疯牛病及其相关疾病与肉骨粉之间的内在联系，疯牛病领域基本空白。当时英国的保守党政府一方面认为疯牛病构成的威胁较小，另一方面又十分不愿意披露所掌握的信息，认为公众不能理性地应对危机。虽有独立科学家进行相关研究，但行为被政府限制，且政府并不重视他们的忠告和建议，反而取消或大幅度削减违反命令的机构和科学家的研究经费。一旦发现病牛立即宣布为国家财产并扣留，拒绝向他人提供病牛活体组织。为风险评估的开展带来了极大的障碍，更谈不上风险管理。

在风险交流方面，英国政府各部门之间也存在协调不畅、执法缺位的问题，大大降低了防控效果。面对公众质疑时，仍坚称英国牛肉绝对安全，以平息公众的心理恐慌，导致当政府宣布疯牛病可能传染给人类后，这种矛盾使得公众完全丧失了对政府的信任，在一定程度上也削弱了政府公信力，甚至导致了社会的恐慌和抵触。

综合以上分析，英国疯牛病事件为我国疯牛病防控提出启示。主要包括树立现代风险交流观念，形成开放的诸多利益相关者参与的风险交流体系，建立有效的风险交流模式，以便对我国疯牛病的风险进行综合性的分析及评估。

（三）牛结核病风险分析

对从牛结核病阳性群引入阳性奶牛进行风险评估。

1. **危害确认** 牛结核病主要是由牛分支杆菌引起，主要影响牛。该病不仅可以在牛间相互传播，还可以传染给人及其他动物，包括家畜、野生动物及非人类的灵长动物。

2. **风险评估** 对引入携带牛分支杆菌的牛传播牛结核病的可能性及与其相关的生物及环境进行可能性的后果评估。

3. **释放评估** 确定牛分支杆菌在干净牛群中传播而导致牛结核病的可能途径。所有感染了牛分支杆菌的个体都可以成为牛结核病的传染源而导致疾病的扩散传播。牛结核病主要通过飞沫在牛群中传播，人主要通过吸入患病牛的飞沫或饮入未经消毒的生牛奶而感染。由于疾病主要通过呼吸道传播，因此在从疫源地引入牛群后，应利用高敏感性检测方法对牛进行检测；扑杀阳性牛。一旦引入结核阳性牛后必须对暴露个体进行隔离并对阳性牛进行扑杀，以免造成更大范围的流行。

4. 暴露评估　确定牛群暴露牛分支杆菌的潜在途径。当牛分支杆菌释放到一个未受影响的牛场时，与阳性个体有着直接接触的牛甚至是人都有可能成为感染者。在高密度饲养场、通风条件差的场流行更易发生。人主要是通过吸入病牛飞沫或饮入带菌生牛奶而患病，但能否在人与人之间传播难以证实。

5. 结果评估　牛分支杆菌的释放将对人和动物健康及生态环境直接产生不良后果，并进一步导致经济学和社会学的不良后果。

6. 风险估计总结　从疫区牛结核病阳性牛群引入结核病阳性牛后，可能通过水平传播导致牛结核病在牛间和人牛间的流行。

7. 风险管理　我国发布了“动物结核病诊断技术GBT18645—2002”，并将奶牛结核病定为16种优先防治的国内动物疫病之一。对奶牛牛结核病每年需进行强制检疫，并扑杀阳性牛。OIE推荐的检测方法包括牛结核菌素皮试法、IFN－γ体外释放法及抗体检测ELISA法，我国目前推荐的方法为PPD皮试法和IFN－γ体外释放法。对以上方法检测出阳性的个体需严格执行扑杀及无害化处理。

8. 风险交流　通过所有参与部门的交流体系来确定预防和控制措施，并利用信息平台进行国家间的风险交流。

9. 结论　从疫区引入牛有可能引入牛结核病，不仅会造成牛的感染，而且还会传播给人及其他家畜。因此，对从疫区引入的牛需进行严格的隔离和间隔40d的两次检疫，严格扑杀阳性牛。对暴露个体需进行隔离和监控。反应阳性个体进行扑杀，阴性个体暂养，观察后进行混群。

第二节 防控策略和措施

一、发达国家防控牛结核病的策略

从发达国家牛结核病防控的历史和现状看，尽管牛结核病的根除非常困难，但该目标还是可以实现的。消灭或根除某传染病可以从以下4个方面理解：

第一，表示一种传染性病原体的完全消灭或根除。只要自然界任何一个地方还有这个病原体，消灭状态就没有达到。完全从自然界消灭一种病原体很难，目前世界上就消灭了2种传染病，即人类的天花和牛的牛瘟。

第二，表示某种传染性病原体的地区性消灭或根除。一般所说的消灭疫病，基本上属于这一种。我国消灭了牛肺疫，是世界上第7个消灭牛肺疫的国家。对于牛结核病来说，澳大利亚已宣布消灭了牛结核病。

第三，表示在特定地区某种传染病的患病率已降低到不足以发生传播的水平。丹麦、比利时、挪威、德国、荷兰、瑞典、芬兰、卢森堡等国的牛结核病控制状态，可以归于这一类。

第四，表示在特定地区某种传染病的患病率已降低到很低水平，不再是动物保健的主要问题，但是疾病仍有可能发生一些传播。美国、加拿大、新西兰、法国、日本、韩国等应该属于该状态，野生动物是主要的传播风险。

虽然各发达国家控制牛结核病的具体措施有差异，效果各异，但基本策略相同，可概括为“检疫，扑杀，监测，移动控制”。主要措施如下。

（一）制订一个切实可行的牛结核病控制和根除计划

20世纪初，欧美国家的牛结核病感染率很高，贸易活动加剧了牛结核病的传播，并且10%以上的人结核病例被证实由牛分支杆菌引起，引起了农场主和政府的高度关注。为了保障公共健康，控制牛结核病，促进贸易，政府决定执行牛结核病根除计划，并以消灭牛结核病为最终目标。尽管根除计划的基本方法是检疫和扑杀，但在检疫方法和扑杀措施上都结合了各国的具体情况，充分考虑了计划的可操作性，并通过不断评价实施效果来修正计划的不合理之处。如英国在确定獾是牛结核病的野生动物贮存宿主后，开始的政策是扑杀所有獾，后来调整为只捕杀牛结核病阳性地区的獾。獾扑杀政策至今已经坚持了数十年，但牛结核病的流行仍呈上升趋势，导致该国考虑修改獾扑杀策略，采用免疫接种BCG措施防控獾结核，免疫措施已在局部地区取得成效，并准备在英国广泛推广。2010年，英国政府批准BCG用于獾免疫。在检疫方法上，不断改进检疫方法，除了牛结核菌素单皮试和牛、禽结核菌素比较皮试检测外，还普遍利用了牛结核病外周血单核细胞体外释放IFN－γ检测法。此外，牛结核病抗体检测法也得到应用。

（二）建立健全的保障体系

一个疾病根除计划的实施是一项系统工程，必须有人、财、物保障，包括法律法规、队伍（专家咨询队伍、技术实施队伍）、机构（领导机构、实施机构）、经费（防疫工作经费、强制扑杀补偿经费、监测、流行病学调查、消毒等）、物质、移动控制等保障体系，而法律保障体系是所有保障措施的根本。确定完善的配套法规，统一根除计划的实施程序与方法，明确无结核状态的验收标准；建立健全可追溯体系，有效控制牛群移动；将经费预算纳入政府财政预算之中；制定与市场接轨的合理赔偿制度，在中央、地方财政与养殖者之间合理分配强制扑杀动物的成本；通过法律条文强制执行根除计划；同时根据计划实施情况，对计划进行适时修订完善。这些是各国成功控制或消灭传染病的共同经验。欧盟第一个与牛结核病根除计划有关的法令Council Directive 64／432／EEC于1964年发布，对官方无结核（officially bovine Tuberculosis Free，OTF）认可牛群的标准进行了界定。在Council Directive 97／12／EEC中，对OTF牛群界定标准进行了修改。在Commission Regulation（EC）N0. 1226／2002中，对附录B牛结核病诊断技术进行了修改；在法令Council Directive 77／391／EEC中，对牛结核病根除措施实施的财务预算进行了规定；在Council Decision 90／424／EEC中，进一步完善了实施根除计划的扑杀财政补偿规定。这些法规促使各成员国和养殖业主积极参加牛结核病根除计划，丹麦（1980）、荷兰（1995）、德国和卢森堡（1997）、奥地利（1999）、法国（2001）、比利时（2003）、芬兰和瑞典（1995）、捷克（2004）等国相继获得欧盟的OTF认可。

（三）持续实施牛结核病控制和根除计划

疾病控制和根除从时间上和空间上均是一个循序渐进的长期过程，因此需要耐心和决心。牛结核病尤其如此，由于宿主范围广泛、感染与发病过程缓慢、潜伏感染普遍、几乎无现代化的控制手段（无疫苗、无药物、无快速高通量的检测方法），因此，控制和净化牛结核病不可能一蹴而就，是一个漫长的过程。政府、兽医和民众对根除计划长期保持信心与热情非常重要。澳大利亚于1970年开始全面开展牛结核病根除计划，依赖“检测和扑杀”方法，结合屠宰场疾病“监测”和“来源跟踪”等重要措施，终于在1997年12月宣布根除了牛结核病。历时27年。计划实施中途也多次动摇根除牛结核病的决心，但最终坚持下来并获得成功。美国是世界上第一个着手消灭牛结核病的国家，从1917年起开始执行牛结核病根除计划，以50年间花费4.5亿美元的代价，使家养牛的牛结核病在绝大多数州得到了控制。但由于密歇根州和明尼苏达州野生白尾鹿结核向家养牛传播，以及新墨西哥州受墨西哥接壤地区家养牛的牛结核病影响，美国实施牛结核病根除计划至今已有98年，尚未获得无牛结核病认可。

按时间进程，疾病控制和根除可分为疫病普查、降低感染率、清群、监测、建立无感染群和最终消灭疫病等不同阶段：按空间进程，基本步骤是：先在少数局部地区达到无疫病的目标，然后逐渐将无疫病状态向周围扩大，在多个局部地区实现无疫病，最终在全国范围内达到无疫病状态。这是欧盟、美国、澳大利亚的成功经验。欧盟作为一个多成员国家的联合组织体会更深。由于跨国贸易是各成员国经济的重要组成部分，成员国国内的疫情将对邻国产生严重威胁，从而受到贸易限制。因此，欧盟必须督促成员国根除重大疫病。其基本作法是：以省/州/成员国为单位先达到官方认可的“无疫病”状态，与此同时，严格推行区域化管理和市场限制制度，以维持无疫病状态，即无疫病地区可自由进行相应动物和动物产品的交易。而未控制疫情地区的动物和动物产品禁止进入无疫区，最后在所有成员国间达到无疫状态。

（四）重视新技术的开发与应用

在“检疫—扑杀”政策实施过程中，准确检测牛结核病是根除牛结核病的前提和难题。各个国家在主要使用皮试检测法的同时，积极研发、利用新型技术和手段，如欧盟多个国家、美国、加拿大、澳大利亚、新西兰等均利用了IFN-γ体外释放检测法作为皮试检测的辅助手段或替代手段。

牛结核病IFN-γ体外释放检测法是在20世纪80年代后期研发出来的，1991年，澳大利亚政府批准该方法为官方使用方法，由于当时澳大利亚已处于牛结核病根除后期（1997年宣布根除牛结核病），国内牛结核病例已很少，且零星病例离诊断实验室很远，因此，该方法在澳大利亚牛结核病根除中起的作用并不大，然而，由于该方法省时省力，可高通量检测，可回顾性分析样本，在其他国家的牛结核病控制中发挥了重要作用；随后（1990年后期），新西兰也将该方法确定为牛结核病官方检测方法；该方法已开发成了商品化试剂盒（Bovigam®），并已有了适合黄牛、非洲水牛、绵羊和山羊的系列产品。人结核病检测也有类似IFN-γ体外释放检测法产品（如QuantiFERON®）。除澳大利亚和新西兰外，该方法在埃塞俄比亚、英国、北爱尔兰、意大利、西班牙、美国、加拿大等国也被批准为官方使用方法，在牛结核病检测中广泛应用，检测灵敏度为87.6%（73.0%~100%），特异性为96.6%（85.0%~99.6%）。我国也已成功研制了类似试剂盒。

韩国、美国和中国等国已经陆续上市了牛结核病抗体快速检测试纸条。此外，地理信息系统（GIS）或地球定位系统（GPS）被用于结核病流行病学的监控与追溯。

（五）疫苗免疫

结核病疫苗的研究主要是医学领域，研究者们试图研制出一种替代BCG的更优疫苗用于人结核病的防疫。

对牛结核病而言，疫苗研究的必要性体现在两个方面。

第一，相当部分发展中国家尚未实施以“检疫—扑杀”为核心的牛结核病根除计划，家养牛阳性率高，扑杀阳性牛带来的经济负担很重，甚至可能高到难以承受。而过严的计划实际上等于无计划，达不到控制牛结核病的效果。因此，疫苗免疫或许是一种更为现实的替代方法。

第二，“检疫—扑杀”策略不适合野生动物结核病的控制。由于野生动物种类多且量多，活动范围大，检疫难，扑杀也难。目前，多个发达国家未获得无结核认可的主要原因就是野生动物结核病向家养牛的传播，如英国、美国等。因此，对野生动物进行疫苗免疫较“检疫—扑杀”策略更为合理。英国早在1901年，政府就下令皇家结核委员会评估牛结核病的危害，是世界上最早评估牛结核病危害的国家。但直到1950年才开展全国性、强制性的牛结核病根除计划，到1970年早期，全国牛结核病阳性率从3.5% 降到0.49%。然而，1970年中期开始，野生獾被确定牛结核病的贮存宿主，导致英国牛结核病根除计划失败。虽然扑杀獾和阳性牛的控制策略一直在执行，但牛结核病不但没有控制，在大不列颠等地区还呈上升趋势。这表明以扑杀为主的策略存在不完善之处。据估计，英国根除牛结核病的计划至少还需20年，调整后的新根除计划的重要部分就是牛结核病的免疫。2010年英国正式批准BCG（卡介苗）疫苗注射剂型用于獾结核免疫。同时，正在积极开展獾口服疫苗的研究。

新西兰近十几年来尽了很大努力控制牛结核病，并取得显著成果。家养牛的群流行率从1993年的2.4%降至2007年的0.32%。但由于野生贮存宿主负鼠的存在，使得牛结核病的根除计划以失败告终。新西兰国家每年用于负鼠结核控制的费用达3 000万美元，因此免疫防控策略也已提上议事日程。据报道，新西兰正在评价脂质体包裹的卡介苗口服免疫负鼠的效果。

处于人用结核疫苗更新的考虑，目前国内外已开展了一系列有关结核病新型疫苗的研究。归纳起来，主要有如下研究思路：

（1）改造BCG获得免疫增强型重组rBCG，以增加其免疫保护效果；或进一步致弱BCG，也适应艾滋病人等免疫缺陷人群的免疫需要。

（2）以结核分支杆菌强毒力株为出发菌株，重新构建基因缺失致弱菌株。由于菌株与感染人的优势菌株同源，期望获得较BCG更好的免疫保护效果；构建基因缺失致弱菌株的关键点是在缺失毒力基因的同时，保持良好的免疫原性。然而，目前已报道的这类重组菌株中，大部分重组菌的免疫保护性都未超过BCG。

（3）表达相关免疫保护性蛋白，制备重组蛋白的亚单位疫苗，用于BCG初免后的加强免疫。

（4）构建包括单一抗原或多种抗原基因组成的DNA疫苗以及表位DNA疫苗等，但DNA疫苗的安全性评价较难通过，临床应用较难。

二、我国防控牛结核病的策略

（一）牛结核病防控地位与目标

牛结核病在我国是二类动物疫病和重大人兽共患病，自新中国成立以来就一直是国家强制检疫对象。

在我国2012年发布的《国家中长期动物疫病防治规划（2012—2020年）》（简称《规划》）中，奶牛结核病是国内优先防治的16种动物疫病之一。根据《规划》，我国控制奶牛结核病的中长期控制目标如下（表8-1）。

表 8-1 我国牛结核病控制中长期规划

疫病	2015 年	2020 年
奶牛结核病	北京、天津、上海、江苏 4 个省（直辖市）达到净化标准；其他区域达到控制标准	北京、天津、上海、江苏 4 个省（直辖市）维持净化标准；浙江、山东、广东 3 个省达到净化标准；其余区域达到控制标准

（二）OIE牛结核病净化标准

按照OIE的标准，无牛结核病状态（official tuberculosis free，OTF）的标准如下：

1. 国家或地区无牛结核病的标准　连续3年定期和周期性检测所有黄牛、水牛和森林野牛，群（herd）阴性率99.8%以上，头（head）阴性率99.9%以上。

2. 小区（compartment）无牛结核病的标准

（1）最近连续3年以上检查所有种类生前与死后的牛，均无牛结核病临床症状和病理变化。

（2）6月龄犊牛第一次皮试检疫，相距6个月以上两次检疫均为阴性；第一次检测距最后一头感染牛扑杀后6个月以上。

（3）符合以下条件之一。

A. 在近2年内该国家或地区，牛群每年的牛结核病群阳性率在1%以上时，每年2次皮试检疫，均为阴性；

B. 在近2年内该国家或地区，牛群每年的牛结核病群阳性率在0.2% ~ 1%时，每年1次皮试检疫，均为阴性；

C. 在近4年内该国家或地区，牛群每年的牛结核病群阳性率在0.2%以下时，每3年1次皮试检疫，均为阴性；

D．在近6年内该国家或地区，牛群每年的牛结核病群阳性率在0.1%以下时，每4年1次皮试检疫，均为阴性。

3. 牛群无结核标准

（1）连续1年以上，生前和死后检查都无临床症状和病理变化；

（2）6月龄犊牛第一次皮试检疫，相距6个月以上两次检疫均为阴性；第一次检测距最后一头感染牛扑杀后6个月以上；

（3）维持无疫状态，还需满足下列条件之一。

A．每年1次皮试检疫，均为阴性；

B．在近2年内该国家或地区，牛群每年的牛结核病群阳性率在1%以下时，每2年1次皮试检疫，均为阴性；

C．在近4年内该国家或地区，牛群每年的牛结核病群阳性率在0.2%以下时，每3年1次皮试检疫，均为阴性；

D．在近6年内该国家或地区，牛群每年的牛结核病群阳性率在0.1%以下时，每4年1次皮试检疫，均为阴性。

值得提出的是，OIE标准中，除了以上流行率规定外，同时对监测和移动控制提出了具体要求。OIE对国家或地区无牛结核病状态认证的完整标准有6条，分别是：① 牛结核病感染应该是必须通报疾病，牛包括圈养或散养的牛、水牛和野牛；② 正在执行一个公众认知计划，鼓励报告所有牛结核病可疑病例；③ 连续3年定期检查所有黄年、水牛和野牛的牛结核病感染，99.8%的牛群应为牛结核病阴性，99.9%的牛应为阴性；④ 应有一个监测计划，通过生前与死后检查监测牛结核病；⑤ 如果实施上述③④ 监测计划连续5年未检测到牛结核病感染，生前与死后检查的牛结核病监测计划还应该坚持；⑥ 如果牛（黄牛、水牛和野牛）引入到无牛结核病的国家时，必须出具官方兽医开具的表明牛群来自于无牛结核病国家或地区的证明，或出示符合相关法规的官方证明。

（三）我国牛结核病控制和净化标准

1. 牛结核病净化标准 按照我国《牛结核病防治技术规范》和《2009—2015年布鲁氏菌病－结核病防治规划大纲》，牛结核病净化群（场）的净化标准如下。

（1）污染牛群的处理 应用牛分支杆菌PPD皮内变态反应试验对该牛群进行反复监测，每次间隔3个月，发现阳性牛及时扑杀。连续3次监测均为阴性反应的牛群为健康牛群。

（2）犊牛应于20日龄时进行第一次监测，100～120日龄时，进行第二次监测。凡连续两次以上监测结果均为阴性者，可认为是牛结核病净化群。

（3）对达到控制和稳定控制标准的县（市、区），每年至少开展1次奶牛结核病监测，监测比例为100%。对阳性奶牛应扑杀后进行无害化处理。凡连续两次以上监测结果均为阴性者，可认为是牛结核病净化群。

2. 牛结核病控制标准　按照《2009—2015年布鲁氏菌病–结核病防治规划大纲》，国家根据2007—2008年各省（自治区、直辖市）畜间“两病”疫情发生情况及阳性率情况，以行政县为单位，将各县划分成4个区：未控制区、控制区、稳定控制区和净化区。

表 8–2　牛结核病控制状态分区标准

分　区（以县为单位）	划分标准
未控制区	有疫情发生或阳性率≥ 0.5%
控制区	连续 2 年无临床病例，且阳性率< 0.5%
稳定控制区	无临床病例，连续 2 年阳性率< 0.1%
净化区	无临床病例，连续 2 年抽检无阳性动物

（四）牛结核病防控基本策略

长期以来，我国一直重视牛结核病的防控。早在1959年，我国由农业部、卫生部、对外贸易部、商业部四部联合发布了《肉品卫生检验试行规程》(简称“四部规程”)，这是我国兽医防疫领域最早的法规。《规程》规定：患结核病的病畜，均须在指定的地点或屠宰间屠宰。同时第三十一条规定了结核病宰后检疫的处理办法。

（1）患全身性结核病，且肉尸瘠瘦者（全身没有脂肪层，肌肉松弛，失去弹性，有浆液浸润或胶冻状物），其肉尸及内脏作工业用或销毁。

（2）患全身性结核而肉尸不瘠瘦者，有病变部分割下作工业用或销毁，其余部分高温处理后出场。

（3）肉尸部分的淋巴结有结核病变时，有病变的淋巴结割下作工业用或销毁；淋巴结周围部分肌肉割下高温处理后出场，其余部分不受限制出场。

（4）肋膜或腹膜局部发现结核病变时，有病变的膜割下作工业用或销毁，其余部分不受限制出场。

（5）内脏或内脏淋巴结发现结核病变时，整个内脏作工业用或销毁，肉尸部分不受限制出场。

（6）患骨结核的家畜，将有病变的骨剔出作工业用或销毁，肉尸和内脏高温处理后出场。

1985年，我国发布了《中华人民共和国家畜家禽防疫条例》和《中华人民共和国家畜家禽防疫条例实施细则》，《细则》首次将畜禽传染病（包括寄生虫病）分为三类，“结核病”被列为二类动物疫病。二类病由各省、自治区、直辖市制定相应处理办法，肉类检疫仍按《肉品卫生检验试行规程》和农牧部门有关规定处理。1997年，我国发布了《中华人民共和国动物防疫法》，这是我国第一部动物防疫法律，之后不断进行修订和完善。1999年，农业部公布一、二、三类动物疫病病种名录（农业部第96号公告），将“牛结核病”列为二类动物疫病。按照《防疫法》，发生二类动物疫病时，县级以上地方人民政府应当根据需要组织有关部门和单位采取隔离、扑杀、销毁、消毒、紧急免疫接种、限制易感染的动物、动物产品及有关物品出入等控制、扑灭措施。2002年，我国发布了《牛结核病防治技术规范》和《动物结核病诊断技术》（GB/T18645—2002）。明确我国牛结核病防控的基本策略是“监测、检疫、扑杀和消毒”，并规定了牛结核病防治的具体技术措施；病死和扑杀的病畜，要按照GB16548—1996《畜禽病害肉尸及其产品无害化处理规程》进行无害化处理。

2009年，针对国际国内疫情形势和畜牧业发展趋势，农业部成立了全国动物防疫专家委员会。专家委员会是为国家动物疫病防控提供决策咨询和技术支持的专家组织，设13个专家组和2个分委员会，其中包括布鲁菌病和结核专家组。

2012年5月，国务院办公厅印发了《国家中长期动物疫病防治规划（2012—2020年）》，列出了16种优先防治的国内动物疫病和13种重点防范的外来动物疫病。在16种优先防治的动物疫病中，奶牛结核病就在之列。《规划》明确指出了所列举的动物疫病的防治目标、防控重点和原则，并根据不同省市区域的流行情况制定不同考核标准，有的放矢，为我国动物疫病的防控进一步指明了方向。

三、牛结核病的防控措施

围绕“检疫、扑杀、监测、移动控制和消毒”的基本策略，我国采取综合防控的牛结核病防控措施。

（一）定期检疫

开展牛结核病检疫工作是及早发现病牛，防止疫病传播的最有效方法。国家规定：动物防疫部门每年至少进行两次奶牛检疫，对检疫合格的奶牛发放健康证，一牛一证，证随牛走，疑似牛隔离进行复检，对检出的结核阳性牛及时扑杀和做无害化处理。

（二）规范疫情处置

对监测发现的牛结核病阳性奶牛，应立即上报相关兽医主管部门，按照“早、快、严、小”的原则对该奶牛场的阳性病牛、疑似牛及其产品采取严格封锁、隔离、消毒、淘汰、扑杀销毁等控制扑杀措施，并进行无害化处理。当地政府制定切实可行的措施。对处理的阳性奶牛给予适当的经济补偿，保证阳性奶牛得到及时处理。此外，应加强对奶牛场的检疫频次，剔除其中的隐性感染，净化奶牛场。与此同时，着手进行流行病学调查和疫源追踪，为奶牛场结核病的防治提供理论依据。

（三）加大科技宣传力度，提高奶牛养殖户的疫病防范意识

畜牧和卫生部门可凭借电视、广播、网络等诸多媒体，通过知识讲座、发放宣传单等多种形式，加大相关职业人员对奶牛结核病防治科普知识的宣传力度。大力宣传结核病对人类安全的危害和有关预防知识，增强广大人民的防范意识。特别加大对奶牛养殖户在奶牛的饲养、管理和消毒以及卫生等方面的知识宣传，组织开展基层动物防疫人员的专业技能培训，努力提高奶牛结核病的诊治水平。

（四）严格执行消毒制度

奶牛场要建立卫生消毒制度。进行科学合理的消毒是牛结核病防控的关键性措施。消毒的目的是消灭传染源，切断传播途径，阻止疫病的发生和蔓延，从而做到防患于未然。消毒的重点是奶牛的圈舍及周边环境、饲养用具、运输工具、仓库等。

（五）加强动物移动控制

动物防疫监督机构要对辖区内的奶牛场（户）登记造册，建立档案，查验有效证件，加强奶牛流通市场管理，规范市场流通渠道，加强流通防疫监管，严防疫情传播。跨省调运奶牛，要严格实行奶牛检疫审批和“准调”制度；省内调运奶牛的，一律凭动物防疫监督机构出具的检疫合格证、车辆消毒证明和奶牛健康证调运，必须证明无结核病阳性牛时方可引进。奶牛调入后，要立即向当地动物防疫监督机构报检，同时隔离饲养，观察1～2个月，并经当地动物防疫监督机构间隔40d进行两次检疫，确定健康无牛结核病时才能混群饲养。对拒检户依法实施处罚。严厉打击违反《中华人民共和国动物防疫法》非法贩卖病牛行为。

（六）应进一步提高认识

全社会应加强对牛结核病防控工作重要性的认识，各级党委和政府的重视应进一步提高。在深入宣传《中华人民共和国动物防疫法》的基础上，通过各种媒体形式广泛宣传国家为实施牛结核病防制，制定的各种立法规范和行业标准，以及牛结核病对养牛业

和公共卫生安全方面造成的威胁和进行综合防制的重大意义，以此引起全社会尤其是各级党委、政府的高度重视，推动牛结核病的综合防制工作。

（七）出台牛结核病未来的长期防控规划

制订牛结核病具体防控规划与计划，明确各阶段的目标和任务，有计划、有步骤地扎实推进牛结核病的防控工作。加大防控工作所需要的经费投入。并参照市场行情，适当提高阳性牛扑杀补助标准，保证扑杀补助经费及时拨付到位，争取养殖户的积极配合，使牛结核病的防控工作有一个良性的发展。

（八）建立畜牧和卫生部门的联防议事协调机构

建立联合领导小组和办公室，明确任务和职责，加强工作信息的交流。在牛结核病防控任务面前，真正做到既有分工又有合作，群策群力，联防联控，以达到事半功倍的效果，切实提高牛结核病的公共卫生安全水平。加快各级动物疫病预防控制机构人员队伍的建设，采取各种形式的培训，让基层专业技术人员熟悉和了解国家相关的法律、法规，以及有关的行业技术标准，提高检疫技术水平。

（九）切实做好牛结核病检疫

1. **积极落实资金，做好物资准备**　如安排专项资金，包括业务经费与工作经费，购置游标卡尺、注射针头、手术剪、防护工作服、乳胶手套、牛结核菌素、离心管、酒精、药棉等器械试剂，以保证检测工作顺利展开。

2. **加强培训，提高检测技术人员综合素质**　牛结核病是奶牛常见传染病，也是人畜共患病，为提高检测质量，应该定期组织所有参与检测人员集中学习相关技术规程。另外，还要学习牛结核病的流行病学、人畜感染症状、净化计划、防控关键措施等。

3. **加大宣传力度**　各地动物疫病预防控制中心应该加强与奶牛小区（场、户）的协调配合，及时将防控文件发放到奶牛养殖小区（场、户）手中，宣传奶牛结核病检测的方法、意义，以提高广大奶牛养殖小区（场、户）的参与意识。

4. **确保检疫质量**　根据《牛结核病防控技术规范》要求，动物疫病预防控制中心应该对辖区内存栏奶牛小区（场、户）20日龄以上的奶牛逐个用牛结核菌素皮内变态反应进行检测，并对检测结果进行详细的记录。制订严格的防疫制度和落实有关防疫、卫生等措施。一旦发现问题，要及时予以纠正和查处，最大限度消除疫病隐患。

5. **建立个体档案**　为了有效预防和控制奶牛疫病的发生和提高奶牛卫生监管水平。动物疫病预防控制中心应该协助企业为每头奶牛建立奶牛个体档案卡，记录奶牛标识、品种、繁育情况、免疫情况、检疫情况，以规范奶牛防疫管理，提高饲养水平。建立奶牛可追溯体系。严厉打击买卖和屠宰加工染疫牛的不法行为。控制染疫牛流动，杜绝染疫牛及其产品流入市场。对无《奶牛健康证》的奶牛不得开具检疫证明。

6. 保障扑杀补贴经费　政府应将牛结核病扑杀补偿经费纳入财政预算，补偿额度应与市场价格接轨。可组建一个由政府纪检监察、财政、物价、畜牧兽医部门组成的牛结核病扑杀牛作价工作组，按当地市场价格，对扑杀的结核病阳性牛进行实际作价。补偿金额由省财政、县财政和饲养户共同承担，以省财政补贴为主，县和饲养户（场）也应承担一定比例的扑杀负担。

（十）疫情处理

按照相关规定，一旦发现牛结核病疫情，应该迅速处置，根据“牛结核病控制净化计划”及相关法规实施拔点灭源。进行采样、检测和按照《牛结核病防治技术规范》要求，采取隔离、扑杀、无害化处理、消毒等措施。

（十一）牛结核病净化技术

1. 建立健全牛群可追溯体系　实行牛群登记制度，佩戴统一标识，建立信息跟踪监督体系。严格检疫，防止疫病传入、输出和传播。

2. 开展牛结核病检疫分区　我国已经加入OIE，牛结核病检疫工作应尽早与OIE接轨。根据OIE牛结核病检疫的要求，以及发达国家普遍对牛结核病检疫进行分区的经验，结合我国实际情况，应在国家层面上进行结核检疫分区工作，不同的区域使用不同的检疫政策。

（1）半年检疫区　群感染率超过1%的地区，至少每半年检疫1次；

（2）1年检疫区　群感染率为0.2%～1%的地区，至少每年检疫1次；

（3）2年检疫区　群感染率为0.1%～0.2%的地区，至少每2年检疫1次；

（4）3年检疫区　群感染率低于0～0.1% 的地区，至少每3年检疫1次；

（5）4年检疫区　群感染率为0的地区，至少每4年检疫1次。

3. 尽早开展“无结核群”和“无结核区”的认证工作　OIE对“无结核群”和“无结核区”的认证资格有明确的要求，世界发达国家普遍开展了“无结核群”和“无结核区”的认证工作，并对“无结核群”和“无结核区”在家畜调运、检疫频次等方面给予了一系列的具体规定。OIE要求认证工作必须由官方兽医机构进行，我国应及早开展认证工作。

4. 采用更为科学的牛结核病活体检疫方法　澳大利亚、新西兰、加拿大和美国等国家均以更为简便的尾根试验作为筛选试验，世界主要发达国家均以牛、禽结核菌素比较变态反应或IFN-γ检测法作为牛结核病活体检疫的确认试验。考虑到我国的实际情况，可以尾根试验或颈部试验作为筛选试验，阳性牛用IFN－γ检测法加以确诊。

5. 加强屠宰场检疫和标识体系建设 OIE法典中，对屠宰场检疫提出了明确的要求。世界主要发达国家，均建立了以活畜检疫和屠宰场检疫相互补充的牛结核病检疫体系。屠宰场检疫是发现结核阳性牛群的一个最简单、最有效的方法。很多已基本控制牛结核病的发达国家几乎仅仅使用屠宰场检疫来监控牛结核病的流行。我国应迅速完善屠宰场检疫体系和动物标识追踪体系，对屠宰牛进行详细的肉品检疫。对于病变组织，利用有效的标签追溯体系，追溯至养牛场，同时送往牛结核病参考实验室进行确诊，从而快速有效地发现结核阳性牛群。

6. 加强对牛结核病阳性牛和阳性牛群的管理 所有牛结核病变态反应阳性牛群和紧密接触牛均要有明显标识，而且只能用于屠宰。对于在活体检疫中出现结核阳性的牛群和屠宰场检疫出现阳性、经标识系统追溯到的牛群，应取消其“无结核群”证书，限制其牛群移动，或仅允许牛群进入屠宰场进行屠宰；牛群所产牛奶要进行巴氏消毒，而且必须要保证结核阳性牛的牛奶不能进入人的食物链。对于扑杀的家牛，要进行病理检查，同时要提取组织进行细菌培养，并通过分子流行病学追溯其感染来源。

7. 加强流通领域的监测 除要屠宰的动物外，所有动物在移动前，都必须是经过检测且结果为阴性，或者是来源于“无结核群”的动物。而且只有拥有“无结核群”证书的动物群，才能进行正常的动物交易。

8. 迅速开展实验室监测工作 牛结核病的实验室监测在我国才起步。IFN－γ检测法在许多国家已经成为法定的牛结核病活畜检测的辅助试验，我国也应迅速开展这方面的实验室检测工作。在发达国家，对发现的牛结核病活畜检疫阳性群如何进行处理，实验室监测是其中一个关键的科学依据。实验室监测的样品主要来源于待扑杀的变态反应阳性牛和屠宰场检疫发现的疑似牛结核病变组织。而这两个样品来源正好是我国牛结核病检疫中的薄弱环节。牛群中的变态反应阳性牛经实验室检测不能确诊的，可以取消牛群的移动限制；如确诊，该牛群的所有牛则要使用更为严厉的标准进行皮肤试验。如果再次确定牛群中只有可疑牛，实验室检测不能确诊的，则取消牛群的移动限制。仅在屠宰场检疫发现结核病变，但实验室检测群体为阴性结果时，可以取消牛群的移动限制。

9. 净化污染牛群 应用牛结核菌素皮内变态反应试验对牛群进行反复监测，每次间隔3个月，发现阳性牛应及时扑杀。对多次检疫不断出现阳性的牛群，每年要进行4次以上的检疫，检出的阳性牛应立即分群隔离，隔离牛舍应处在下风口，并与健康牛舍相隔50m以上。阳性牛按规定扑杀淘汰。阴性牛应定期检疫，间隔3个月检疫1次，连续3次均为阴性者，可放入假定健康群；假定健康群当在1.0～1.5年内经3次检疫全为阴性时，即可改称健康群。

10. **培育健康犊牛群** 在隔离阳性牛群1km以外设立犊牛岛。分娩前消毒母牛乳房及后躯，产犊后立即与母牛分开，并用2%～5%来苏儿溶液消毒犊牛全身，擦干后送隔离室由专人饲养管理。每头犊牛应设置专用的喂奶器，并经常消毒，保持清洁卫生。犊牛出生后应饲喂健康母牛的初乳，5～7d后饲喂健康的牛常乳或消毒乳。犊牛应在6个月的隔离饲养中检疫3次，第1次于出生后20～30d，第2次于出生后90d，第3次于出生后160～180d。淘汰阳性犊牛，阴性犊牛且无任何可疑临床症状，经消毒处理后方可转入健康群。

虽然我国牛结核病一直受到党和政府的高度重视，但尚未制订和实施全国性牛结核病控制和净化计划。根除牛结核病需要各部门、各级政府、各级兽医防疫官员、专家、基层兽医和执业兽医、养殖业主和消费者等多方面力量的配合，立法、财政和科技支撑是基本保障，是一长期的系统工程，因此任重而道远。

第三节 防控对策的经济学评估

重大动物疫病暴发后，将导致巨大的经济损失，包括直接和间接的损失，前者如动物病、死所致的直接经济损失及兽医兽药费用，后者包括对整个产业、市场供给、社会稳定甚至国际形象的影响，人兽共患病，如牛结核病等还可因人感染而导致公共卫生方面的影响和损失。准确评价重大动物疫病所造成的损失，有利于判断动物疫病的危害程度，决定防控的优先秩序，以及评价防控对策的合理性和有效性。同时，任何疾病的防控对策制定总是以疾病的损失评估为基础的，而根据近期和中长期防控目标，防控对策也需进行适当调整，以区分不同阶段的重点工作。此外，不同目标间可能出现冲突，需要进行协调。只有具有收益的防控对策才是科学的、合理的和可行的。以动物疫病经济学评估为主要内容的学科称为动物卫生经济学（animal health economics），也称兽医经济学（veterinary economics），是近年来在欧美兴起的一门新兴学科，其经济分析结果可为政府制定动物疾病防控方案和财政支持政策措施提供经济学支持，已逐步成为各国政府决策的重要参考。

一、基本概念

国际上对于动物疫病的经济学评估主要集中在三个方面：疫病经济损失评估、防控对策的成本收益分析和疫病流行的风险分析和预警等。

（一）疫病的经济损失评估

指运用宏观经济理论对动物疫病暴发的经济损失进行评估，判断疫病的危害程度和不同疫病的重要性秩序。

《中华人民共和国动物防疫法》明确规定，根据动物疫病对养殖业生产和人体健康的危害程度，将动物疫病分为下列三类：一类疫病是指对人畜危害严重、需要采取紧急、严厉的强制预防、控制、扑灭措施的；二类疫病是指可造成重大经济损失、需要采取严格控制、扑灭措施，防止扩散的；三类疫病是指常见多发、可能造成重大经济损失、需要控制和净化的。因此，准确评价动物疫病的损失是制定相应防控对策的基础。

疫病损失包括直接损失与间接损失两方面，直接损失包括因动物生产性能下降、死亡率和淘汰率增加等造成的损失和动物疫病防控投入的成本（如所投入的人力、资金、物质等）；间接损失则指因动物疫病流行对畜禽养殖业和相关产业（饲料、兽药、器械和畜产品加工）、畜产品出口、国内外市场、国民的食品安全信心、公共卫生、就业、社会稳定，甚至生态等方面的影响。

（二）防控策略的成本收益分析

成本收益分析（cost benefit analysis，CBA）是指针对确定的动物疫病目标，分析其成本和收益，并把它们转换成货币单位，通过收益大小的比较，选择最佳方案。

成本收益分析的结果评价指标常用的有：收益成本率（benefit cost ratio，BCR）、经济净现值（economic net present value，ENPV）和经济内部报酬率（economic internal rate of return，EIRR）。收益成本率是国际上应用最多的经济学评估指标，而后两者一般适用于防治措施实施时间较长（五年以上）的经济分析。据报道，坦桑尼亚1972年实施的口蹄疫防控计划的收益成本率为1.82：1～1.96：1，埃塞俄比亚、肯尼亚等国不同时期实施的牛瘟控制计划的收益成本率为1.35：1～2.55：1，美国1975—1976实施的牛布鲁菌病防控计划收益成本率为5～8：1。

其他评价指标还包括总经济成本（total economic cost，TEC）和边际报酬率（marginal rate of return，MRR），这两种分析法是指为了实现既定目标，使防治措施成本最小化的一类方法，而成本收益分析通常是指在受防治预算约束的情况下，使防治措施的成本收益率最高的一种方法。

（三）风险分析和预警

指综合运用兽医流行病学、经济学和地理信息学等学科的成果对动物疫病流行进行风险分析和预警，计算未被感染疫病的畜（禽）群被感染的概率及其可能造成的损失和影响，确定预警预测手段和平台，制定可能的风险控制措施，最终将风险降到最低或可能接受的水平。

风险分析中，应用到一些数学模型计算未被感染疫病的畜（禽）群被感染的概率。现有一系列数学软件进行疾病暴发模拟、经济学分析及决策优化，如Epiman、Interspread Plus等都是一类用于疫病经济学分析及决策优化的决策支持系统应用软件。

二、评估方法

（一）决策支持系统

1. **模拟法** 所用方法为蒙特卡洛模拟法（Monte Carlo simulation），也称统计模拟方法，是一种基于概率统计理论的数值计算方法。通过使用随机数（或更常见的伪随机数）来解决计算问题。在动物疫病防控中，用于风险分析和决策选择，如常用于分析动物疫病发生比例和预测动物疫病传播速度。其基本原理是：根据专家调查法或其他调查方法结果，预测人员获得影响动物疾病流行各项因素的变化范围和变化趋势，将资料输入数学模型，即可计算出影响疫病发生比例的各种因素变化可能性，分析发病比例和预测传播速度。

2. **决策树法** 决策树法（decision tree method）是一种将各种不同技术方案下的成本效果比以树枝状图形展示，供决策者比较和选择的决策模型。该方法可使决策者在复杂情况下，能相对简单地对不同技术方案和策略进行评估，并做出正确的决定。

3. **多准则决策方法** 多准则决策方法（multiple criteria decision making，MCDM）是指综合运用多个指标（各个指标不能换成相同的单位来比较）进行分析的一种决策方法，常将层次分析法与专家调查法、层次分析法与决策树法联合运用进行综合分析。

（1）层次分析法与专家调查法的联合应用 层次分析法（analytic hierarchy process，AHP）是一种使用系统分析和运筹学方法，对多因素、多标准、多方案进行综合评价及趋势预测的多准则决策方法。其优点是可以处理定性和定量问题，可以将决策者的主观判断与政策经验导入模型，并加以量化处理。

专家调查法是指选择兽医学和其他相关科学的专家作为专家组成员，通过问卷调查收集资料，将资料录入数据库后供分析使用的一种方法。

两种评价方法可相互补充，层次分析法的一致性检验可确保因素比较的传递一致性；而专家调查法依靠经验和感觉的成分较多，对一些间接指标（如消费者信心等）的评价很有价值，是一种定性评价，逻辑性不很严格，因此，需要通过层次分析法进行量化和修正，最终给各评价指标赋予权重大小，实现评价过程的系统性、层次性、可测性和科学性。

（2）层次分析法与决策树法的联合应用　层次分析法是将项目或项目活动分解成各个风险因素，然后进行风险分析，解决多层次的决策问题，是一种横向的风险决策方法；而决策树法则是按各风险因素的发生顺序及因果关系构成树形图，分析各风险因素对项目的综合性影响，是一种纵向风险决策方法。

在实际的动物疫病防控经济学评估中，多层次的风险决策问题可能同时是一个需要针对不同层次因素做出一系列决策的多阶段决策问题。因此，将两种方法结合起来，能充分发挥两者的优势，即利用层次分析法分析决策风险，又利用决策树法选择风险反应方案。

（二）成本–收益分析

1. 成本与收益的界定　成本–收益分析（cost–benefit analysis，CBA）首先要界定成本与收益。成本分为直接成本和间接成本，收益分为直接收益和间接收益。

直接成本既包括动物疫病防控使用的直接投入物的成本（如所投入的人力、资金、物质等）和由于动物疫病而引起的直接损失（如动物生产性能下降、死亡率增加等）。间接成本是指动物疫病流行所导致的外部成本（或宏观经济成本），表现为本国产品出口限制、国民的食品安全信心降低进而抵制消费而引起的社会成本或损失。

直接收益通常是指实施防控措施后降低畜禽发病率和死亡率等与疫病控制直接相关的收益。间接收益（或宏观经济收益）则是指对畜牧业持续发展、消费者消费信心、畜产品出口稳定增加、人类健康安全和社会安定等产生的正面影响。

成本收益分析法最常出现如下错误：金额未折现就用来计算成本和收益；间接（无形）收益因“不可衡量”而被认为“不能量度的项目就不存在”以及“不能量度的项目就没有价值”；未考虑实施过程中可能遇到的风险。

2. 收益的度量指标　收益的度量是成本收益分析中的关键点和难点。通常将实施某项疫病防控措施可能产生的结果分为四个方面，即结果、效用、收益和福利。

（1）结果　主要体现在疾病传播的控制和畜禽生产性能和产品质量的保持上，所用的指数可能是畜禽感染数量降低，种群数增加，发病率和死亡率降低，病毒扩散速度减慢等。

（2）效用　可采用公众对畜禽产品质量安全水平信心指数和生命质量调整年来度量。

（3）收益　是能以货币形式量度的动物疫病防控结果。

（4）福利　指实施动物疫病防控对策后对人类有关福利的提高，包括因减少人畜共患病的发生而提高了人类健康水平；因降低畜禽生产者的经济损失而减少了从业者失业的机会；因改善动物健康创造了既有利于畜禽福利又不破坏生态环境的新型动物生产模式等。

在经济学中，常用总剩余作为社会经济福利的衡量指标，包括消费者剩余和生产者剩余。

生产者剩余（producer surplus）等于厂商生产一种产品的总利润加上补偿给要素所有者超出和低于他们所要求的最小收益的数量。从几何的角度看，它等于价格曲线之下、供给曲线之上的区域。

消费者剩余（consumer surplus）是指消费者愿意为某种商品或服务所支付的最大数量与他实际支付的数量之差。从几何的角度看，可以用需求曲线以下、供给曲线以上的面积来衡量。两者之和等于社会总福利。

（三）双差异比较法

对动物疫病防控项目实施地区的经济影响进行分析，通常采用的方法包括有无比较法和前后比较法，有无比较法又称对照组法（control group approaches，CGA），它是将项目组（项目实施地区）与对照组（没有实施项目地区）进行比较，二者之间除了在项目介入与否这一点不同外，其他情况尽可能相同。前后比较法则是将前期（相当于对照组）情况与项目实施期或完成后的情况进行比较。

双差异比较法（double difference comparison method）是一种综合时间和空间的双重比较方法，比较项目组和对照组在一定的时间内（可以仅指项目的实施期，也可以包括一定的后续期）各项指标随时间发生的变化情况；同时将这种随时间发生的各项指标变化在项目组和对照组之间进行空间比较。实地调查和计算分析得到的结果往往是项目和其他因素或事件共同产生的，通过纵向与横向的双差异比较，可以过滤影响项目成效的其他因素。

三、牛结核病防控经济学评估的国外案例

美欧发达国家的牛结核病根除计划开始于20世纪初，当时牛结核病感染率和发病率高，人结核发病率也很高，且结核病是致人病死的主要原因。由于人们当时普遍饮用未经巴氏消毒的牛奶，导致牛结核病成为人结核的主要传染源之一，占到10%左右。牛结核病根除计划先在美国实施，后来在英国实施。到1960年早期，牛结核病根除计划结合牛奶巴氏消毒的普及性应用，有效地降低了牛结核病在牛间的流行率、人感染牛结核病的发病率及病死率，挽救了成千上万的人类生命，收益非常显著，其收益成本比在10：1以上。之后，在家养牛的牛结核病流行率已降至很低情况下，各发达国家取得无牛结核病认可的进程变慢，且成本越来越高；同时，由于人们普遍饮用巴氏消毒牛奶，人感染牛结核病的比

例已降至很低，牛结核病控制的公共卫生学意义不像以前那样显而易见；因此，现代养殖条件下牛结核病控制计划的收益成本比呈现明显下降趋势。野生动物宿主也可能影响牛结核病控制计划的进程，如英国牛结核病控制曾一度取得显著进展，但由于野生动物獾结核向家养牛的传播，牛结核病流行率出现反弹，且呈不断增加趋势。

（一）英国牛结核病根除计划的经济学评估

微生物学家罗伯特·科赫（Robert Koch）于1882年发现了结核杆菌，随后确定导致人结核的结核分支杆菌和导致牛结核病的牛分支杆菌无差异。他认为，因为结核分支杆菌对牛致病力低，所以，他也认为，牛分支杆菌对人的致病力也低。当时的兽医专家则认为，牛分支杆菌对人是致病的。为了弄清真相，英国政府于1901年成立了结核病皇家委员会（Royal Commission of Tuberculosis），负责调查3个问题：① 动物结核和人结核是否是同一种病；② 动物结核是否能够传给人，人结核是否可以传给动物；③ 导致结核病在人与动物间传播的条件。1911年，该委员会的最终报告发表，肯定了牛结核病对人的危害，其基本结论是：① 牛分支杆菌不但可以感染人，而且可导致临床结核病；② 牛奶是主要传染源，对于儿童来说，该传播途径尤其重要；③ 消费结核病牛的肉也有风险。

由于科赫的学术影响大，以及一些企业不愿意承担扑杀阳性牛导致的损失，导致一部分人抵抗政府的牛结核病根除计划。因此，英国政府直到1930年后才开始实施牛结核病控制计划。据英国牛病委员会（Cattle Diseases Committee）1934年报道，当时奶牛群中母牛结核病感染率在40%以上，其中0.5%患有结核性乳腺炎；在淘汰牛屠宰场，17%的母牛（2 500/15 000）产结核杆菌阳性乳。在大不列颠（英格兰、威尔士和苏格兰），1930年牛结核病感染率为15%～20%，而因结核死亡的病人中，6%患的是牛结核病。在北爱尔兰，1945—1948年，33%的奶牛感染牛结核病，而7.5%奶桶奶样含有结核杆菌。在确凿的事实和公共卫生压力下，英国政府于1935年启动了奶农自愿参加的无牛结核病认证计划（voluntary schemes for attested herds），直到1950年才实施强制性全国牛结核病根除计划。其基本措施是：皮试检测，淘汰阳性反应牛，财政补偿，移动控制，感染场地的清洁消毒。牛结核病控制计划的阶段性成功结合牛奶的巴氏消毒，大大降低了牛结核病和人结核的发生率。1960年，英国宣布全国进入无结核认证（attested）状态。然而，由于野生动物宿主獾的感染，导致英国不但未能保持无结核认证状态，而且牛结核病流行率逐渐增加。此外，英国国内不同人士都认为，英国政府在牛结核病根除计划取得明显进展后（1960年后），实施了错误的决定，过早地将一年一次的牛结核病检疫改为两年一次和三年一次，处于检疫周期中间的牛群移动和引入未能严格地实施检疫把关，是导致牛结核病根除计划功亏一篑的原因之一。有专家甚至认为，检疫上的错误决定是英国牛结核病根除计划失败的最主要原因，而獾结核病传染家牛只是次要原因。近十年来，英国政府每年投入牛结核病控制计划的经费在1.5亿英镑以上，预测牛结核病根除时间为2 038年。

（二）美国牛结核病根除计划的经济学评估

早在1900年，美国因结核病死亡的人数约为14.8万，占所有死亡人数的1/9。而人感染牛结核病的比率约为15%，有报道估计在20%～30%。在英国人于1911年确定牛分支杆菌对人的致病性的同时，美国学者也进行了类似研究。1917年，美国启动了牛结核病控制与根除计划，当时在无全额补偿情况下，扑杀约400万头阳性牛。计划实施至今有98年（1917—2015），已取得显著成绩，牛结核病整体流行率从1917年的平均5.7%（其中奶牛流行率10%，肉牛1%～2%）下降至当今的<0.001%；据记载，1917—1940年，牛结核病根除计划联合牛奶巴氏消毒的普及，每年至少避免25 000结核病人死亡，使得人感染牛结核病的病例已很少，而牛结核病感染率也已降至0.5%以下。

据美国农业部估计，1917—1962年，牛结核病根除计划的总成本为770万美元，只考虑了牛结核病检测费、生产力（奶产量）降低损失、阳性牛扑杀补偿费和胴体销毁损失；牛结核病根除收益为9 870万美元。因此，该计划的年效益成本比为12.8∶1（98.7/7.7）。

然而，牛结核病根除计划在公共卫生方面还产生了巨大的效益，按当时人感染牛结核病的比率10%计算，如果不实行牛结核病根除计划，1917—1962年，至少每年有25 600人因患牛结核病而死亡。按当时每个死亡人的成本在1900年为8 000美元计算，每年因避免人感染牛结核病致死的收益为327万美元，这个收益大大超过牛结核病根除计划给牛业生产带来的收益。此外，该估算还未考虑结核病给病人和家庭带来的痛苦等间接收益。因此，实际收益成本还要高。

（三）现代养殖模式下牛结核病控制计划的经济学评估

1. 成本分析　现代养殖模式以集约化、标准化和专门化为特征，各项成本都已显著增加，如养殖成本增加，牛体价值增加，劳动力成本增加，养殖利润降低，这些特征导致疾病控制的成本也相应增加。

Smith等（2014）对美国某母牛—犊牛群进行了牛结核病控制的成本评估，介绍如下，以期为我国进行牛结核病成本评估提供参考：

（1）模型

① 模型说明：该成本评估所用的模型如图8－2所示，该模型中考虑了牛结核病在单个群内的传播，未考虑追溯行动或成本。

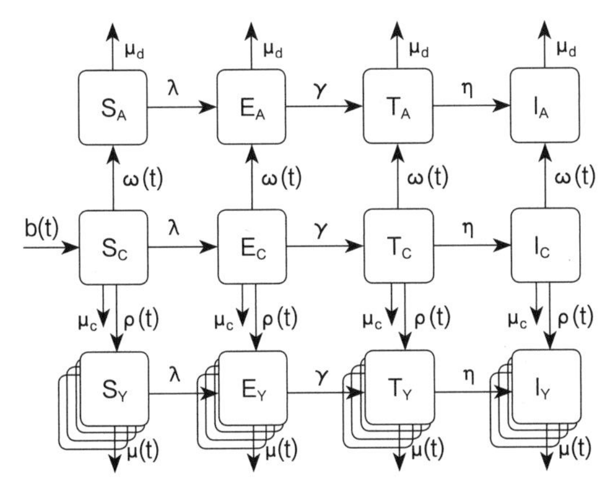

图8-2　某母牛—犊牛群内牛结核病隔离模型

S、E、T、I 分别代表敏感动物、潜伏（暴露）动物、经检测为非感染动物（T）和感染动物（I）等类别动物所在牛舍；下标大写字母 A、C 和 γ 分别代表成年繁殖母牛、犊牛和青年牛；动物产犊季节犊牛以速度 b(t) 进入犊牛群，所有成年母牛在 3 个月期间产犊，所有犊牛的年死亡率为 μc，犊牛进入成年繁殖母牛群的速度为 ω(t)，其他犊牛以速度 ρ(t) 进入青年牛群，30 月龄屠宰。（引自 Omith 等，2014）

管理参数和基于牛群水平的参数价值和成本计算的资料，来源于美国农业部（USDA）经济研究局的全国和地区数据。疾病更新包括最初计算的感染数和传播率λ，最初感染数的计算公式为：

$$最初感染数=\frac{\beta \times S(t) \times I(t)}{N(t)}$$

其中，$S(t)$、$I(t)$和$N(t)$分别表示敏感、感染和总动物数，β 表示传播系数。新感染动物从敏感群移至潜伏群，然后所有感染动物都将发展至疾病水平，即从潜伏期至检测反应阳性到感染。成年牛、犊牛和青年牛群的感染数分别计算，但感染压力均为λ。

各群体数量更新首先识别从各类别淘汰的成年牛数和从各群体移出的牛数；其次是识别犊牛出生数，新加入各群的犊牛数，以及犊牛死亡数和从群体中移出数。假设在3个月产犊期内犊牛均衡出生，当产犊期最后一头牛达到断奶年龄（7～8月）时，从犊牛群（Sc、Ec、Tc、Ic）中随机选择足够数量替代牛补充到成年母牛群，以维持群体的原数量不变，即每年的淘汰率与替补率相当，群体大小稳定。其余犊牛移入青年牛群，育肥至30月龄时屠宰，这时能回追至来源群的概率为p_{trace}。

在一个群体中，如果起初未检测出牛结核病感染，则在屠宰场屠宰检疫时可能被检出牛结核病变。其他形式的检测（如追溯检测、移动检测、牛群认证检测等）不予考虑。因为生前检测的灵敏度局限性，所有感染牛和检测阳性牛也将进行屠宰检测。淘汰牛和肥育屠宰牛的阳性检出概率将用二项分布进行分析。

牛群检测情况有以下几种：

牛群检出牛结核病感染，并处于隔离检疫之下，检测包括按一定间隔时间T_{ti}用尾根皮试（CFT）作全群检测（whole–herd testing，WHT）。

对于处于清群阶段（removal phase）的群体（2次以内的全群检测，未发现结核阳性反应），2月龄以上的所有动物均用尾根皮试检测，阳性牛屠宰进行死后检查，病变组织用PCR确诊，其中感染和阳性反应牛被检出阳性的数量（检出概率为Se_{CFT}）以及敏感牛和潜伏牛被检出阳性的数量（检出概率为$1-Se_{CFT}$）运用二项分布确定。

对于处于验证阶段（validation）的牛群（2次以上全群结核检测，未发现结核阳性反应），所有6月龄以上的牛进行CFT，所有CFT阳性牛进行比较皮试或IFN－γ检测，每个类别的阳性数由二项分布确定。屠宰所有阳性牛，宰后剖检，病变组织进行PCR确诊；这里假设所有感染和阳性反应牛屠宰后剖检（$N_{pmexam;\ I.R}$）阳性，并被PCR确定为阳性的概率为Se_{PCR}（称为不完美灵敏性）；所有敏感和潜伏牛屠宰后剖检（$N_{pmexam;\ S.E}$）全部为阴性（称为完美特异性）。

对于达到了规定数量的群体全检阴性、被宣布为无牛结核病（bTB free）、进入监控期（surveillance）处于监控期的群体，群体解除监控（官方宣布为无牛结核病状态）前要求8次全检阴性，检疫频次如下：每2月间隔（T_{ti}）检4次，每3月间隔（T_{ti}）检1次，按1年间隔（T_{ti}）连续检3次。

如果验证阶段全群检发现阳性，则退回到清群阶段。

在育肥场，如果已知动物接触过牛结核病牛，则应将其进行隔离，然后运送至屠宰场。12月龄以下的犊牛，进行一次CFT，阴性者送育肥场育肥。

② 模型确认：模型确认（validation）用了两个母牛–犊牛群的牛结核病暴发案例。一个是得克萨斯州的某肉牛场，最开始养了26头红德温牛（Red Devon），其中有一头牛在一封闭群体中暴露过牛结核病，15年后屠宰场监测为阳性，此时牛群已发展到331头。随机抽检193头进行CFT检测，其中52头为阳性，32头具有肉眼可见病变。为了进行模型拟合，假设该封闭扩大牛群淘汰率低（0.1头成母牛/牛），犊牛死亡率低（0.1头犊牛/年）。因为15年内群体快速扩大，假设60%的青年母牛（30%的所有犊牛）全部留用直到所观察的最终规模。该模型以二项分布重复运行100 000次，观察指标是193头随机样本中CCT阳性比例和CCT阳性动物中具有病变的比例。

另一案例是内布拉斯加州的一个感染肉牛群，在2009年5月在屠宰场发现一头淘汰母牛为牛结核病阳性，溯源到该牛场。该牛群约800头母牛，100多头反应阳性牛被淘汰，在按60天间隔进行的4次全群检测（WHT）中只发现了1头母牛阳性；一年后又进行了全群验证检测，所有动物全部阴性。该群体用本模型进行了模拟，假设有800头成母牛、犊牛死亡率10%、成母牛淘汰率10%，其他参数按北部大平原地区（Northern Great Plains region）的平均数据。该模型以二项分布重复运行100 000次，检测间隔T_{ti}为2个月，全群检测WHT

次数为4，观察指标是阳性反应动物数和阳性动物中具有病变的动物数。

（2）农场水平的经济学评估方法

① 牛结核病暴发在农场水平的成本估算方法：在农场水平，牛结核病暴发的成本包括：淘汰阳性断乳犊牛、淘汰阳性成母牛、替补淘汰的母牛和隔离成本。为简便，将隔离成本设为零，则农场成本可按以下公式计算：

$$\mathrm{cost}_{\mathrm{f}}(t)=(repl-indem)\times N_{cull}(t)+(MV-indem_{calf})\times N_{calfcull}(t)$$

其中，repl表示替补成母牛的市场价格，indem表示因牛结核病淘汰的平均成母牛获得的赔偿金，N_{cull}是因牛结核病检测阳性而淘汰的成母牛数；MV是犊牛市场价格，$indem_{calf}$是因牛结核病淘汰的犊牛获得的平均赔偿金，$N_{calfcull}$是因牛结核病检测阳性而淘汰的犊牛数。

② 清群阶段的农场成本估算方法：如果是清群，则成本将包括替补所有成母牛的成本、淘汰所有犊牛的成本和失去下一胎犊牛的成本，其联合成本计算如下：

$$\mathrm{cost}_{\mathrm{f.depop}}=disinfect+(repl-indem)\times N+\sum_{m}1_{m}\times \mathrm{N}\times(1-\mu_{c})\times \mathrm{MV}$$

其中，disinfect是农场消毒的成本；为了计算失去下一胎犊牛的成本，用m表示牛群的繁殖周期，1_m是个变量，为1时表示繁殖季节已过，否则为0；替补动物假设都未妊娠；N是牛群中繁殖母牛的数量，表示受胎率为100%情况下犊牛平均死亡率，N×（$1-\mu_c$）为第二年断奶犊牛数量预计值；MV为犊牛市场价格。

（3）政府水平的经济学评估方法

① 牛结核病暴发在政府水平的成本估算方法：对于牛结核病暴发的控制，政府水平的成本为检测和扑杀补偿费用，未考虑全国性移动限制的成本。在这种情况下，总政府成本计算如下：

$$\mathrm{costs}_{\mathrm{gov}}=\sum_{t}C_{CFT}(t)\sum_{t}\times C_{CFT}(t)+C_{CCT}(t)+N_{pmexam}(t)\times(indem+disposal)$$
$$-N_{pmexam;S,E}(t)\times salvage+N_{pmexam;T,I}(t)\times P_{PCR}+N_{calfcull}(t)\times MV$$

其中，T为检测期，C_{CFT}和C_{CCT}分别为CFT和CCT的成本，N_{pmexam}为死后检测总数量，indem为扑杀补偿成本，$N_{pmexam;S,E}$为死后检查没病变的数量，salvage为胴体残值，$N_{pmexam;T,I}$为死后检查发现病变并用PCR确诊的阳性牛数量，P_{PCR}为PCR检测成本，$N_{calfcull}$为淘汰的阳性犊牛数量，MV为犊牛市场价格。

每一个CFT的成本计算（C_{CFT}）如下：

$$C_{CFT}=A\times N+2M\times MR$$

其中，每头牛的检测管理成本包括劳动力与供给物品；A为皮试管理成本，N为检测动物数量，包括：群体内的所有成母牛和处于清群阶段时所有2月龄以上的犊牛，或处于验证阶段时所有6月龄以上的犊牛；M为官方兽医执行检测必须行走的距离，假设在50英里*左右；MR为每英里的成本，规定为55美分。

每一个CCT的成本（C_{CCT}）等于对时间t内所有CFT检测阳性的动物进行CCT检测的成本，计算如下：

$$C_{CCT}=A\times N_{CCT}+2M\times MR$$

② 清群阶段的政府成本估算方法：清群阶段，在政府水平的成本主要是扑杀赔偿和检测费用，残值很少。成本计算公式如下：

$$\text{costs}_{\text{gov.depop}}=N\times(indem+disposal)+N_{T,I}\times P_{PCR}-N_{S,E}\times salvage+N_{c}\times MV$$

其中，$N_{T,\ I}$表示群体中感染和反应阳性牛的数量，假设全部具有病变，都需经PCR确诊，PCR成本为P_{PCR}；$N_{S,\ E}$为敏感和潜伏牛，没有病变，其胴体可利用，具有残值；N_c群体中犊牛数量，MV为犊牛市场价格。

当今形势下，所有官方赔偿标准都是100%按市场价格，一般取平均值，可高达3 000美元/头。赔偿标准基本能与购买替补牛的成本相当。

用于计算的各相关指标参数及其价格见表8–3。

表 8–3 用于计算的各相关指标参数及其价格

参数	描述	价值	资料来源
A	皮试管理成本	\$ 7.13/ 母 牛（5.77, 11.33）	Buhr 等，2009
M	兽医行走里程	50 英里（40, 60）	推测
MR	里程价格	\$ 0.55/ 英里	IRS（Internal Revenue Service,2008）
P_{trace}	对屠宰场阳性牛成功追溯到来源畜群体的概率	0.33（0.33, 0.85）	Wolf 等，2008
P_{PCR}	PCR 检测价格	\$ 271.25/ 头（217, 325.5）	USAHA（2004）
Salv	每头淘汰成年牛的剩余残值	\$ 80.00/cwt（英担 =112 磅）	USDA (National Agricultural Statistical Service (Agricultural Statistical Board), 2012
wt	每头成牛淘汰牛的平均残值体重	£ 1287（1250, 1324）	USDA: NASS, 2007
Sp_{CFT}	尾根皮皱测试特异性	0.968（0.755, 0.99）	De la Rua Domenech, 等 .（2006）

* 1英里=1.609km。

（续）

参数	描述	价值	资料来源
Sp_{CCT}	比较颈部皮试特异性	0.995（0.788,1）	De la Rua Domenech, 等 .（2006）
Se_{CFT}	尾根皮皱测试对感染牛或阳性反应牛的敏感性	0.839（0.632 ~ 1）	De la Rua Domenech, 等 .（2006）
Se_{CCT}	比较颈部皮试敏感性	0.925（0.75,0.955）	De la Rua Domenech, 等 .（2006）
Se_{pm}	典型剖检病变检测对感染牛或阳性反应牛的敏感性	0.55（0.285 ~ 0.95）	Asseged 等 .（2004）
Se_{PCR}	PCR 在提高剖检检测对感染或阳性反应牛的敏感性	1（0.8 ~ 1）	假设值
β	传播率	0.01/ 年（0.004 ~ 0.028）	Barlow 等 .（1997）
γ	进展率（从潜伏到反应阳性）	8.32/ 年（8.32 ~ 26.07）	Kao 等 .（1997）
η	进展率（从反应阳性到感染期）	0.347/ 年（0.347 ~ 4.06）	Kao 等 .（1997）
μ_d	每年替补率	0.17（0.136 ~ 0.2）	假设值
disposal	指无害化处理感染胴体的成本	75 美元（60 ~ 90）	Wolf 等 .（2008）
disinfect	清群后农场消毒的成本	400 美元（320 ~ 480）	Wolf 等 .（2008）
shipping	运输替补牛的成本	0.08 美元 / 成母牛 / 英里（0.06 ~ 0.10）	（Beutler, n.d.）
Distance	替补牛运输距离	70 英里（60 ~ 90）	假设值

注：引自 Swith 等，2014。

（4）经济学评估结果　利用模型估算的政府（表8–4）和农场（表8–5）牛结核病控制（暴发流行时的控制及清群）的成本，包括最佳的检测间隔（T_{ti}）（2 ~ 3月）、达到官方认可无结核状态所需的全群检测次数（N_{WHT}）（2 ~ 3次）、清群所需成本、检疫–淘汰所需成本等。

对于政府而言，一般情况下，清群成本高于检疫–淘汰，但当流行率逐渐增高时，政府检疫–淘汰的倾向性逐渐降低。对于农场而言，清除的成本总是高于检疫–淘汰成本（表8–4，表8–5）。

2. 成本收益分析　Mwacalimba等2013年发表文章，对南部赞比亚家养动物—野生动物交界地区牛结核病控制进行了成本效益分析。所用模型涉及十年的资料，主要控制策略包括：运用检疫–淘汰措施控制家畜牛结核病，在家牛饲养地区推行牛奶巴氏消毒以减少人感染牛结核病的风险。预计收益包括提高家畜生产力，提高村镇居民和季节性

表 8-4 美国农业部按地区计算的牛结核病控制政府成本模型计算结果

地区	未受约束的政府优化值（T_{ti}, N_{WHT}）	受约束[1]的政府优化值（T_{ti}, N_{WHT}）	未受约束的优化政府成本值（范围）	受约束[1]的优化政府成本值（范围）	历史上政府成本（范围）	政府清群成本（范围）	清群优先的牛群/检测优先的牛群（比例）
全国	2,2	3,2	14.01（2.13;68.9）	13.77（2.07;71.82）	27.26（12.5;65.7）	25.87（6.99;43.73）	190/662（0.29）
中部	2,2	2,2	14.13（2.77;57.14）	14.48（2.75;48.11）	23.41（9.27;64.24）	27.39（10.6;40.49）	133/630（0.21）
北部大平原	3,2	4,2	19.39（2.86;66.65）	19.57（2.81;75.91）	44.75（21.57;80.13）	46.45（5.17;72.8）	173/636（0.27）
草原地带	2,2	3,2	17.77（3.62;73.37）	17.85（3.79;107.28）	33.14（15.09;73.35）	38.72（13.95;58.6）	133/652（0.2）
东部高原	3,2	3,2	6.17（−2.16;46.56）	6.24（−1.32;32.28）	16.74（4.96;39.63）	3.31（−14.25;18.55）	378/651（0.58）
盆地和山脉	2,2	4,2	29.03（4.77;131.8）	29.1（5.18;91.96）	63.36（31.82;121.85）	74.69（19.36;110.7）	135/663（0.2）
密西西比州的门户	3,2	4,2	7.71（−0.59;38.03）	7.64（−0.74;38.52）	17.87（6.38;45.72）	7.1（−7.71;20.01）	354/627（0.56）
南部沿海地区	3,2	3,2	10.54（1.72;51.95）	10.5（1.77;44.22）	19.66（7.96;48.58）	14.34（1.25;26.67）	290/628（0.46）
多产区	3,2	3,2	16.9（3.12;76.42）	16.95（3.11;93.7）	34.28（15.5;82.71）	26.7（8.02;60.17）	195/647（0.3）

注：T_{ti} 是检测间隔，以月表示；N_{WHT} 解除隔离获得官方无结核认可所需的全群检测次数；历史上政府检测淘汰计划的具体说明见 USDA：APHISLVS（2005）；每个群体检测的所有成本以千美元为单位；当一个牛群清群成本小于检疫－淘汰成本时，标注了清群优先群体；[1] 限制性优化措施不包括导致错误清除感染群的控制计划。（引自 Smith 等，2014）

表 8-5 美国农业部按地区计算的限制条件下优化的农场牛结核病控制成本

地区	农场优化值（T_{ti},N_{WHT}）	优化后农场成本（范围）	历史上农场成本（范围）	农场清群成本（范围）	清群优先的牛群 / 检测优先的牛群（比例）
全国	2,2	0.16（0.04;0.71）	0.16（0.04;0.38）	0.40（0.40;24.25）	4/642（0.01）
中部	2,3	0.11（0.02;0.42）	0.11（0.02;0.31）	0.40（0.40;16.12）	1/633（0）
北部大平原	2,3	0.27（0.10;0.86）	0.28（0.1;0.62）	0.41（0.40;54.53）	32/626（0.05）
草原地带	2,2	0.17（0.04;0.5）	0.17（0.04;0.44）	0.41（0.40;28.84）	5/653（0.01）
东部高原	2,3	0.13（0.01;0.67）	0.13（0.03;0.37）	0.40（0.40;17.4）	4/649（0.01）
盆地和山脉	2,3	0.37（0.13;1.15）	0.38（0.11;0.89）	0.41（0.4;61.89）	200/664（0.3）
密西西比州门户	2,2	0.12（0.02;0.45）	0.12（0.03;0.34）	0.40（0.40;14.95）	1/610（0）
南部沿海地区	2,3	0.11（0.01;0.27）	0.11（0.02;0.32）	0.40（0.40;15.16）	0/614（0）
多产区	2,2	0.2（0.05;0.67）	0.21（0.05;0.52）	0.41（0.4;33.57）	5/619（0.01）

注：T_{ti}是检测间隔，以月表示；N_{WHT}解除隔离获得官方无结核认可所需的全群检测次数；历史上政府检测淘汰计划的具体说明见 USDA：APHISLVS（2005）；每个群体检测的所有成本以千美元为单位；当一个牛群清群成本小于检疫－淘汰成本时，标注了清群优先群体。（引自 Smith 等，2014）

移动牛群的健康，以及项目第四年时降低了人所患牛结核病的治疗成本。如果用货币表示收益，则无论在何种牛结核病流行率下，防控成本总是高于收益。然而，如果考虑牛结核病对人类健康的更深层次影响（如丧失健康、丧失生产能力），以及对家畜和野生动物的深层次影响如生产力降低、种群价值降低、在牛结核病相关的野生动物区旅游活动减少等，收益可能大于成本。现将该评价模型及其分析结果介绍如下，以期为我国类似模式下牛结核病控制成本收益分析提供借鉴。

（1）研究背景　研究地域为赞比亚南部的6 500km²的河滩地带Lochinvar和Blue Lagoon，居住着约2 000万人，从事小规模的农业和渔业。约有225 000头牛，有3种相关的养殖模式：乡村居民散养（village resident herding，VRH），牛群饲养在村里；季节性移动（transhumant herding，TRH），牛随着洪水周期变化，季节性从村里转移至河滩放牧；界面放牧（interface herding，IFH），牛群持续在河滩上放牧，几乎不赶回村里，因此，常与河滩上感染牛结核病的野生动物接触。每年3/4的河滩有牛（TRH和IFH）放牧，时长达6个月以上。沼泽驴羚群（Lechwe羚羊）是已知的牛结核病贮主，栖居在与牛群很近的地区，并共享水源和草原。

（2）模型描述　Lochinvar和Blue Lagoon的牛结核病控制计划的经济学分析跨越十年，模型用Microsoft excel™构建。控制策略有两个目的，其一是通过提倡巴氏消毒奶和加强卫生措施以预防牛结核病向人类传播，从而提高公众意识；其二是通过采用结核菌素皮试检测和扑杀阳性牛的措施在TRH和VRH牛中减少牛结核病在该地区的传播。对于IFH牛，因为难以捕捉，且常年与野生牛结核病贮主接触，未考虑在控制计划之中。

模型的流行率使用经验值，即：在Lochinvar为5.2%，在Blue Lagoon为9.6%。经济学模型用整体流行率6.8%，在家养—野生动物边界之外的地区实施防控计划将流行率降至0.8%。通过比较，没有实施防控计划情况下，因牛结核病导致的牛的损失和人患牛结核病的治疗损失，产生了两个控制方案。第一种方案是未实施控制计划，牛结核病流行率与初始流行率6.8%相比，没有改变（IFH和TRH群）；另一种方案是实施控制计划（VRH和TRH），到第四年，牛结核病流行率从6.8%降至0.8%。第一种方案虽然牛结核病流行率未明显下降，但通过牛奶消毒和牛奶卫生控制措施等的实施，人感染牛结核病的发生率显著下降。

（3）各参数的假设与计算方法

① 群体增长值（FV）计算：成本与收益分析都涉及群体增长，群体增长值按以下公式计算：

$$FV=PV(1+r)^t$$

其中，FV是未来值，PV是现在值，r是群体增长率，t是时间。

群体增长率根据国家统计局数据定为3%。在225 000头牛中，40%（90 000）在第一年里属于VRH或TRH，因而将实施检疫—扑杀计划；余下的60%为IFH，常年与感染驴羚（lechwe）接触。

② 奶产量（A）计算：全群中成年牛的比例占90%，对牛结核病敏感，其中36%为处于挤奶年龄的母牛。每头牛奶产量为1.8L/d，奶价格为0.43美元/L。总奶产量计算公式如下：

$$A=N^{x}_{cattle}nC_aC_r\times\frac{milk\ cost}{liter}\times average\ milk\frac{production}{day}\times 365\ days$$

其中，N^{x}_{cattle}表示第x年的牛群大小，n为成母牛比例（0.9），C_a为挤奶牛龄的雌性比例（36%的成年牛），C_r为年产犊率（50%）。

③牛奶损失（B）的计算：与以上公式类似，但要增加牛结核病流行率P，计算分式如下：

$$B=A-N^{x}_{cattle}nPC_aC_r\times\frac{1.8\text{L}}{\text{day}}\times\frac{\$0.43}{liter}\times 365\ days$$

④ 无牛结核病时，新出生犊牛数（C）的计算：新出生犊牛数的计算公式如下：

$$C=N^{x}_{cattle}nC_aC_r$$

⑤ 牛结核病流行时，新出生犊牛数（D）的计算：牛结核病流行率为P，新出生犊牛数的计算公式如下：

$$D=N^{x}_{cattle}nPC_a(C_r\times 0.848)$$

其中，牛结核病流行率P值为（6.8%，0.8%）。

因为牛结核病使产犊率降低15.2%，故牛结核病流行时的产犊率为1－0.152=0.848。

⑥ 犊牛损失（E）的计算：犊牛的价格为成年牛的20%，约为$30，因此，犊牛损失的计算公式如下：

$$E=[(N^{x}_{cattle}nC_aC_r)-(N^{x}_{cattle}nC_aC_r\times 0.848)]\times\$30$$

⑦ 牛结核病的人兽共患病影响（F）：人的增长率按FAO在2007年的统计数据为2.6%，人口增长计算10年。在极少使用巴氏消毒奶的地区，人结核病的10%～15%是由牛结核病引起的。在赞比亚，人结核病发病率为433/10万，假设该地区15%人结核病由牛结核病引起。牛结核病的人兽共患性影响F的计算公式如下：

$$F=N^{x}P_{TB}P_{bTB}$$

其中，N^x为在x年的人口数量，P_{TB}为人结核病的流行率（433/10万），P_{bTB}为人结核中牛结核病的比例（15%）。

⑧ 牛结核病的人兽共患性控制成本（G）：通过公式可计算出在实施牛结核病控制计划的第一年里，人结核病人约有7 800人，其中15%为牛结核病，即1 200人左右，在赞比

亚治疗一例结核病人约需$130，因此，牛结核病的人兽共患性控制成本（G）可按以下公式计算：

$$G=(N^{x}P_{TB}P_{bTB})\times \$130$$

⑨ 扑杀赔偿成本（H）：对于因牛结核病扑杀的动物，政府赔偿70%的市场价格，成年牛的市场价为$130，因此，赔偿成本的计算公式如下：

$$H=(N^{X}_{cattle}np)\times \$130\times 0.7$$

⑩ 其他成本：发起牛结核病控制运动的当地兽医与医学官员，可能要消耗1/3的时间在该计划中，其成本为1/3的年工资，即$8600/年。

动物健康工作者（animal health workers，AHWs）被雇用进行结核菌素皮试，项目将需要8名AHWs，每天检测400头牛，每年费用为$6648.00。另外，每头牛皮试检测的结核菌素成本为$0.80/头。

（4）项目收益计算　项目收益包括：① 避免人感染牛结核病，假设在项目实施第4年能完全阻止人感染牛结核病；② 动物因为结核病及相关的其他疾病降低而产出增加，由于牛结核病导致的损失在第4年时都转化为收益，包括增加的产奶量、犊牛出生量、日增重和产肉量；③ 无形收益包括挽力增加、肥料增加、奶质量提高、整体动物健康水平提高。同时，由于牛是一种多功能动物，不同养殖系统及用途不同，所体现的无形收益不同，很难用货币转换过来。

最后，由于该地区人们很少杀牛。在获得70%赔偿后，牛被宰杀后的胴体还会被利用，加收一些残值。假设成年牛胴体重平均250kg，肉价为$0.32/kg。

在该模型中，根据赞比亚中央银行的政策，贴现率i（discount rate）为9%，成本和收益都按以下公式计算折现，其中i=0.09。

收益折现值（present value of benefit，PVB）的计算公式如下：

$$PVB=\sum_{t-1}^{t-n}\frac{B_t}{(1+i)^t}$$

成本折现值（present value of cost，PVC）的计算公式如下：

$$PVC=\sum_{t-1}^{t-n}\frac{C_t}{(1+i)^t}$$

收益成本比（benefit cost ratio，BCR）即PVB与PVC之比。

内部回报率（internal rate of return，IRR），利用Microsoft excel™所带的功能程序计算。

两个方案的收益成本分析结果列于下表（表8-6）。整体说来，收益成本比（BCR）

表 8-6 在南赞比亚家养牛——野生动物交界地区牛结核病控制 10 年期的成本收益分析

方案 A: 假设牛群的牛结核病流行率从初始 6.8% 下降至 0.8%（控制模型 1）							
Year	Benefits（$）	Costs（$）	PVB（$）	PVC（$）	NPV（$）	BCR	IRR
1	440 640	846 064	404 257	776 206	–371 949		
2	453 859	808 588	416 385	741 825	–325 440		
3	467 475	830 044	428 876	761 508	–332 632		
4	252 289	217 336	231 458	199 391	32 067		
5	259 252	279 950	237 846	256 835	–18 989		
6	266 408	226 052	244 411	207 387	37 024		
7	231 222	230 607	212 130	211 566	564		
8	237 504	235 298	217 894	215 870	2024		
9	243 958	240 130	223 814	220 303	3511		
10	250 587	245 108	229 897	224 869	5028		
Total	3 103 194	4 159 177	2 846 968	3 815 760	–968 792	0.75	43.66
方案 B: 假设牛群的牛结核病流行率没有下降（控制模型 2）							
Year	Benefits（$）	Costs（$）	PVB（$）	PVC（$）	NPV（$）	BCR	IRR
1	440 640	846 064	404 257	776 206	–371 949		
2	453 859	808 588	416 385	741 824	–325 439		
3	467 475	830 043	428 876	761 508	–332 632		
4	677 142	700 605	621 231	642 758	–21 527		
5	696 850	777 717	639 312	713 502	–74 190		
6	717 133	738 752	657 921	677 755	–19 834		
7	738 009	758 688	677 073	696 044	–18 971		
8	759 495	779 222	696 784	714 883	–18 099		
9	781 608	800 372	717 072	734 286	–17 214		
10	804 367	822 157	737 952	754 272	–16 320		
Total	6 536 578	7 862 208	5 996 863	7 213 038	–1 216 175	0.83	NA

注：引自 Mwacalimba 等，2013。

都小于1。但本模型只考虑了主要的直接收益，未考虑相关的间接收益和无形收益，如牛奶质量提高导致市场消费增加、家养牛结核病控制对野生动物保护的作用和旅游资源增加的收益、避免牛结核病感染人后获得人健康状况提高、生产能力提高，降低多耐药产生的风险等。在模型中，因为每年的收益均低于成本，因此，无法获得内部回报率（IRR）。

第四节 牛结核病疫苗

牛结核病是一种重要的人兽共患病，不仅严重影响动物的健康而且能导致人感染牛结核病。目前世界范围内约有5 000万头牛感染了牛结核病，造成的经济损失每年达30多亿美元。控制牛结核病，欧美发达国家采取“检疫—扑杀”措施控制牛结核病，澳大利亚和大多数西欧国家由此基本消灭了本病。但是发展中国家大多不能承受高额检验费和扑杀带来的巨大经济损失，这也是世界上超过94%以上人口生活在牛结核病未加以控制或充分控制的国家和地区的一个主要原因。因此，应用免疫等更加经济有效的策略对于那些负担不起或者不能接受“检疫—扑杀”策略的国家而言将非常有价值。而对于存在野生贮藏宿主的国家，传统的控制方法更是收效甚微。

一个理想的牛结核病疫苗，一般应该符合以下条件：① 必须经严格的攻毒保护试验证明有效；② 疫苗的接种应该简便，易于大规模接种；③ 必须同时能够控制结核病的感染和传染；④ 既能够提供强有力的保护作用，又能在后续的结核菌素皮肤试验或其他检测试验中呈阴性反应。

一、弱毒疫苗

（一）卡介苗

卡介苗（bacillus catmette-guerin，BCG）是由Calmette和Guérin在1921年研制成功的疫苗，即将有毒力的牛分支杆菌在甘油胆汁马铃薯培养基上长期培养传代而获得的致弱毒株。攻毒试验证实在牛分支杆菌（或者人结核分支杆菌）感染下，BCG能提供高度变异性的免疫保护。BCG提供给牛的免疫保护的主要特征是病理学损伤程度的下降而不是消除性免疫。此外，BCG疫苗不能抗自然感染。

作为现今唯一在世界范围内获准使用的人畜共用结核疫苗，BCG不仅对人的保护力不佳，对家畜的保护效果也远不能令人满意。BCG 作为牛结核病疫苗，开始于1919—1924年间，初期的试验证明对牛结核病有一定的预防作用，但是后续的试验证明这种保护作用的变动性很大。BCG免疫虽能够激发牛的保护性免疫反应，能减少毒株攻击后的病理反应，但是对大多数的自然毒株感染的保护力不足。同时，由于BCG免疫后在相当长的一段时间可造成结核菌素试验阳性，因此WHO/ FAO于1959年指出，使用 BCG在消除牛结核病的进程中作用不大。

但是由于BCG廉价、高度安全，具有作为畜用疫苗的良好潜质，因此在可见的未来，可作为评价其他新型疫苗的阳性参考；作为开发其他重组疫苗的原始疫苗和开发新型检测方法的模式菌株的地位，仍将长时间保持下去。

许多原因可以解释BCG在牛中有效性的差异。这种差异可能是因为不同BCG后代菌株具有不同的免疫保护效果，而且不同的BCG菌株的基因上也存在差异。然而，最近研究显示，巴斯德和丹麦的BCG菌株在牛体内提供类似的免疫保护。此外，疫苗制备方法、疫苗剂量、接种途径及免疫保护的定义等方面都有很大差异。牛的基因组成和它们生长环境的差异性也能影响BCG疫苗的免疫效果。例如，据报道BCG疫苗提供给瘤牛的免疫保护要高于普通牛，这表明宿主基因背景可能影响免疫效果。分支杆菌对环境的敏感性影响BCG免疫效果这一假说已经被重点研究。先前暴露于环境中的分支杆菌可对免疫保护产生干扰或者屏蔽作用，或者在暴露于环境中的分支杆菌不适当刺激下，BCG免疫反应有效性可以降低。然而，也有结果表明暴露于环境中的分支杆菌可能提供低水平的免疫保护，尽管BCG免疫后不会增强这种保护作用。事先暴露于禽分支杆菌的牛体内可观察到针对牛分支杆菌的免疫保护，但是BCG不能增强禽分支杆菌提供的免疫保护效应，这表明事先暴露于禽分支杆菌只可能提供有限的免疫保护。对新生儿和初生牛犊的研究结果表明，早期接受BCG接种可以引起显著性免疫保护，尽管可能有其他因素有助于新生儿和初生牛犊对BCG产生更有效的免疫反应。

BCG疫苗另一主要的障碍是动物接种后结核菌素皮肤试验呈阳性，这种障碍可以通过使用BCG基因组中缺失的诊断抗原加以克服。过去的十年中，在寻找更特异的候选诊断分子方面取得了重大进展，这些分子能鉴别免疫牛和牛分支杆菌自然感染牛，其基因在牛分支杆菌中表达，在环境中分支杆菌或BCG中不表达，因此比牛结核菌素更加特异。例如，ESAT6和CFP10这两种蛋白编码基因存在于牛分支杆菌基因组的RD1区，在所有BCG菌株中不存在，因此它们作为诊断抗原使用时，能鉴别BCG免疫牛和自然感染牛。然而，最近有研究结果表明接种BCG没有受到完全保护的动物，例如，呈现出机体病变和/或结核分支杆菌培养阳性，也不能产生针对ESAT6和CFP10的免疫反应。结核分支杆菌、牛分支杆菌、禽分支杆菌以及BCG巴斯德株基因组测序完成，因此今后能通过系统比较分析基因组来确定用于免疫学筛选的潜在抗原。目前已确认存在于牛分支杆菌基因组的RD1、RD2和RD14区在BCG巴斯德株中是缺失的，适用于鉴别诊断的抗原被确认并已在牛模型试验中进行评估。

（二）牛分支杆菌减毒疫苗

Buddle等利用化学诱变法得到了两株牛分支杆菌减毒株，它们对豚鼠和牛是无毒的。弱毒菌株在牛体诱导皮肤试验的灵敏度，以及IFN－γ反应与BCG免疫相当或略优于BCG免疫，并且能抵御牛分支杆菌攻毒感染，然而BCG疫苗在相同试验条件下不能提供保护力。但值得注意的是，虽经过努力仍不能确定这些菌株的突变位置。诚然，这些毒力弱化菌株可以用于研究毒力因子和免疫保护机制，但是，作为疫苗的前景不佳，一方面可能毒株易返强，另一方面由于其在结核菌素皮试中呈现阳性反应，不易与自然感染牛区分。在没有进行广泛性安全评价前，这些减毒株不可能被接受为TB疫苗。

（三）改良BCG

起初主要针对免疫缺陷型的特定人群开发安全性较高的人用疫苗，通过基因突变获得亮氨酸和蛋氨酸营养缺陷型的BCG菌株。这种疫苗不出现 PPD 皮试阳性，在豚鼠试验中对牛分支杆菌的攻击能提供有效保护，但保护力低于野生型的 BCG。但营养缺陷型的BCG还未用于牛体免疫。

其他构建改良BCG的方法还可通过基因敲入方法将细胞因子或减毒过程中缺失基因引入野生型 BCG，这些疫苗同样尚未在牛体中评估。

二、活载体疫苗

应用减毒沙门菌或病毒载体表达牛分支杆菌抗原构建的活载体疫苗，已在小动物中进行了测试，但迄今未见牛群免疫保护试验报告。采用改良型的安卡拉痘苗病毒（modified vaccinia virus Ankara strain，MVA）或禽痘病毒载体表达Ag85A抗原，牛群初步免疫试验结果表明，免疫后疫苗可以激发Ag85A特异性的 IFN－γ产生。

三、亚单位疫苗

通常认为，活疫苗相对于灭活或亚单位疫苗而言，能够提供较长时间的保护力，但亚单位疫苗因其良好的安全性能、无返毒现象、较低的不良反应、大规模生产时便于品质管理、冷链依赖度低、保质期长和易开发互补的检测技术等优点，是当今疫苗研究的热点。

（一）蛋白亚单位疫苗

蛋白亚单位疫苗的研究主要在于寻找合适的靶标和免疫佐剂，尤其侧重后者，因为蛋白疫苗一般不能引发细胞免疫应答。试验证明牛分支杆菌或结核分支杆菌的培养基滤过蛋白（culture filtrate proteins，CFP）可在小动物模型中表现出保护作用。因此，选择CFP作为亚单位疫苗辅之以在小鼠或豚鼠试验模型中证明有效的佐剂进行了牛结核病免疫试验。但是在小动物模型中行之有效的双十八烷基二甲基溴化铵（dimethyldioctyldecyl ammonium bromide，DDA）、二乙氨（基）乙基葡聚糖（DEAE dextran）、多聚肌苷酸多聚胞苷酸（poly I：C）、单磷酰脂质A（monopho sphoryl lipid A，MPL）等众多佐剂，都只能诱发较强的抗体反应，其诱发细胞免疫反应的能力远低于原始的BCG菌株。

CpG脱氧核苷酸基序（CpG oligodeoxy nucleotide motif，CpG ODNs）在牛结核病疫苗上的应用取得了很大的进展。CpG ODNs通过TLR9作用，诱导树突状细胞分化成为抗原递呈细胞，从而启动初始免疫反应。另外，CpG ODNs主要诱发特异的Th1型细胞免疫，而这正是免疫系统抵御结核菌攻击的主要途径。可喜的是，针对牛的特殊CpG ODNs序列已经研发成功。采用 CpG ODNs佐剂的CFP亚单位疫苗可以诱发较强的细胞免疫，产生更多的 IFN-γ，虽然该指标低于BCG免疫对照组。牛结核病蛋白亚单位疫苗的研发不可忽视人用蛋白亚单位疫苗开发的经验。

（二）DNA亚单位疫苗

DNA 亚单位疫苗系重组质粒，在接种宿主体内由病毒启动子启动抗原表达。由于研制该类疫苗具有较为严谨的遗传学理论基础，且制备和放大生产易于标准化，同时还有一个优势，用该疫苗免疫后，不会干扰结核菌素皮试形成假阳性，因此从20世纪90年代开始就成为疫苗研究的重点。在小动物模型上，DNA亚单位疫苗对牛分支杆菌攻击表现出了可喜的保护效果。将*mpb70*、*mpb83*、*hsp70*或*hsp65*等DNA亚单位疫苗免疫牛群，能够检测到特异性的细胞免疫反应，但是蛋白特异性的IFN-γ水平远低于BCG免疫对照组，最为遗憾的是这些疫苗对牛分支杆菌攻毒缺乏保护力。

四、疫苗选择和免疫程序

（一）异源初免—加强免疫策略

异源初免—加强免疫策略是指在几周内采用两种不同类型、但一般表达相同抗原的疫苗进行免疫，在过去十余年的研究中该策略广泛为艾滋病、疟疾和结核疫苗开发所采用。在结核疫苗研究中，早期的异源初免—加强免疫策略一般可分为DNA亚单位疫苗与重组病毒疫苗组合、两种不同的重组病毒疫苗进行组合或重组病毒疫苗与BCG组合三种类型。

北京大学蔡宏等初免采用编码Ag85B、MPT64和MPB83的混合DNA亚单位疫苗，加强免疫采用BCG，牛分支杆菌毒株攻击后，结果这种免疫策略使牛的肺部及淋巴组织的损伤小于BCG对照组，且肺部的荷菌量（CFU）比对照组低70~100倍。而在小鼠试验中，采取了更大数量和组别的试验，证明仅有空质粒就能诱导BCG初免增强保护力，提示在DNA亚单位疫苗加强免疫时，特异性的DNA片段并非加强免疫所必需。单独的DNA亚单位疫苗能够在小鼠结核疫苗模型中表现出一定的保护力，其原因可能是因为多聚DNA在加强免疫时所起的作用仅为佐剂性质，而非特异性地激活。相对而言，蛋白亚单位疫苗所取得的良性结果更令人鼓舞，因为它较之于DNA亚单位疫苗更易被宿主和消费者接受。

（二）DIVA策略

DIVA（differentiation of infected from vaccinated animals）是指区分感染动物与疫苗免疫动物的策略。接种卡介苗或其他的牛分支杆菌减毒株后会对牛结核病检疫产生干扰，因为大多数的抗原存在于牛分支杆菌PPD中，也存在于BCG内。

基本疫苗策略是：对于牛结核病感染地区，免疫牛和感染牛的区分至关重要。疫苗接种动物的鉴别检测需用血液检测方法，很耗资，因此需要一些策略减少成本。确定疫苗免疫剂量及注射多久会干扰皮试反应非常重要。在详细的研究中，超过80%的牛在接种BCG 6个月时明显干扰结核菌素皮肤试验；然而，接种9个月后皮试反应阳性率下降到10%~20%。重要的是，BCG诱导免疫性保护不依赖结核菌素皮肤试验反应。因此，接种动物的结核菌素皮试检测可以减少DIVA测试频率。

对于强毒力牛分支杆菌已有的诊断抗原，BCG或其他候选疫苗可能无法使用。早期分泌抗原ESAT6和CFP10被广泛用作结核病诊断抗原。这两种蛋白基因在大多数结核分支杆菌复合物中都存在，但在BCG和大多数非结核分支杆菌中不存在。ESAT6和CFP10在牛分支杆菌和结核分支杆菌中由RD1区域编码。ESAT6家族抗原被用于以IFN-γ为基础的结核检测以及皮肤测试，也可以用来区分BCG与自然感染牛。由于牛分支杆菌、卡介苗等基因组得以注释，从而可以在电脑上为不同的诊断方法搜索更多的候选抗原。

通过比较转录组学分析，发现了另一种高免疫原性抗原Rv3615c。未感染或者接种BCG的牛的血液样品不识别Rv3615c，这证明其如DIVA试剂一样具有潜在的诊断价值。重要的是，当Rv3615c应用于牛结核病IFN-γ检测法时，淋巴细胞对Rv3615c多肽的应答较ESAT6和CFP10多肽更加灵敏。Rv3615c是Esx-1分泌系统的一部分，有助于ESAT6和CFP10的分泌，然而，Rv3615并不位于RD1区域，因此在BCG中并未被删除。最近的研究证明Rv3615蛋白的分泌取决于完整的RD1区域，这就解释了BCG接种牛缺乏Rv3615c免疫反应的原因。还有一些对DIVA诊断可能有效的抗原，但这些蛋白需要进一步验证才能完全确定其用于DIVA的潜力。

虽然上述用于DIVA各方面的抗原描述已经被设计入以血液为基础的IFN-γ检测法中，但临床上更倾向于用传统的结核菌素皮肤测试法。最初的重组ESAT6用于牛皮肤试验被证实是无效的。然而，这些多肽和重组蛋白的使用结果表明，这种方式的皮肤测试作为鉴别诊断法在使用BCG或疫苗接种时能够显示有效的敏感性和特异性，不像牛副结核杆菌那样经常影响牛结核菌素的敏感性和特异性诊断。虽然IFN-γ是基于血液的诊断分析中使用的主要参数，但仍需要开发用于多样性分析的其他细胞因子以弥补IFN-γ法的不足。例如，IL-1β联合IFN-γ能够提高血液检测的灵敏度。其他一些能够检测出感染牛分支杆菌的标记分子有：IL-22、IL-2、CXCL-10、颗粒酶A等。尽管最近一些检测牛结核病的血清学诊断方法正在开发，由于血清学检测所需要的主要抗原也在BCG中有低水平的表达，所以用在DIVA中会存在干扰，如应用DIVA程序的MPB70/83血清分析就存在的潜在干扰反应。

第五节 国外牛结核病控制和净化

欧美发达国家的牛结核病控制策略基本相同，即“检疫、扑杀、监测、移动控制”。但牛结核病控制是一系统工程，长短期结合的切实规划、立法、补偿、有效检疫和扑杀、宣传指导、公众支持等，对有效控制和净化牛结核病都很重要。

一、澳大利亚

澳大利亚牛结核病最早是由英国传入的。早在1880年，澳大利亚牛结核病具有很高的流行率，直到开始采用结核菌素皮肤试验对牛进行检测，并对临床病例进行严格屠宰后该病才得到了一定的控制。1968年，澳大利亚牛布鲁菌病和牛结核病的根除计划（BTEC）开始启动，1970年7月正式开始全国性的“两病”根除计划。

（一）牛结核病区域划分

澳大利亚政府对牛结核病的控制采取的是“区域根除政策”，包括以下几类。

1. 残留区域（residual area） 流行情况不清楚，未进行强制性检疫。
2. 控制区域（control area） 流行情况清楚，进行强制性检疫。
3. 根除区域（eradication area） 小于2%流行率，强制检疫。
4. 暂时性洁净区域（provisionally free area） 小于1%流行率，强制检疫。
5. 洁净区域（free area） 小于0.1%流行率，强制性检疫和扑杀。

（二）净化控制措施

整个计划依赖于严格控制牛群的移动；对牛群进行持续监测，直至在至少两次连续检疫、监测和对屠宰场诊断的回顾性检测中均为阴性为止。

澳大利亚政府主要通过以下几项关键措施净化了牛结核病。

1. 国家的立法保证与财政支持　联邦（国家）与州政府和畜牧产业，通过BTEC运动，为养殖户提供财政支持。在牛场通过结核菌素皮肤试验对结核病牛进行诊断，对于结核病牛进行屠宰并对扑杀给予养殖户经济补偿。

1974年，联邦政府开始对根除计划提供持续性的财政支持，据不完全统计，8年间政府为了根除布鲁菌病和结核病所耗费的资金至少为1.7亿美元，到1985年，政府用于BTEC的花费约为5亿美元。

1985—1986年间，BTEC项目的财务构成如下：产业基金提供2.6千万美元，联邦政府提供1.65万美元，州政府提供1.94万美元。这6.2千万美元中，370万用于项目的执行，170万用于补偿，对于北部的生产者给予额外的800万美元的补偿。

2. 牛群检测与屠宰检测相结合　在根除运动早期阶段，对可疑牛全部扑杀。通过多次重复的结核菌素皮试结合屠宰检测来提高敏感度。

3. 移动控制，检疫和回溯　移动控制指牛只能从无感染牛群向感染牛群移动，或从低感染牛群向高感染牛群移动，移动控制在牛结核病根除中发挥了重要作用。

4. 国家结核病参考实验室的作用　国家牛结核病参考实验室提供技术咨询确诊服务，并保证牛分支杆菌的培养鉴定过程的准确性与权威性。

5. 牛分支杆菌流行病学的应用　牛分支杆菌的高感染率，导致了其在牲畜之间的高传播率。流行病学的应用，可保证通过最短的时间，确认牛分支杆菌在环境中已被清除的状态。

6. 牛分支杆菌的野生贮主　在澳大利亚由于没有牛结核病的野生贮主再感染家养牛，牛结核病才得以在相对较短时间内消灭。猪是牛分支杆菌感染的终末宿主。野牛和水牛可通过无线电示踪来定位及捕获。

7. 全国计算机数据库　建立一个全国性的数据库，记录所有牛的属性和测试结果。

8. 新研究方法的灵活应用　在实施牛结核病根除运动的过程中，对于新型牛结核病诊断方法的研究也被纳入该计划中。

（三）维持机制

澳大利亚维持无牛结核病状态，主要有以下8个机制。

1. 检测机制　澳大利亚在1997年宣布清除牛结核病后，一个牛结核病清除保障项目（tuberculosis freedom assurance program，TFAP）很快成立。这个机构通过主动和被动的检测机制保证牛结核病可以有效地检测到。

2. 国家肉芽肿上报项目　从1992年开始，肉牛屠宰过程中，澳大利亚质检监察局通过对牛肉评估来进行牛结核病流行情况的监控。从1992年3月到2009年6月，一共收集到50 841份肉芽肿样本。

3. 田间操作　检测目标牛群，对出口动物进行各项指标检测。

4. 建立牛结核病参考实验室　所有澳大利亚检测肉芽肿的实验室都是按照国际标准ISO/IEC 17025:2005进行的。另外，所有培养牛分支杆菌的实验室必须通过澳大利亚参考实验室项目的外部评估。建立在佩斯的一个参考实验室，是被OIE注册认可的三个标准结核病实验室之一。

5. 建立国家肉芽肿数据库　这个数据库由联邦政府出资建立，包含了牛结核病监控的信息。

6. 应急响应机制　TFAP包含了一个应急响应措施和一个已被通过的财务预案，用以防控牛分支杆菌再次引入带来的风险。澳大利亚动物福利中心制作了一个牛结核病处理方案蓝本。该蓝本包含了专业的技术处理和基于澳大利亚实际情况的探测分析策略。

7. 生物安全控制 澳大利亚检验检疫局（Australian Quarantine and Inspection Service，AQIS）制定了一套严格的标准，以保证牛分支杆菌不会进入自己国家。

8. 法律强制措施 为牛结核病根除计划实施提供法律保障，确保各项措施的有效执行。

二、英国

牛结核病是英国最紧迫的动物健康问题和公共卫生问题，威胁着养牛业，并对家畜、野生动物如獾、家养宠物和人类等带来危险，是一种有破坏性的人兽共患病。自20世纪50年代实施全国性牛结核病根除计划，至1979年，英国只有0.01%的牛被检测出牛结核病，但现在已经广泛流传至大部分地区。在过去的十年中，牛结核病已经花费了近5亿英镑，而2014年花费近1亿英镑来用于牛结核病检测和监测。

英国将不同地区的牛结核病检疫间隔绘制成地图，国家兽医部根据其感染率的不同来确定牛结核病检疫的不同间隔时间。英国的检测试验主要根据欧盟的标准进行，结核菌素皮肤检测是主要诊断试验，γ干扰素试验是唯一的辅助诊断试验。皮肤试验使用的是比较变态反应试验，即在应用牛结核菌素的同时，使用禽结核菌素以消除非结核分支杆菌造成的非特异性反应。经过检疫合格的牛群，官方兽医发给“官方无结核证明”后，才能进行正常的动物交易。牛群在移动前必须要取得移动许可，牛结核病检测必须要由官方兽医进行，而附有官方证明的可以免除检疫。对于扑杀的牛群，病理检查和细菌分离是重要的牛结核病验证试验，其中细菌培养可以大大增加确认感染动物的可能性，也可以通过分离菌株来追溯感染来源。英国有专门的牛结核病参考实验室，全国各地屠宰场和扑杀动物的病料均要送至参考实验室进行病理检查和细菌培养鉴定，以确定如何处置所涉及的牛群。

1901年，英国就下令结核皇家委员会评估牛结核病的危害，是世界上最早评估牛结核病危害的国家。1950年，英国开展全国性、强制性的牛结核病根除计划。1960年10月1日，英国规定任何牛群经过常规结核菌素皮肤测试为阳性反应的要立即宰杀。在接下来的20年里，牛结核病的患病率稳步下降，并于1979年达到最低患病率。然而，通过频繁检疫、扑杀牛结核病阳性牛仍旧不能完全控制牛结核病的传播，原因是20世纪70年代初首次发现獾作为一种野生动物宿主能够传播牛结核病并感染牛群。经过一系列的试验证明獾是牛结核病的最主要感染源之后，英国采取了一系列策略来控制野生动物感染源。如经过培养牛分支杆菌和相应的调查确认獾是最有可能的传染源时，将对该地区的所有獾进行捕杀。2007年发表的最新研究报告中指出，獾在高发地区促成了约50%牛群感染结核病，包括獾与牛之间的直接传播，和牛与牛之间的间接传播。2010年，一种獾的注射用结核疫苗BCG被授权并进行推广，同时一种獾的口服BCG疫苗正在进行研究。2012年，英国在萨默塞特和格洛斯特郡的高风险区颁发了獾管制牌照，允许四年授权内能自主进行獾的管制操作。

2006年，英国引入一系列的额外牛群监控检测和运动控制措施，包括牛群从高风险区迁出的强制性移动前检疫需进行牛结核菌素皮试检测和某些情况下使用γ干扰素试验做补充检测，例如，在非流行地区中培养和检测病变阳性的风险牛群。2011年，政府公布了英国未来的牛结核病全面根除计划。

2012年，额外牛群控制措施生效，包括更改牛结核病补偿，减少一些移动前检测豁免权，去除牛群跟踪系统的高风险环节及进一步扩大每年牛群测试的区域等。2013年10月，英国开始在边缘区部署一系列措施，包括指导农民、改善信息管理、更严格的牛结核病风险管理和预防措施，并利用政府财政支持疫苗接种项目。2013年11月，英国推出了自愿性风险控制交易计划，鼓励农民分享他们贩卖牛群的牛结核病病史等信息，以便购买者根据这些信息采取相应的行动。2014年2月，政府与农民私人兽医一起合作采取强有力的措施来长期管理牛结核病风险牛群。2014年3月，农业部宣布了无须进行牛结核病核实检测即可扑杀牛群的新权力和去除相关的移动前牛结核病检测豁免权。

三、美国

美国是世界上第一个着手消灭牛结核病的国家，早在1917年就开始执行牛结核病根除计划，以50年间花费4.5亿美元的代价在许多牛群中根除了牛结核病。由于野生白尾鹿感染牛结核病，以及与墨西哥接壤的边境地区存在牛结核病，美国尚未获得无结核认可。

美国于2005年修订了其牛结核病根除法案。该法案制定了国家统一的方法和规定。美国将全国划分为5种地区，分别为验收清净区域（accredited-free）、改良验收高级区域（modified accredited advanced）、改良验收区域（modified accredited）、预备验收区域（accreditation preparatory）和非验收区域（non-accredited）。不同的区域实行不同的检疫程序和家畜流动控制政策。美国对牛结核病进行牛群验收工作，通常情况下，1个牛群至少通过连续2次的间隔期9～15个月的官方结核检疫监测期，成为“验收牛群”。在“先进改良验收区域”和“验收清净区域”内，通过每2年检疫1次的检疫能成为合格牛群；在“预备验收区域”和“改良验收区域”内，必须经过年度检疫才能成为合格牛群。

该法案中，牛结核病检疫系统由屠宰场检疫和结核菌素皮肤试验组成。尾皱结核菌素试验（caudal fold tuberculin test，CFT）、比较颈部皮肤变态反应（ comparative cervical tuberculin test，CCT）、单纯颈部皮肤试验（ single cervical tuberculin test ，SCT）和牛的IFN－γ试验都属于法定检测方法。

例行检测方法：CFT是例行检测的法定方法，是牛结核病状态未知牛群常用的官方检测方法，CFT复检需间隔60天。

补充检测方法：CCT 是法定的牛和水牛的验证试验，通常不用于动物情况不明的筛选试验；SCT 主要推荐用于结核感染群中牛的筛选试验；IFN－γ试验主要用于可疑家畜的验证试验；组织免疫学、细菌学、PCR试验也可以作为辅助检测方法，但需要与尸检和扑杀相关数据结合起来分析。

主要检测方法：颈部结核菌素（Cervical tuberculin，CT）试验是在患有结核病牛群中推荐使用的方法，CT的结果只能归类为反应阳性或者阴性。

美国牛结核病的控制措施是检疫–扑杀。主要采取检疫和淘汰阳性个体，如果群体中个体阳性率高到某个水平，则多在进行兽医风险评估的基础上采取整体淘汰的方式。具体措施如下，首先通过CFT皮试进行初筛，阳性者用CCT和IFN－γ检测法进行复检，强制淘汰CCT和/或IFN－γ阳性者。

对于结核病牛群，首先对牛群要有个完整的流行病学调查，弄清感染牛群的起源、感染牛群之间的关系，且应及时进行检测。这些程序适用于相邻接触的牛群，以及可以评估和可能受影响的牛群。

对于牛分支杆菌感染的饲养场，应该对进出场受结核病影响的牛进行流行病学调查和追踪，调查和检测的重点放在可能传播到饲养场的感染牛群，一旦检出，需进行隔离，在相关部门认证下运输到屠宰场进行扑杀。

参考文献

刘秀梵. 2012. 兽医流行病学 [M]. 北京：中国农业出版社.

王庆忠，张鹭，王洪海. 2007. 牛结核病新疫苗及免疫新途径[J]. 中国人兽共患病学报，1033–1034.

Andersen P, Munk M E, Pollock J M, et al. 2000. Specific immune-based diagnosis of tuberculosis [J]. Lancet 356, 1099–1104.

Aranday-Cortes E, Hogarth P J, Kaveh D A, et al. 2012. Transcriptional profiling of disease-induced host responses in bovine tuberculosis and the identification of potential diagnostic biomarkers [J].

PLoS One 7, e30626.

Atkins P J ,Robinson P A. 2013. Bovine tuberculosis and badgers in Britain: relevance of the past [J]. Epidemiol Infect 141, 1437–1444.

Buddle B M, Pollock J M, Skinner M A, et al. 2003. Development of vaccines to control bovine tuberculosis in cattle and relationship to vaccine development for other intracellular pathogens [J]. Int J Parasitol 33, 555–566.

Buddle B M, Skinner M A, Wedlock D N, et al. 2002. New generation vaccines and delivery systems for control of bovine tuberculosis in cattle and wildlife [J]. Vet Immunol Immunopathol 87, 177–185.

Buddle B M, Wilson T, Luo D, et al. 2013. Evaluation of a commercial enzyme-linked immunosorbent assay for the diagnosis of bovine tuberculosis from milk samples from dairy cows [J]. Clin Vaccine Immunol 20, 1812–1816.

Cai H, Yu D H, Hu X D, et al. 2006. A combined DNA vaccine-prime, BCG-boost strategy results in better protection against Mycobacterium bovis challenge [J]. DNA and cell biology 25, 438–447.

Cousins D V. 2001. Mycobacterium bovis infection and control in domestic livestock [J]. Revue scientifique et technique 20, 71–85.

De la Rua-Domenech R. 2006. Human Mycobacterium bovis infection in the United Kingdom: Incidence, risks, control measures and review of the zoonotic aspects of bovine tuberculosis [J]. Tuberculosis (Edinb) 86, 77–109.

Donnelly C A, Woodroffe R, Cox D R, et al. 2003. Impact of localized badger culling on tuberculosis incidence in British cattle [J]. Nature 426, 834–837.

FAO. 2010. Introduction to Risk Analysis–Basic principles of Risk Assessment, Risk Management and Risk Communication. " Capacity building in agricultural biotechnologies and biosafety" Regional Training in GM Risk Analysis for Armenia, Georgia and Moldova.

Geering W A, Roeder P L, Obi T U. 1999.Risk analysis as a component of animal disease emergency preparedness planning. In Manual of the preparation of national animal disease emergency preparedness plans. FAO Animal Health Manual.

Martinez H Z, Suazo F M, Cuador Gil J Q, et al. 2007. Spatial epidemiology of bovine tuberculosis in Mexico [J]. Vet Ital 43, 629–634.

Millington K A,Fortune S M, Low J , et al. 2011. Rv3615c is a highly immunodominant RD1 (Region of Difference 1) -dependent secreted antigen specific for Mycobacterium tuberculosis infection [J]. Proc Natl Acad Sci U S A. 108, 5730-5735.

Moeller G L, Digman L A. 1981. Operations planning with VERT [J]. Operations research 29, 676–697.

Munyeme M, Muma J B, Samui K L, et al. 2009. Prevalence of bovine tuberculosis and animal level risk factors for indigenous cattle under different grazing strategies in the livestock/wildlife interface areas of Zambia [J]. Tropical animal health and production 41, 345–352.

Mwacalimba K K, Mumba C , Munyeme M. 2013. Cost benefit analysis of tuberculosis control in wildlife-livestock interface areas of Southern Zambia [J]. Prev Vet Med 110, 274–279.

Olmstead A L , Rhode P W. 2004. An Impossible Undertaking: The Eradication of Bovine Tuberculosis in the United States [J]. The Journal of Economic History 64, 734–772.

Ramsey D S, Aldwell F E, Cross M L, et al. 2009. Protection of free-living and captive possums against pulmonary challenge with Mycobacterium bovis following oral BCG vaccination [J]. Tuberculosis (Edinb) 89, 163–168.

Robinson P A. 2015. A history of bovine tuberculosis eradication policy in Northern Ireland [J]. Epidemiol Infect, 1–14.

Sidders B, Pirson C, Hogarth P J, et al. 2008. Screening of highly expressed mycobacterial genes identifies Rv3615c as a useful differential diagnostic antigen for the Mycobacterium tuberculosis complex [J]. Infect Immun 76, 3932–3939.

Skinner M A, Ramsay A J, Buchan G S, et al. 2003. A DNA prime-live vaccine boost strategy in mice can augment IFN-gamma responses to mycobacterial antigens but does not increase the protective efficacy of two attenuated strains of Mycobacterium bovis against bovine tuberculosis[J]. Immunology 108, 548–555.

Smith R L, Taner L W, Sanderson M W, et al. 2014. Minimum cost to contro bovine tuber culosis in cow-calf herds. Preventive Veterinary Medicine 115: 18–28.

Tollefsen S, Vordermeier M, Olsen I, et al. 2003. DNA injection in combination with electroporation: a novel method for vaccination of farmed ruminants [J]. Scandinavian journal of immunology 57, 229–238.

Waters W R, Palmer M V, Nonnecke B J, et al. 2009. Efficacy and immunogenicity of Mycobacterium bovis DeltaRD1 against aerosol M. bovis infection in neonatal calves [J]. Vaccine 27, 1201–1209.

Whelan A O, Coad M, Upadhyay B L, et al.2011. Lack of correlation between BCG-induced tuberculin skin test sensitisation and protective immunity in cattle[J].Vaccine 29, 5453-5458.

Whelan A O, Coad M, Peck Z A, et al. 2004. Influence of skin testing and overnight sample storage on blood-based diagnosis of bovine tuberculosis. Vet Rec 155, 204–206.

附　　录

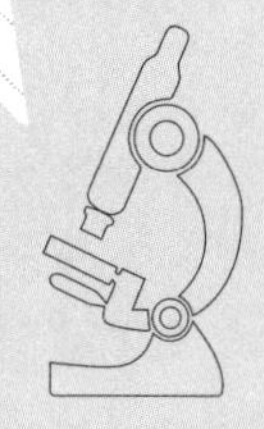

附录一　澳大利亚牛结核病根除计划

摘自：澳大利亚农、渔、林业部，《澳大利亚根除牛结核病》Australia's Freedom from Bovine Tuberculosis(TB)，2012年2月最新版。

牛结核病由牛分支杆菌引起，是一种慢性消耗性传染病，并且直到其发病后期，相关临床症状才容易观察到。早期感染者通常无任何症状。牛分支杆菌可通过被感染个体的气溶胶或者污染牛奶等在牛群中经呼吸道或消化道传播。牛分支杆菌可寄居在牛奶、粪便、尿液、阴道分泌物和感染者的精液里。感染牛群的晚期症状包括体形消瘦、低度发热、食欲不振和乏力。在病程最后阶段，牛结核病会引起急性呼吸窘迫，并且在某些情况下，淋巴结会扩大，甚至破裂。

牛分支杆菌是一种很重要的人兽共患病。它可以通过感染者的未经高温消毒的奶或奶制品和气溶胶传染给人类，也可以通过食用未经煮熟的肉类或者皮肤伤口传染给人类。

澳大利亚1970年正式开展全国范围性牛结核病根除计划，于1997年12月正式宣布消灭了牛结核病。但2000年又发现病例，2008年再次宣布消灭牛结核病。

澳大利亚是目前仅有的出口无牛结核病牲畜的国家。许多其他国家也减少了牛群感染结核病的概率，但是却无法根除野生动物感染结核病的情况。

一、澳大利亚清除牛结核病的措施

在20世纪初，各州和地区部门逐步推行独立的奶牛结核病控制规划。第二次世界大战后，一种改进的结核菌素试验的发展导致了结核病的控制程序的完善。在1970年，正式开展国家布鲁菌病和结核病根除运动（Bovine Brucellosis and Tuberculosis Eradication Campaign,BTEC）。这个活动的目标是消除在澳大利亚的所有存栏的牛和水牛的牛分支杆菌感染。到1997年为止，在澳大利亚的任何物种都没有发现结核病例，因而宣布全国无疫。然而2000年又发现1例牛结核病，2008年再次宣布全国消灭牛结核病。这一计划的成功与以下几个关键因素有关。

（一）国家的承诺与各界的支持

联邦（国家）与州政府和畜牧产业联合。生产者、兽医从业人员、产业界和政府机构共同制定立法、标准和规则，并保障了养殖户的经济补偿。

（二）牛群检测与屠宰检测

在牛场通过结核菌素皮肤试验对牛结核病进行检测，对于结核病牛进行屠宰，给予养殖户合适的经济补偿。在根除运动早期阶段，对可疑牛也全部扑杀。通过多次重复的结核菌素皮肤试验来提高敏感度。在两年期间，对牛场进行4次结核菌素皮肤试验，如果均为阴性，则该牛场解除隔离封锁，在以后的5～8年间，再进行第5次结核菌素皮肤试验，如果仍为阴性，则该牛场被认证为“完全净化”。

（三）移动控制，检疫和追溯

移动控制意味着感染的牛群只能移动到屠宰地，或者从低感染牛群移至高感染牛群。直到感染被根除，这种控制才会被解除。通过牛的标识可找到牛的原产地及其所有者，从而可追溯到阳性牛是否已被转移、出售或宰杀。

（四）国家结核病参考实验室的建立

国家结核病参考实验室提供咨询和工作人员的现场诊断服务，并保证牛分支杆菌培养过程的正确实施。相关技术标准被编入澳大利亚动物疾病标准诊断技术中。

（五）牛分支杆菌的流行病学

牛分支杆菌的高感染率特性，导致了其在牲畜之间的高传播率。弄清楚流行病学规律，有助于通过最短的时间，来确认牛分支杆菌在环境中已被清除。由于牛分支杆菌具有较大的潜伏期和在年老的牛群中较高的发病率，故在放牧时，应根据年龄进行隔离，并对年老的阳性牛进行屠宰。

（六）无结核病症状的野生宿主

在澳大利亚，没有结核病症状的野生贮主可以再感染存栏牛。猪是牛分支杆菌感染的终末宿主。在澳大利亚北方，野牛和水牛可通过无线电示踪法来定位及捕获，以确定其感染状态。

（七）建立全国计算机数据库

建立一个全国性的数据库，记录所有的牛的属性和检测结果。从而为根除进度的定期评价提供依据。

（八）新型检测方法的灵活应用

在根除运动的过程中，能适时引入新型检测方法等最新研究成果。

二、澳大利亚保持无牛结核病状态的控制措施

（一）相应检测机制

澳大利亚在1997年宣布清除牛结核病后，一个结核清除保障项目（tuberculosis freedom assurance program,TFAP）很快被建立。这个机构通过主动和被动的检测机制保证牛结核病可以有效地被检测到。2002年12月，第一期项目实施完毕，同时二期检测项目跟进(TFAP2)。

（二）国家肉芽肿上报项目

从1992年开始，肉牛屠宰过程中，澳大利亚质检监察局会通过对牛肉评估来进行牛结核病情况的监控。这个项目通过实验室检测肉牛、水牛、骆驼和鹿的肉芽肿数量，最大限度地提高牧场检测敏感性。该项目把对危险评估年老动物的头部和胸部淋巴结作为重点。根据环境的改变进行修饰，来使结核病的风险降为零。从1992年3月到2009年6月，一共收集到50 841份肉芽肿样本。

（三）田间操作

检测目标牛群，以对出口动物进行各项指标检测。

（四）建立牛结核病参考实验室

所有澳大利亚检测肉芽肿的实验室都是按照国际标准ISO/IEC 17025:2005进行的。另外，所有培养牛分支杆菌的实验室必须通过澳大利亚参考实验室的项目外部评估。建立在佩斯的一个实验室是被OIE注册认可的三个牛结核病参考实验室之一。

（五）建立国家肉芽肿数据库

这个数据库由联邦政府出资建立，包含了结核监控的信息。

（六）应急响应机制

TFAP包含了一个应急响应措施和一个已通过的财务预案，以清除牛分支杆菌再次引入

带来的风险。澳大利亚动物福利中心制作了一个牛结核病处理方案蓝本。该蓝本包含了专业的技术处理和基于澳大利亚实际情况的探测分析策略。

（七）生物安全控制

澳大利亚检验检疫局（Australian Quarantine and Inspection Service，AQIS）制定了一套严格的生物安全控制标准，保证牛分支杆菌不会进入澳大利亚。

（八）法律强制措施

澳大利亚政府出台的一系列相关法规包括：① 通告可疑牛结核病例；② 调研可疑临床病例；③ 强制执行已经制定的法律法规，以保证国家无牛结核病状态；④ 所有的监控数据都要交到国家动物健康信息系统（National Animal Health Information System,NAHIS）。

附录二　英国牛结核病根除计划

摘自英国环境、食品和农村事务部（DEFRA）《英格兰官方无牛结核病状态策略》（The Strategy for achiering officially Bovine Tuberculosis Free Status for England），2014年4月发布。

牛结核病给英国带来了越来越多的社会和经济问题。在这种情况下，英国需要控制牛结核病来维持一个可持续发展的畜牧业，同时制定了牛结核病根除改进计划，以便进行符合国际标准的贸易输出。事实上，英国的牛结核病情况迄今为止可能是欧盟中，甚至是发达国家中最糟糕的，对欧盟内部贸易和国际贸易构成重要威胁。此外，牛结核病也给人类健康带来威胁。

英国政府的目标是在2038年全英国实现官方无牛结核病状态。同时，中期目标是尽快、最晚于2025年在英国北部和东部的大部分地区实现官方无牛结核病状态。

这将通过三个关键行动来实现：第一，设立3个牛结核病管理区域（高风险区、低风险区和两者之间的缓冲区，即边缘区）；第二，应用一系列实用和减少疾病风险的措施控制这些区域内的疾病，同时维持经济可持续发展的畜牧业；第三，确保在控制过程中主要受益者（包括食品业、农业和纳税人之间）能相互合作。

控制牛结核病的最终目的是在全国范围内根除这一疾病。为了实现这一目标，将根据不同地区的特点采取相应的针对性控制措施。

一、战略性疾病控制总原则

(1) 根据风险评估来将整个国家进行分区，这些区域包括高风险区、边缘区和低风险区；

(2) 针对这些分区种类的风险实施相应的疾病控制措施，以控制高风险区的疾病并逐步缩小该地区的尺寸；

(3) 建立牛群的风险评级系统，并鼓励农民采取行动来降低风险；

(4) 减少疾病向无结核病地区传播的风险，并减少疾病在感染地区向未感染牛群的传播；

(5) 当疾病出现在无结核病地区时，要快速发现并及时消灭；

(6) 减少结核病在牛群内部和牛群之间的传播；

(7) 尽量减少牛群与受感染的獾（一个引入疾病的关键风险因素）和其他可能野生动物宿主的接触；

(8) 及时处理被发现感染结核病的任何流行病学贮藏宿主；

(9) 努力实现一个以农民为主导的控制和根除过程，最大限度地支持农民正在实施的对于根除疾病有显著性效果的措施。

二、风险地区的控制措施

（一）现行措施

1. 监控　屠宰场监控；非养牛区结核病监控。

2. 风险管理　流动限制；隔离和快速处理疑似感染的动物及有接触史的相关动物；提高感染牛群及周边牛群的检测强度；流行病学调查/报告。

3. 其他疾病预防　自愿性风险控制交易；建议和指导；认可；公众健康保障措施。

（二）未来措施

1. 监控　增强屠宰场监控的灵敏度；增强非养牛区结核病监控的灵敏度。

2. 风险管理　逐步减少不同时间解除限制不同部分牛结核病的做法；在风险牛群中引入更敏感的追踪检测；在牛结核病风险牛群中引入更严格的措施；缩短牛群测试的间隔时间来减少测试敏感性不高的风险和提高剩余感染的检出率；改善流行病学调查/报告；在非养牛结核病风险区引入更严格的措施；提高风险的持续性和周期性管理。

3. 其他疾病预防　改善建议和指导；改善牛结核病的地方性信息；审查移动前检测豁免；审查补偿来鼓励降低风险；提高农业和非农业的生物安全；鼓励自愿性的地方根除组织；与产业合作来支撑风险控制交易；考虑用干扰素$-\gamma$测定进行个体的移动前和移动后检

测；培养牛结核病控制执行团队；支持引入牛结核病的风险评审标准。

三、低风险区的控制措施

低风险区（Low risk area,LRA）覆盖了英格兰北部和东部的大部分地区。它具有较低的牛结核病流行率，同时野生动物中没有显著的贮藏宿主。因此，低风险区的目标是为了继续保护牛群免受牛群移动带来的疫病和野生动物可能造成的感染。从其他地区引进牛群之前一定要隔离检测，同时提高风险控制监测和鼓励风险控制方法，比如像苏格兰一样进行风险控制交易和牛群引进后隔离检测。利用最敏感的检测来淘汰感染牛，并对邻近牛群进行检测来控制牛结核病的爆发。这种方法旨在尽早实现该地区官方无牛结核病的状态。

（一）现行措施

1．监控　四年一度的畜群检测（高风险畜群的年度检测除外）。

2．风险管理　高风险牛群进行干扰素-γ测定；半径3km范围内的牛群进行结核菌素皮肤测试监控。

3．其他疾病预防　生物安全认可（非放牧区）；区域流行病学报告。

（二）未来措施

1．监控　利用现有方法来识别高风险牛群，并基于最新研究的建议来完善风险检测。

2．其他疾病预防　强制推行低风险区移动后检测；鼓励改善其他接收低风险区牛群的单位的生物安全认可。

四、边缘区的控制措施

边缘区是高风险区和低风险区之间的缓冲地带，牛结核病的流行率比高风险区低很多，却又比低风险区高一点。需要更多的研究来弄清边缘区的疫病传播中牛群和野生动物所起的作用。边缘区要成功遏制和逆转牛结核病从高风险区向低风险区的传播，同时尽早实现该地区官方无牛结核病的认可状态，需要将严格的牛群控制措施和重点监控野生动物宿主进行有机结合。野生动物宿主的管理包括有计划地进行疫苗接种和相应的扑杀。

（一）现行措施

1．监控　牛群年度检测。

2．风险管理　高风险牛群进行干扰素-γ测定；邻近牛群的结核菌素皮肤测试；半径

3km范围内的牛群进行皮肤测试监控（部分县）。

3. 降低獾的结核病风险　包括生物安全和獾的注射BCG疫苗。

4. 其他疾病预防　强制性移动前检测；对完成单位进行生物安全认可；区域流行病学报告。

（二）未来措施

1. 降低獾结核病的传播风险　加大獾结核病的监控；部署獾的口服BCG疫苗。

2. 其他疾病预防　部署牛疫苗。

五、高风险区的控制措施

高风险区（high risk area,HRA）覆盖了英国西南部、西米德兰兹郡和东萨塞克斯郡，其中牛群感染牛结核病的比例相对较高，同时也确定獾是感染源。高风险区的目标是阻止并减少牛结核病的流行率，最终实现该地区官方无牛结核病的认可状态。由于该地区存在巨大的挑战，同时认识到可操作能力对控制疾病的影响，所以需要发展一套更复杂的干预措施来解决当地的具体需求。这包括鼓励风险控制方法，如风险控制交易和农场管理措施，以减少牛与牛之间及牛与獾之间的相互感染。除此之外，还包括疫苗接种和扑杀。

（一）现行措施

1. 监控　牛群年度检测；

2. 风险管理　邻近牛群的结核菌素皮肤测试；

3. 降低獾的结核病风险　生物安全；獾的疫苗注射；獾的扑杀试点；

4. 其他疾病预防　强制性移动前检测；生物安全认可。

（二）未来措施

1. 风险管理　在一些牛群额外使用干扰素-γ检测牛结核病，例如，在獾感染结核病的风险得到控制的牛群；提高暴发现场的流行病学调查（包括使用基因测序）。

2. 降低獾的结核病风险　獾的扑杀；部署獾的口服疫苗接种。

3. 其他疾病预防　部署牛疫苗接种；基于区域和集群的流行病学报告。

附录三　美国牛结核病根除计划

摘自：美国农业部动植物检验局，《牛结核病根除——统一方法和规则（Bovine Tuberculosis eradication–Uniform Methods and Rules）》，APHIS 91–45–011，2015年1月1日生效。

一、通用程序（最低要求）

（一）政府授权实施牛结核病的控制和根除计划措施

国家法律和法规必须授权实施牛结核病检测，能够限制任何怀疑感染或者暴露于牛分支杆菌的家畜或其他动物的流通，包括圈养动物的流通。在任何情况下，必要时应能和州或联邦的官方兽医合作。这些部门的官员有权监管由授权兽医实施的结核病检测或其他官方牛结核病控制与根除活动。

（二）获授权进行的牛结核病官方测试的人员

官方牛结核病筛查检测仅指尾皱试验（CFT），应该由州或联邦的官方兽医或经认可的执业兽医进行。州或联邦政府雇用或授权的技术人员在州或联邦政府的官方兽医直接监督下，也可以进行牛结核病常规筛查（CFT检测）。

（三）获授权的实验室

实施所有牛结核病诊断的主要实验室为美国农业部下属、位于爱荷华州艾姆斯的美国国家兽医实验室（NVSL）。动植物卫生检验局（APHIS）也可指派州或联邦的国家动物卫生实验室网络承担官方结核病根除计划诊断性检测。在国家兽医实验室未覆盖的地方，日常屠宰牛群的组织学检测也可由美国农业部下属的食品安全检验局实验室承担。

（四）假定的诊断性试验

对于结核病状况不明的动物来说，CFT是牛常规的官方检测方法。牛用CFT复检不得少于60天间隔。

（五）辅助性诊断试验和复检程序

1. 比较变态反应（CCT） 是牛结核菌素检测疑似牛复检的官方指定方法。CCT不应用作结核病状况不明牛的初次试验。

2. 牛结核病IFN-γ检测法 只用于牛群检测，而且只有在州首席兽医官或地区主管兽医许可下，以及授权或区域结核病流行病学家同意下方可使用。

3. 其他方法 目前，组织病理学、诊断细菌学和福尔马林固定组织的PCR检测都只能作为牛结核病诊断的辅助方法，这些方法应在综合分析牛结核病皮肤试验检测结果和尸检或屠宰检测资料基础上选择使用。

（六）主要的诊断性试验

1. 颈部结核菌素皮肤试验（CT） CT试验是在患有结核病的牛中推荐使用的方法，CT的结果只能归类为有反应阳性或者阴性，必须由州或联邦政府雇用的官方兽医实施。

2. 尾皱皮肤试验（CFT） CFT是代替感染牛群CT试验的主要诊断试验，必须由州或联邦政府雇用的官方兽医实施，也可由授权的或区域结核流行病学家批准的兽医实施。

（七）场所、交通工具和材料的清洁与消毒

所有的经营场所，包括所有结构、关养设施、饲料和饮水槽、交通工具和材料等，都应当妥善清洁和消毒。具体消毒清单由官方兽医根据污染地或物对人和动物的健康风险确定，应在清除结核病感染或暴露动物后15d内完成清洁消毒工作。然而，官方兽医可能根据具体情况，在申请延长消毒期限获批准情况下，可延长至清群（depopulation）后30d内消毒。

（八）确定国家受感染动物的起源地

在屠宰检疫或其他情况下发现家畜结核病时，一般认为，其屠宰或发现结核病动物所在州是结核病动物的起源地，除非追踪程序成功找出其他州为其原始来源地。

（九）标识

（1）所有牛在进行官方结核病检测时都应佩戴官方认可标识。

（2）牛在州或者地区间交易过程中，需单头佩戴经州首席兽医官批准的官方标识，并且记录其来源地和第一个集散目的地的详细情况。

（十）交易注册和记录保存

牛或野牛的任何买、卖交易人或经纪人都必须在相应的州政府机构注册或办理营业执照，必须保存完整的记录，以便于官方兽医追溯动物是否为感染、暴露、可疑或阳性动物，以及确定感染原发地。这类记录至少应保存2年，而且在正常工作时间，官方兽医需要调取记录时，应随时能调取。

二、标准程序（最低要求）

（一）检测牛的分类

1．CFT检测　记录所有的检测反应，除非检测兽医或者结核病流行病学家将反应动物判为阳性外，各类反应均判断为可疑。

2．CT检测　所有发生反应的动物都判断为阳性动物。

3．CCT检测　应记录所有反应，并绘制CCT反应散点图（VS 6−22D表格）。根据所标绘动物所在区域，分为阴性、可疑和阳性反应三类。如果两次连续CCT检测均在可疑区内，应判为阳性反应。

当动物分布在阳性区域或两次连续CCT测试均在可疑区内，但结核病流行病学家在找不到牛群与牛分支杆菌间的关联时，可将其重新判为可疑。在此情况下判为可疑的动物必须直接送屠宰场扑杀。尸检除食品安全检验局或州肉类检验兽医参加外，还应由州或联邦官方兽医见证。所有样本，包括出现肉芽肿性病变的组织和有代表性采集的头部和胸部淋巴结组织，必须提交专门实验室检测。若这些可疑样本检测仍不能确定牛结核病是否阳性—如组织病理学和牛分支杆菌细菌学检测阴性；完整的流行病学调查包括群体检测，也不能证明其为牛结核病或暴露牛群；在授权或区域结核病流行病学家的同意下，可视为无牛结核病牛群。任何由授权或区域结核病流行病学家做出的特殊决定都必须得到国家结核病流行病学家的允许。

4．牛结核病γ干扰素检测　当州首席兽医官和地方主管兽医官许可、授权或区域结核病流行病学家同意情况下，牛结核病γ干扰素检测可以作为牛结核病官方检测方法使用，程序如下。

（1）与CCT平行检测。

（2）作为CCT检测的替代方法，复检CFT可疑牛（CCT可疑牛用CCT复检时，应为阴性，才可以重新判为阴性）。

（3）在感染牛群中，与CFT或CT平行检测。

牛结核病γ干扰素检测结果应由测试实验室向相应的授权结核流行病学家和/或地区结核病流行病学家报告，以进行动物分类。单次牛结核病γ干扰素试验阳性应列为可疑，除非授权结核流行病学家或地区结核病流行病学家有根据确定该反应归为阳性；两次连续的牛结核病γ干扰素试验均为阳性的动物应被归类为阳性动物，除非授权结核流行病学家或地区结核病流行病学家有证据否定该结论。

5．动物重新分类　当一次全群测试结果证实为牛结核病阳性，所有对初次CFT检测有应答的牛应重新分类为可疑或阳性反应牛。这些动物应立即屠宰和剖检，州或联邦官方兽医直接监督扑杀和尸检。

（二）检测结果报告

所有经批准的牛结核病检测报告应按照协作州和联邦官方兽医的要求提交。该报告应包括官方标识、年龄、性别和每个动物的品种，以及所有检测反应和结果诠释的记录。

（三）牛结核菌素反应牛的处理

(1) 阳性反应者在获得州或联邦的移动许可前必须保留在原地。直接屠宰应在确诊后15d内，直接运送至州或联邦政府指定的屠宰场，并在州或联邦官方兽医直接监督下处理，以确保进行适当的尸体检查；阳性动物也可在州或联邦官方兽医直接监督下就地屠宰和尸检，尸体深埋或焚烧，污染场地或设施进行适当清洁和消毒。

(2) 含有CFT检测可疑的牛群应进行隔离，直到可疑的动物是：①CCT测试呈阴性；②牛γ干扰素试验阴性；③按照州和联邦法律及法规直接运输至屠宰场扑杀与尸检。

(3) CCT检测可疑动物必须：①前次CCT注射60d及以上时间后重新检测为阴性；②获批准后，直接运到屠宰场扑杀与尸检。

(4) 牛γ干扰素试验阳性，但归类为可疑的动物必须：①CFT注射后的30d内进行牛γ干扰素复检为阴性（授权或地区结核病流行病学家必须同意该复检方案）；②根据许可直接运到屠宰场扑杀、尸检。

(5) 尸检应当在州或联邦政府的官方兽医见证下进行，选择采集组织标本，包括任何出现肉芽肿病变的组织和有代表性的头部和胸部淋巴结，必须送指定实验室检查。

（四）牛结核病控制的州际或区域间牛群移动要求

1. 来自于获无结核认证的州或地区（Accredited Free States or Zones）。来源于获无结核病认证的州或地区的牛可以在无结核州或地区之间自由移动，没有限制。

2. 来自于获改进高级认证州或地区(Modified Accredited Acvanced States or Zones)。

(1) 牛被直接转移到经批准的定点屠宰场屠宰，或者由官方机构确定官方识别号码后，通过一个经批准的畜禽设施直接运输到经批准的指定屠宰场。

(2) 性发育完好的小母牛或阉公牛或阉母牛直接移动到批准的饲养场，或者由官方机构确定官方识别号码后，通过一个批准的畜禽运输设施，直接运向经认可的育肥场。

(3) 牛来自认可的牛群，并带有证书表明该认可牛群完成了必要的测试，并且在移动前两年内呈阴性。

(4) 性发育完全的小母牛：①来自非认可牛群；②确定了官方识别号码；③带有证书，证明运输动物在18个月龄以上，移动日前60d内进行的额外牛结核病测试呈阴性反应。例外情况：如果来自于全群测试呈阴性的牛群，在测试后6个月之内进行的州际移动，不需要额外检测。

3．来自于获改进认证的州或地区（Modified Accredited States or Zones）。

（1）牛被直接转移到经批准的定点屠宰机构屠宰，或者确定官方识别号码后，通过一个经批准的畜禽设施，直接运输到经批准设立的屠宰场。

（2）性发育完好的小母牛、阉母牛或公牛直接移动到批准的育肥场，或者确定官方识别号码后，通过一个批准的畜禽设施转运，直接运至经批准的育肥场，并且其带有的证书证明，运输动物在2月龄及以上，移动之日前60d内进行的官方牛结核病检测呈阴性反应。

（3）牛若是来自认可的牛群，并携带有证书，说明该认可牛群完成了必要的测试，并且在移动前一年内呈阴性。

（4）性发育完全的小母牛：① 来自非认可牛群；② 确定了官方识别号码；③ 携带有证书，证明运输牛在12月龄及以上，移动之日前一年内的官方牛结核病测试呈阴性反应；④ 运输牛在2月龄以上，移动之日前60日内额外进行的官方牛结核病检测呈阴性。例外情况：来自于全群测试阴性、测试后60天在内州际或区域间移动的2月龄以上牛，不需要额外检测。

4．来自于预备州或地区(Accreditation Preparatory States or Zones)。

（1）牛被直接转移到经批准的定点屠宰场屠宰，或者官方确定识别号码后，通过一个经批准的畜禽设施被转运到经批准设立的屠宰场。

（2）小母牛或阉公牛直接移动到批准的育肥场；或者确定官方识别号码后，通过一个批准的畜禽设施直接运至经批准的育肥场，并且携带有一份证书，证明移动之日前60日内个体官方结核病检测及一年内进行的官方牛结核病全群检测均呈阴性反应。特殊情况：来自于全群检测呈阴性的牛群、且测试后60d内进行的州间或区间移动的牛，不需要进行额外检测。

（3）牛来自于认可的牛群；被确定了官方识别码；并且附带有证书，说明认可的牛群在移动之前一年内完成了必要的全部测试且为阴性，并且动物移动前60d内的官方结核检测呈阴性。

5．来自于未认证的州或地区(Nonaccredited State or Zones)，须带有兽医局的VS1－27表，以官方印验的运输工具运输，只允许经州际或区域间直接运输到经批准的屠宰场屠宰。

6．牛来自于一个认可和批准的互运牛群，其在州际或区域间移动时，按照适用的互运牛群协议实施。

（五）确定结核感染牛群的程序

牛结核病牛群在确定前都应该进行完整的流行病学调查。来自于结核病感染牛群或与结核感染牛群相关联的所有牛都应该立即进行结核病检测。本程序也适用于相邻和接触牛群，以评估和检测结核病牛群的可能来源。具有暴露动物的群体，在暴露动物被屠宰后，应进行全群检测。尽一切努力确保从家畜各品种中立即消除该疾病。

（六）确定牛分支杆菌感染育肥场的程序

育肥场牛分支杆菌感染群程序同前述结核感染牛群一样，需要进行完整的流行病学调查，对于进、出育肥场的牛需进行流行病学溯源。应该隔离已知暴露过结核病的牛，在获批准后将牛直接运至屠宰场屠宰。养有牛结核病感染牛或暴露牛的育肥场或场的局部区域，在牛群运至屠宰场扑杀后，应空栏、清洁与消毒。空栏至少30天，按要求清洁消毒后才允许再引进牛。

（七）国际移动中控制牛结核病的要求

牛的国际移动应按照美国关于牛结核病检测的要求，且需满足接受国关于牛结核病检测的要求。任何对官方结核病检测有反应的牛都不能进行国际移动。

（八）阳性牛的标识

阳性反应牛必须在靠近尾根左臀印上字母T标识阳性，或打上标识耳标，耳标上有官方序列号，并刻有“美国阳性反应U.S Reactor”或“××州反应阳性”类似字样。耳标为经官方批准的金属标签，佩戴在左耳上。这些阳性反应牛在获许可后，用官方印验的运载工具直接运送到官方许可的屠宰场屠宰。也可用黄色油漆在左臀上写上TB字母标识阳性反应牛。

（九）结核接触牛和其他家畜的标识

(1) 适合于经济补偿的牛，标识方法同上，只是在靠近尾根的左臀部印上字母S标识，或用黄漆写上字母S标识；同时，在任一耳朵上戴上经批准的金属耳标，耳标上印有官方序列号。按以上阳性牛的方法直接运至屠宰场屠宰。

(2) 其他与牛结核病牛有接触、适合于联邦经济补偿的家畜，须在任一耳朵上佩戴经批准的金属耳标，耳标上印有官方序列号。这些牛按以上述及的程序直接运至官方指定屠宰场，在联邦或州官方兽医监督下屠宰。

（十）隔离程序

(1) 发现阳性反应的所有牛群都应立即隔离。暴露动物在获得州或联邦移动许可之前，必须留在原地。直接屠宰的动物必须在州或联邦官员的监督下直接运至官方认定的屠宰场屠宰。暴露动物必须戴印有S字母的官方耳标标识，按前述要求屠宰。

(2) 禁止销售隔离牛群中的犊牛。12月龄以下并且移动前60d内作CFT测试为阴性的犊牛，允许在州内移动（包括在同一州内的不同区域之间移动）到许可的育肥场。

(3) 已被证实为牛分支杆菌感染的牛群应保持隔离。如果不作清群处理，则必须达到群体结核病根除计划的所有要求：至少连续两次全群检测为阴性；所有初次诊断检测（CT或CFT检测）呈阳性反应牛扑杀尸检未发现牛分支杆菌感染的证据；随后进行连续6次检测，初次诊断性检测（只作CFT检测）为阳性牛在补充检测（CCT试验，牛γ干扰素试验）或尸检时均呈现阴性。8次全群检测的时间间隔的规定如下：① 前4次全群测试的间隔至少60d; ② 第4和第5次全群检测至少间隔180d; ③ 第6次至第8次之间至少间隔12个月。如果畜群所在区域其野生动物的一个或多个物种已知感染了牛分支杆菌，牛群在实施减轻潜在暴露风险计划之前和得到授权或区域结核病流行病学家批准之前，不得解除隔离。解除隔离前的所有动物，在携带有州或联邦官方代表签发的许可证情况下，直接运到屠宰场。在解除隔离后，牛群还必须经过两个额外的全群检测且为阴性，才可解除隔离。这两个全群检测阴性的要求也适用于牛群无结核认证。

(4) 对于没有大体病变的阳性反应者，同时选择采集的头部和胸部淋巴结样本的组织病理学检测为阴性，牛分支杆菌感染也为阴性，并且在没有大体病变的阳性反应牛屠宰后60d以上进行的全群复检为阴性情况下，可以取消隔离。如果授权的或区域结核病流行病学家认为，间隔60d以上的复检没有必要，则可以不做复检而解除隔离。

(5) 对于至少有一个可疑牛但并没有阳性反应牛的牛群应进行隔离，直到所有的可疑牛都重新检测，并分类为阴性，或在获许可后将阳性牛直接运到官方指定屠宰场屠宰，检测也没有发现牛分支杆菌的感染证据情况下，解除隔离。

(6) 屠宰追溯到某畜群为传染来源群时，应在获隔离通知后15d之内实施隔离，所有符合条件的牲畜所在群体都应接受全群检测。

(7) 结核感染牛群的源头群应在州或联邦官方兽医的监督下用CFT进行全群检测。阳性反应牛可判为阳性；如果判为可疑，则用CCT试验或牛结核病γ干扰素检测法复检。

(8) 含有已知牛结核病暴露动物的畜群应立即隔离，直至暴露动物尸检阴性，或至少一次CT检测阴性；牛群其他成员经过一次官方CFT检测为阴性情况下，才能解除隔离。

（十一）高危畜群的复检计划

(1) 有过牛结核病史但未确证的群体解除隔离后，应进行2次（每年1次）牛结核病检测，且2次均为阴性。第一次测试安排在解除隔离后一年左右进行。

(2) 对于因结核病清群后，在原场地组建的新群体，需要进行2次（每年1次）牛结核病全群检测。第一次测试安排在组群后6个月左右。任何物种关于该检测要求的特例，都必须事先经过授权结核病流行病学或区域结核病流行病学专家的批准。

(3) 从已知牛结核病感染群体中售出的暴露动物尽可能地进行有偿扑杀。如果不扑杀，初始测试只用CT测试，所有有反应的动物被归类为阳性反应者。如果初始测试是阴性，这些动物也将因为来自于结核病感染群体进行隔离，并实施解除隔离的检测程序。解除隔离后进行连续2次（每年1次）例行检测，确保检测为阴性。其余的动物将按照下面B中的检测方法检测，如果检测结果为阴性，一年内采用CFT复检1次。接受检测的群体按以下方法检测：

A．如果从暴露动物发现了结核病病灶（依据组织病理学检查）或者从暴露动物组织样中分离到牛分支杆菌，群中的其余动物或被捕杀清群，或者接受检测，优先使用CT检测。

B．其他情况下，其余动物将进行CFT检测，阳性者视为疑似感染者，再用CCT复检或者牛γ－干扰素法复检。

（十二）在已知野生动物感染牛结核病地区划的或结核病感染牛群体的监测

在家畜或野外的野生动物诊断为牛结核病后的6个月内，应对10英里半径范围内的所有畜群进行牛结核病检查。

附录四　OIE陆生动物诊断试验和疫苗手册——牛结核病

摘自《OIE陆生动物手册（OIE Ternestrial Manual）2009》。

牛结核病是牛分支杆菌引起的动物和人的一种慢性细菌性传染病。该病呈世界性分布，在很多国家仍然是牛和其他家畜及某些野生动物的主要传染病，而且能够传播给人类，给人类健康带来威胁。

该病常常通过空气传播，也可以通过摄食污染的饲料、饮水等而经消化道传播。感染后，以形成结节状肉芽肿称为病理学特征。结核病结节最常见于肺、咽喉、支气管、纵隔淋巴结，病变也常见于肠系膜淋巴结、肝、脾、浆膜及其他器官。

牛结核病通常根据在活体上出现迟发性过敏反应来诊断，临床症状的示病性不典型。感染前期，可能不出现临床症状。在感染后期常出现明显临床表现，包括体弱、厌食、消瘦、呼吸困难、淋巴结肿大和咳嗽，但这些症状不是典型性症状，在其他病中也可观察到。死后则通过尸检剖检，病理组织学检查及细菌学技术诊断。也可以用DNA探针/多聚合酶链式反应(PCR技术)，但这些技术尚不能代替传统的细菌学诊断技术，后者是确诊方法或全标准方法。

病原鉴定　细菌学检查包括：显微镜检查抗酸性杆菌（初步证实）：用选择培养基分离分支杆菌，再通过培养和生化试验来鉴定，也可应用核酸探针和PCR；动物接种试验比培养要灵敏一些，但因操作复杂，生物安全防护措施要求高，只有当病理组化试验阴性时进行再考虑动物接种试验。

迟发性过敏反应试验　本试验是测定牛结核病的标准方法。用牛结核菌素给牛皮内注射，3天后测定注射部位的皮肤肿胀程度。

用牛和禽结核菌素作皮内注射比较试验，主要是为了区别是由牛分支杆菌感染或由其他分支杆菌及有关属的感染而产生的反应。

选择哪种试验方法一般取决于结核病的流行现状和环境中其他敏感病原体感染的水平。由于牛分支杆菌纯化蛋白衍生物（purified protein derivative,PPD）具有较高的特异性和更易于标化，PPD已经取代了以前经热处理合成的旧结核菌素。用于牛的PPD推荐剂量至少为2 000国际单位（IU），在比较试验中，其剂量每次应不低于2 000IU。反应根据适宜的方案来判定。

血清学试验 现在已有不少新的血液诊断试验问世，例如，淋巴细胞增生试验，γ干扰素试验和酶联免疫吸附试验（ELISA）。其敏感性和特异性需进一步证实，而材料准备和实验室操作可能是一种限制因素，而且需要在不同条件下与皮肤试验的大量对比试验。γ干扰素试验和ELISA是非常有效的试验方法，尤其对野牛，动物园动物和野生动物。

疫苗和诊断用生物制品要求 已研制出疫苗并经过试验，但目前并未常规应用。牛结核菌素生产有标准方法。用于专门试验的PPD，应按世界卫生组织要求进行制备。特别在原材料、生产方法及注意事项、添加的材料、无污染、均一性、安全性、效力、特异性以及无致敏作用等方面应符合WHO的要求。作生物学活性鉴定的生物学方法特别重要，效力要用国际单位（IUs）表示。

（一）诊断技术

1．病原鉴定 因为在广泛病变之前，牛结核病通常不表现临床症状，所以直到1890年Kock研制了结核菌素后使动物个体诊断和扑灭结核病计划成为可能。结核菌素是用甘油牛肉汤培养的牛分支杆菌的一种浓缩无菌培养过滤物，最近用合成培养基取代了牛肉汤培养基，为动物疾病的检测提供了更为简便的方法。

因为皮肤试验操作比较困难，正在研制牛或其他动物牛结核病的血液学检测方法。然而，还没有一种被广泛认可的血清学试验。

牛分支杆菌可通过临床和尸体解剖采集的样品进行涂片染色检查，并通过培养基分离培养确认。收集样品的容器应干净无菌，若容器污染了环境中的分支杆菌，则可能因为环境分支杆菌迅速大量繁殖而导致无法检出牛分支杆菌。若用一次性塑料分装器，分装量50mL，能适于装各类不同样品。样本送实验室的邮件，必须加垫、密封，以防溅漏；合适包装以防运送中破损。运送必须遵守国际航空运输协会（IATA）《危险物品管理条例（DGR）》关于采样方法的规定。样品快速及时送到实验室，可明显提高培养牛分支杆菌的分离概率。但是，如果不能及时送到，应将样品冷冻或冻结，即可防止污染杂菌生长，还可保护牛分支杆菌，在温暖环境下，可加硼酸（最终浓度为0.5%W/V）作抑制剂。所有操作包括培养都应在生物安全三级实验室的生物安全柜中进行。

（1）显微镜检查　检查牛分支杆菌临床样品和组织材料涂片可用显微镜直接观察。牛分支杆菌的抗酸性，通常用古典萋-尼氏染色检查，也可用荧光抗酸染色。免疫过氧化物酶技术也可获得令人满意的结果。如果组织内有抗酸性微生物，并且具有典型的组织学病变（干酪样坏死、钙化、上皮样细胞、多核巨细胞和吞噬细胞）则可以做出初步诊断。有的情况下，能培养分离到牛分支杆菌，但在组织切片上可能检查不到抗酸性微生物。

（2）牛分支杆菌的培养　进行培养时，先将组织样品在研钵或搅拌皿中匀浆，随后用酸或碱去除污染，如5%草酸或2%～4%氢氧化钠。不过，根据具体情况也可采用其他浓度的化学药品去污，混合物于室温振荡10min，然后用碱或酸中和。离心悬浮液，弃上清液，沉淀物用于培养和显微镜检查。

初步分离通常是将沉淀物接种于含鸡蛋黄的分离用基础培养基，如Lowenstesin-Jensen、Coletsos和Stonebrink氏培养基，分别加丙酮酸钠或甘油或两者都加（每种1～2支斜面），或接种到琼脂培养基上，如Middlebrook 7H10或7H11培养基。

培养物在37℃含或不含CO_2环境下至少孵育8周，培养基应放入密封管中，以防干燥。在培养期间定期观察其生长情况，将可见的生长物制备涂片，进行萋-尼氏染色。牛分支杆菌一般在培养3～6周后出现生长物，在不加丙酮酸的Lowenstein-Jensen培养基上生长良好，但加入甘油后生长不良。根据其特征性菌落和形态可以做出初步诊断。用PCR和分子分型技术（如Spoligotyping技术）可进行确诊。

根据特征性菌落和形态可以做出牛分支杆菌的初步诊断，但每一分离株需做生化鉴定（烟胺和硝酸化），或基因分型方法确定分离株为牛分支杆菌。

如果培养基发生污染，或样品培养为阴性，而眼观及组织病理学检查结果为阳性，那么，应将留存样品重新培养，以确证污染的存在。样品常常因为采集不当而造成污染，故实验室应采取措施保证样品的质量。将疑为分支杆菌的生长物用鸡蛋黄培养基和Middlebrook 7H10或吐温白蛋白肉汤作继代培养，孵育到可见生长物出现。有些实验室，接种之前先加无菌牛胆汁以促进菌块分散。

分离物的鉴定可通过测定其培养特性和生化特性进行。在丙酮酸盐固体培养基上，牛分支杆菌的菌落光滑、灰白色。37℃下生长缓慢，22℃或45℃不生长。该菌对联噻吩-2-羧酸酰肼（TCH），异烟肼（INH）敏感，用含鸡蛋培养基或Middlebrook 7H10/7H11 琼脂培养基培养。含鸡蛋培养基必须不含甘油，牛分支杆菌才能生长良好；而且不含丙酮酸盐，因为丙酮酸盐能抑制INH，对TCH（INH的类似物）也有类似影响，所以会产生假阳性结果。牛分支杆菌对链霉素和对氨基水杨酸也较敏感。有效的药物浓缩液对牛分支杆菌的作用在琼脂或鸡蛋培养基上各有不同。此外，牛分支杆菌不产生烟酸，不能使硝酸盐还原。在酰胺酶试验中，牛分支杆菌为尿素酶阳性，烟酰酶和吡嗪酰胺酶阴性，微需氧，不产色。鉴定还可用其他试验，包括DNA分析技术等。

将牛分支杆菌与引起结核病的其他成员，如结核分支杆菌（引起人类结核病的主要病原）、非洲分支杆菌（为结核分支杆菌和牛分支杆菌中间型）和田鼠分支杆菌（为野鼠类杆菌，极少遇到的病原）区分开十分必要。按上述的试验方法可以把牛分支杆菌与其他分支杆菌区分开。

有时可以从牛结核病样病变的牛组织中分离到禽分支杆菌。对这样的病例，须仔细鉴定禽分支杆菌，要排除与牛分支杆菌的混合感染。结核分支杆菌可引起过敏牛对牛结核菌素反应，但可能不出现典型的结核病变。

医院和兽医实验室常用液体培养基如Bactec 作为常规培养，通过放射或荧光方法检测生长情况，制造商（如BD–诊断体系）不再提供放射系统。

(3) 核酸识别方法　聚合酶链式反应（PCR）已被广泛地用于检测病人的疑似结核病的临床样品（主要是痰液），已有报道用于动物结核病的诊断。很多商品化的试剂盒和各种自行新研制的方法已用于检测固定和新鲜组织中的结核杆菌病。各种各样的引物也已广泛应用，包括16s–23s rDNA的扩增序列、IS6110和IS1081的插入序列，以及编码特异性结核杆菌分支复合群蛋白的基因，比如MPB64和38kD抗原。用核酸探针杂交或凝胶电泳方法分析扩增产物。商品化试剂盒和各科研部门研制的方法对新鲜样品、冷冻或硼酸保存样品的检测结果差异较大，而且很难获得满意的结果。假阳性和假阴性结果，尤其是含有少量细菌的样品降低了试验结果的真实性。

PCR不仅可直接检测样品，而且广泛应用于起源鉴定（根据菌落形态和抗酸染色做组织选择）。可买到成熟的商品化试剂盒，如Gen标记探针。尽管这些试剂盒区分品种的数量有限，但检测牛分支杆菌的引物已在人医和兽医广泛应用。实验室研制出自己的“实验室”方法。污染是应用PCR最大的问题，这可解释为什么每一次扩增都需要合适的对照。PCR技术被估计过高，通常需做一些生化试验来确证阳性。然而，PCR现在已作为常规方法来对结核分支杆菌复合群分类，并从福尔马林固定、石蜡包埋的组织中检测牛分支杆菌和区分禽分支杆菌，同时联合应用PCR和分离鉴定可得到更准确的结果。

DNA分析技术与区分牛分支杆菌和其他结核分支杆菌复合群成员的生化方法相比更加快速、可靠。到目前为止，已经发现oxyR基因285核苷酸突变，在所有结核分支杆菌复合群成员中对牛分支杆菌是特异的。用于杂交、检测扩增片段的特异基因探针可以用生物素或地高锌标记，而不用同位素。

基因指纹图谱分析可以区别不同菌株的牛分支杆菌，而且能够客观地描述牛分支杆菌的起源、传播和扩散方式。应用最为广泛的方法是间隔寡核苷酸定型（spoligotyping），该方法可区分牛分支杆菌的不同菌株，并且能区分牛分支杆菌和结核分支杆菌。目前正开发其他新型检测技术，目的是更加精确的区分具有同样间隔寡核苷酸型的菌株。这些方法包括用IS6110的DR区域和深褐色探针，以VNTR剖面（多种纵列重复）为特征的扩增片段长度多态性分析（amplified fragment length polymorphism，AFLP）。牛分支杆菌基因组已经测序，将被用来改进基因指纹分析的方法。

2. 迟发性过敏反应试验　结核菌素皮肤试验，是国际贸易指定试验。

过去，常常使用热浓缩合成培养基（HCSM）生产结核菌素，但是，目前大多数国家都用PPD结核菌素代替HCSM结核菌素。如果精确标化生物学活性，HCSM结核菌素具有很好的潜力，但其特异性较PPD结核菌素差。而且，已经证明牛分支杆菌AN_5株制备的牛PPD_s比结核分支杆菌制备的人用PPD_s在检测牛分支杆菌方面更具有特异性。

结核菌素皮肤试验是测定牛结核病的标准方法，即皮内注射牛结核菌素纯化蛋白衍生物（PPD），并在3天后测量注射部位肿胀的程度。

进行兽医流行病学调查时不推荐使用该方法，因为该方法特异性低，而且与感染动物接触的动物个体会出现假阳性反应。又因为在疾病早期阶段和急性病例会发生假阴性反应，故仅用单一的结核菌素试验进行根除计划十分困难。

以前，用结核菌素比较皮内试验区别牛分支杆菌感染的动物和因接触其他分支杆菌而对结核菌素过敏的动物。这种致敏作用是由环境分支杆菌和有关属的抗原交叉反应所引起。本试验是在颈部不同部位（通常在颈部的同一侧相距12~15cm的两个点）注射牛结核菌素和禽结核菌素，3天后分别测其反应。

结核菌素试验一般在颈的中部进行，但在特殊情况下，可在尾褶处进行。但对于牛结核菌素反应，颈部皮肤要比尾褶处更敏感。为了补偿这一差异，用于尾褶的结核菌素剂量要大些。在尾褶处，用一短针斜面向外插入皮肤的深层，至尾皱的后半部，中间沿着皱褶至毛发和皱褶的垂直面中部。

结核菌素效力必须用生物学方法测定，这种方法以与标准的结核菌素比较作为依据，并用国际单位（IU）来表示。在许多国家，牛结核菌素保证每头牛剂量达2 000（IU）（±100），方可认为效力可靠。对于过敏性较差的牛，需要用高剂量的牛结核菌素，在扑灭牛结核病运动中，则推荐使用剂量为5 000IU，每次注射量不超过0.2mL。

试验程序如下：

（1）注射方法正确相当重要，注射部位必须剪毛和消毒。用卡尺测量剪毛区的皮肤褶叠。注射前用一短针，斜边向外装有结核菌素的刻度注射器，倾斜插入皮内深处，然后注入结核菌素。皮内注射对比试验，注射的结核菌量无论是牛结核菌素还是禽结核菌素均不应少于2 000IU。两次注射的位置间隔为12～15cm。幼龄动物颈部一侧没有足够的地方分开注射时，故可在颈部两侧进行，而且注射均在颈中1/3相对应的部位进行。注射前和注射后试验结果测量应由同一个人完成。如注射正确，在注射部位可摸到像豌豆大小的肿胀。注射后72h，测量每一个注射部位皮肤褶叠的厚度。

（2）结果判断是根据临床观察和皮肤褶叠厚度增加情况。对于单项皮内变态反应试验（只注射牛结核菌素），如果只观察到局限性肿胀，但增厚不超过2mm，而且注射部位没有临床表现，例如，扩散或延展性水肿、渗出、坏死、该区内淋巴管或淋巴结的疼痛或发炎，就可认定反应为阴性。如果没有上述临床症状，但皮肤褶叠厚度增加超过2mm而小于4mm，可认为反应为可疑。等于或大于4mm，或注射部位皮肤可见明显炎性反应症状，则判断为阳性。此外，在牛分支杆菌感染群中，有任何可触摸到的、可见的肿胀，都认为是阳性。有时需要更加严格的解释，尤其在高度危险群或与其接触的动物。对单项用皮内注射试验可疑的动物，应在间隔42d后复检。第二次试验结果不是阴性的动物则视为阳性。

（3）解释比较皮内变态反应试验结果，如果在牛结核菌素注射部位，其皮肤褶叠厚度增加比禽结核菌素注射部位增加在4mm以上，则认为是阳性反应。两者厚度增加相差1～4mm，则认为该反应可疑。若前者小于或等于后者，则认为该反应为阴性。这一判断方法在欧盟国家广泛使用，并以议会指令64/432/EEC推荐。有时还可能采用更严格的判断方法。

（4）在尾皱皮肤测试中，标准的解释是任何摸到或可见的肿胀变化都被认为是阳性反应。另一种更改的方法也常常使用，这就是注射部位尾皱处的厚度与对照部位相差4mm以上，出现可摸到或可见的肿胀时判为阳性。如果动物只有一个尾皱，尾皱的厚度达到8mm或8mm以上，则认为试验阳性。

3．血液学检查　除了传统的结核菌素皮肤试验方法外，已研发了一些新型的血液诊断方法，但由于其费用高和操作复杂，他们常作为肯定或否定皮肤试验的补充试验。如与细胞免疫相应的有淋巴细胞增生和γ干扰素试验、与体液免疫相应的牛结核病抗体酶联免疫吸附试验（ELISA）和试纸条等。

（1）淋巴细胞增生试验　这种体外试验是比较全血样品对结核菌素（PPD）抗原刺激的细胞反应性。这种试验具有科学价值，其结果以牛分支杆菌PPD反应值减去禽分支杆菌PPD反应值的差值表示。特异性和灵敏性高。因为试验耗时、前期准备以及试验操作都比较复杂，并使用放射性核苷酸等原因，常规诊断中并不常采用该方法。然而，这种试验可用于野生动物以及动物园动物的检测。具体检测方法包括淋巴转化试验和ELISA。有报道ELISA在鹿的牛结核病诊断中有很高的灵敏性和特异性。这些试验相对比较贵，且结果不稳定，在实验室间不容易比对。

（2）γ－干扰素试验　本试验是测定全血培养系统中淋巴因子（γ－干扰素）的释放。其原理是曾被牛分支杆菌感染牛的淋巴细胞已被致敏，在再用特异性抗原（PPD结核菌素）培育16～24h期间内，致敏淋巴细胞释放出大量γ干扰素。牛γ干扰素的定量测定是用对γ干扰素的两种单克隆抗体MAb，作夹心ELISA。肝素抗凝血清样品必须在收集后尽快，最迟不超过24h内送到实验室进行检测。与结核菌素皮试相比较，其敏感性相对较低，但特异性较高，然而，用特异的分支杆菌抗原刺激可以进一步提高特异性，但灵敏性将降低。对于很难接触或接触有危险的动物，如已激怒的牛或其他牛科动物，这种方法较皮试方法的优越之处在于只需抓捕一次动物。该方法已在欧洲多个国家、美国、新西兰与澳大利亚等用于牛结核病根除计划中。在新西兰与英国，γ－干扰素试验用于平行检测或序列检测。

（3）酶联免疫吸附试验（ELISA）　ELISA抗体检测法可作为细胞免疫试验的补充，但不能取而代之，它有助于检测对于细胞免疫无反应性的牛和鹿。ELISA的优点在于它简单，但对牛的特异性和敏感性有限，多由于发病期牛的体液反应较晚而且不规则。这可以通过联合使用不同抗原，包括蛋白质（如非常特异的MPB70）和（肽）糖脂来进行改进。然而，鹿的抗体反应较早，更有预见性，有报道ELISA抗体检测的敏感性可达85%。此外，在感染牛分支杆菌的动物中，有回忆性升高的报道，因此常规结核菌素皮试后2～8周，作ELISA抗体检测的结果会更好。用牛PPD（PPD–B）和禽PPD（PPD–A）引起的抗体水平比较，也表明ELISA的特异性可以增强。ELISA也适用于检测野生动物和动物园动物的牛分支杆菌感染。在新西兰，ELISA抗体检测作为农场鹿结核检测的辅助性平行试验，在颈中部皮肤试验后13～33d进行。在美国，抗体ELISA已许可用于象与非人灵长类动物结核检测；而英国则批准用于獾的结核检测。

（二）疫苗和诊断用生物制品要求

目前，防治牛分支杆菌感染的唯一疫苗是卡介苗（BCG）。在牛体试验表明保护效果不一，这可能与疫苗配方、接种途径及环境中分支杆菌感染程度等多种因素有关。对其他疫苗也进行了试验，但其保护力都不如BCG，关于人体的保护效果也相似。目前正在研制新型疫苗。由于结核分支杆菌、牛分支杆菌与BCG的全基因组序列已经发表，针对毒力相关基因的基因工程疫苗以及亚单位疫苗正在研究。在尚没有“检疫——扑杀”控制计划，而且受该病严重困扰的国家，可以使用BCG疫苗以降低该病在牛群中的传播。然而没有充分证据证明，疫苗免疫可导致流行率长期降低，并对人类与环境是安全的。一般皮下注射应在10^4～10^6个克隆形成单位（CFU）。疫苗需使用标准菌株，即BCG Pasteur。必须认识到使用疫苗会干扰结核菌素皮肤试验或其他免疫试验。在采用这类试验方法进行控制或作为贸易措施的国家不能使用该种疫苗。疫苗可以降低牛结核病在野生动物的传播。在使用疫苗前，应确定针对特定野生动物的投递途径。

结核菌素生产的方法如下。

1. 菌种管理

(1) 菌种特性　用于制备种子培养物的牛分支杆菌菌株必须用适当的试验作菌种鉴定。并且必须要保存其来源及其以后的历史记录，菌种传代培养不能超过5次。最常使用的生产株是牛分支杆菌AN_5株或Vallee菌株。

(2) 培养方法　如果种子培养物已生长在固体培养基上，必须让其适应于悬浮培养基生长（例如，在装有液体培养基的三角烧瓶中，加入一土豆片，如Watson Reid氏培养基）。当培养物已适应了液体培养基后，就可以用于生产种子液，然后以冻干形式保存。孵育培养基以生产继代种子液，这种种子液培养不能超过4个培养周期。继代种子常用于孵育生产培养物。

生产培养物的基质必须证明符合WHO欧洲药典标准或其他公认管理当局标准，必须不含可引起毒性或变态反应的成分。

(3) 合格检验　用作菌种培养的牛分支杆菌菌株，应证明不含杂菌。菌种应证明能生产有足够效力的结核菌素。

2. 制造方法　微生物在合成培养基上培养，滤液中的蛋白质用化学沉淀法（硫酸铵或三氯乙酸[TCA]），然后洗涤、重新悬浮。推荐使用PPD结核菌素，因为PPD更易于精确标化。

可以加入不引起假阳性反应的抗微生物保护剂，如苯酚（不超过0.5%[W/V]）。也可以加入甘油（不超过10%[W/V]）或葡萄糖（2.2%[W/V]）作稳定剂，不能用汞制剂。将产品无菌分装于灭菌的中性玻璃容器中，密封后可以冻干保存。

3. 控制过程　长颈瓶接种适量种子培养物，并培养合适时间。凡有污染或不正常生长都应高压灭菌后废弃。

在培养过程中，很多培养物的表面生长物会变潮，可沉入到培养基中或沉到瓶底。溶解沉淀物（浓缩结核菌素）的pH应为6.6～6.7。

PPD浓缩物中蛋白质含量可以通过凯氏定氮法或其他适当方法来测定。总氮和TCA沉淀蛋白氮通常是对应的。

最后成品用豚鼠作生物学试验。通过与参考PPD–结核菌素比较测其效力和特异性。按照蛋白质的含量和所需的最终浓度用缓冲液稀释，通常为1.0mg/mL。

4. 批次控制　应从每批产品中提取样品，作无菌性、安全性、敏感性、pH、保护性、蛋白质含量、效力和特异性等测试。

(1) 无菌性　无菌检验通常按OIE国际指南第1.1.9章“生物制品无污染和无菌检测”进行。

(2) 安全性　取两只不少于250g重的豚鼠，先前未用过任何干扰本试验的药物，皮下注射待测PPD–结核菌素0.5mL，7天内应无异常反应。

活分支杆菌的结核菌素试验应在分散到终容器前立即取样进行，或者分散至终容器后马上取样进行。每个样品至少取10mL，平均分配后注射至少2只豚鼠。建议取用大样品，如50mL，通过离心或膜过滤方法浓缩剩余的分支杆菌后再做试验。试验豚鼠至少观察42d，死后剖检，肉眼观察大体病理变化，发现病变要作病理组织学观察和细菌培养检查。

(3) 致敏效果　为了测试致敏效果，取3只以前未用过任何干扰本试验药物的豚鼠，分3次皮内注射制剂，每次剂量均为0.1mL，内含500IU。第三次注射后的第15～21天，每只豚鼠，包括3只没有注射过的对照豚鼠，均皮下注射相同剂量的同样的结核菌素。24～48h后测量，两组豚鼠应没有明显不同的反应。

(4) 效力　效力检验是通过与牛结核菌素参考制剂，并用牛分支杆菌致敏的豚鼠作比较试验来测定。

20世纪60年代，EEC确定牛PPD–结核菌素的EEC标准，规定效力为每毫克PPD有50 000共同体标准结核菌素单位，并以冻干状态分装。不幸的是安瓶数量不能满足世界卫生组织（WHO）所需，因此WHO决定设计一种新的牛PPD结核菌素国际标准制剂。

新的牛PPD结核菌素国际标准制剂必须用已有的EEC标准制剂来标化。通过国际合作试验，发现对于豚鼠和牛，新的牛PPD标准制剂的效力相当于EEC标准制剂的65%。因此，1986年WHO规定牛PPD结核菌素的国际标准一个单位为32 500IU/mg，这就意味着欧共体结核菌素单位与IUs是等效的。欧洲药典也认可WHO的牛PPD–结核菌素国际标准。

为了节省实际国际标准制剂的库存，要求生产牛PPD结核菌素的国家建立本国的牛PPD参考制剂工作标准。这些国家的参考制剂，用豚鼠和牛试验，以正式的牛PPD国际标准制剂进行标化。

【用豚鼠标定】

生产的牛PPD结核菌素与标准牛PPD结核菌素对比，每种结核菌素设3种间隔5倍的稀释度，采用6点试验法对同源致敏豚鼠作生物学试验。结核菌素制剂用含0.0005%（W/V）的吐温–80稀释，量为0.001、0.0002和0.00004mg的结核蛋白，分别与PPD国际标准的32、6.4和1.28IU相对应。选取这几个剂量的原因在于它们在适当限度内给予较理想的皮肤反应。注射量为0.2mL。在每次测试中，两种被测试的结核菌素与标准的结核菌素，用9只豚鼠作比较。每只豚鼠分别进行8次皮下注射，并采用一种平衡的不完全的拉丁方阵设计。

在测试前5～7周，豚鼠用低剂量的（如0.001或0.0001mg湿重）牛分支杆菌菌株的活菌致敏，杆菌悬浮于生理盐水中，于大腿中部肌内注射1mL。在测试期间，低剂量牛分支杆菌感染的豚鼠必须健康状况良好，试验后解剖结果表明豚鼠不患开放性结核病，并不排出牛分支杆菌。

另一种不太可靠的方法是效力试验不用活的致病性牛分支杆菌，更适合于对感染豚鼠没有隔离设施的实验室。结核菌素效力试验方法如下：采用8点试验法，包括4个稀释度，相对应20、10、5或2.5IU，致敏豚鼠进行PPD结核菌素生物学试验。注射剂量为0.1mL。试验中，用2种结核菌素与标准的结核菌素在8只豚鼠上对比，每个动物注射8次，采用拉丁方阵设计。试验前5～7周，豚鼠用灭活的牛分支杆菌致敏：菌体用缓冲液悬浮，然后用弗氏不完全佐剂乳化，大腿中部深层肌内注射，每只0.5mL。

正常情况下，结核菌素注射24h后判读试验结果，但42h可作第二次判读。红斑的不同直径用毫米卡尺进行测量，用试验纸记录。按照Finney所述，用参考标准平行测试统计方法来评价所得的结果，有95%可信度。用每种制剂对数剂量反应曲线斜率（对数量增加代表每单位平均反应值的增加）以及平行偏差F率校正两种试验结核菌素的相对效力。

根据欧洲药典，牛结核菌素的效力应该不低于所标效力的66%，也不得高于所标效力的150%。

【用牛标定牛结核菌素】

根据WHO第384号技术报告，效力测试应使用本动物来做，而且应具有测牛结核菌素实际应用条件，即牛结核菌素应在自然感染牛分支杆菌牛身上进行测试。因为这一要求很难达到，所以常规效力测试用豚鼠来做。然而，定期在牛分支杆菌感染牛身上进行测试是必要的，而且标准制剂也需要用牛进行校正。如果标准制剂对常规发放的结核菌素具有代表性，而且生产程序能保证稳定不变，则可以减少牛体试验次数。

用牛测试牛结核菌素效力的方法为：将待测结核菌素与牛PPD结核菌素标准制剂相比较，采用4点试验法，每种结核菌素以5倍间隔，作2个稀释度。对于标准制剂，如果使用牛PPD结核菌素国际标准，注射0.1mg和0.02mg的结核菌素蛋白分别相当于3250IU和650IU。被测的结核菌素，加入同等重量的蛋白质进行稀释，注射量为0.1mL，颈中部注射，间距为15～20cm。在测试中，3种被测的结核菌素与标准结核菌素在8头结核阳性母牛中作比较，每头牛在颈部两侧进行8次皮下注射，并采用平衡的完全拉丁方阵设计。每个注射部位的皮褶厚以0.1mm为单位的卡尺测定，于注射前和注射后72小时尽可能准确测定。

试验结果也需采用豚鼠的效力测试中所用的同样的统计学评价方法。

（5）特异性　测试特异性的合适方法为：采用4点测试法致敏豚鼠，将3种牛结核菌素PPD与禽PPD结核菌素标准制剂相比，或3种禽PPD结核菌素与种牛PPD结核菌素标准制剂相比较，每种结核菌素以25倍间隔作2个稀释度。试验用的结核菌素蛋白量为0.03mg和0.0012mg，分别相当于1 500IU和60IU，选用这些剂量的原因是可以更好的判读皮肤反应。标准制剂的注射量较低，即0.001mg和0.0004mg。在每次试验中，将3种待测结核菌素与标准结核菌素注射8只豚鼠，每只豚鼠分别进行8次皮下注射，并使用完全拉丁方阵设计作比较。测试结果和统计分析与效力试验完全相同。

（6）稳定性　若结核菌素于2～8℃避光保存，在末次效力检验后，在下列时间内仍能取得理想效果：液体PPD结核菌素，有效期为2年；冻干PPD结核菌素，有效期8年；稀释的加热浓缩合成培养基（HCSM）结核菌素，有效期2年。

（7）pH控制　pH须在6.5和7.5之间。

（8）蛋白含量　蛋白含量按前述用凯氏定氮或其他合适方法测定。

（9）贮藏　贮存中，液体牛结核菌素应避光，保存温度为5℃。冻干制剂可在较高温度下保存（但不得超过25℃），同时需避光。在实际应用中，暴露在高温下或直接光照的时间应越短越好。

（10）防腐剂　在结核菌素中可以加入抗微生物的防腐剂或其他物质，但应保证不影响产品的安全和效力。

酚允许的最大浓度为0.5%（W/V），甘油允许的最大浓度为10%（W/V）。

（11）注意事项　经验表明，人体和动物皮内注射适当稀释的结核菌素后，注射部位出现局部反应，但不出现全身症状。即使在非常敏感的个体中，严重的全身反应也是极稀罕和有限的。但是，经验表明，超过敏个体，皮内意外接种牛结核菌素（针头刺伤），可能引起严重的全身症状。因此，建议这些个体不进行2 000～5 000IU高剂量结核菌素的皮肤试验，这一剂量已是正常人体剂量5IU的1 000倍。

5．成品检验

（1）安全性　必须进行无毒和无刺激性试验。

（2）效力 结核菌素的效力必须用生物学方法测定。这些方法用于HCSM和PPD结核菌素的测试，是基于被测结核菌素与标准结核菌素的对比。

附录五 牛结核病防治技术规范

牛结核病（Bovine Tuberculosis）是由牛分支杆菌（*Mycobacterium bovis*）引起的一种人兽共患的慢性传染病，我国将其列为二类动物疫病。

为了预防、控制和净化牛结核病，根据《中华人民共和国动物防疫法》及有关的法律法规，特制定本规范。

1. 适用范围

本规范规定了牛结核病的诊断、疫情报告、疫情处理、防治措施、控制和净化标准。

本规范适用于中华人民共和国境内从事饲养、生产、经营牛及其产品，以及从事相关动物防疫活动的单位和个人。

2. 诊断

2.1流行特点

本病奶牛最易感，其次为水牛、黄牛、牦牛。人也可被感染。结核病病牛是本病的主要传染源。牛分支杆菌随鼻液、痰液、粪便和乳汁等排出体外，健康牛可通过被污染的空气、饲料、饮水等经呼吸道、消化道等途径感染。

2.2临床特征

本病潜伏期一般为3～6周，有的可长达数月或数年。

临床通常呈慢性经过，以肺结核、乳房结核和肠结核最为常见。

2.2.1肺结核

以长期顽固性干咳为特征，且以清晨最为明显。患畜容易疲劳，逐渐消瘦，病情严重者可见呼吸困难。

2.2.2乳房结核

一般先是乳房淋巴结肿大，继而后方乳腺区发生局限性或弥漫性硬结，硬结无热无痛，表面凹凸不平。泌乳量下降，乳汁变稀，严重时乳腺萎缩，泌乳停止。

2.2.3肠结核

消瘦，持续下痢与便秘交替出现，粪便常带血或脓汁。

2.3病理变化

在肺脏、乳房和胃肠黏膜等处形成特异性白色或黄白色结节。结节大小不一，切面干酪样坏死或钙化，有时坏死组织溶解和软化，排出后形成空洞。胸膜和肺膜可发生密集的结核结节，形如珍珠状。

2.4实验室诊断

2.4.1病原学诊断

采集病牛的病灶、痰、尿、粪便、乳及其他分泌物样品，作抹片或集菌处理（见附件）后抹片，用抗酸染色法染色镜检，并进行病原分离培养和动物接种等试验。

2.4.2免疫学试验

牛分支杆菌PPD（提纯蛋白衍生物）皮内变态反应试验（即牛提纯结核菌素皮内变态反应试验）（见GB/T 18645—2002）。

2.5结果判定

本病依据流行病学特点、临床特征、病理变化可做出初步诊断。确诊需进一步做病原学诊断或免疫学诊断。

2.5.1分离出牛分支杆菌，判为结核病牛。

2.5.2牛分支杆菌PPD皮内变态反应试验阳性的牛，判为结核病牛。

3．疫情报告

3.1 任何单位和个人发现疑似病牛，应当及时向当地动物防疫监督机构报告。

3.2 动物防疫监督机构接到疫情报告并确认后，按《动物疫情报告管理办法》及有关规定及时上报。

4．疫情处理

4.1发现疑似疫情，畜主应限制动物移动；对疑似患病动物应立即隔离。

4.2动物防疫监督机构要及时派员到现场进行调查核实，开展实验室诊断。确诊后，当地人民政府组织有关部门按下列要求处理。

4.2.1扑杀

对患病动物全部扑杀。

4.2.2隔离

对受威胁的畜群（病畜的同群畜）实施隔离，可采用圈养和固定草场放牧两种方式隔离。

隔离饲养用草场，不要靠近交通要道，居民点或人畜密集的地区。场地周围最好有自然屏障或人工栅栏。

对隔离畜群的结核病净化，按本规范5.5规定进行。

4.2.3无害化处理

病死和扑杀的病畜，要按照《畜禽病害肉尸及其产品无害化处理规程》进行无害化处理（见GB16548—1996）。

4.2.4流行病学调查及检测

开展流行病学调查和疫源追踪；对同群动物进行检测。

4.2.5消毒

对病畜和阳性畜污染的场所、用具、物品进行严格消毒。

饲养场的金属设施、设备可采取火焰、熏蒸等方式消毒；养畜场的圈舍、场地、车辆等，可选用2%烧碱等有效消毒药消毒；饲养场的饲料、垫料可采取深埋发酵处理或焚烧处理；粪便采取堆积密封发酵方式，以及其他相应的有效消毒方式。

4.2.6发生重大牛结核病疫情时，当地县级以上人民政府应按照《重大动物疫情应急条例》有关规定，采取相应的疫情扑灭措施。

5．预防与控制

采取以“监测、检疫、扑杀和消毒”相结合的综合性防治措施。

5.1监测

监测对象：牛

监测比例为：种牛、奶牛100%，规模场肉牛10%，其他牛5%，疑似病牛100%。如在牛结核病净化群中（包括犊牛群）检出阳性牛时，应及时扑杀阳性牛，其他牛按假定健康群处理。

成年牛净化群每年春秋两季用牛型结核分支杆菌PPD皮内变态反应试验各进行一次监测。初生犊牛，应于20日龄时进行第一次监测。并按规定使用和填写监测结果报告，及时上报。

5.2检疫

异地调运的动物，必须来自于非疫区，凭当地动物防疫监督机构出具的检疫合格证明调运。

动物防疫监督机构应对调运的种用、乳用、役用动物进行实验室检测。检测合格后，方可出具检疫合格证明。调入后应隔离饲养30d，经当地动物防疫监督机构检疫合格后，方可解除隔离。

5.3人员防护

饲养人员每年要定期进行健康检查。发现患有结核病的应调离岗位，及时治疗。

5.4防疫监督

结核病监测合格应为奶牛场、种畜场《动物防疫合格证》发放或审验的必备条件。动物防疫监督机构要对辖区内奶牛场、种畜场的检疫净化情况监督检查。

鲜奶收购点（站）必须凭奶牛健康证明收购鲜奶。

5.5净化措施

被确诊为结核病牛的牛群（场）为牛结核病污染群（场），应全部实施牛结核病净化。

5.5.1牛结核病净化群（场）的建立

5.5.1.1污染牛群的处理 应用牛型结核分支杆菌PPD皮内变态反应试验对该牛群进行反复监测，每次间隔3个月，发现阳性牛及时扑杀，并按照本规范4规定处理。

5.5.1.2犊牛应于20日龄时进行第一次监测，100～120日龄时，进行第二次监测。凡连续两次以上监测结果均为阴性者，可认为是牛结核病净化群。

5.5.1.3凡牛型结核分支杆菌PPD皮内变态反应试验疑似反应者，于42d后进行复检，复检结果为阳性，则按阳性牛处理；若仍呈疑似反应则间隔42d再复检一次，结果仍为可疑反应者，视同阳性牛处理。

5.5.2隔离

疑似结核病牛或牛型结核分支杆菌PPD皮内变态反应试验可疑畜须隔离复检。

5.5.3消毒

5.5.3.1临时消毒 奶牛群中检出并剔出结核病牛后，牛舍、用具及运动场所等按照4.2.5规定进行紧急处理。

5.5.3.2经常性消毒 饲养场及牛舍出入口处，应设置消毒池，内置有效消毒剂，如3%～5%来苏儿溶液或20%石灰乳等。消毒药要定期更换，以保证一定的药效。牛舍内的一切用具应定期消毒；产房每周进行一次大消毒，分娩室在临产牛生产前及分娩后各进行一次消毒。

附件

附件一 样品集菌方法

痰液或乳汁等样品，由于含菌量较少，如直接涂片镜检往往是阴性结果。此外，在培养或作动物试验时，常因污染杂菌生长较快，使病原结核分支杆菌被抑制。下列几种消化浓缩方法可使检验标本中蛋白质溶解、杀灭污染杂菌，而结核分支杆菌因有蜡质外膜而不死亡，并得到浓缩。

1．硫酸消化法 用4%～6%硫酸溶液将痰、尿、粪或病灶组织等按1∶5的比例加入混合，然后置37℃作用1～2h，经3 000～4 000rpm离心30min，弃上清，取沉淀物涂片镜检、培养和接种动物。也可用硫酸消化浓缩后，在沉淀物中加入3%氢氧化钠中和，然后抹片镜检、培养和接种动物。

2．氢氧化钠消化法 取氢氧化钠35～40g，钾明矾2g，溴麝香草酚兰20mg（预先用60%酒精配制成0.4%浓度，应用时按比例加入），蒸馏水1 000mL混合，即为氢氧化钠消化液。

将被检的痰、尿、粪便或病灶组织按1∶5的比例加入氢氧化钠消化液中，混匀后，37℃作用2～3h，然后无菌滴加5%～10%盐酸溶液进行中和，使标本的pH调到6.8左右（此时显淡黄绿色），以3 000～4 000rpm离心15～20min，弃上清，取沉淀物涂片镜检、培养和接种动物。

在病料中加入等量的4%氢氧化钠溶液，充分振摇5～10min，然后用3 000rpm离心15～20min，弃上清，加1滴酚红指示剂于沉淀物中，用2N盐酸中和至淡红色，然后取沉淀物涂片镜检、培养和接种动物。

在痰液或小脓块中加入等量的1%氢氧化钠溶液，充分振摇15min，然后用3 000rpm离心30min，取沉淀物涂片镜检、培养和接种动物。

对痰液的消化浓缩也可采用以下较温和的处理方法：取1N（或4%）氢氧化钠水溶液50mL，0.1mol/L柠檬酸钠50mL，N-乙酰-L-半胱氨酸0.5g，混合。取痰一份，加上述溶液2份，作用24～48h，以3 000rpm离心15min，取沉淀物涂片镜检、培养和接种动物。

3．安替福民（Antiformin）沉淀浓缩法

溶液A：碳酸钠12g、漂白粉8g、蒸馏水80mL。

溶液B：氢氧化钠15g、蒸馏水85mL。

应用时A、B两液等量混合，再用蒸馏水稀释成15%～20%后使用，该溶液须存放于棕色

瓶内。

将被检样品置于试管中，加入3～4倍量的15%～20%安替福民溶液，充分摇匀后37℃作用1h，加1～2倍量的灭菌蒸馏水，摇匀，3 000～4 000rpm离心20～30min，弃上清沉淀物加蒸馏水恢复原量后再离心一次，取沉淀物涂片镜检、培养和接种动物。

4．结核分支杆菌PPD皮内变态反应试验

4.1牛分支杆菌PPD皮内变态反应试验

用结核分支杆菌PPD进行的皮内变态反应试验对检查活畜结核病是很有用的。该试验用牛分支杆菌PPD进行。

4.1.1牛的牛分支杆菌PPD皮内变态反应试验

出生后20d的牛即可用本试验进行检疫。

4.1.1.1操作方法

a）注射部位及术前处理：将牛只编号后在颈侧中部上1/3处剪毛（或提前一天剃毛），3个月以内的犊牛，也可在肩胛部进行，直径约10cm。用卡尺测量术部中央皮皱厚度，做好记录。注意，术部应无明显的病变。

b）注射剂量：不论大小牛只，一律皮内注射0.1mL（含2 000IU）。即将牛分支杆菌PPD稀释成每毫升含2万IU后，皮内注射0.1mL。冻干PPD稀释后当天用完。

c）注射方法：先以75%酒精消毒术部，然后皮内注射定量的牛分支杆菌PPD，注射后局部应出现小疱，如对注射有疑问时，应另选15cm以外的部位或对侧重作。

d）注射次数和观察反应：皮内注射后经72h判定，仔细观察局部有无热痛、肿胀等炎性反应，并以卡尺测量皮皱厚度，做好详细记录。对疑似反应牛应立即在另一侧以同一批PPD同一剂量进行第二回皮内注射，再经72h观察反应结果。

对阴性牛和疑似反应牛，于注射后96h和120h再分别观察一次，以防个别牛出现较晚的迟发型变态反应。

4.1.1.2结果判定

a）阳性反应：局部有明显的炎性反应，皮厚差大于或等于4.0mm。

b）疑似反应：局部炎性反应不明显，皮厚差大于或等于2.0mm、小于4.0mm。

c）阴性反应：无炎性反应。皮厚差在2.0mm以下。

凡判定为疑似反应的牛只，于第一次检疫60d后进行复检，其结果仍为疑似反应时，经60d再复检。如仍为疑似反应，应判为阳性。

4.1.2其他动物牛分支杆菌PPD皮内变态反应试验

参照牛的牛分支杆菌PPD皮内变态反应试验进行。

4.2禽分支杆菌PPD皮内变态反应试验

禽分支杆菌PPD皮内变态反应试验是最广泛使用于家禽的试验。牛及其他哺乳动物也可用牛分支杆菌PPD和禽分支杆菌PPD同时在不同的部位进行，以区分特异性和非特异性变态反应。

4.2.1牛的禽分支杆菌PPD皮内变态反应试验

4.2.1.1操作方法　与牛分支杆菌PPD皮内变态反应试验相同，只是禽分支杆菌PPD的剂量为每头0.1mL，含0.25万IU。即将禽分支杆菌PPD稀释成每毫升含2.5万IU后，皮内注射0.1mL。

4.2.1.2结果判定

a）对牛分支杆菌PPD的反应为阳性（局部有明显的炎性反应，皮厚差大于或等于4.0mm），并且对牛分支杆菌PPD的反应大于对禽分支杆菌PPD的反应，二者皮差在2.0mm以上，判为牛分支杆菌PPD皮内变态反应试验阳性。

对已经定性为牛分支杆菌感染的牛群。其中即使少数牛的皮差在2.0mm以下，甚至对牛分支杆菌PPD的反应略小于对禽分支杆菌PPD的反应（反应差小于或等于2.0mm），只要对牛分支杆菌PPD的反应在2.0mm以上，也应判定为牛分支杆菌PPD皮内变态反应试验阳性牛。

b）对禽分支杆菌PPD的反应大于对牛分支杆菌PPD的反应，两者的皮差在2.0mm以上，判为禽分支杆菌PPD皮内变态反应试验阳性。

对已经定性为副结核分支杆菌或禽分支杆菌感染的牛群。其中即使少数牛的皮差在2.0mm以下，甚至对禽分支杆菌PPD的反应略小于对牛分支杆菌PPD的反应（不超过2.0mm），只要对禽分支杆菌PPD的反应在2mm以上，也应判为禽分支杆菌PPD皮内变态反应试验阳性。

附件二　畜禽病害肉尸及其产品无害化处理规程

（GB16548—1996）

1．主题内容与适用范围

本标准规定了畜禽病害肉尸及其产品的销毁、化制、高温处理和化学处理的技术规范。

本标准适用于各类畜禽饲养场、肉类联合加工厂、定点屠宰点和畜禽运输及肉类市场等。

2．处理对象

2.1猪、牛、羊、马、驴、骡、驼、兔及鸡、火鸡、鸭、鹅患传染性疾病、寄生虫病和中毒性疾病的肉尸（除去皮毛、内脏和蹄）及其产品（内脏、血液、骨、蹄、角和皮毛）。

2.2其他动物病害肉尸及其产品的无害化处理，参照本标准执行。

3．病、死畜禽的无害化处理

3.1销毁

3.1.1适用对象

确认为炭疽、鼻疽、牛瘟、牛肺疫、恶性水肿、气肿疽、狂犬病、羊快疫、羊肠毒血症、肉毒梭菌中毒症、羊猝狙、马流行性淋巴管炎、马传染性贫血病、马鼻腔肺炎、马鼻气管炎、蓝舌病、非洲猪瘟、猪瘟、口蹄疫、猪传染性水疱病、猪密螺旋体痢疾、急性猪丹毒、牛鼻气管炎、黏膜病、钩端螺旋体病（已黄染肉尸）、李斯特菌病、布鲁菌病、鸡新城疫、马立克病、鸡瘟（禽流感）、小鹅瘟、鸭瘟、兔病毒性出血症、野兔热、兔产气荚膜梭菌病等传染病和恶性肿瘤或两个器官发现肿瘤的病畜禽整个尸体；从其他患病畜禽各部分割除下来的病变部分和内脏。

3.1.2操作方法

下述操作中，运送尸体应采用密闭的容器。

3.1.2.1湿法化制

利用湿化机，将整个尸体投入化制（熬制工业用油）。

3.1.2.2焚毁

将整个尸体或割除下来的病变部分和内脏投入焚化炉中烧毁炭化。

3.2化制

3.2.1适用对象

凡病变严重、肌肉发生退行性变化的除3.1.1传染病以外的其他传染病、中毒性疾病、囊虫病、旋毛虫病及自行死亡或不明原因死亡的畜禽整个尸体或肉尸和内脏。

3.2.2 操作方法

利用干化机，将原料分类，分别投入化制。亦可使用3.1.2.1方法化制。

3.3 高温处理

3.3.1 适用对象

猪肺疫、猪溶血性链球菌病、猪副伤寒、结核病、副结核病、禽霍乱、传染性法氏囊病、鸡传染性支气管炎、鸡传染性喉气管炎、羊痘、山羊关节炎脑炎、绵羊梅迪/维斯那病、弓形虫病、梨形虫病、锥虫病等病畜的肉尸和内脏。

确认为3.1.1传染病病畜禽的同群畜禽以及怀疑被其污染的肉尸和内脏。

3.3.2操作方法

3.3.2.1高压蒸煮法　把肉尸切成重不超过2kg、厚不超过8cm的肉块，放在密闭的高压锅内，在112kPa压力下蒸煮1.5～2h。

3.3.2.2一般煮沸法　将肉尸切成3.3.2.1规定大小的肉块，放在普通锅内煮沸2～2.5h（从水沸腾时算起）。

4．病畜禽产品的无害化处理

4.1血液

4.1.1漂白粉消毒法

用于3.1.1条中的传染病以及血液寄生虫病病畜禽血液的处理。

将1份漂白粉加入4份血液中充分搅拌，放置24h后于专设掩埋废弃物的地点掩埋。

4.1.2高温处理

将已凝固的血液切成豆腐方块，放入沸水中烧煮，至血块深部呈黑红色并成蜂窝状时为止。

4.2蹄、骨和角

肉尸作高温处理时，剔出的病畜禽骨和病畜的蹄、角放入高压锅内蒸煮至骨脱或脱脂为止。

4.3皮毛

4.3.1盐酸食盐溶液消毒法

用于被3.1.1疫病污染的和一般病畜的皮毛消毒。

用2.5%盐酸溶液和15%食盐水溶液等量混合，将皮张浸泡在此溶液中，并使液温保持在30℃左右，浸泡40h，皮张与消毒液之比为1：10（m/V）。浸泡后捞出沥干，放入2%氢氧化钠溶液中，以中和皮张上酸，再用水冲洗后晾干。也可按100mL25%食盐水溶液中加入盐酸1mL配制消毒液，在室温15℃条件下浸泡18h，皮张与消毒液之比为1：4。浸泡后捞出沥干，再放入1%氢氧化钠溶液中浸泡，以中和皮张上的酸，再用水冲洗后晾干。

4.3.2过氧乙酸消毒法

用于任何病畜的皮毛消毒。

将皮毛放入新鲜配制的2%过氧乙酸溶液浸泡30min，捞出，用水冲洗后晾干。

4.3.3碱盐液浸泡消毒

用于同3.1.1疫病污染的皮毛消毒。

将病皮浸入5%碱盐液（饱和盐水内加5%烧碱）中，室温（17～20℃）浸泡24h，并随时加以搅拌，然后取出挂起，待碱盐液流净，放入5%盐酸液内浸泡，使皮上的酸碱中和，捞出，用水冲洗后晾干。

4.3.4石灰乳浸泡消毒

用于口蹄疫和螨病病皮的消毒。

制法：将1份生石灰加1份水制成熟石灰，再用水配成10%或5%混悬液（石灰乳）。

口蹄疫病皮，将病皮浸入10%石灰乳中浸泡2h；螨病病皮，则将皮浸入5%石灰乳中浸泡12h，然后取出晾干。

4.3.5盐腌消毒

用于布鲁菌病病皮的消毒。

用皮重15%的食盐，均匀撒于皮的表面。一般毛皮腌制两个月，胎儿毛皮腌制3个月。

4.4病畜鬃毛的处理

将鬃毛于沸水中煮沸2～2.5h。

用于任何病畜的鬃毛处理。